全国高职高专食品类专业"十二五"规划教材

# 食品理化分析

栗亚琼　郝莉花　主编

中国科学技术出版社

·北　京·

**图书在版编目（CIP）数据**

食品理化分析/栗亚琼，郝莉花主编．—北京：中国科学技术
出版社，2013.1（2017.7重印）
全国高职高专食品类专业"十二五"规划教材
ISBN 978-7-5046-6231-6

Ⅰ.①食… Ⅱ.①栗… ②郝… Ⅲ.①食品分析-物理化学分
析-教材 Ⅳ.①TS207.3

中国版本图书馆CIP数据核字（2012）第241943号

| | | |
|---|---|---|
| 策划编辑 | 符晓静 | |
| 责任编辑 | 符晓静 | |
| 封面设计 | 孙雪骊 | |
| 责任校对 | 韩　玲 | |
| 责任印制 | 徐　飞 | |

| | | |
|---|---|---|
| 出　　版 | 中国科学技术出版社 | |
| 发　　行 | 科学普及出版社发行部 | |
| 地　　址 | 北京市海淀区中关村南大街16号 | |
| 邮　　编 | 100081 | |
| 发行电话 | 010-62173865 | |
| 网　　址 | http://www.cspbooks.com.cn | |

| | | |
|---|---|---|
| 开　　本 | 787mm×1092mm　1/16 | |
| 字　　数 | 439千字 | |
| 印　　张 | 19.5 | |
| 版　　次 | 2013年1月第1版 | |
| 印　　次 | 2017年7月第3次印刷 | |
| 印　　刷 | 北京长宁印刷有限公司 | |

| | | |
|---|---|---|
| 书　　号 | ISBN 978-7-5046-6231-6/TS · 56 | |
| 定　　价 | 36.00元 | |

# 全国高职高专食品类专业"十二五"规划教材编委会

# 编　委　会

# 出版说明

随着我国社会经济、科技文化的快速发展，人们对食品的要求越来越高，食品企业也迫切需要大量食品专业高素质技能型人才。根据《国家中长期教育改革和发展规划纲要（2010—2020 年）》的精神，职业院校的发展目标是：以服务为宗旨，以就业为导向，实行工学结合、校企合作、顶岗实习的人才培养模式。以食品行业、食品企业的实际需求为基本依据，遵照技能型人才成长规律，依靠食品专业优势，开展课程体系和教材建设。教材建设以食品职业教育集团为平台，行业、企业与学校共同开发，提高职业教育人才培养的针对性和适应性。

我国食品工业"十二五"发展规划指出，深入贯彻落实科学发展观，坚持走新型工业化道路，以满足人民群众不断增长的食品消费和营养健康需求为目标，调结构、转方式、提质量、保安全，着力提高创新能力，促进集聚集约发展，建设企业诚信体系，推动产业链有效衔接，构建质量安全、绿色生态、供给充足的中国特色现代食品工业，实现持续健康发展。根据我国食品工业发展规划精神，漯河食品职业学院与中国科学技术出版社合作编写了本套高职高专院校食品类专业"十二五"规划教材。

本套教材具有以下特点：

1. 教材体现职业教育特色。本套教材以"理论够用、突出技能"为原则，贯穿职业教育"以就业为导向"的特色。体现实用性、技能性、新颖性、科学性、规范性和先进性，教学内容紧密结合相关岗位的国家职业资格标准要求，融入职业道德准则和职业规范，着重培养学生的职业能力和职业责任。

2. 内容设计体现教、学、做一体化和工作过程系统化。在使用过程中做到教师易教，学生易学。

3. 提倡向"双证"教材靠近。通过本套教材的学习和实验能对考取职业资格或技能证书有所帮助。

4. 广泛性强。本套教材既可作为高职院校食品类专业的教材，以及大中小型食品加工企业的工程技术人员、管理人员、营销人员的参考用书，也可作为质量技术监督部门、食品加工企业培训用书，还可作为广大农民致富的技术资料。

本套教材的出版得到了河南帮太食品有限公司、上海饮技机械有限公司的大力支持和赞助，在此深表感谢！

限于水平，书中缺点和不足在所难免，欢迎各地在使用本套教材过程中提出宝贵意见和建议，以便再版时加以修订。

全国高职高专食品类专业"十二五"规划教材编委会

2012 年 5 月

# 前　言

本书是高职高专食品类专业"十二五"规划教材之一。时代的发展对高职高专教育提出了新的要求，为满足社会的实际需要，突出高等职业教育培养"高技能型"人才的培养目标，本书编者根据高职高专的教育特点，本着"必须"、"够用"的原则，编写了这本教材。

食品理化分析是食品检测相关专业的必修课程、专业核心课程，因此，如何在有限的时间内把食品理化分析的基本理论和基本检测技术传授给学生显得尤为重要。本书编者由多年来从事食品理化分析教学、科研和检验工作的高校教师和科研人员组成，参照食品检验工的职业资格标准，以《中华人民共和国国家标准：食品卫生检验方法·理化部分》为依据，以相关质量检测和技术监督部门的任职要求为原则，力求根据学生的专业特点和基础知识背景，从应用的角度出发，精选内容，使整本书的框架更为系统、合理、有序。为便于教师讲授和学生学习，每章的开篇都设有学海导航，包括学习目标、重点、难点，每章结束都有配套复习思考题。本书可以作为高职高专食品营养与检测、食品加工技术、食品生物技术、食品质量与安全、食品卫生与检验、食品工艺与检测、农产品检验等相关专业的教材，也可以作为企业相关检验人员的参考资料。

本书由栗亚琼、郝莉花主编，并负责全书统稿、修改工作，和红、刘萍任副主编，具体的编写分工如下：栗亚琼（漯河食品职业学院）编写第一章，第二章；徐华琳（漯河食品职业学院）编写第三章、第六章；吴颜杰

（漯河食品职业学院）编写第四章、第五章；和红（漯河食品职业学院）编写第七章、第八章、第九章；丁娅娜（漯河食品职业学院）编写第十章，郝莉花（河南省产品质量监督检验院）编写第十一章，第十二章；实验部分由栗亚琼、刘萍（鹤壁市环境保护监测站）、刘新有（漯河市水利技工学校）、罗婧（信阳农业高等专科学校）共同编写。

　　限于编者水平，书中难免有疏漏之处，衷心希望专家与广大师生予以批评指正。

编　者

2012 年 10 月

# 目 录

# 第一章 概　　述

## 一、食品理化分析的性质和任务

### 1. 性质

　　食品是人类生存和发展的物质基础，食品品质的好坏，直接关系着人们的身体健康。我国食品安全法规定："食品应当无毒、无害，符合应当有的营养要求，对人体健康不造成任何急性、亚急性或者慢性危害。"而评价食品的好坏，就是要看它的营养性、安全性、可接受性、功能性及感官性状。食品理化分析就是利用物理、化学、仪器等分析方法，对食品的品质及其变化进行研究和评定的一门学科，是食品科学的一个重要分支，具有很强的技术性和实践性。

### 2. 任务

　　根据相应的技术标准，运用现代科学技术和检测分析手段，对食品工业生产的物料（原料、辅助材料、半成品、包装材料、成品）的主要成分及其含量及有关工艺参数进行检测，从而对产品的品质、营养、安全与卫生等各方面做出评定，以掌握生产情况，保证产品质量。

## 二、食品理化分析的内容

### 1. 食品营养成分分析

食品的营养成分分析包括对水分、灰分、矿物质、脂肪、碳水化合物、蛋白质、氨基酸、有机酸、维生素等成分的分析，这几类营养物质是构成食品的主要成分。人体的营养要求是多种多样的，不同的食品所含的营养成分的种类和数量却不尽相同。在天然食品中，能够同时提供各种营养成分的食品种类是比较少的，人们必须根据人体对营养的要求，进行合理配膳，以获得较全面的营养。为此，必须对食品的营养成分进行分析检测，以评价其营养价值，为人们选择食品提供参考和帮助。此外，在食品工业生产中，对食品工艺配方的确定、生产过程的控制、成品质量的检测、工艺合理性的鉴定等，都离不开对营养成分的分析。所以，营养成分的分析是食品理化分析的主要内容。

### 2. 食品添加剂的分析

食品添加剂，指为改善食品品质和色、香、味以及为防腐、保鲜和加工工艺的需要而加入食品中的人工合成或者天然物质。目前所使用的食品添加剂多数为化学合成物，其中部分添加剂对人体有一定的毒性，食品添加剂滥用和乱用的现象比较严重，故国家制定了严格的食品安全国家标准，对添加剂的使用品种、范围及用量都做出了严格的规定。因此，食品添加剂的分析成为食品理化分析的一项重要内容，食品分析工作者应该严格把关，积极监督，以确保食品的安全性及食品添加剂的合理使用。

食品添加剂的种类很多，本书重点介绍甜味剂、防腐剂、抗氧化剂、漂白剂、发色剂、合成着色剂的检测方法。

### 3. 食品中常见的有毒有害物质的分析

正常的食品应当无毒无害，但在食品生产、加工、包装、运输、贮存、销售等各个环节，常常会产生、引入或污染某些对人体有害的物质。随着工业的发展和环境污染的加剧，有毒有害物质引起的食品安全事件越来越多，对食品中有毒有害物质的分析检测也越来越必要。按照食品中可能出现的有害因素的性质，分为以下几种类型。

（1）有害元素。由于工业三废（废水、废气、废渣）、生产设备、包装材料等对食品的污染造成的，主要是指食品中存在的无机化合物、有机化合物及重金属等引起的有害微量元素。

（2）农药及兽药。农药污染主要是指因为农药的不合理施用，经动、植物体对污染物的富集作用，通过食物链的传递，而最终造成食品中农药残留。兽药在现代畜牧业中的广泛使用，尽管在降低牲畜发病率、死亡率，促进生长和改善产品品质方面发挥了重要作用，但是，受经济利益的驱使，加上缺乏科学的知识和管理，畜牧业中滥用兽药和使用超标的现象普遍存在，如瘦肉精（学名盐酸克伦特罗）等，造成兽药残留超标。

（3）微生物毒素。食品在加工、贮存环节的管理不当导致微生物的繁衍，使食物中产生有害的微生物毒素，主要包括黄曲霉毒素等。

（4）食品加工、贮藏过程中产生的有害物质。食品加工环节可能会产生一些有毒有害物质，如酒精发酵会产生醛、酮类物质；在油炸、烧烤食品中产生的 3，4-苯并芘；腌制食品中产生的亚硝酸盐等。另外，食品贮存不当也会造成食品中的某些成分发生化学变化而产生对人体有害的物质，如油脂酸败等。

（5）包装材料带来的有毒有害物质。在食物包装中使用质量卫生要求不达标的包装材料，导致食品中引入如聚氯乙烯、多氯联苯、荧光增白剂等有毒有害物质。

## 三、食品理化分析的方法

食品组成成分复杂，加上生产过程中检验目的的不同，必须采用多种分析方法才能满足各类食品、不同组分的测定需求，如物理检验法、化学分析法、仪器分析法、微生物分析法、酶分析法等。在对具体样品进行测定时，分析方法的选择也尤为重要，现将常用的几种分析方法介绍如下。

### 1. 物理检验法

物理检验法是根据食品的一些物理常数，如密度、相对密度、折光率和旋光度等，与食品组成成分及含量的关系进行检测的方法。物理检验法因其快速、准确，成为食品工业生产中常用的检测方法。

食品的物理检验法主要有密度和相对密度检验法，折光率检验法，旋光度检验法，黏度检验法，透明度、色度、浊度检验法，固态食品比体积检验法，气体压力检验法等。这些检测方法中，有些是直接测定食品相关质量指标来判断食品品质，如固态食品比体积的测定，碳酸饮料中 $CO_2$ 的测定，冰激凌膨胀率的测定等；有些是测定食品的相关物理参数，从而间接判断食品品质如通过测定牛奶的相对密度来判断牛奶是否掺水、脱脂等。

### 2. 化学分析法

化学分析法是以物质的化学反应为基础的分析方法，包括定性分析和定量分析，是适用于常量分析的一种方法。

在食品工业中，最常用的是对食品做定量分析，定量分析又包括质量法和容量分析法。质量法是将被测成分与样品中其他成分分离，通过称量食品中该成分的质量来确定食品的组成和含量的一种分析方法，食品中水分、灰分、脂肪等成分的测定均可以采用质量法。由于红外线灯、热天平等近代仪器的使用，重量分析操作正向着快速和自动化的方向发展。容量分析法也叫滴定分析法，是将已知浓度的标准溶液，由滴定管滴加到被测液中，直至滴定终点。根据标准溶液的浓度和消耗的体积，计算出被测物质的含量。常用的滴定分析法包括酸碱滴定法、氧化还原滴定法、沉淀滴定法和配位滴定法。食品中的总酸度、蛋白质、油脂酸价、还原糖、维生素等指标的测定均可用容量分析法。

在食品理化分析中，化学分析法得到了广泛的应用，即使是在仪器分析和快速检测高度发展的时代，在食品的常规检验项目和样品预处理中都必须使用化学分析法进行检测。化学分析法是食品理化分析最基础的方法。

3. 仪器分析法

仪器分析法又叫物理化学分析法，是以物质的物理及物理化学性质为基础的分析方法，由于必须借助一些分析仪器，又称为仪器分析法。仪器分析法适合于微量分析，是一种较为灵敏、快速、准确、操作简单的分析方法。由于化学分析法在灵敏度、准确度特别是有干扰物质存在时测定往往难以达到要求，因此仪器分析法所占的比例越来越大，2009 年《中华人民共和国食品安全法》实施后，我国的食品安全检验方法标准的修订中，也加大了仪器分析所占的比例。

仪器分析法包括光化学分析法、电化学分析法、色谱分析法、质谱分析法。光化学分析法又分为紫外—可见分光光度法、原子吸收分光光度法、荧光分析法等，可用于测定食品中的氨基酸、蛋白质、无机元素、碳水化合物和部分食品添加剂等成分。电化学分析法又分为电导分析法、电位分析法、极谱分析法等。电导分析法可用于测定水的纯度等；电位分析法可用于测定食品有效酸度、无机元素、酸根、添加剂等成分；极谱分析法可用于测定重金属、维生素等。色谱法包括许多分支，食品分析检验中最常用的是薄层色谱法、气相色谱法和高效液相色谱法，可用于测定有机酸、氨基酸、维生素、农药残留量、黄曲霉毒素等成分。

4. 微生物分析法

微生物分析法的测定结果反映了样品中具有生物活性的被测物含量，微生物法是通过观察微生物的生长繁殖速度来间接测定某物质的含量。近 50 年来，微生物法被广泛地纳入各类标准方法中，如 AOAC，AACC，GB 以及其他国家的标准方法。每种微生物分析方法的建立，都需要经过全球 20 家以上的实验室进行方法验证，因此微生物法的准确性是被公认的。该方法的先期投入少，当实验室具备超净台、培养箱、分光光度计、医用灭菌器和一些实验室常用玻璃器皿即可开展微生物法，不需要大量额外的人力和物力，适用于在任何水平的实验室快速建立。该方法广泛用于如维生素 $B_{12}$、叶酸、生物素、泛酸、抗生素残留、激素等的测定。

虽然微生物分析法具有以上优势，但它仍旧逐渐被其他方法所取代，这是由于它固有的一些致命的缺点，主要包括以下几点：一是分析周期长，一般在 4～6 天，而其他方法（HPLC 法）一般在 1～2 天内即可完成；二是实验步骤烦琐，通常来说，微生物法要包括样品前处理、菌种液的制备、测试管的制备、接种、测定、计算等步骤，与仪器分析方法相比，步骤繁多。以上两点与目前分析方法简便、快速、高效的发展方向不符，这也正是微生物法逐渐被其他方法替代的主要原因。

5. 酶分析法

酶分析法包括两种类型：一是以酶作为分析对象，这类分析方法称为"酶活力测定"；二是以酶作为分析手段，用以测定样品中用一般化学方法难于检测的物质，通常将这类分析方法称为"酶法分析"。食品理化分析主要应用的是酶法分析。酶法分析中，是以酶为分析工具或分析试剂，被检化合物（如底物）是反应的限制因素，以酶的专一高效催化某化学反应为基础，通过测定酶反应的速率或生成物浓度来检测相应物质的含量。主要用于复杂组分中结构或物理化学性质比较相近的同类物质的分离鉴定和分析，如有机酸、糖类和维生素等的测定。酶法分析的优点是特异性强，干扰少，操作简单，样品和试剂用量少，测定快速精确，灵敏度高，通过了解酶对底物的特异性，可以预料可能发生的干扰反应并设法纠正；可用偶联反应；无污染或污染很少。

## 四、食品理化分析技术的发展趋势

随着科学技术的迅猛发展，新材料、新器件不断涌现，各种高灵敏度、高分辨率的分析仪器越来越多地应用于食品理化分析中，食品理化分析的方法不断得到完善、更新，在保证检验结果准确度的前提下，食品理化分析正朝着微量、快速、自动化的方向发展。如近红外自动分析仪对食品营养成分进行检验，样品无需进行预处理，直接进样，而后经过微机系统可直接迅速给出蛋白质、氨基酸、脂肪、糖类、水分等的含量。

## 五、食品相关标准

产品质量在食品工业生产中是至关重要的，食品的质量特性是以标准的形式体现的，食品标准中给出了食品中必须含有的成分，限量成分和分析方法。如何衡量、评价及保证食品的质量，有赖于食品生产的标准化及食品质量管理与质量监督。

1. 食品标准

所谓标准就是为了在一定的范围内获得最佳的秩序，经协商一致制定并由公认的机构批准，共同使用的和重复使用的一种规范性文件。标准宜以科学、技术和经验的综合成果为基础，以促进最佳的共同效益为目的。标准是企业进行生产技术活动和经营管理的依据。食品工业生产要求产品符合质量标准，同时要求用标准分析方法对各项指标进行检测、验证，确定产品符合质量标准的程度。

2. 标准的分类

（1）中国食品标准的分类

1）按制定标准的主体不同分类：分为国家标准、行业标准、地方标准和企业标准四大类。

2）按标准的性质分类：分为强制性标准和推荐性标准两大类。国家强制性标准的代号是"GB"，国家推荐性标准的代号是"GB/T"，字母"T"表示"推荐"的意思；推荐性地方标准的代号如陕西省地方标准的代号为"DB61/T"。我国强制性标准属于技术法规的范畴。

3）按标准的内容分类：分为食品产品标准，食品安全卫生标准，食品添加剂标准，食品检验方法标准，食品包装材料与容器包装标准，食品工业基础标准及相关标准等。

4）按标准的形式来分类：分为标准文件和实物标准。

5）按标准化对象的不同来分类：分为技术标准、管理标准和工作标准三大类。

（2）国际食品标准分类

1）国际标准（ISO）：国际标准是由国际标准化组织制定的标准。该组织于1947年2月23日正式成立，总部设在瑞士日内瓦。ISO的任务是促进全球范围内的标准化及其有关活动，以利于国际间产品与服务的交流，以及在知识、科学、技术和经济活动中发展国际间的相互合作。它显示了强大的生命力，吸引了越来越多的国家参与其活动。

2）国际食品法典（CAC）：食品法典委员会的基本任务是为消费者健康保护和公平食品贸易方法制定国际标准和规范。国际食品法典主要内容包括：产品（包括食品）标准、各种（良好）操作规范、技术法规和准则、各种限量标准、食品的抽样和分析方法以及各种咨询与程序。

## 六、食品理化分析课程的学习要求

食品理化分析是一门实践性较强的专业技术课程。要求学生在掌握一般基础化学、分析化学知识和技能的基础上，掌握对各类食品在分析前的样品处理方法；掌握食品理化分析中常用的物理检验法、化学分析法、仪器分析法等；掌握食品中一般营养成分、食品添加剂、矿物质元素、部分有毒有害物质等常见项目的常用分析方法、原理和操作过程；进一步熟练掌握分析实验操作技能和技巧。

学习本课程时，要求学生理论与实际相结合，树立辩证唯物主义的科学态度。在课堂学习中，对各种分析方法及有关原理能做到深刻理解、融会贯通。实验过程中充分预习，掌握实验原理和操作要点，做到心中有数，养成严肃认真、耐心细致、实事求是以及科学、严谨的良好工作作风。

通过本门课程的学习，培养学生的独立动手、独立思考、分析问题和解决问题的能力，培养学生初步开展科学研究工作的能力，提高学生的综合素质，为培养岗位职业能力和适应工作后继续学习奠定坚实基础。

# 复习思考题

1. 食品理化分析的内容包括哪些？

2. 食品理化分析的性质和任务是什么？

3. 食品理化分析的方法有哪些？

4. 食品相关标准有哪些？怎样分类？

5. 你打算如何学好食品理化分析课？

# 第二章 食品理化分析的基础知识

 学海导航

**学习目标**

 掌握采样的原则、方法、样品的制备方法、样品的预处理方法；溶液浓度的表示方法；常见标准溶液的配制方法；了解理化分析常用的玻璃仪器和设备的用途；掌握分析结果的误差及数据处理方法；掌握常见的仪器设备的使用方法。

**学习重点**

 重点掌握样品的采集方法、实验室基本仪器设备的使用方法、常见标准溶液的标定方法。

**学习难点**

 样品的预处理方法、常见标准溶液的标定方法。

## 第一节 样品的准备与保存

食品理化分析的对象包括各种原材料、农副产品、半成品、添加剂、辅料及产品。种类繁多，成分复杂，来源不一，分析的目的、项目和要求也不尽相同，但无论哪种对象，都要按一个共同程序进行，一般为：样品的采集→制备和保存→样品的预处理→成分分析→数据记录和整理→分析报告的撰写。

### 一、采样

采样指的是从整批被检食品中抽取一部分有代表性的样品作为分析物质，供分析化验用。采样是食品理化分析的首项工作。

1. 采样的意义

尽管一系列检验工作非常精密、准确，但如果采取的样品不足以代表全部物料的组成成分，则其检验结果也将毫无价值，所以采用正确的采样技术采集样品尤为重要。采样的正确与否，是检验工作成败的关键，采样是食品理化分析的关键内容。

2. 采样要求

同类的食品或食品原料，食品的种类繁多，且组成很不均匀。不管是制成品，还是未加工的原料，即使是同一种样品，其所含成分的分布也不会完全一致。因此若从大量的、成分不均匀的被检食品中采集到能代表全部的分析样品，必须有恰当的科学方法，如果采样方法不正确，试样不具有代表性，则无论以后的预处理、检测环节操作如何细心、结果如何精密，分析都将毫无意义，甚至可能导致得出错误的结论，给生产和科研带来很大的损失。因此，采样在分析检测工作中是非常重要的工作环节。

正确采样必须遵循两个原则：

(1) 采集的样品要均匀，有代表性，能反映全部被检食品的组成、质量和卫生状况。

(2) 采样过程要设法保持原有的理化指标，防止成分逸散（如水分、气味、挥发性酸等）、带入杂质或污染。

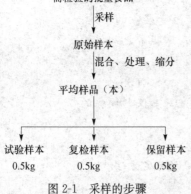

图 2-1　采样的步骤

3. 采样的步骤（图 2-1）

采样一般可分为三步：首先是检样，即由整批食品的各个部分采取少量样品，检样的量按产品标准的规定；第二步是获取原始样品，即把许多份检样综合在一起称为原始样品；第三步是制取平均样品，原始样品经过处理再抽取其中一部分做检验用者称为平均样品。平均样品应一式三份，分别供检验、复验及备查使用。每份样品数量一般不少于 0.5 千克。

## 二、采样的一般方法

采样有随机抽样和代表性抽样两种方法。最常用的采样方法是随机抽样。所谓随机抽样，即按照随机原则，不带主观框架，均衡地、不加选择地从全部产品的各个部分取样。但随机不等于随意。操作时，应保证所有物料的各个部分都被抽到的机会。代表性抽样，是根据样品受某些条件影响变化的规律，采集的样品能代表其相应部分的组成。实际生产中，要按照物料的品种和包装进行，最好是两种抽样方法相互结合使用。

具体样品的抽取方法应根据具体情况和要求，按照相关的技术标准或操作规程所规定的方法进行。

1. 均匀的固态食品

(1) 无包装的散堆食品。如粮食等粉状食品，先划分出若干等体积层，然后在四角和上、中、下三层中心点取出检样，把许多份检样综合起来成为原始样品，再按四分法

（图 2-2）缩分至所需数量。"四分法"指的是将原始样品充分混合均匀后堆集在清洁的玻璃板上，压平成厚度在 3cm 以下的形状，并划成对角线或"十"字线，将样品分成四份，取对角线的两份混合，再分为四份，取对角的两份。这样操作直至取得所需数量为止，此即是平均样品。

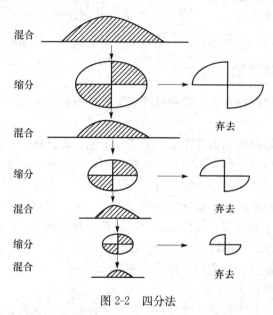

图 2-2　四分法

（2）有完整包装的食品。首先根据下列公式确定取样件数：$n=\sqrt{\dfrac{N}{2}}$。式中，$n$ 为取样件数；$N$ 为总件数。从样品堆放的不同部位采取到所需的包装样品后，再用双套回转取样管插入包装中，回转 180° 取出样品。每一包装须由上、中、下三层取出三份检样，把许多份检样综合起来成为原始样品，再按四分法缩分至所需数量。

**2. 较稠的半固体物料**

如动物油脂、果酱、稀奶油等，可先按照 $n=$ 确定采样件数（几桶或几罐），启开包装后，用采样器从各桶（罐）上、中、下三层分别取出检样，然后混合缩减至所需数量。

**3. 液体物料**

如鲜乳、酒或其他饮料、植物油等，包装体积不太大的可先按上法确定采样件数，开启包装后充分混匀。充分混匀后采取一定量的样品混合。用大容器盛装不便混匀的，可采用虹吸法分层取样，每层各取 500mL 左右，装入细口瓶中混匀后，再分取缩减至所需数量。

**4. 不均匀的固体食品**

肉类、水产品、果品、蔬菜等，可由被检物有代表性的各部位（肌肉、脂肪，或果蔬的根、茎、叶等）分别采样，经捣碎、混匀后，再缩减至所需数量。体积较小的样品，可随机抽取多个样品，切碎混匀后取样。有的项目还可在不同部位分别采样、分别测定。

5. 小包装食品

一般按班次或批号连同包装一起采样。同一批号取样数量，250g 以上包装不得少于 3 个，250g 以下包装不得少于 6 个。如果小包装外还有大包装，可在堆放的不同部位抽取一定量的大包装，打开包装，从每箱中抽取小包装，再缩减到所需数量。

## 三、采样的注意事项

（1）盛样容器可根据要求选用硬质玻璃或聚乙烯制品，容器上要贴上标签，并做好标记。

（2）采样工具、盛放样品的容器应该清洁、干燥、无异味，不得含有待测物质和干扰物质，检验之前不应将任何有害物质带入样品中，不得受到污染，发生变化。

（3）样品抽取后，应迅速送检测室进行分析检验（一般是 4h 之内），避免样品的理化状态发生改变。样品检测前不应发生污染或变质、成分逸散、水分增减及酶的影响。

（4）在感官性质上差别很大的食品不允许混在一起，要分开包装，并注明其性质。

（5）采样时必须注意样品的生产日期、批号、代表性、均匀性。采样的数量能反映试验检测项目和食品质量、安全对于样品量的要求。

（6）认真填写采样记录。

（7）检验结束后样品应保留 1 个月以备复查，保留期限从检验报告单签发日计算。

## 四、样品的保存

样品采集后应于当天分析，以防止其中水分或挥发性物质的散失以及待测组分含量的变化。如不能马上分析则应妥善保存，不能使样品出现受潮、挥发、风干、变质等现象，以保证测定结果的准确性。制备好的平均样品应装在洁净、密封的容器内（最好用玻璃瓶，切忌使用带橡皮垫的容器），必要时贮存于避光处，容易失去水分的样品应先取样测定水分。容易腐败变质的样品可用以下方法保存，使用时可根据需要和测定要求选择。

1. 冷藏

易腐败变质、挥发的样品短期保存温度一般以 0~5℃ 为宜。

2. 干藏

可根据样品的种类和要求采用风干、烘干、升华干燥等方法。其中升华干燥又称为冷冻干燥，它是在低温及高真空度的情况下对样品进行干燥（温度：-30~-10℃，压强：10~40Pa），所以食品的变化可以减至最低程度，保存时间也较长。

3. 罐藏

不能及时处理的鲜样，在允许的情况下可制成罐头贮藏。例如，将一定量的试样切碎后，放入乙醇（$\varphi=96\%$，体积分数）中煮沸 30min（最终乙醇的体积分数应在 78%~

82%的范围内），冷却后密封，可保存一年以上。

　　另外，也可以在样品中加入无干扰的防腐剂或保护剂保存。有些含有胡萝卜素、黄曲霉毒素、维生素的样品，应注意避光保存。

# 第二节　样品的制备与预处理

## 一、样品的制备

　　食品的种类繁多，许多食品各个部位的组成都有差异，加上按照采样规程采集的样品数量过多、颗粒太大。因此，为了保证分析结果的正确性，必须对样品进行粉碎、混匀、缩分，这项工作即为样品的制备。样品的制备方法因产品类型和检测项目不同而异。

　　（1）液体、浆体或悬浮液体：直接摇匀，充分搅拌使其混匀。

　　（2）互不相容的液体（如油与水的混合物）：应首先使互不相溶的成分分离，再分别取样。

　　（3）固体样品：通过切细、粉碎、捣碎、研磨等方法制成均匀的状态。水分含量大的果蔬类、肉类、禽类、鱼类可用匀浆法，取其可食部分，放入组织捣碎机捣匀或绞肉机中搅匀；水分含量低的硬度大的谷物可用研钵或磨粉机磨碎。

　　（4）罐头：水果罐头先清除果核；肉禽罐头先清除骨头；鱼罐头去除姜、辣椒、花椒、葱等调味品后捣碎。

　　（5）蛋类：去壳后用打蛋器打匀。

## 二、样品的预处理方法

　　预处理是食品理化分析的一个重要环节。食品组成成分复杂，既含有大分子的有机化合物，如蛋白质、糖、脂肪、维生素及因污染引入的有机农药，也含有钾、钠、钙、铁、镁等无机元素，这些组分往往以复杂的组合态或配合物的形式存在，当以选定的方法对其中某个组分的含量进行测定时，常出现共存干扰而影响被测组分的检出的问题。此外，有些被测组分如污染物质、农药、黄曲霉毒素等有毒有害物质在食品中的含量极低，若不进行分离浓缩，难以正常测定。为排除干扰，需要对样品进行不同程度的分离、分解、浓缩、提纯处理，这些操作过程统称为样品预处理。样品预处理的目的就是测定前排除干扰组分，使样品变成一种易于检测的形式，定量、完整地保留住被测的组分，对样品进行浓缩或富集，以使检测获得可靠的结果。

　　样品预处理的基本要求如下：

　　（1）试样完全分解，处理后的溶液不残留原试样的细屑或粉末。

　　（2）试样分解过程中不能引入待测组分，也不能使待测组分有损失。

　　（3）试样分解时所用试剂及反应物对后续测定无干扰。

　　根据食品种类、性质的不同，以及不同分析方法的要求，以下简要介绍几种预处理的方法。

### (一)直接溶解法

试样中的被测物质，大多数能直接溶解于水中，如无机盐、氨基酸、有机酸、糖类、醇类等，所以这类物质的测定，一般将试样加水溶解稀释后可以直接测定。有些有机物质，如单宁等可以用水加热提取后测定。有些难溶于水的有机被测物质，可以用乙醇、乙醚、石油醚、丙酮、四氯化碳、氯仿等有机溶剂来提取。

### (二)有机物破坏法

本法主要用于测定食品中无机成分的含量，由于这些无机成分会与有机质结合，形成难溶、难离解的化合物，使无机元素失去原有的特性而不能检出，需要在测定前破坏有机结合体。有机物破坏法是将有机物在高温或高温加强氧化剂的作用下，经长时间处理，破坏其分子结构，有机质分解呈二氧化碳或水蒸气气态逸散，而被测无机元素得以释放。该法还可用于硫、氮、氯、磷等非金属元素的测定。操作方法分为干法灰化、湿法消化及微波消解三大类。

#### 1. 干法灰化

干法灰化是用高温灼烧的方式，破坏样品中有机物的方法，又称为灼烧法。除汞以外，大多数金属元素的测定都可以用此法。

测定时将样品置于坩埚中，先放在电炉上加热，使其中的有机物脱水、炭化、分解、氧化，再置高温炉中（灼烧温度 $550\pm25℃$）灼烧灰化，直至残灰为白色或灰色为止，所得残渣即为无机成分。

干法灰化法的优点：

(1) 此法基本不加或加入很少的试剂，故空白值低。

(2) 灰分体积小，能处理较多的样品，使被测组分富集，有利于降低检测限。

(3) 有机物分解彻底，操作简单。

干法灰化法的缺点：

(1) 所需时间较长。

(2) 因温度高易造成易挥发元素（如砷、锑、铅、锗、硒等）的损失。

(3) 坩埚有吸留作用，使测定结果和回收率降低。

#### 2. 湿法消化

湿法消化是通过在样品中加入液态强氧化剂，并加热消煮，使样品中的有机物质完全分解、氧化，呈气态逸出，待测组分转化为无机物状态存在于消化液中。常用的强氧化剂有浓硝酸、浓硫酸、高氯酸、高锰酸钾、过氧化氢等。实际上多用以一定比例配制的混合酸。在消化过程中应避免产生易挥发性的物质，以及形成新的沉淀。例如，$HNO_3：HClO_4：H_2SO_4=3：1：1$ 的混合酸适用于大多数的生物试样的消化，但样品含钙高，则可不用 $H_2SO_4$，以避免 $CaSO_4$ 沉淀形成。某些硫酸盐（如 $Pb^{2+}$、$Ag^+$、$Ba^{2+}$）和氯酸盐（如 $Pb^{2+}$、$Ag^+$ 等）呈不溶性，因此测定这类样品时不宜使用 $HClO_4$

或 $H_2SO_4$。其他氧化剂如 $H_2O_2$、高锰酸盐等也可用于消化试样，钼盐则能作催化剂加速氧化反应。

湿法灰化法的优点：

（1）分解速度快、所需时间短，灰化彻底。

（2）由于消化过程在溶液中进行，加热温度低，可减少被测组分或元素的挥发逸散损失，被容器吸留的少。

湿法灰化法的缺点：

（1）产生大量有害气体，需要在通风橱中进行。

（2）初期有机物质分解易产生大量泡沫外溢，需要操作人员随时照管。

（3）试剂用量大，空白值偏高。

根据所用氧化剂不同，湿法消化分为如下几类。

（1）硫酸法。硫酸具有强氧化性和脱水性，能够使有机物质分解，如测定蛋白质和富脂类样品时的消化，硫酸是常用的消化剂。

（2）硝酸-硫酸分解法。比单独使用硫酸的氧化性要强，有利于分解成分复杂、难以消化样品，适用于鱼、奶、面粉、饮料等食品的消化。消化时取适量样品于 250mL 三角瓶中，加 10mL 硫酸和 20mL 左右的硝酸，先用小火低温加热，待剧烈反应结束后徐徐升温。当分解液开始变黑时，加 6～10mL 硝酸，继续加热分解，必要时反复操作（每当溶液变深时，立即添加硝酸，否则会消化不完全），直至分解液呈无色透明或淡黄色后，蒸干冒浓白烟，冷却后加 2～10mL $HNO_3$（1：1）溶液，加热使之彻底溶解，以纯水洗至 50～100mL 容量瓶中，定容后即成测试溶液。该法易产生二氧化氮和亚硝酸盐，这两种物质有毒并对测定会产生干扰，所以消化后要除去。

（3）硝酸-硫酸-高氯酸分解法。氧化性比前两种都要强，能使样品中的有机物质快速氧化分解，适用于鱼、鸡蛋、奶制品、牛肝、面粉、小米、胡萝卜、南瓜、白菜、苹果、苹果汁、薯干等样品的消化。取适量样品于 250mL 三角瓶中，加 20mL 左右的硝酸，先低温加热。剧烈反应结束后取下锥形瓶，稍冷后，再加 4～10mL 硫酸、高氯酸，慢慢加热分解。当溶液开始变黑时，再加 6～10mL 硝酸，必要时反复添加硝酸，继续到产生高氯酸浓白烟，直至样液变为透明或淡黄色再加热也不变黑为止。然后进行硫酸冒烟处理。冷却后加 2～10mLHNO₃（1：1）溶液，加热使之彻底溶解，以纯水洗至 50～100mL 容量瓶中，定容后即成测试溶液。在操作过程中应注意防止爆炸。

（4）硝酸-高氯酸分解法。适用于乳制品、食油、鱼和各种谷物食品等含钙量大的样品分解。取适量样品于 250mL 的锥形瓶中，加 20mL 硝酸，缓慢加热。待剧烈反应结束后，加 5mL 高氯酸、5mL 硝酸（即比例为 1：1），继续加热分解。如果分解液没有变为透明或淡黄色，可再加，如此反复操作，直到有机物完全被破坏。样品分解后，再加热到高氯酸白烟消失。冷却后加 2～10mL $HNO_3$（1：1）溶液，加热使之彻底溶解，以纯水洗至 50～100mL 容量瓶中，定容后即成测试溶液。在操作过程中应注意防止爆炸。

（5）过氧化氢与盐酸分解法。可使大多元素组分和无机物质溶解，适用于大米、土豆、牛奶、蔬菜等蛋白质含量较低的样品的分解。具体操作与前面几种相似。

### （三）蒸馏分离法

利用液体混合物中各种组分挥发度的不同而将其分离。通过蒸馏法可除去干扰组分，也可以使待测组分得到纯化和浓缩。蒸馏时采取的加热方式根据被蒸馏物质的性质和沸点可用水浴、油浴或直接加热，食品理化分析中按照待测成分性质的不同，把蒸馏法分为常压蒸馏法、减压蒸馏法、水蒸气蒸馏法和扫集共蒸馏4种。

**1. 常压蒸馏**

当被蒸馏的物质常压下受热不分解或成分沸点不太高时，可用常压蒸馏（图2-3）。

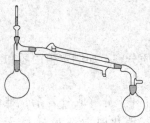

常用的蒸馏釜为平底、圆底烧瓶，冷凝管为直管、球型、蛇型等，加热过程中要注意在磨口装置涂油脂，温度计插放位置要正确，要防止爆沸现象的发生。

**2. 减压蒸馏**

当被蒸馏物质常压下受热易分解，或沸点太高时样品组分会炭化、分解，此时应该采用减压蒸馏的方式。减压蒸馏的原理是物质的沸点随其液面上压强的减小而降低，

图2-3　常压蒸馏装置图

从而降低沸点温度。具体装置见图2-4。

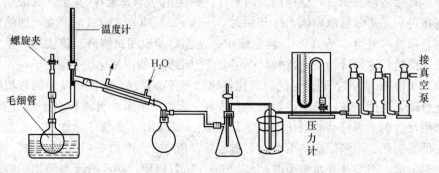

图2-4　减压蒸馏装置图

**3. 水蒸气蒸馏**

适用于物质组分复杂，沸点较高，受热不均会引起炭化、分解的物质。水蒸气蒸馏是用水蒸气加热混合液体，使具有一定挥发度的被测组分与水蒸气分压成比例地自溶液中一起蒸馏出来。水蒸气蒸馏的具体装置见图2-5，应注意蒸馏前后装置的装拆顺序。

**4. 扫集共蒸馏**

这是一种专用设备，管式蒸馏器后接冷凝装置与微型层析柱。多用于测定食品中残存农药的含量。

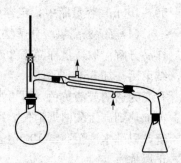

图2-5　水蒸气蒸馏装置

该法最大的优点是需样量少，用注射器加料，节省溶剂，速度快，自动化式5～6秒测一个样，有20条净化管道。

**(四) 溶剂抽提法**

同一溶剂中，不同的物质有不同的溶解度，同一种物质在不同的溶剂中溶解度也不同。利用混合物中各种组分在某种溶剂中溶解度的不同将混合物分离的方法称为溶剂抽提法。这种方法常用于食品理化分析中维生素、重金属、农药、黄曲霉毒素等的分离测定。根据提取对象的不同，溶剂抽提法分为浸提法、溶剂萃取法和超临界萃取法三种。

1. 浸提法

用适当的溶剂将固体样品中某种待测成分浸提出来，又称"液-固萃取法"。

(1) 提取剂的选择

浸提法的分离效果取决于提取剂的选择。可根据被提取成分极性的强弱选择提取剂，根据相似相溶的原理，极性弱的成分用极性小的溶剂，极性强的成分可用极性大的溶剂，溶剂对被测组分的溶解度最大而对杂质的溶解度最小。溶剂的沸点应控制在45～80℃，沸点太高不易浓缩，沸点太低则易挥发。另外，溶剂要稳定，不与样品发生作用。

(2) 浸提方法

1) 振荡浸提法。样品切碎后加入适当的溶剂浸泡、振荡一段时间，被测物质就可以被溶剂提取出来。此法简单方便，但是如果提取次数少或者提取时间短都会降低提取率。

2) 捣碎法。将切碎的样品和溶剂加入捣碎机中，捣碎一定时间，被测成分即被提取。此法回收率高，但溶出杂质较多，选择性差。

3) 索氏提取法。将粉碎的样品放入索氏抽提器中，溶剂加热回流一定时间将被测成分提取出来。此法回收率高，溶剂用量少，提取完全，但操作需要专门的索氏抽提器，操作麻烦，需要提取的时间也较长。

2. 溶剂萃取法

用一种溶剂把样品溶液中的一种组分萃取出来，这种组分在原溶液中的溶解度小于在新溶剂中的溶解度，即分配系数不同。本法适用于原溶液中各组分沸点非常相近或形成了共沸物，无法用一般蒸馏法分离的物质。该方法分离效果好，操作简单快速，但萃取剂往往有一定的毒性且易燃，使用时应当注意。

(1) 关于萃取剂的选择

1) 萃取剂与原溶剂互不相溶且比重不同，易于分层，无泡沫。

2) 被测组分在萃取剂中溶解度要大于其在原溶剂中的溶解度。对其他杂质或干扰组分溶解度很小。

3) 经蒸馏可使萃取剂与被测组分分开，但有时萃取相整体就是产品。

(2) 萃取方法

萃取通常在分液漏斗中进行。一般为获得较高的提取率，往往按照少量多次的原则

（萃取 4～5 次），达到分离的目的。常用的有直接萃取和反萃取两种方式。若萃取剂比水轻，或者从水中提取分配系数小或易乳化的组分时，也可用专门的连续液体萃取器。

3. 超临界萃取（SFE）

利用超临界流体（SCF）作为溶剂，用来有选择性地溶解液体或固体混合物中的溶质。可大大增加溶质的溶解度。

超临界流体：流体的温度、压力处于临界状态以上。常用 $CO_2$ 作为超临界流体（临界温度为 31.05℃，临界压力 7.37MPa），它具有不可燃、无毒、廉价易得、化学稳定性好等优点。

### （五）色谱法

色谱法，1906 年，俄国植物学家茨威特分离植物叶绿体中的色素而得名。在玻璃管中装入 $CaCO_3$，把溶解了植物叶绿体的石油醚倒入管内，再用石油醚做淋洗剂，结果柱子中被分成几个不同颜色的谱带。所以色谱法就是通过分离体系与固定载体间的相向运动，进行组分动态分配而进行分离的方法。按固定相材料及使用形式分类，分为柱色谱（固定相装在色谱柱中）、纸色谱（层析滤纸为支持剂，滤纸上结合水为固定相）和薄层色谱（TLC 将固定相粉末制成薄层）；根据流动相不同可分为气相色谱（GC，流动相为气体）和液相色谱（HPLC，流动相为液体）。根据分离机理分为吸附色谱、分配色谱、离子交换色谱。色谱法对于分离复杂样品中的各个组分最为有效，在食品、生物、医药检测中应用广泛。

1. 吸附色谱法

利用活化处理后的吸附剂，如聚酰胺、硅胶、硅藻土、氧化铝等，经过直接混合或装柱淋洗等方式与样品溶液接触，被测组分或干扰成分即被吸附，分离出吸附剂，通过洗脱液将组分洗出而得到分离。该方法利用对不同组分的物理吸附性能的差异进行分离，吸附力相差越大分离效果越好。

2. 分配色谱

利用不同组分在两相中的不同分配系数来进行分离（溶解度的不同）。两相中的一相是流动的，另一相是固定的。被分离组分在流动相中沿着固定相移动的过程中，由于不同物质在两相中具有不同的分配比，而达到分离的目的。

3. 离子交换色谱法

利用样品中各组分与离子交换剂的亲和力的不同进行分离。该方法可分为阳离子交换和阴离子交换两种，交换作用的反应式为：

阳离子交换 $R\text{-}H + M^+X^- \longrightarrow R\text{-}M + HX$

阴离子交换 $R\text{-}OH + M^+X^- \longrightarrow R\text{-}X + MOH$

反应式中，R 为离子交换剂的母体，$M^+X^-$ 为溶液中被交换的物质。

当被测离子与离子交换剂一起混合振荡，或将样液缓缓通过离子交换剂填充的离子交换柱时，被测离子或干扰离子，即与离子交换剂上的 $H^+$ 或 $OH^-$ 发生交换，被测离子或干扰离子留在离子交换剂上,被交换出的,以及不发生反应的其他物质留在溶液内,从而达到分离的目的。食品理化分析中,常用这种方法制备无氨水、无铅水和分离复杂的样品。

### (六)化学分离法

通过适当的化学反应处理样品,改变某些组分的亲水、亲脂及挥发性,达到分离的目的。

**1. 磺化法和皂化法**

用来除去样品中脂肪或处理油脂中其他成分,使本来憎水性的油脂变成亲水性化合物,从样品中分离出去。可用于食品中农药残留的分析。

(1)硫酸磺化法(磺化法)。用浓硫酸处理样品提取液,使脂肪、色素、蜡质等干扰物质变成极性较大、能溶于水和酸的化合物,与那些溶于有机溶剂的待测成分分开,同时也可增加脂肪族、芳香族物质的水溶性。该方法主要用于有机氯农药残留物的测定。此法简单、快速、效果好,但对含有强酸介质不稳定成分的样品不适用。

(2)皂化法。皂化法是以热碱溶液处理样品,使之与脂肪及杂质发生皂化反应,达到净化的目的。即:

$$酯 + 碱 \longrightarrow 酸或脂肪酸盐 + 醇$$

此法适用于对碱液稳定的农药的净化。常用碱为 NaOH 或 KOH。NaOH 可直接用水配制,而 KOH 易溶于乙醇溶液。

**2. 沉淀分离法**

利用沉淀反应进行分离。即在试样中加入适当的沉淀剂,使被测组分沉淀下来或将干扰组分沉淀下来,再经过滤或离心把沉淀和母液分开。如测定乳品中的糖含量时,常用铜盐或锌盐沉淀蛋白质以排除干扰。常用的沉淀剂有碱性硫酸铜、碱性醋酸铅等。

**3. 掩蔽法**

向样品中加入一种掩蔽剂使干扰成分仍在溶液中,而失去了干扰作用,多用于络合滴定中。这种方法步骤简单,不用经过分离即可消除干扰,在食品理化分析中广泛应用于金属元素的测定。

### (七)浓缩

为了减小样品溶液在提取、净化后的体积,提高待测组分的浓度,常对样品提取液进行浓缩。常用的浓缩方法有常压浓缩和减压浓缩。

**1. 常压浓缩**

用于待测组分不易挥发的样品,可用蒸发皿直接加热浓缩,如果溶剂需要回收,也可用蒸馏装置等。

**2. 减压浓缩**

适用于对易挥发、热不稳定性组分的浓缩。常用 K-D 浓缩器、旋转蒸发器等,采用水浴加热并抽气减压,浓缩速度快,被测组分损失少。食品中有机磷农药的测定常用此法浓缩。

## 三、现代技术在样品前处理中的应用

### 1. 固相萃取法

固相萃取（solid phase extraction，SPE）技术是近十几年迅速发展起来的一种样品预处理技术，其分离和纯化的基础是液相色谱分离机制。

SPE 是一个柱色谱分离过程，其原理是利用固定相将液体样品中的待测组分吸附，与样品中的基体和干扰组分分离，然后用洗脱液洗脱，从而达到分离或富集待测组分的目的。也可以让分析物直接通过固定相而不被保留，干扰物被保留在固定相上，从而得到分离。固相萃取的分离机理、固定相和溶剂的选择与 HPLC 相似，只是在填料的形状和粒径上有所区别。

固相萃取法主要用于样品分析前的净化或浓缩富集。与传统的液-液萃取相比，固相萃取法改进了样本制备技术，具有以下优点：①可批量进行；②节省时间；③减少溶剂使用；④高选择性；⑤可富集痕量农药；⑥可消除乳化现象；⑦易于自动化。

### 2. 凝胶渗透色谱法

该方法在欧洲尤其是在德国应用得较多，近年来此技术开始引入我国。

凝胶渗透色谱法的原理是基于物质分子大小和形状不同来实现分离。主要依据相对分子量的差别，通过 GPC 将农药与农药、农药与共提取物分开。从而达到分离和净化的目的。凝胶渗透色谱法的优点是净化容量大，广泛适用于有机磷、有机氯农药的提取，尤其是脂类食物样品和带色素物质中残留农药的提取。缺点是凝胶柱成本较高，溶剂用量大。

### 3. 微波辅助萃取

微波萃取技术在食品理化分析中主要用于农兽药残留、真菌毒素和海产品中重金属的分析。该方法是微波和传统的溶剂提取法相结合的一种萃取方法，利用不同结构的化合物吸收微波能力的差异，使得细胞内的某些成分被微波选择性加热，导致细胞结构发生变化，从而提高有效成分的溶出程度和速度。20 世纪 70 年代，普通家用微波炉首次走进实验室；80 年代，首次发表了微波用于植物提取的文献；90 年代商业化 MAP（microwave-assisted extraction process）开始应用于中药有效成分的提取。

微波辅助萃取的原理是待测物质吸收微波，物质细胞内部温度升高，细胞内部压力超过细胞壁膨胀承受能力，细胞破裂，细胞内的有效成分自由流出。影响微波萃取的因素有萃取的温度、时间和萃取剂。

微波萃取法的优点是提取质量高，可有效保护食品中的功能成分，对萃取物具有高选择性，省时（50%～90%），溶剂用量少（50%～90%）。但是微波提取仅适用于对热稳定的产物，如生物碱、黄酮、苷类等，而对热敏感的物质，如蛋白质、多肽等，微波加热能导致这些成分的变性甚至失活。

# 第三节 分析结果的误差与数据处理

## 一、误差及其控制

由于实验方法和实验设备的不完善，周围环境的影响，以及人的观察力、测量程序等限制，实验观测值和真值之间，总是存在一定的差异。人们常用绝对误差、相对误差或有效数字来说明一个近似值的准确程度。为了评定实验数据的精确性或误差，认清误差的来源及其影响，需要对实验的误差进行分析和讨论。由此可以判定哪些因素是影响实验精确度的主要方面，从而在以后实验中，进一步改进实验方案，缩小实验观测值和真值之间的差值，提高实验的精确性。

### 1. 真值

任何物理量在一定客观条件下都具有不以人的意志为转移的固定大小，这个客观大小称为该物理量的真值。"绝对真值"一般是不可知的，人们在长期的实践和科学研究中归纳出以下几种真值。

(1) 理论真值。理论设计值，公理值，理论公式计算值。

(2) 约定真值。国际计量大会规定的各种基本常数，基本单位标准。

(3) 算术平均值。指多次测量的平均结果，当测量次数趋于无穷时，算术平均值趋于真值。

### 2. 误差

测量结果与真值之间总是有一定的差异，这种差异称为误差。误差自始至终贯穿在一切科学实验之中。

## 二、原始数据的记录与处理（根据 GB/T 5009.1—2003 及 GB/T 8170—2008）

有效数字就是实际能测量到的数字，它代表了数字的有效意义和准确程度。在食品检验分析工作中，定量分析需要经过测量、记录、运算、报告等环节才能获得准确的分析结果。为使记录运算的数据与测量仪器仪表的精度相适应，必须注意有效数字的处理，并不是说一个数值中小数点后面位数越多越准确。

### 1. 有效数字的记录

记录测量数据时，只保留一位可疑数字。在结果报告中，也只能保留一位可疑数字，不能列入后面无意义的数字。如酸碱滴定实验中，滴定管读取的数据为 24.49mL，前三位数字"24.4"是准确数字，最后一位数字"9"即为可疑数字。在所有的数字中，其中除了起定位作用的"0"外，其他数都是有效数字。如 0.0029 只有两位有效数字，而 290.0 则有四位有效数字。

实际工作中，常用指数的形式清楚、明确地表示数值的精度和有效数字位数，即写成一个小数与相应 10 的整数幂的乘积。这种以 10 的整数幂来记数的方法称为科学记数法。

如：68900　　　有效数字为 4 位时，记为 $6.890 \times 10^5$

　　　　　　　　有效数字为 3 位时，记为 $6.89 \times 10^5$

　　0.00435　　有效数字为 4 位时，记为 $4.350 \times 10^{-3}$

　　　　　　　　有效数字为 3 位时，记为 $4.35 \times 10^{-3}$

### 2. 有效数字的修约规则

修约指的是通过调整所保留的末位数字，使最后得到的值最接近原数值的过程。当有效数字位数确定后，其余数字一律舍弃。进舍规则是四舍六入，即拟舍弃数字最左一位数字小于 5，则舍弃不计，保留其余各位数字不变；拟舍弃数字最左一位数字大于 5 则在前一位数上增 1；拟舍弃数字最左一位数字等于 5 时，且其后有非 0 数字时进一，即保留数字的末位数字加 1；拟舍弃数字最左一位数字为 5，且其后无数字或皆为 0 时，若所保留的末位数字为奇数，则进 1，即保留数字的末位数字加 1；为偶数，则舍弃。负数修约时，先将其绝对值按上述规则修约，然后在所得值前面加上负号。修约时要一次修约到位，不允许连续修约。

### 3. 有效数字运算规则

（1）在加减计算中，以绝对误差最大的数为准来确定有效数字的位数，即各数所保留的位数，应与各数中小数点后位数最少的相同。例如将 24.65，0.0082，1.632 三个数字相加时，应写为 24.65＋0.01＋1.63＝26.29。

（2）在乘除运算中，以相对误差最大的数为准，即各数所保留的位数，以各数中有效数字位数最少的那个数为准；其结果的有效数字位数亦应与原来各数中有效数字最少的那个数相同。例如：0.0121×25.64×1.05782 应写成 0.0121×25.6×1.06＝0.328。上例说明，虽然这三个数的乘积为 0.3281823，但只应取其积为 0.328。

（3）在对数计算中，所取对数位数应与真数有效数字位数相同。

（4）单位变换时，有效数字的位数不能改变。

（5）在对数计算中，所取对数位数应与真数有效数字位数相同。

（6）常数、稀释倍数以及乘数为等的有效数字的位数可以无限制。

（7）常量分析一般保留 4 位有效数字，微量分析保留 2 位有效数字；准确度和精密度的表示一般取 1～2 位有效数字。

## 三、分析检验结果的表示方法

检验结果常用的表示单位有质量分数、体积分数、质量浓度等。体积的单位有 L、mL、μL 等，质量的单位有 g、mg、μg 等。

## 四、分析结果的评价

对测量结果的好坏，往往用精密度、准确度和精确度来评价，但这是三个不同的概念，使用时应加以区别。

### 1. 精密度

精密度表示测量结果中偶然误差的大小。它是指在规定条件下进行多次测量时,各次测量结果之间相互接近的程度,即离散的程度。精密度高则离散程度小,重复性大。

精密度的高低一般用偏差来表示。偏差是指多次平行试验中个别测定值与算术平均值之间的差值。偏差可用绝对偏差 $d_i$ 和相对偏差 $d_r$ 表示。

$$绝对偏差\ d_i = x_i - \bar{x}$$

式中:$d_i$ 表示绝对偏差,$x_i$ 表示个体测量值,$\bar{x}$ 表示平行试验平均值。

$$相对偏差\ d_r = \frac{x_i - \bar{x}}{\bar{x}} \times 100\% = \frac{d_i}{\bar{x}} \times 100\%$$

$$平均偏差 = \frac{|d_1| + \cdots + |d_n|}{n} = \frac{\sum_{i=1}^{n} |d_i|}{n}$$

### 2. 准确度

准确度是指多次测量数据的平均值与真实值符合的程度。准确度高则测量值接近真实值的程度高。准确度的大小可用绝对误差 $Ea$ 和相对误差 $Er$ 表示。

$$绝对误差:Ea = x_i - \mu$$

式中:$Ea$ 表示绝对误差,$x_i$ 表示测量值,$\mu$ 表示真实值。

$$相对误差:Er = \frac{x_i - \mu}{\mu} \times 100\% = \frac{Ea}{\mu} \times 100\%$$

### 3. 精确度

精确度表示测量结果中系统误差与偶然误差的综合大小的程度。它是指测量结果的重复性及接近真值的程度。对于测量来说,精密度高,准确度不一定高;而准确度高,精密度也不一定高;只有精密度和准确度都高时,精确度才高。

## 五、分析误差的来源及控制

### 1. 误差的分类

根据误差产生的原因和误差的性质,一般分为三类。

(1)系统误差。系统误差是指在测量和实验中由固定因素所引起的误差,实验数据永远朝一个方向偏移,当实验条件确定时,系统误差就成为客观上的恒定值;当改变实验条件时,就能发现系统误差的变化规律。

系统误差产生的原因有:①实验仪器设备本身的问题,如刻度不准,仪表零未校正或标准表本身存在偏差等;②试剂不纯,优级纯试剂也只能达到 99.9%;③实验人员的个人习惯和偏好,如读数偏高或偏低等引起的误差。

(2)偶然误差。偶然误差又称随机误差,是由偶然因素引起的,偶然误差的数值时大时小,时正时负,没有确定的规律,无法控制和补偿。但是,研究发现,随着测量次数的增加,偶然误差服从统计规律,误差的大小或正负的出现完全由概率决定。

（3）过失误差。过失误差往往是由于实验人员粗心大意、过度疲劳和操作不正确等原因引起的。此类误差无规律可循，只要加强责任感、细心操作，过失误差是可以避免的。

**2. 系统误差的减免**

（1）对照试验。可用已知标样与试样进行对照，或采用标准加入回收法进行对照，也可用不同的分析方法、不同的分析人员分析同一试样来互相对照。该方法是检查系统误差的有效方法。

（2）空白试验。空白试验是指在不加试样的情况下，按测定试样的分析步骤和方法条件进行分析，所得结果称为空白值。结果计算时扣除空白值，即可得到比较可靠的分析结果。试剂、蒸馏水、实验器皿、环境带入杂质所引起的误差，可用此法消除。

（3）仪器校正。在实验前，根据所要求的允许误差，对测量仪器如砝码、滴定管、吸量管、容量瓶等进行校正。

（4）方法校正。例如在重量分析中不可能绝对完全沉淀，但可以用其他方法如比色法将溶解于滤液中的少量被测组分测定出来，再将该分析结果加到重量分析的结果中去。

**3. 提高分析结果准确度的方法**

只有尽可能地减小系统误差和偶然误差，才能提高分析结果的准确度，常用的方法有：①选择合适的分析方法。②减小读数测量误差。③增加平行测定次数（一般3～4次）。④消除测量过程中的系统误差。

## 六、分析结果的报告

不同的分析任务，对分析结果的准确度要求不同，平行测定次数与分析结果的报告也不同。

**1. 例行分析结果的报告**

即常规分析，指一般日常生产中的分析。

（1）公差：是指生产部门对于分析结果的允许误差，一般由试样的组成和分析方法的准确度来确定。

（2）超差：是指分析结果超出允许的公差范围。

一个试样平行测定两份，结果如不超过公差的两倍（又叫双面公差），则取它们的平均值报告分析结果；如超过公差的两倍，则需再测一份，若两份测定结果不超过公差两倍的，取平均值。

**2. 多次测定结果的报告**

在实际的食品分析实验中，往往需要进行多次测定。测定结果要报告多次测定结果的算术平均值、中位数（一组测定值按大小顺序排列，当测定次数为奇数时，中位数指处于中间的数，当测定次数为偶数时，中位数指中间两个数的平均值）、平均偏差、相对平均偏差等。

3. 可疑数据的取舍

在一系列分析结果中，往往有个别数值特别大或特别小，偏离其他数值较远，称为可疑值。这类数据处理时应慎重，不能随便舍弃，必须用统计的方法来判断其取舍。下面简单介绍这类数据的处理的规则——Q检验法。

Q检验法（适用于 $n < 10$）：

（1）将一组数据从小到大排列：$x_1$，$x_2$，…，$x_n$，其中 $x_1$，$x_n$ 为可疑。

（2）求出最大值与最小值之差。

（3）求出可疑值与其最相邻数据之间的差值的绝对值。

（4）计算出 $Q_{计算}$ [$Q_{计算}$ 等于（3）中的差值除以（2）中的极差]。

（5）根据测定次数 $n$ 和要求的置信水平（如 90%）查表（见表 2-1）得到 $Q_表$。

若 $Q_{计算} > Q_表$，说明可疑值对相对平均值的偏离较大，弃去可疑值，反之则保留。

**表 2-1　测定次数 $n$ 和要求的置信水平表**

| 测定次数 $n$ | $Q$（90%） | $Q$（95%） | $Q$（99%） |
| --- | --- | --- | --- |
| 3 | 0.90 | 0.97 | 0.99 |
| 4 | 0.76 | 0.84 | 0.93 |
| 5 | 0.64 | 0.73 | 0.82 |
| 6 | 0.56 | 0.64 | 0.74 |
| 7 | 0.51 | 0.59 | 0.68 |
| 8 | 0.47 | 0.54 | 0.63 |
| 9 | 0.44 | 0.51 | 0.60 |
| 10 | 0.41 | 0.49 | 0.57 |

# 第四节　试剂的基础知识

## 一、试剂的规格分类

化学试剂的种类很多，世界各国对化学试剂的分类和分级的标准不尽一致。国际理论和应用化学联合会（International Union of Pure and Applied Chemistry，IUPAC）对化学标准物质的分类如下。

（1）A级：原子量标准。

（2）B级：和A级最接近的基准物质。

（3）C级：含量为 $100 \pm 0.02\%$ 的尺度试剂。

（4）D级：含量为 $100 \pm 0.05\%$ 的尺度试剂。

（5）E级：以C级或D级为尺度对比测定得到的试剂。

我国对试剂等级的一般划分如下。

（1）优级纯（GR，guaranteed reagent），标签为深绿色，纯度高，杂质极少，主要用于精密分析和科学研究，常以 GR 表示。

（2）分析纯（AR，analytical reagent），标签为金光红，纯度略低于优级纯，杂质含量略高于优级纯，适用于重要分析和一般性研究工作，常以 AR 表示。

（3）化学纯（CP，chemical pure），标签为中蓝，纯度较分析纯差，但高于实验试剂，适用于工厂、学校一般性的分析工作，常以 CP 表示。

（4）实验试剂（LR，laboratory reagent）为四级品，纯度比化学纯差，但比工业品纯度高，主要用于一般化学实验，不能用于分析工作，常以 LR 表示。

（5）基准试剂：基准试剂相当或高于优级纯试剂，其主成分含量一般在 99.95%～100.0%，专做滴定分析的基准物质，用以确定未知溶液的准确浓度或直接配制标准溶液。

（6）光谱纯试剂：缩写为 SP，表示光谱纯净。但由于有机物在光谱上显示不出，所以有时主成分达不到 99.9% 以上，使用时必须注意，特别是作基准物时，必须进行标定。

除上述化学试剂外，还有许多特殊规格的试剂，如指示剂、当量试剂、生化试剂、生物染色剂、色谱用试剂及高纯工艺用试剂等。

## 二、溶液浓度的表示方法

不论是化学实验、化工生产还是食品相关检测实验都需要配制一定浓度的溶液。不同的计算中，往往需要用不同的方法（按照国家的规定，相关物理量的计算必须采用国际制基本单位，简称 SI）。把单位体积中含少量溶质的溶液称作"稀"溶液，而把含较多溶质的溶液看成"浓"溶液。物质组成量度的表示方法，参考国际标准和国家标准的有关规定，现总结如下。

### 1. 质量摩尔浓度

质量摩尔浓度是指单位质量溶剂中所含溶质 B 的物质的量。即溶质 B 的物质的量（以 mol 为单位）除以溶剂的质量（以 kg 为单位），用符号 $m_B$ 表示，即：

$$m_B = \frac{n_B}{m_A}$$

质量摩尔浓度的 SI 单位为 $mol \cdot kg^{-1}$。

### 2. 质量分数

物质 B 的质量分数是指物质 B（溶质）的质量与混合物（溶液）质量之比。譬如 30% 的氯化钠溶液就是每 100g 氯化钠溶液中含 30g 的氯化钠和 70g 水。

质量分数用符号 $w$ 表示，即：

$$w = \frac{m_B}{m_总}, \quad m_总 = m_B + m_A$$

### 3. 物质的量浓度

物质的量浓度简称浓度，以符号 $c_B$ 表示，是指单位体积的溶液中所含的溶质的物质的量。即溶质 $B$ 的物质的量除以混合物的体积，公式为：

$$c_B = \frac{n_B}{V_{总}}, \quad V_{总} = V_B + V_A$$

物质的量浓度的 SI 单位为 mol·$L^{-1}$

由于溶液体积随温度而变，所以 $c_B$ 也随温度变化而变化。

4. 摩尔分数

在研究溶液的某些性质时，必须考虑溶质、溶剂的相对量，经常用摩尔分数（也就是物质的量分数）表示，即物质 B 的物质的量与混合物的总物质的量之比，用符号 $x_B$ 表示，

$$x_B = \frac{n_B}{n_{总}}$$

式中：$n_B$ 为物质 B 的物质的量，$n_{总}$ 为混合物中各物质的物质的量之和。物质的摩尔分数无量纲，物质的摩尔分数一般用来表示溶液中溶质、溶剂的相对量。混合物中各物质的摩尔分数之和等于 1，即 $\sum x_i = 1$

5. 溶液浓度之间的互相换算

实际工作中，常常需要将溶液的一种浓度用另一种浓度来表示，即进行浓度间的换算：

溶质的质量 = 溶质的物质的量浓度($c_B$) × 溶液体积($V$) × 摩尔质量($M$)

= 溶液体积($V$) × 溶液密度($\rho$) × 质量分数($w$)

体积浓度与质量浓度换算的桥梁是密度。密度通常用 $\rho$ 表示，单位为 g·$cm^{-3}$ 或 kg·$L^{-1}$。

由此可见，虽然溶液浓度表示方法有多种，但彼此之间是互相联系的，只要掌握其内在联系，深入理解其含义，在实际操作中就会运用自如了。

### 三、标准溶液浓度大小的选择

标准溶液浓度的大小在选择时应考虑到分析试样的成分和性质，对分析结果准确度的要求，滴定终点的灵敏度等因素。

在确定标准溶液浓度大小时，需考虑一次滴定所消耗的标准溶液的量的大小。标准溶液需要量的多少，不仅决定溶液本身的浓度，也与试样中待测组分含量有关。如待测定组分含量很高，而使用的标准溶液浓度很低，则所需标准溶液的量就可能特别多，读数的准确度就会降低，甚至会出现 50mL 溶液滴定完溶液仍不变色的情况。同时还应考虑试样的性质，例如：测定天然水的碱度（其值很小）时，可用 0.02mol·$L^{-1}$ 的标准酸溶液直接滴定，但在测定石灰石的碱度时，则需要 0.2mol·$L^{-1}$ 标准酸溶液，否则会因酸太稀而影响试样溶解的速度导致滴定反应不完全。

标准溶液的浓度不能太浓，尽管较浓的溶液会在滴定终点时使指示剂发生的变化信号更为明显，但标准溶液越浓，由 1 滴或半滴过量所造成的相对误差就越大，这是因为估计滴定管读数时的视差几乎是常数（50.00mL 滴定管的读数视差约为 ±0.02mL）。

为了保证测量时的相对误差不大于±0.1%，所用标准溶液的体积一般不小于20mL，不超过50mL。

在常量分析中常用的标准溶液浓度为0.05000mol·L$^{-1}$～0.2000mol·L$^{-1}$，用得最多的是0.1000mol·L$^{-1}$的溶液；工业分析中常用的是1.000mol·L$^{-1}$标准溶液；微量分析中常用的是0.0010mol·L$^{-1}$的标准溶液。

## 四、标准溶液配制及其浓度标定（GB/T 5009.1—2003，GB/T 601—2002）

### （一）标准溶液的配制

标准溶液指的是已知准确浓度的溶液，在滴定分析中常用作滴定剂。在其他的分析方法中用标准溶液绘制工作曲线或作计算标准。

标准溶液的配制方法有两种，一种是直接法，另一种是间接法，即标定法。

**1. 直接法**

如果所用试剂符合基准物质的要求（组成与化学式相符、纯度高、稳定），可以直接配制标准溶液，即准确称出适量的基准物质，溶解后配制在一定体积的容量瓶内。根据称量的基准物质的质量和容量瓶的体积可以计算出标准溶液的准确浓度。

**2. 间接法**

如果试剂不符合基准物质的要求，则先配成近似于所需浓度的溶液，然后再用基准物质准确地测定其浓度，这个过程称为溶液的标定。

例如氢氧化钠容易吸收二氧化碳和水，难以提纯，为了配制氢氧化钠标准溶液，只需粗略称出氢氧化钠的质量，把它溶解在蒸馏水中，稀释至所需体积，然后用邻苯二甲酸氢钾为基准物质标定氢氧化钠溶液。例如称出0.4985g邻苯二甲酸氢钾，标定时消耗24.02mL氢氧化钠溶液。已知邻苯二甲酸氢钾的摩尔质量为204.2，则氢氧化钠溶液的摩尔浓度为0.1016mol·L$^{-1}$。

### （二）几种常用的酸、碱标准溶液的配制和标定

1. 0.1mol·L$^{-1}$氢氧化钠标准滴定溶液

（1）配制。称取110g氢氧化钠，溶于100mL无二氧化碳的水中，摇匀，注入聚乙烯容器中，密闭放置至溶液清亮。用塑料管量取5.4mL上层清液，用无二氧化碳的水稀释至1000mL，摇匀。

（2）标定。称取0.75g于105～110℃电烘箱中干燥至恒重的工作基准试剂邻苯二甲酸氢钾，加50mL无二氧化碳的水溶解，加2滴酚酞指示液（10g·L$^{-1}$），用配制好的氢氧化钠溶液滴定至溶液呈粉红色，并保持30s不褪色。同时做空白试验。

（3）氢氧化钠标准滴定溶液的浓度$c$（NaOH），数值以摩尔每升（mol·L$^{-1}$）表示，按下式计算：

$$c(\mathrm{NaOH}) = \frac{m \times 1000}{M \times (V_1 - V_2)}$$

式中：$m$——邻苯二甲酸氢钾的质量的准确数值，单位为克（g）；

$V_1$——氢氧化钠溶液的体积的数值，单位为毫升（mL）；

$V_2$——空白试验氢氧化钠溶液的体积的数值，单位为毫升（mL）；

$M$——邻苯二甲酸氢钾的摩尔质量的数值，单位为克每摩尔（$g \cdot mol^{-1}$），
[$M(KHC_8H_4O_4) = 204.22$]。

2. $0.1 mol \cdot L^{-1}$ 盐酸标准滴定溶液

（1）配制。量取 9mL 盐酸，注入 1000mL 水中，摇匀。

（2）标定。称取 0.2g 于 270～300℃高温炉中灼烧至恒重的工作基准试剂无水碳酸钠，溶于 50mL 水中，加 10 滴溴甲酚绿-甲基红指示液，用配制好的盐酸溶液滴定至溶液由绿色变为暗红色，煮沸 2min，冷却后继续滴定至溶液再呈暗红色。同时做空白试验。

（3）盐酸标准滴定溶液的浓度 $c$(HCL)，数值以摩尔每升（$mol \cdot L^{-1}$）表示，按下式计算：

$$c(HCL) = \frac{m \times 1000}{M \times (V_1 - V_2)}$$

式中：$m$——无水碳酸钠的质量的准确数值，单位为克（g）；

$V_1$——盐酸溶液的体积的数值，单位为毫升（mL）；

$V_2$——空白试验盐酸溶液的体积的数值，单位为毫升（mL）；

$M$——无水碳酸钠的摩尔质量的数值，单位为克每摩尔（$g \cdot mol^{-1}$）[$M\left(\frac{1}{2}Na_2CO_3\right)$ = 52.9941]。

## 五、实验室用水

根据中华人民共和国国家标准 GB 6682—2008《分析化学实验室用水的规格及试验方法》的规定，分析化学实验室用水分为三个级别：一级水、二级水和三级水。

一级水用于有严格要求的分析实验，包括对颗粒有要求的实验，如高效液相色谱用水。一级水可用二级水经过石英设备蒸馏水或离子交换混合窗处理后，再用 0.2nm 微孔滤膜过滤来制取。

二级水用于无机痕量分析等实验，如原子吸收光谱用水。二级水可用多次蒸馏或离子交换等制得。

三级水用于一般的化学分析实验。三级水可用蒸馏或离子交换的方法制得。

# 第五节　食品理化分析基本操作技能

## 一、理化分析常用仪器设备

1. 电炉

实验室用电炉一般是用电炉丝加热的，根据电炉功率的大小，可分为 500W、

800W、1000W、2000W 等。利用电炉加热时温度可控，受热均匀，使用时应防止电炉丝短路。

### 2. 电热恒温干燥箱

电热恒温干燥箱也称为干燥箱、恒温干燥箱，适用于化验室、科研单位等部门做干燥、熔蜡、灭菌等使用。切忌将挥发物及易燃易爆的物品置入干燥箱，以免引起爆炸。使用时供电电压一定要与箱的额定工作电压相符，否则会造成箱内电子仪表的损坏。放置试品时切勿过密或超载，同时散热板上不能放置试品或其他东西，以免影响热空气对流。使用前必须检查加热器的每根电热丝的安装位置，以防电热丝重叠或碰撞发生事故。切勿任意拆卸机件，以免损坏箱内电气线路。使用环境温度不得高于 45℃。箱门以不常开启为宜，以免影响恒温，并且当温度升到 300℃时，开启箱门可能会使玻璃门因急骤冷却而破裂。

### 3. 马弗炉

由英文 Muffle furnace 翻译过来。马弗炉在中国的通用叫法有以下几种：电炉、电阻炉、茂福炉、马福炉。马弗炉是一种通用的加热设备。依据外观形状可分为箱式炉、管式炉、坩埚炉。

### 4. 电热恒温水浴锅

恒温水浴锅广泛应用于干燥、浓缩、蒸馏、浸渍化学试剂，也可用于水浴恒温加热和其他温度试验，是实验室、分析室的必备工具。其主要特点是水箱选材为不锈钢，有优越的抗腐蚀性能，温控精确，自动控温，操作简便，使用安全。

使用方法：

（1）向工作室水箱注入适量的洁净自来水，放置容器；

（2）接通电源；

（3）选择恒温温度；

（4）工作完毕，将温控旋钮置于最小值，切断电源；

（5）若水浴锅较长时间不使用，应将工作室水箱中的水排除，用软布擦干净并晾干；

（6）禁止在水浴锅无水的状态下使用加热器。

## 二、食品分析基本操作技能

### （一）称量

天平是定量分析操作中最常用的仪器，天平的称量误差直接影响分析结果的准确度。因此，必须了解常见天平的结构，学会正确的称量方法。天平有托盘天平、分析天平、电子天平等，本章只介绍托盘天平和电子天平。

托盘天平利用的是杠杆原理，称量误差大，一般用于对精度要求不高的实验。使用前先调节调平螺丝调平，1g 以上质量的称量用砝码，1g 以下质量的称量使用游标。称量时注意砝码要用镊子夹取，不能直接用手去拿。

电子天平是最新一代的天平，它的工作原理是电磁力平衡。使用时直接称量，全称量过程不需要砝码。称量时放上被测物质后，在几秒钟内达到平衡，直接显示读数。称量速度快，精度高。它采取弹簧片代替机械分析天平的玛瑙刀口作为支撑点，用差动变压器取代升降枢装置，用数字显示代替指针刻度。它具有体积小、使用寿命长、性能稳定、操作简便、灵敏度高等优点。此外，电子天平还具有自动校正、自动去皮、超载显示、故障报警等功能。除此之外，新型的电子天平还具有质量电信号输出功能，可与打印机、计算机联用，进一步扩展其功能，如统计称量的最大值、最小值、平均值和标准偏差等。由于电子天平具有机械分析天平无法比拟的优点，越来越广泛地应用于各个领域，并逐步取代机械分析天平。称量时，可根据不同的称量对象和不同的天平，选用适合的称量方法操作。

1. 电子天平的称量

（1）称量前的检查。①取下天平罩，叠好。②打开天平门，检查天平盘内是否洁净，必要时用小毛刷清扫。③关闭天平门，检查天平是否水平，若不水平，调节底座平衡螺丝，使水平气泡位于水平仪中心。④检查干燥剂变色硅胶是否已变色失效，若失效，应及时更换。

（2）开机。关好天平门，轻按 ON 键，指示灯全亮，松开手，天平先显示型号，稍后显示为 0.0000g。

（3）电子天平的一般使用方法。①直接称量：在指示灯显示为 0.0000g 时，打开天平侧门，将被测物小心置于秤盘上，关闭天平门，待数字不再变动后即得被测物的质量。打开天平门，取出被测物，关闭天平门。②去皮称量：将容器至于秤盘上，关闭天平门，待天平稳定后按 TAR 键清零，指示灯显示重量为 0.0000g，取出容器，变动容器中物质的量，将容器放回托盘，不关闭天平门粗略读数，看质量变动是否达到要求，若在所需范围之内，则关闭天平门，读出质量变动的准确值。

2. 基本的样品称量方法

（1）直接称量法。用于称量洁净干燥、不易潮解或升华的固体试样的质量。如称量某称量瓶的质量，具体操作是：关好天平门，按 TAR 键清零；打开天平左门，将称量瓶放入盘中央，关闭天平门，待稳定后读数；记录后打开左门，取出称量瓶，关好天平门。

（2）增量法，又称固定质量称量法，用于称量某一固定质量的试剂或试样。这种称量操作的速度很慢，适用于称量不易吸潮、在空气中性质稳定的粉末或小颗粒样品。

称量时，用左手手指轻击右手腕，将药匙中的样品慢慢震落于容器内，当达到所需质量时停止加样，关上天平门，显示稳定后即可记录所称取试样的质量。记录后打开左门，取出容器，关好天平门。

固定质量称量法要求称量精度在 0.1mg 以内。如称取 0.5000g 面粉，允许质量的范围是 0.4999～0.5001g，超出这个范围的结果均不合格。如称量时加入量超出要求，需重新称量，且已经用过的试样必须弃去，不能倒回原试剂瓶中。操作中尤其要注意不能将试剂撒落到容器以外的地方。称好的试剂必须定量地转入接收器中，不能有遗漏。

（3）减量法，又称递减称量法。主要用于称量易挥发、易吸水、易氧化和易与二氧化碳反应的物质。

从干燥器中取出称量瓶，用纸片夹住瓶盖柄打开瓶盖，用药匙加入多于所需总量的试样（最好不超过称量瓶容积的三分之二），盖上瓶盖，置入天平中，显示稳定后，按TAR键清零。用纸带取出称量瓶，倾斜瓶身，用瓶盖轻击瓶口使试样缓缓落入接收器中。当估计试样接近所需量时，继续用瓶盖轻击瓶口，同时将瓶身缓缓竖直，用瓶盖敲击瓶口上部，使黏于瓶口的试样落入瓶中，盖好瓶盖。将称量瓶重新放入天平，显示的质量减少量即为试样质量。如果敲出质量多于所需质量，则需重新称量。

（4）称量结束后的工作。称量结束后，按 OFF 键关闭天平，将天平还原。填好使用记录，整理好台面后方可离开。

（5）使用天平的注意事项：

1）在开关门，取放称量物时，动作必须轻缓，切不可用力过猛，以免造成天平损坏。

2）过热或过冷的称量物，应等温度降至室温后方可称量。

3）在固定质量称量时要特别注意，称量物的总质量不能超过天平的称量范围。

4）所有称量物都必须置于一定的洁净干燥的烧杯、表面皿、称量瓶等中进行称量，以免沾染腐蚀天平。

5）为避免手对药品和器皿的污染，不能用手直接拿取称量器皿。

**（二）移液管和吸量管的使用**

移液管和吸量管是准确移取一定量液体的工具。移液管的结构是两头细长中间有膨大空腔的玻璃管，在管的上端有刻度线。膨大部分标有它的容积和标定时的温度。如需吸取 5.00mL、10.00mL 等整数，可用相应大小的移液管。吸量管是带有多刻度的玻璃管，用它可以吸取不同体积的溶液。量取小体积且不是整数时，一般用吸量管。具体使用方法如下。

（1）洗涤。使用前都要洗涤，先用洗液洗，再用自来水冲洗，最后用蒸馏水洗涤干净，直至内壁不挂水珠为止。

（2）润洗。为保证移取溶液浓度保持不变，应先用滤纸将管口内外水珠吸去，再用被移溶液润洗三次，润洗后的溶液应该弃去。

（3）吸取溶液。吸取溶液时，用右手大拇指和中指拿在管子的刻度上方，插入溶液中，左手将吸耳球预先捏扁，排出空气，将溶液吸入管中。吸取时注意下端至少伸入液面 1cm，不能伸入太少，以免液面下降后吸空，也不能伸入太多，以免管口外壁黏附溶液过多。吸取时，眼睛注意正在上升的液面位置，当液面上升至标线以上，立即用右手食指按住管口。一般因大拇指操作不灵活，不用大拇指操作。随后右手食指稍稍抬起，让液面缓慢下降到凹液面最低处与刻度正好相切即可。

（4）放出吸取的溶液。将接收容器锥形瓶或容量瓶略倾斜，管尖靠瓶内壁，移液管垂直。不能将管尖放到瓶底。松开食指，液体自然沿瓶壁流下，液体全部留出后停留15 秒左右，取出移液管。留在管口的液体不要吹出，但若移液管上标有"吹"，应该将留在管口的液体吹出。使用吸量管放出一定量溶液时，通常是液面由某一刻度下降到另一刻度，两刻度之差就是放出的溶液的体积，实验中应尽可能使用同一吸量管的同一区段的体积。

注意事项：①移液管使用后，应洗净放在移液管架上晾干，不能放入烘箱中烘干。②移液管和吸量管在实验中不能串用，以避免沾染。

### （三）容量瓶的使用

容量瓶是用来精确地配制一定体积和浓度的溶液的量器，一般有 100mL、250mL、500mL、1000mL 等规格。具体使用方法如下。

（1）用固体溶质配制溶液。先将固体溶质放入烧杯中，用少量无二氧化碳的蒸馏水溶解，然后将烧杯中的溶液沿玻璃棒小心地注入容量瓶中，用少量水淋洗烧杯及玻璃棒 2～3 次，并将每次淋洗的水都注入容量瓶中，最后，继续加水到标线处。

（2）用浓溶液配制稀溶液。在烧杯中加入少量无二氧化碳的蒸馏水，将一定体积的浓溶液沿玻璃棒分数次慢慢地注入水中，每次加入浓溶液后，应搅拌使之均匀。用少量水淋洗烧杯及玻璃棒 2～3 次，并将每次淋洗的水都注入容量瓶中，最后，继续加水到标线处。

（3）当液面将接近标线时，应使用滴管小心逐滴将水加到标线处，视线与液面弯月面及标线在同一水平面上。

（4）用手指压紧瓶塞（一般用橡皮圈将瓶塞系在瓶颈上），将容量瓶倒转数次，并在倒转时加以摇荡，以保证瓶内溶液浓度上下各部分均匀。

### （四）滴定管的使用

滴定管是滴定操作时精确量度液体体积的量器。滴定管的刻度一般由上而下数值增大。常用滴定管容量一般为 50mL，每一小刻度相当于 0.1mL，读数时可估计到 0.01mL。

滴定管分为酸式滴定管和碱式滴定管两种。酸式滴定管的阀门是玻璃活塞，碱式滴定管的阀门是装在乳胶管中的玻璃珠。酸式滴定管主要用于盛装酸溶液和 $KMnO_4$、$I_2$、$AgNO_3$ 等具有氧化性的溶液；碱式滴定管可盛装碱液和非氧化性的溶液。

酸式滴定管使用时，旋转玻璃活塞，可使液体沿活塞当中的小孔流出；碱式滴定管使用时，用大拇指与食指稍微捏挤玻璃小球旁侧的乳胶管，使之形成一隙缝，液体即可从隙缝流出。具体操作如下。

（1）洗涤。滴定管没有明显污染时，可以直接用自来水冲洗，或用滴定管刷蘸上肥皂水或洗涤剂刷洗。如果用肥皂或洗涤剂不能洗干净，则可用 5～10mL 的铬酸洗液清洗。

1）洗涤酸式滴定管时，预先关闭活塞，倒入洗液后，一手拿住滴定管上端无刻度部分，另一手拿住活塞上部无刻度部分，将管口边倾斜边转动，使洗液流经全管内壁。然后将滴定管竖起，打开活塞使洗液从下端放回原洗液瓶中。

2）洗涤碱式滴定管时，应先去掉下端的橡皮管和细嘴玻璃管，接上一小段塞有玻棒的橡皮管，再按上述方法进行洗涤。

3）用洗液洗后再用自来水和蒸馏水充分洗涤，然后检查滴定管是否洗净。滴定管的外壁应保持清洁。

（2）检漏。滴定管使用之前应先检查滴定管是否漏水。

1）酸式滴定管的检漏方法：关闭活塞，装水至"0"线以上，直立约 2min，仔细观察有无水滴滴下，然后将活塞转 180°，再直立 2min，观察有无水滴滴下。如发现有漏水，则需将活塞拆下重涂凡士林。

凡士林的涂法：先将活塞取下，将活塞筒及活塞洗净并用滤纸片吸干水分，然后在活塞筒小口一端的内壁及活塞大头一端的表面分别涂一层很薄的凡士林，再将活塞塞好，旋转活塞，使凡士林均匀地分布在磨口面上。最后再检查一下是否漏水。

2）碱式滴定管的检漏方法：装水后直立 2min，观察是否漏水即可。如发现有漏水，要更换玻璃珠和橡皮管。

（3）润洗。滴定管使用前要用 10mL 左右的滴定溶液洗涤 2～3 次，以免滴定溶液被管内残留的水所稀释。润洗时，应将滴定管上端略向上倾斜平持，不断转动，使溶液与内壁的每一部分充分接触，然后用右手将滴定管竖直，左手旋开阀门，使溶液通过阀门下面的一段玻璃管流出。在润洗酸式滴定管时，需要注意用手托住活塞筒部分或用橡皮圈系住活塞，以防止活塞脱落。

（4）排气泡。滴定管装好溶液后必须把阀门下端的气泡赶出，以免造成误差。

1）酸式滴定管的排气方法是：迅速打开滴定管阀门，利用溶液的急流把气泡逐去。

2）碱式滴定管的排气方法是：可把乳胶管稍折向上，然后稍微捏挤玻璃小球旁侧的乳胶管，气泡即被管中的溶液压出。

（5）滴定。滴定时应把滴定管的初读数调节在刻度刚为"0.00"或略低于"0.00"。滴定时保持滴定管垂直，用左手控制阀门，右手持锥形瓶，瓶口不要过高或过低，并不断转动手腕摇动锥形瓶，使溶液均匀混合。快到滴定终点时，滴定速度要控制得很慢，最后要一滴一滴或半滴半滴地加入，防止过量，最后用少量水淋洗锥形瓶壁，以免有残留的液滴未起反应。

为了更清楚地判断终点时指示剂颜色的变化，可以把锥形瓶放在白瓷板或白纸上观察。最后，必须待滴定管内液面完全稳定后，方可读数，读数时最好在滴定管的后面衬一张白纸片，视线与液面在同一水平面上，观察溶液弯月下缘所在的位置，读到小数点后两位数字。终读数与初读数之差就是溶液的用量。

# 复习思考题

1. 实际生产中如何进行采样，请举例说明。
2. 如何进行样品的制备？
3. 简述四分法及其应用。
4. 为什么要进行样品的预处理？预处理的方法有哪些？
5. 什么叫系统误差？如何消除系统误差？
6. 常见溶液浓度的表示方法有哪些？
7. 简述容量瓶、移液管、滴定管的使用方法。

# 第三章　食品物理检验方法

学海导航

**学习目标**

　　掌握密度、相对密度、折射率、比旋光度和黏度的概念；了解密度计、折光仪、旋光计等仪器的原理与结构；掌握常用物理检验仪器的使用技能和测定方法。

**学习重点**

　　熟练掌握密度计、折光仪、旋光仪的使用方法。

**学习难点**

　　常用密度计、折光仪、旋光仪的原理及使用。

　　根据食品的相对密度、折射率、旋光度等物理常数与食品的组分含量之间的关系进行检测的方法称为食品物理检验法。食品物理性质的测定比较简单快捷，因此这种方法经常被用于生产过程中产品质量的控制，也可防止掺假掺杂等伪劣食品进入市场，是食品生产管理和市场管理不可缺少的检测手段。

## 第一节　密　度　法

### 一、液态食品的浓度及其密度的关系

　　密度是指在一定温度下单位体积中物质的质量，单位为克每毫升（$g \cdot mL^{-1}$），以符号 $\rho$ 表示。由于物质具有热胀冷缩的性质，密度值会随温度的改变而改变，因此密度应标示出测定时物质的温度，表示为 $\rho_t$。

　　相对密度是指一定温度下物质的质量与同体积同温度纯水质量的比值，用 $d_{t_2}^{t_1}$ 表示。其中 $t_1$ 表示物质的温度，$t_2$ 表示纯水的温度。

　　密度和相对密度之间有如下关系：

$$d_{t_2}^{t_1} = \frac{t_1 \text{ 温度下物质的密度}}{t_2 \text{ 温度下水的密度}}$$

当用密度计或密度瓶测定液体的相对密度时，测定溶液的温度和纯水温度相同时比较方便，一般为 20℃，用 $d_{20}^{20}$ 表示。对于同一溶液而言，$d_{20}^{20} > d_4^{20}$，这是因为水在 4℃时的密度比在 20℃时大（见表 3-1）。

$d_{20}^{20}$ 和 $d_4^{20}$ 之间可按下式换算：

$$d_4^{20} = d_{20}^{20} \times 0.99823$$

式中：0.99823——20℃时水的密度，$g \cdot mL^{-1}$。

同理，若将 $d_{t_2}^{t_1}$ 换算为 $d_4^{t_1}$，可按下式进行：

$$d_4^{t_1} = d_{t_2}^{t_1} \times \rho_{t_2}$$

式中：$\rho_{t_2}$——$t_2$ 时水的密度，$g \cdot mL^{-1}$。

**表 3-1 水的密度与温度的关系**

| $t$(℃) | 密度（$g \cdot mL^{-1}$） | $t$(℃) | 密度（$g \cdot mL^{-1}$） | $t$（℃） | 密度（$g \cdot mL^{-1}$） |
| --- | --- | --- | --- | --- | --- |
| 0 | 0.999868 | 11 | 0.999623 | 22 | 0.997797 |
| 1 | 0.999927 | 12 | 0.999525 | 23 | 0.997565 |
| 2 | 0.999968 | 13 | 0.999404 | 24 | 0.997323 |
| 3 | 0.999992 | 14 | 0.999271 | 25 | 0.997071 |
| 4 | 1.000000 | 15 | 0.999126 | 26 | 0.996810 |
| 5 | 0.999992 | 16 | 0.998970 | 27 | 0.996539 |
| 6 | 0.999968 | 17 | 0.998801 | 28 | 0.996259 |
| 7 | 0.999929 | 18 | 0.998622 | 29 | 0.995971 |
| 8 | 0.999876 | 19 | 0.998432 | 30 | 0.995673 |
| 9 | 0.999808 | 20 | 0.998230 | 31 | 0.995367 |
| 10 | 0.999727 | 21 | 0.998019 | 32 | 0.995052 |

## 二、密度测定的意义

密度是液体食品的重要物理常数，各种液态食品均有其一定的密度或相对密度，当其浓度或组成成分发生改变时，其相对密度一般也随之改变。通过测定液态食品的密度或相对密度用以鉴别食品的纯度、浓度、新鲜度及判断食品的质量等。例如：全脂牛乳的相对密度为 1.028～1.032(15℃/15℃)，通过密度的检测，可检出牛奶是否脱脂、是否掺水等；大豆油相对密度为 0.919～0.925(20℃/4℃)，油脂的相对密度与其脂肪酸的组成有关，不饱和脂肪酸含量越高，脂肪酸不饱和程度越高，脂肪的相对密度就越高。油脂酸败后相对密度升高，因此可判断油脂的质量标准。

蔗糖溶液的相对密度随糖液浓度的增加而增大，原麦汁的相对密度随浸出物浓度的增加而增大，而酒的相对密度却随酒精度的提高而减小，这些规律已通过实验制定出了它们的对照表，只要测得它们的相对密度就可以从专用表格中查出其对应的浓度。

　　某些食品测定出液态食品的相对密度以后，通过查表可求出其固形物的含量。例如：制糖工业、番茄制品测定出液态食品的相对密度以后，通过换算或查专用表可确定其可溶性固形物或总固形物的含量。

　　可见，测定相对密度是检验液体食品某些质量指标、食品是否变质或掺假的一种快速而简便的方法。不可忽视的是，即使液态食品的相对密度在正常范围以内，也不能确保食品无质量问题，必须配合其他理化分析，才能保证食品的质量。

### 三、液态食品相对密度的测定方法

　　测定液态食品相对密度的方法有：密度瓶法、密度计法和密度天平法，其中常用的是前两种方法。

#### （一）密度瓶法

1. 原理

　　密度瓶具有一定的容积，在一定温度下，用同一密度瓶分别称取等体积的样品溶液和蒸馏水的质量，两者的质量比即为该样品溶液的相对密度。

2. 仪器

　　密度瓶种类和规格有很多种，常见的有附有温度计的密度瓶和具有毛细管的密度瓶（图 3-1）。容积有 20mL、25mL、50mL 和 100mL 四种规格，其中 25mL 和 50mL 规格常用。

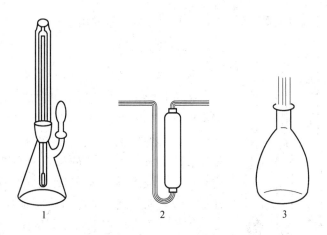

图 3-1　密度瓶

1—附有温度计的密度瓶；2—吸管；3—具有毛细管的密度瓶

3. 测定方法

　　将密度瓶清洗干净，再依次用乙醇、乙醚洗涤数次，烘干并冷却至室温后准确称重得 $m_0$。装满样品液，并盖上瓶盖，立即浸入 20℃恒温水浴中，使密度瓶温度计达 20℃

并维持 30min。用滤纸吸去溢出侧管的样品液，盖上侧管冒，取出密度瓶，并擦干瓶外壁的水，置于天平室 30min 后准确称量得 $m_1$。将样品液倒出，洗净密度瓶，注入经煮沸 30min 并冷却至 20℃以下的蒸馏水，按以上操作，测出 20℃时蒸馏水的质量得 $m_2$。

4. 结果计算

$$d_{20}^{20} = \frac{m_1 - m_0}{m_2 - m_0}$$

$$d_4^{20} = d_{20}^{20} \times 0.99823$$

式中：$m_0$——空密度瓶质量，g；

$\quad\quad\ m_1$——空密度瓶与样品液的质量，g；

$\quad\quad\ m_2$——空密度瓶与蒸馏水的质量，g；

$\quad\quad\ 0.99823$——20℃时水的密度，$g \cdot mL^{-1}$。

5. 说明及注意事项

（1）本测定法适用于各种液体食品尤其是样品量较少的食品，对挥发性样品也适用，但操作较烦琐。

（2）测定较黏稠样液时，用具有毛细管的密度瓶较适宜。

（3）水及样品必须注满密度瓶，瓶内不能有气泡。

（4）拿取已达恒温的密度瓶时，应带隔热手套或用工具夹取瓶颈，不能用手直接接触已达恒温的密度瓶球部，以免液体受热流出。

（5）水浴中的水必须清洁无油污，以防瓶外壁被污染。恒浴时要注意及时用小滤纸条吸去溢出的液体。

（6）天平室温度不得高于 20℃，否则液体会膨胀溢出。

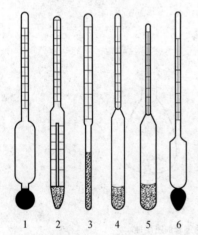

图 3-2　各种密度计

1—普通密度计；2—糖锤度计；

3，4—波美密度计；5—酒精计；

6—乳稠计

## （二）密度计法

### 1. 密度计的结构

密度计法是简单快速的测定液体相对密度的方法，但准确度不如密度瓶法。密度计是根据阿基米德原理制成的，其种类很多，但基本结构和形式相同，即都是用玻璃制成一个封口的管，中间部分是胖度空腔，内有空气，故能浮在液体中；下部灌有铅珠、汞及其他重金属，使密度计能垂直稳定地浮于液体中；上部是一细长有刻度的玻璃管，刻度是利用各种不同密度的液体进行标度的。

### 2. 密度计的类型

常用的密度计按其标度的方法不同，分为普通密度计、锤度计、乳稠计、波美计和酒精计等。具体见图 3-2。

（1）普通密度计。普通密度计是直接以 20℃时的密度值为刻度，由几支刻度范围不同的密度计组成一套。刻度值小于 1 的（0.700～1.000）称为轻表，用于测定比水轻的液体；刻度值大于 1 的（1.000～2.000）称为重表，用于测定比水重的液体。

（2）锤度计。锤度计专用于测定糖液浓度，它是用蔗糖溶液的质量百分含量来标定刻度，以符号°$B_x$ 表示。其刻度方法是以 20℃为标准温度，在蒸馏水中为 0°$B_x$，在 1%蔗糖溶液中为 1°$B_x$，即 100g 糖液中含蔗糖 1g，以此类推。若实际测量温度不是标准温度（20℃），则应进行温度校正，见附录三。当温度低于标准温度时，糖液体积缩小导致相对密度增大，即锤度升高，故应减去相应的温度校正值；反之则应加上相应的温度校正值。例如：①15℃时的观测锤度为 22.00°$B_x$，查附表一得校正值 0.29，则校正锤度为 22.00－0.29＝21.71°$B_x$；②24℃时的观测锤度为 20.00°$B_x$，查附录三得校正值 0.26，则校正锤度为 20.00＋0.26＝20.26°$B_x$。

（3）波美计。波美计用于测定溶液中溶质的质量分数，以波美度（°Bé）表示，1°Bé 表示质量分数为 1%。其刻度方法以 20℃为标准温度，在蒸馏水中为 0°Bé，在 15%食盐溶液中为 15°Bé。

波美计分轻表和重表两种，轻表用于测定相对密度小于 1 的溶液，而重表则测定相对密度大于 1 的溶液。

波美度与相对密度的换算公式如下：

$$轻表：°Bé = \frac{145}{d_{20}^{20}} - 145$$

$$重表：°Bé = 145 - \frac{145}{d_{20}^{20}}$$

（4）乳稠计。乳稠计用于测定牛乳的相对密度。其上刻有 15～45 的刻度，以度（°）表示，测量相对密度的范围为 1.015～1.045。它是将相对密度减去 1.000 后再乘以 1000 作为刻度，使用时把测定的读数按照上述关系可换算为相对密度值。

乳稠计常有两种：一种按 20℃/4℃标定；另一种按 15℃/15℃标定。两者的关系为：后者读数是前者读数加 0.002，即：

$$d_{15}^{15} = d_4^{20} + 0.002$$

使用乳稠计时，若测定温度不是标准温度，需将读数校正为标准温度下的读数。对于 20℃/4℃乳稠计，在 10～25℃范围内，当乳温高于标准温度 20℃时，则每升高 1℃需加上 0.2°，反之，当乳温低于 20℃时，每降低 1℃需减去 0.2°。

【例 1】　1）18℃时 20℃/4℃乳稠计读数为 30°，换算为 20℃应为：

$$30 - (20 - 18) \times 0.2 = 30 - 0.4 = 29.6$$

即牛乳相对密度 $d_4^{20} = 1.0296$

$$而 d_{15}^{15} = 1.0296 + 0.002 = 1.0298$$

2）23℃时 20℃/4℃乳稠计读数为 28.6°，换算为 20℃应为：

$$28.6 + (23 - 20) \times 0.2 = 28.8 + 0.6 = 29.4$$

即牛乳相对密度 $d_4^{20} = 1.0294$

而 $d_{15}^{15} = 1.0294 + 0.002 = 1.0296$

若用 15℃/15℃乳稠计，其温度校正可查"乳稠计读数变为 15℃时的度数换算表"（见附录一）。

【例2】 18℃时 15℃/15℃乳稠计，测得读数为 30.6°，查表换算为 15℃为 30.0°，即牛乳相对密度 $d_{15}^{15}$＝1.0300。

### 3. 密度计的使用方法

先用少量样液润洗量筒内壁（常用 500mL 量筒），然后沿量筒内壁缓缓注入样液，注意避免产生泡沫。将密度计洗净并用滤纸拭干，慢慢垂直插入样液中，待其稳定悬浮于样液后，再轻轻按下少许，然后待其自然上升直至静止、无气泡冒出时，从水平位置读出标示刻度，同时用温度计测量样液的温度，如测得温度不是标准温度，应对测量值加以校正。

### 4. 说明及注意事项

（1）本法操作便捷，但准确性较差，需要样液多，且不适用于极易挥发的样品。

（2）测定前应根据样品大概的密度范围选择合适的密度计。

（3）测定时量筒须置于水平桌面上，注意不使密度计触及量筒筒壁及筒底。

（4）读数时视线保持水平，并以观察样液的弯月面下缘最低点为准，若液体颜色较深，不易看清弯月面下缘时，则以观察弯月面两侧高点为准。

（5）测定时若样液温度不是标准温度，应进行温度校正。

# 第二节 折 光 法

通过测量物质的折光率来鉴别物质的组成，确定物质的纯度、浓度及判断物质的品质的分析方法称为折光法。

## 一、折射率的测定意义

折射率和密度、熔点、沸点一样，都是物质的一种物理性质。在食品加工和生产过程中，通过测定液态食品的折射率，可以鉴别食品的组成、确定食品的浓度、判断食品的纯净程度及品质。

蔗糖溶液的折射率随蔗糖浓度的增大而升高，因此所有含糖饮料、糖水罐头、果汁和蜂蜜等食品都可利用折射仪测定糖度或可溶性固形物含量。

每种脂肪酸均有其特定的折射率。含碳原子数目相同时，不饱和脂肪酸的折射率比饱和脂肪酸的折射率大得多；不饱和脂肪酸相对分子质量越大，折射率越大；油脂酸度越高，折射率越小。因此，测定折射率可以用来鉴别油脂的组成和质地。

正常情况下，某些液态食品的折射率有一定的范围，如芝麻油的折射率在 1.4692～1.4791（20℃），蜂蜡的折射率在 1.4410～1.4430（75℃）。当这些液态食品掺入杂质或品质发生改变时，折射率也会发生变化。所以测定折射率可以初步判断食品是否正常。

折光法测定的是可溶性固形物含量，以糖为主要成分的食品如巧克力制品中含糖量、果汁、番茄制品、蜂蜜、糖浆等的固形物，可可制品中脂肪百分率和蛋中的固形物等。如食品内含有不溶性固形物，则不能用折光法来测定，因为固体粒子不能在折光仪上反映出它的折射率。所以用折光法只能在一定条件下进行。

## 二、食品中可溶性固形物浓度与折射率的关系

折光仪是利用进光棱晶和折射棱晶夹着薄薄的一层样液，经过光的折射后，测出样液的折射率而得到样液浓度的一种仪器。

图 3-3 中，MM′线的上部为光疏介质，下部为光密介质。根据光的折射定律，当光线从光疏介质进入光密介质（如从样液射入棱晶中）时，因 $n_1$（样液）$< n_2$（棱晶），折射角恒小于入射角（$\alpha_2 < \alpha_1$），即折射线比入射线靠近法线；反之，当光线从光密介质进入光疏介质（如从棱镜射入样液）时，因 $n_1$（棱镜）$> n_2$，折射角恒大于入射角（$\alpha_1 > \alpha_2$），即折射线比入射线偏离法线。在后一种情况下，如逐渐增大入（样液）射角 $\alpha_2$，折射线会进一步偏离法线，当入射角增大到某一角度时，其折射线会沿两介质的交界面平行射出（4′线），不再进入光疏介质，这种现象称为光的全

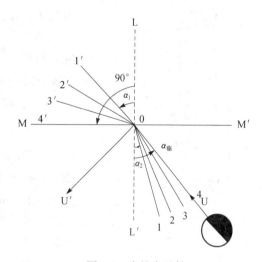

图 3-3　光的全反射

反射，此时的入射角称为临界角，以 $\alpha_{临}$ 表示，入射线为临界线。发生全反射时，若光线从光疏介质射向光密介质，则所有的入射光（1′、2′、3′线）全部折射在临界角以内（1、2、3 线），临界角以外无光线，结果临界线（4 线）左边明亮，右边完全黑暗，形成明显的黑白分界。利用这一原理，通过实验可测出临界角 $\alpha_{临}$。因为发生全反射时折射角等于 90°，所以

$$\frac{n_1}{n_2} = \frac{\sin\alpha_1}{\sin\alpha_2} = \frac{\sin 90°}{\sin\alpha_{临}}$$

即

$$n_1 = n_2 \sin\alpha_{临}$$

式中：$n_1$——被测样液的折射率；

$n_2$——棱镜的折射率，是已知的。

所以只要测得临界角 $\alpha_{临}$ 即可以求出被测样液的折射率，而临界角 $\alpha_{临}$ 随样液浓度的大小而改变，也就是说溶液的折射率与相对密度一样，随着浓度的增大而递增。折射率的大小取决于物质的性质，即不同的物质有不同的折射率；对于同一种物质，其折射率的大小取决于该物质溶液的浓度的大小。

## 三、常用折光仪的构造、性能、校正、使用和维护

折光仪是利用临界角原理测定物质折射率的仪器。目前常用的折光仪有阿贝折光仪和手提式折光计。

### (一) 手提式折光计

使用时打开棱镜盖板，用擦镜纸仔细将折光棱镜擦净，取一滴待测糖液置于棱镜

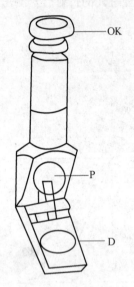

图 3-4　手提式折光计

上，将溶液均布于棱镜表面，合上盖板，将光窗对准光源，调节目镜视度圈，使现场内分划线清晰可见，视场中明暗分界线相应读数即为溶液中糖含量百分数。

手提式折光计的测定范围通常为 0~90%，其刻度标准温度为 20℃，若测量时在非标准温度下，则需进行温度校正。其结构见图 3-4。

### (二) 阿贝折光仪

#### 1. 阿贝折光仪的构造

仪器的光学部分由望远系统与读数系统两部分组成。结构上由底座为仪器的支撑座，壳体固定在其上。除棱镜和目镜以外全部光学组件及主要结构封闭于壳体内部。棱镜组固定于壳体上，由进光棱镜、折射棱镜以及棱镜座等结构组成，两只棱镜分别用特种黏合剂固定在棱镜座内。结构见图 3-5。

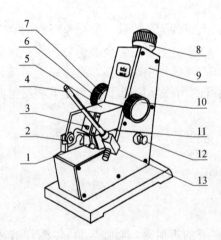
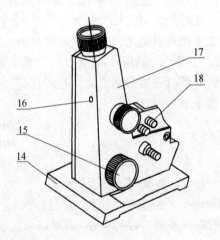

图 3-5　阿贝折光仪

1—反射镜；2—转轴；3—遮光板；4—温度计；5—进光棱镜座；6—色散调节手轮；7—色散值刻度圈；8—目镜；
9—盖板；10—手轮；11—折射棱镜座；12—照明刻度盘镜；13—温度计座；14—底座；15—刻度调节手轮；
16—小孔；17—壳体；18—恒温器接头

2. 使用方法

(1) 校正。在开始测定前，必须先用蒸馏水或用标准试样校对读数。如用标准试样则对折射棱镜的抛光面加 1~2 滴溴代萘，再贴上标准试样的抛光面，当读数视场指示于标准试样上之值时，观察望远镜内明暗分界线是否在十字线中间，若有偏差则用螺丝刀微量旋转小孔内的螺钉，带动物镜偏摆，使分界线相位移至十字线中心。通过反复地观察与校正，使示值的起始误差降至最小（包括操作者的瞄准误差）。校正完毕后，在以后的测定过程中不允许随意再动此部位。

在日常的测量工作中一般不需校正仪器，如对所测的折射率示值有怀疑时，可按上述方法进行检验，以确定是否有起始误差，如有误差应进行校正。

每次测定工作之前及进行示值校准时必须将进光棱镜的毛面，折射棱镜的抛光面及标准试样的抛光面，用无水酒精与乙醚（1:1）的混合液和脱脂棉花轻擦干净，以免留有其他物质，影响成像清晰度和测量准确度。

(2) 测量

1) 透明、半透明液体：将被测液体用干净滴管加在折射棱镜表面，并将进光棱镜盖上，用手轮锁紧，要求液层均匀，充满视场，无气泡。打开遮光板，合上反射镜，调节目镜视度，使十字线成像清晰，此时旋转手轮并在目镜视场中找到明暗分界线的位置，再旋转手轮使分界线不带任何彩色，微调手轮，使分界线位于十字线的中心，再适当转动聚光镜，此时目镜视场下方显示的示值即为被测液体的折射率。

2) 透明固体：被测物体上需有一个平整的抛光面。把进光棱镜打开，在折射棱镜的抛光面加 1~2 滴比被测物体折射率高的透明液体（如溴代萘），并将被测物体的抛光面擦干净放上去，使其接触良好，此时便可在目镜视场中寻找分界线，瞄准和读数的操作方法如前所述。

3. 说明及注意问题

(1) 测量前必须先用标准玻璃块校正。

(2) 棱镜表面擦拭干净后才能滴加被测液体，洗棱镜时，不要把液体溅到光路凹槽中。

(3) 滴在进光棱镜面上的液体要均匀分布在棱镜面上，并保持水平状态合上两棱晶，保证棱晶缝隙中充满液体。

(4) 被测试样中不应有硬性杂质，当测试固体试样时，应防止把折射棱镜表面拉毛或产生压痕。

(5) 经常保持仪器清洁，严禁油手或汗手触及光学零件，若光学零件表面有灰尘可用高级麂皮或长纤维的脱脂棉轻擦后用皮吹风吹去。如光学零件表面沾上了油垢后应及时用酒精与乙醚混合溶液擦干净。

(6) 测量完毕，擦拭干净各部件后放入仪器盒中。

# 第三节 旋 光 法

旋光法是应用旋光仪测量旋光性物质的旋光度以确定其含量的分析方法。

　　光是一种电磁波，光波的振动方向与其前进方向垂直（图3-6）。而当自然光通过尼可尔棱镜时（图3-7），只有与尼可尔棱镜的光轴平行的光波才能通过尼科尔棱镜，所以通过尼科尔棱镜的光，只有一个与光的前进方向互相垂直的光波振动平面，这种仅在一个平面上振动的光叫做偏振光。

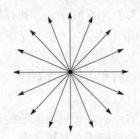
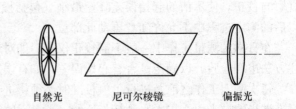

自然光　　　　　尼可尔棱镜　　　　　偏振光

图3-6　光波振动平面示意图　　　　图3-7　自然光通过尼可尔棱镜后产生偏振光

　　将两个尼可尔棱镜平行放置时，通过第一棱镜后的偏振光仍能通过第二棱镜，在第二棱镜后而看到最大强度的光。如果在镜轴平行的两个尼可尔棱镜间．放置一支玻璃管，管中分别放入各种有机物的溶液，可以发现光经过某些溶液（如酒精、丙酮）后，在第二棱镜后面仍可以观察到最大强度的光；而当光经过另一些溶液（如蔗糖、乳酸、酒石酸）后，在第二棱镜后面观察到的光的亮度就减弱了，但若将第二棱镜向左或向右旋转一定的角度后，在第二棱镜后面又可以观察到最大强度的光。这种现象是由于这些有机物质将偏振光的振动平面旋转了一定的角度所引起的。具有这种性质的物质，我们称其为"旋光活性物质"。它使偏振光振动平面旋转的角度叫做"旋光度"，使偏振光振动平面向右旋转（顺时针方向）的称右旋（＋），向左旋转（反时针方向）的对称左旋（－）。测定物质旋光度的仪器称为旋光仪。

## 一、旋光度与比旋光度

　　偏振光通过光学活性物质的溶液时，其振动平面所旋转的角度叫做该物质溶液的旋光度，以 $\alpha$ 表示。旋光度的大小与光源的波长，旋光性物质的种类、浓度、温度及液层的厚度有关。

　　在一定温度、一定光源情况下，偏振光透过每毫升含旋光性物质1g、液层厚度为1dm溶液时的旋光度，称为该物质的比旋光度，以 $[\alpha]_\lambda^t$ 表示。

$$[\alpha]_\lambda^t = \frac{100\alpha}{LC}$$

式中：$[\alpha]_\lambda^t$——比旋光度（度或°）；

　　　$t$——温度（℃）；

　　　$\lambda$——光源波长，nm；

　　　$\alpha$——旋光度（度或°），（＋）或（R）表示右旋物质（顺时针方向旋转），（－）或（S）表示左旋物质（逆时针方向旋转）；

　　　$L$——液层厚度或旋光管长度，dm；

$C$——溶液浓度，$g/100mL$。

旋光仪的测定通常规定在20℃下用钠光 D 线（波长 589.3nm）进行，因此，比旋光度用 $[\alpha]_D^{20}$ 表示。当溶液温度不是20℃时，需加以校正。校正式为：

$$[\alpha]_{\lambda_1}^{t_1} = [\alpha]_{\lambda_2}^{t_2} + n(t_1 - t_2)$$

式中：$t$——溶液温度，℃；

　　　$n$——常数。

主要糖类的比旋光度见表3-2。

**表 3-2　糖类的比旋光度**

| 糖 类 | $[\alpha]_D^{20}$ | 糖 类 | $[\alpha]_D^{20}$ |
|---|---|---|---|
| 葡萄糖 | $+52.3$ | 乳糖 | $+53.3$ |
| 果糖 | $-92.5$ | 麦芽糖 | $+138.5$ |
| 转化糖 | $-20.0$ | 糊精 | $+194.8$ |
| 蔗糖 | $+66.5$ | 淀粉 | $+196.4$ |

## 二、变旋光作用

具有光学活性的还原糖类（如葡萄糖、果糖、乳糖、麦芽糖等），在溶解之后，其旋光度起初迅速变化，然后渐渐变得较缓慢，最后达到恒定值，这种现象称为变旋光作用。

由于有的糖存在两种异构体，即 α 型和 β 型，它们的比旋光度不同。这两种环型结构及中间的开链结构在构成一个平衡体系过程中，即显示出变旋光作用。因此，在用旋光法测定一些含有还原糖的样品（如蜂蜜、商用葡萄糖等）时，样品配成溶液后，宜放置过夜再测定。若需立即测定，可将中性溶液（pH＝7）加热至沸，或加几滴氨水后再稀释定容；若溶液已经稀释定容，则可加入碳酸钠干粉至石蕊试纸刚显碱性。在碱性溶液中，变旋光作用迅速，很快可达到平衡。但微碱性溶液不宜放置过久，温度也不可太高，以免破坏果糖。

## 三、旋光仪

WXG-4 圆盘旋光仪可测定有旋光性的有机物质，如糖溶液、松节油、樟脑等几千种活性物质，都可用旋光仪来测定它们的比重、纯度、浓度与含量。

1. 结构和原理

（1）光学原理

从图 3-8 旋光仪的光路图可以看出，钠光灯射出的光线通过毛玻璃后，经聚光透镜成平行光，再经滤色镜变成波长为 $5.893 \times 10^{-7}m$ 的单色光。这个单色光通过起偏镜后成为平面偏振光，中间部分的偏振光再通过竖条状旋光晶片，其振动面相对两旁部分转过一个小角度，形成三分视场。

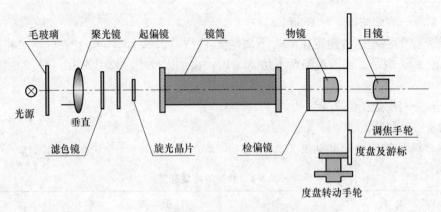

图 3-8　旋光仪的光路图

仪器出厂时把三分场均匀暗作为零度视场并调在度盘零度位置，三分场均匀暗的形成原理见图 3-9。

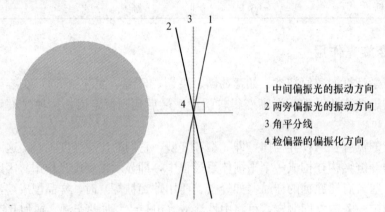

1 中间偏振光的振动方向
2 两旁偏振光的振动方向
3 角平分线
4 检偏器的偏振化方向

图 3-9　三分场均匀暗视场的形成原理

（2）度盘双游标读数

1）读取左右两游标的读数并求平均得：$\theta = \dfrac{A+B}{2}$；

2）$\varphi = \theta - \theta_0$（注意：如果 $\theta_0 > 170°$ 时，那么 $\theta$ 读数应当加上 $180°$）。

2. 使用方法

（1）打开电源后，旋转目镜调焦旋钮使视场清晰。

（2）调到三分场均匀暗时读 $\theta_0$。

（3）将待测试管放入样品镜筒内，调到三分场均匀暗，读双游标读数 $\theta$，经修正后的值即为待测样品的旋光度。

# 第四节　黏度检验

黏度，即液体的黏稠程度，它是液体在外力作用下发生流动时，分子间所产生的摩擦力。黏度的大小是判断液态食品品质的一项重要指标，主要用于啤酒、淀粉的分析。

黏度有绝对黏度、运动黏度、条件黏度和相对黏度四种类型。绝对黏度，也叫动力黏度，它是液体以 $1cm \cdot s^{-1}$ 的流速流动时，在每平方厘米液面上所需切向力的大小，单位为 Pa·s（帕·秒）。运动黏度，也叫动态黏度，它是在相同温度下液体的绝对黏度与其密度的比值，单位为 $m^2 \cdot s^{-1}$。条件黏度是在规定温度下，在指定的黏度计中，一定量液体流出的时间（s）或此时间与规定温度下同体积水流出时间之比。相对黏度是在 $t℃$ 时液体的绝对黏度与另一液体的绝对黏度之比，用以比较的液体通常是水或适当的液体。

黏度的大小随温度的变化而变化。温度愈高，黏度愈小。测定液体黏度可以了解样品的稳定性，判断液态食品的品质。

根据测试手段的不同，黏度测定法可分为毛细管黏度计法、旋转黏度计法和滑球黏度计法等。毛细管黏度计法设备简单、操作方便、精度高。后两种需要贵重的特殊仪器，适用于研究部门。

## 一、旋转黏度测定法

### 1. 原理及结构

开机后先要检测零位，这一操作一般在不安装转子的情况下进行，然后在半径 $R_1$ 的外筒里同轴地安装半径 $R_2$ 的内筒，其间充满了黏性流体，同步电机以稳定的速度旋转，接连刻度圆盘，再通过游丝和转轴带动内筒（即转子）旋转，内筒（即转子）即受到基于流体的黏性力矩的作用，作用越大，则游丝与之相抗衡而产生的扭矩也越大，于是指针在刻度盘上指示的刻度也就越大。将读数乘以特定的系数即得到液体的绝对黏度。旋转式黏度计的结构见图 3-10。

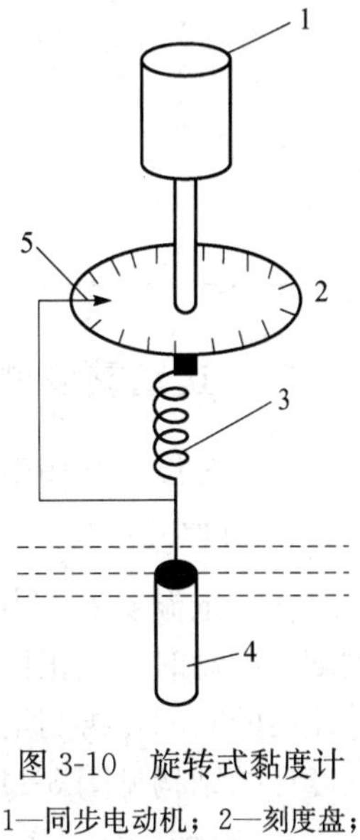

### 2. 使用方法

（1）将旋转黏度计安装于固定支架上，校准水平。

（2）用直径不小于 70mm 的直筒式烧杯盛装样液，并保持样液恒温。

（3）根据估计的被测样液的最大黏度值按表 3-3 选择适当的转子及转子转速，装好转子，调整仪器高度，使转子浸入样液直至液面标志为止。

（4）接通电源，使转子在样液中旋转。

（5）经多次旋转后指针趋于稳定时或按规定的旋转时

图 3-10　旋转式黏度计
1—同步电动机；2—刻度盘；
3—游丝；4—转子；5—指针

间指针达到恒定值时，压下操纵杆，同时中断电源，读取指针所指示的数值。如读数值过高或过低，应改变转速或转子，使读数在 20～90 之间。

3. 计算公式

$$\eta = ks$$

式中：$\eta$——绝对黏度，Pa·s；

　　　$k$——换算系数，见表3-4；

　　　$s$——刻度圆盘指针读数。

表 3-3　不同转子在不同的转速下可测的最大黏度值　　　　　　　（Pa·s）

| 转子型号＼转速（r/min） | 60 | 30 | 12 | 6 |
|---|---|---|---|---|
| 0 | 0.01 | 0.02 | 0.05 | 0.1 |
| 1 | 0.1 | 0.2 | 0.5 | 1 |
| 2 | 0.5 | 1 | 2.5 | 5 |
| 3 | 2 | 4 | 10 | 20 |
| 4 | 10 | 20 | 50 | 100 |

表 3-4　不同转子在不同的转速下的换算系数

| 转子型号＼转速（r/min） | 60 | 30 | 12 | 6 |
|---|---|---|---|---|
| 0 | 0.1 | 0.2 | 0.5 | 1 |
| 1 | 1 | 2 | 5 | 10 |
| 2 | 5 | 10 | 25 | 50 |
| 3 | 20 | 40 | 100 | 200 |
| 4 | 100 | 200 | 500 | 1000 |

## 二、运动黏度测定法

运动黏度通常用毛细管黏度计来进行测定，一般用于啤酒等液态食品黏度的测定。

1. 原理及结构

在一定温度下，当液体在直立的毛细管中，以完全湿润管壁的状态流动时，其运动黏度与流动时间成正比。测定时，用已知运动黏度的液体作标准，测量其从毛细管黏度计流出的时间，再测量试样自同一黏度计流出的时间，则可计算出试样的黏度。毛细管黏度计的结构见图3-11。

2. 使用方法

（1）选取毛细管黏度计并洗净：取一支适当内径的毛细管黏度计，用轻质汽油或石油醚洗涤干净。

（2）装标准试样：在支管6处接一橡皮管，用软木塞塞住管身7的管口，倒转黏度计，将管身4的管口插入盛有标准试样（20℃蒸馏水）的小烧杯中，通过连接支管的橡皮管用洗耳球将标准样吸至标线 b 处，然后捏紧橡皮管，取出黏度计，倒转过来，擦干管壁，并取下橡皮管。

（3）将橡皮管移至管身 4 的管口，使黏度计直立于恒温浴中，使其管身下部浸入浴液。在黏度计旁边放一支温度计，使其水银泡和毛细管的中心在同一水平线上。恒温浴内温度调至 20℃，在此温度下保持 10min 以上。

（4）用洗耳球将标准样吸至标线 a 以上少许，停止抽吸，使液体自由流下，观察液面，当液面至标线 a，启动秒表，当液面至标线 b，按停秒表。记下由 a 至 b 的时间，重复测定 4 次，各次偏差不得超过 0.5%，取不少于三次的流动时间的平均值作为标准样的流出时间 $\tau_{20}^{标}$。

（5）倾出黏度计中的标准样，洗净并干燥黏度计，用同黏度计按上述同样的操作测量试样的流出时间 $\tau_{20}^{样}$。

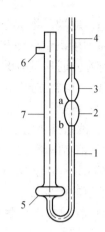

图 3-11　毛细管黏度计
1—毛细管；2,3,5—扩张部分；
4,7—管身；6—支管；a,b—标线

3. 结果计算

$$\nu_{20}^{样} = K \times \tau_{20}^{样}(\nu_{20}^{标}/\tau_{20}^{标})$$

式中：$\nu_{20}^{样}$——20℃时样液的运动黏度，$cm^2 \cdot s^{-1}$；

　　　　$K$——黏度计常数，$cm^2 \cdot s^{-2}$；

　　　　$\tau_{20}^{样}$——样液平均流出时间，s。

# 第五节　液体色度、浊度的测定

## 一、色度的测定

人们评价食品品质，第一印象就是看食品的颜色，它直接影响人们对食品品质优劣、新鲜程度的判断。

### 1. 饮料用水色度的测定

纯净的水是无色透明的，但天然水中由于存在各种溶解物质或不溶于水的黏土类细小悬浮物，所以水会呈现各种颜色。如含腐殖质或高铁较多的水，常呈黄色；含低铁化合物较高的水呈淡绿蓝色。水的颜色深浅反映了水质的好坏，通常是以色度来表示的。色度是指被测水样与特别制备的一组有色标准溶液的颜色之比。洁净的天然水的色度一般在 15~25° 之间，自来水的色度多在 5~10°。

色度有"真色"与"表色"之分。"真色"是指用澄清或离心等方法除去悬浮物后的色度；"表色"是指溶于水样中物质的颜色和悬浮物颜色的总称。在分析报告中必须注明测定的是真色还是表色。

测定水的色度有铂钴比色法和铬钴比色法。前者为测定水的色度的标准方法，此法操作简便，色度稳定，标准比色系列保存适宜，可长时间使用。后者是以重铬酸钾代替氯铂酸钾，只是标准比色系列保存时间较短。下面介绍铂钴比色法。

（1）原理。将水样与已知浓度的标准比色系列进行目视比色以确定水的色度。标准比色系列用氯铂酸钾和氯化钴试剂配制而成，规定每升水中含 1mg 铂（以 $(PtCl_6)^{2-}$ 形式存在）时所具有的颜色作为一个色度单位，以 1° 表示。

（2）仪器。分析天平，比色管架，50mL 具塞无色比色管，5mL 吸管。

（3）试剂。

1）浓盐酸（密度 $1.19g \cdot cm^3$）。

2）铂-钴标准贮备液：准确称取 $1.2456gK_2PtCl_6$，再用具盖称量瓶称取 1.0000g 干燥的 $CoCl_2 \cdot 6H_2O$，溶于含 100mL 浓盐酸的蒸馏水中，用蒸馏水定容至 1000mL。此标准溶液的色度为 500°（Hasen 值）。

3）铂-钴标准比色系列：精确吸取 0.00、0.50、1.00、1.50、2.00、2.50、3.00、3.50、4.00、4.50 和 5.00mL 铂-钴标准贮备液于 11 支 50mL 具塞比色管中，用蒸馏水稀释至刻度，摇匀，则各管色度依次为 0°、5°、10°、15°、20°、25°、30°、35°、40°、45° 和 50°。此标准系列的有效期为 6 个月。

（4）操作。在光线充足处，将水样与标准色列并列，以白纸为衬底，使光线从底部向上透过比色管，自管口向下垂直观察比色。

（5）计算。

$$C = \frac{m}{V} \times 500$$

式中：$C$——水样的色度，°；

$m$——铂-钴标准溶液的用量，mL；

$V$——水样的体积，mL。

**2. 啤酒色度的测定**

色度是啤酒的一个重要质量指标，通常采用 EBC 比色法。

（1）原理。将去除 $CO_2$ 的啤酒注入 EBC 比色计的比色皿中，与标准 EBC 色盘比较，目视读数或自动数字显示出啤酒的色度，以 EBC 色度单位表示。

（2）仪器。EBC 比色计（或使用同等分析效果的仪器）：具有 2.0~27.0EBC 单位的目视色度盘或自动数据处理与显示装置。

（3）试剂。哈同（Hartong）基准溶液：称取重铬酸钾（$K_2Cr_2O_7$）0.100g 和亚硝酰铁氰化钠$\{Na_2[Fe(CN)_5NO] \cdot 2H_2O\}$3.500g，用蒸馏水溶解并定容至 1000mL，贮于棕色瓶中，于暗处放置 24h 后再使用。

（4）操作。

1）仪器校正：将哈同溶液注入 40mm 比色皿中，用 EBC 比色计测定。其标准色度应为 15.0EBC 单位；若使用 25mm 比色皿，其标准色度应为 9.4EBC。仪器应每个月校正一次。

2）样品测定：将除气啤酒注入 25mm 比色皿中，再放入 EBC 比色计的比色盒中，与标准色盘进行比较，当两者色调一致时，直接读数；或使用自动数字显示色度计，自动显示结果。

（5）结果计算。

$$X = \frac{S \times 25}{H} \times n$$

式中：$X$——啤酒的色度，EBC；

$S$——实测色度，EBC；

$H$——所使用比色皿的厚度，mm；

25——换算成标准比色皿的厚度，mm；

$n$——稀释倍数。

## 二、浊度的测定

浊度是由于水中含有泥沙、黏土、有机物、无机物、生物、微生物的悬浮体造成的，浑浊也是水污染的一个重要指标。测定水的浊度用分光光度法、目视比浊法和浊度计法。分光光度计适用于饮用水、天然水及高浊度水，最低检测浊度为 3 度。目视比浊法适用于饮用水、水源水等低浊度水，最低检测浊度为 1 度。这些造成浑浊的物质能对光线的散射和吸收产生光学反应，因此，也可以用浑浊计法来测定水质。

浊度的标准单位，是以不溶解硅如漂白土、高岭土等在蒸馏水中所产生的光学阻碍现象为基础，规定 1mg $SiO_2$/L 所构成的浊度为 1 度。生活饮用水卫生标准规定浊度不得大于 3 度。

### （一）目视比浊法

1. 原理

将水样与用硅藻土配制的浊度标准液进行比较，规定相当于 1mg 一定粒度的硅藻土在 1000mL 水中所产生的浊度为 1 度。

2. 试剂

（1）浊度标准贮备液：称取 10g 通过 0.1mg 筛孔的硅藻土于研钵中，加入少许水调成糊状并研细，移至 1000mL 量筒中，加水至标线。充分搅匀后，静置 24h。用虹吸法仔细将上层 800mL 悬浮液移至第二个 1000mL 量筒中，向其中加水至 1000mL，充分搅拌，静置 24h。吸上层含较细颗粒的 800mL 悬浮液弃去，下部溶液加水稀释至 1000mL，充分搅拌后，贮于具塞玻璃瓶中，其中含硅藻土颗粒直径大约为 400$\mu$m。

取 50.0mL 上述悬浊液置于恒重的蒸发皿中，在水浴上蒸干，于 105℃烘箱中烘 2h，置于干燥箱冷却 30min，称重。重复以上操作，即烘 1h，冷却，称重，直至恒重。求出 1mL 悬浊液含硅藻土的重量（mg）。

（2）浊度 250 度的标准液：吸取含 250mg 硅藻土的悬浊液，置于 1000mL 容量瓶中，加水至标线，摇匀。

（3）浊度 100 度的标准液：吸取 100mL 浊度为 250 度的标准液于 250mL 容量瓶中，加水稀释至标线，摇匀。

**3. 仪器**

100mL 具塞比色管；250mL 无色具塞玻璃瓶。

**4. 测定步骤**

（1）浊度低于 10 度的水样：

1）吸取浊度为 100 度的标准液 0，1.0，2.0，3.0，4.0，5.0，6.0，7.0，8.0，9.0，10.0mL 于 100mL 比色管中，加水稀释至标线，混匀，配制成浊度为 0，1.0，2.0，3.0，4.0，5.0，6.0，7.0，8.0，9.0，10.0 度的标准液。

2）取 100mL 摇匀水样于 100mL 比色管中，与上述标液进行比较。可在黑色底板上由上向下垂直观察，选出与水样产生相近视觉效果的标液，记下其浊度值。

（2）浊度为 10 度以上的水样：

1）吸取浊度为 250 度的标准液 0，10，20，30，40，50，60，70，80，90，100mL 于 250mL 容量瓶中，加水稀释至标线，混匀，配制成浊度为 0，10，20，30，40，50，60，70，80，90，100 度的标准液，将其移入成套的 250mL 具塞玻璃瓶中，每瓶加入 1g 氯化汞，以防菌类生长。

2）取 250mL 摇匀水样置于成套的 250mL 具塞玻璃瓶中，瓶后放一有黑线的白纸板作为判别标志。从瓶前向后观察，根据目标的清晰程度选出与水样产生相近视觉效果的标准液，记下其浊度值。

（3）水样浊度超过 100 度时，用无浊度水稀释后测定。

## （二）浊度计法

**1. 原理**

光电浊度仪是利用一稳定的光源通过被水样直射至光电池（硒光电池或硅光电池）。水中的悬浮物和胶体颗粒越多则透射光愈强，当透射光强弱受到不同程度变化时，在光电池上也产生相应变化的电流强度，直接推动直流输出电表，从表面上直接读出水样的浑浊度。

**2. 仪器**

GDS-3 型光电式浑浊度仪。

**3. 测定步骤**

仪器接通电源，将稳压器、光源灯预热 15～30min。

（1）测定低浊度（0～30mg·L$^{-1}$）。用长水样槽，将零浊度水倒入水样槽至水位线，然后将水样槽放入仪器测量室（水样槽有号码的一面对着测量室右端），盖上盖子，缓慢地旋转稳压器上的微调，调节至仪表零度处，然后取出水样槽。将被测水样倒入水样槽至水位线，然后放入仪器测量室，盖上盖子，从仪表上直接读出浊度数。

（2）测定高浊度（20～100mg·L$^{-1}$）。用短水样槽，将零度浊度水倒入水样槽至水位线，然后把 20mg·L$^{-1}$ 基准浊度板对着水样槽有号码一端插入，将水样槽放入测量室（将有 20mg·L$^{-1}$ 基准浊度板一面对着测量室右端），盖上盖子，缓慢地旋转稳压器上的微调，调至仪表右端 20 度处，取出水槽。

取出 $20\mathrm{mg} \cdot \mathrm{L}^{-1}$ 基准浊度板，将被测水样倒入水样槽至水位线，然后将水样槽放入仪器测量室，盖上盖子，从仪表上直接读出浊度数。

如浑浊超过 $100\mathrm{mg} \cdot \mathrm{L}^{-1}$ 时，可用零度水进行稀释后再行测定，然后从仪表浊度数乘上稀释倍数即得所需测量值。

4. 说明及注意事项

（1）仪器用于实验测定水的浑浊度，测量范围分为二档，测定 0～30°低浊度档时取用水长样匣，20～100°高浊度档时取用短水样匣。

（2）测定前数分钟应先开启稳压电源使光源预热，然后再行测定。使用完毕后，应立即关闭电源，以免光源老化而影响使用寿命。

（3）水样匣必须勤清洗，特别是在测定高浊度水样后立即测定低浊度水样时更应清洗，否则会影响测定的正确性。清洗方法是：用带橡皮头的玻璃棒轻轻揩擦透光玻璃的内侧，勿使沾污。

（4）水样倒入水样匣后必须用清洁而干燥的白布揩擦水样匣外部，以免残留水渍而影响透光率。

（5）在相对湿度较大的条件下使用时，应采取快速和瞬时读数，以减少误差。

# 复习思考题

1. 相对密度的测定在食品分析与检验中有何意义？如何用密度瓶测定溶液的相对密度？

2. 密度计有哪些类型，如何正确使用密度计？

3. 请说明折光法在食品分析中的应用。

4. 简述旋光法测定样品溶液浓度的基本原理。

5. 黏度的测定方法有几种？各有什么特点？

6. 解释以下概念：折光率、比旋光度、变旋光作用、波美度、糖锤度、黏度。

# 第四章　水分含量和水分活度的测定

 **学海导航**

**学习目标**

　　掌握蒸发、干燥、恒重的概念和知识，水分、水分活度的概念及相关知识；掌握天平称量操作，电热干燥箱、干燥器的正确使用方法；蒸馏装置的正确使用。

**学习重点**

　　掌握干燥法测定水分的原理、水分干燥的条件、水分测定中试样的处理、干燥法测定水分的使用方法。

**学习难点**

　　掌握水分测定的各种方法，熟练掌握常压干燥测定水分的操作技能。

## 第一节　概　　述

### 一、食品中水分的作用

　　水是维持动物、植物和人类生理功能必不可少的物质之一，又是食品组成的重要成分。食品中的水分含量的控制，对食品的感官性状的保持、食品中其他组分的平衡关系的维持以及食品的保藏都十分重要。不同食品中水分含量的差别也很大，例如：鲜果为 $70\%\sim93\%$、鲜菜为 $80\%\sim97\%$、鱼类为 $67\%\sim81\%$、乳类为 $87\%\sim89\%$、猪肉为 $43\%\sim59\%$，即使是干食品，也含有少量水分，如面粉为 $12\%\sim14\%$。水还是动物体内各器官、肌肉、骨骼的润滑剂，是体内物质运输的载体，没有水就没有生命。

　　水是食品组成的重要组成成分之一，是形成食品加工工艺考虑的重要因素。在肉类加工中，如香肠在制作的过程中加入水的量以及加水的方法都有严格要求。原料中水分含量高对于成本核算、提高经济效益有重大作用。

水分含量、状态和分布对于食品的结构、外观、质地、风味、新鲜程度会产生极大的影响。例如，新鲜面包的水分含量若低于30%左右，其外观形态会干瘪，失去光泽。

水是引起食品化学变化及微生物作用的重要原因，直接关系到食品的保藏和安全特性。例如，乳粉水分含量控制在2.5%～3.0%，可抑制微生物生长繁殖，延长储藏期。食品中水分的含量是食品贮藏期限的决定因素，是检查食品储存质量的依据。

## 二、水分在食品中存在的状态

食品有固态、半固态的，还有液态的，不论是食品原料、半成品或成品，都含有一定量的水。食品中水分存在的状态，按照其物理和化学性质，可划分为以下两类。

### 1. 自由水（free water）

自由水又名游离水，是以溶液状态存在的水分，在被截留的区域内可以自由流动。游离水主要存在于植物细胞间隙内，包括吸附在食品表面的吸附水。自由水保持着水本身的物理性质，也就是说100℃时水要沸腾，0℃以下要结冰，并且易汽化。自由水作为胶体的分散剂和盐的溶剂，能使食品发生质变的一些反应及部分微生物活动可在其中进行，能参与食品内的生化反应，可以用简单的热力方式去除。它容易被细菌、酶或化学反应所触及和利用，故称有效水分。它还可以分为滞化水（或不可移动的水）、毛细血管水及自由流动水。

### 2. 结合水（bound water）

结合水分为束缚水和结晶水，是食品中与非水组分结合最牢固的水。束缚水是与食品中脂肪、蛋白质、碳水化合物等结合的状态形式，以氢键的形式与有机物的活性基团结合在一起，故称束缚水。束缚水不具有水的特性，也就是不易结冰（冰点为−40℃），不能作为溶质的溶剂，所以要除掉这部分水是困难的。结晶水是与非水组分之间以配位键的形式存在，它们之间结合得很牢固，所以难用普通法除去这部分水。结合水在食品内部不能作为溶剂，微生物及其孢子也不能利用它来进行繁殖和发芽。

在烘干食品时，自由水易汽化，而结合水难于汽化。冷冻食品时，自由水易冻结，而结合水在−30℃依然不冻结。结合水和食品的组成成分结合，稳定食品的活性基，自由水促使腐蚀食品的微生物和酶起作用，并加速非酶褐变或脂肪氧化等化学变化。

## 三、测定水分含量的意义

食品分析最基本、最重要的方法之一就是对水分含量的测定。食品中去除水分后剩下的干基称为固形物，包括蛋白质、脂肪、粗纤维、无氮抽出物、灰分等。水是一种廉价的掺入物，对食品制造商来说，这个分析值就意味着巨大的经济利益。水分测定对于计算生产中的物料平衡，实行工艺监督与控制等方面，都具有很重要的意义。

### 1. 水分是影响食品质量的因素

水分含量在食品中是一个质量因素，并且可以直接影响一些产品质量的感官特性。如：在果酱和果冻中，为了防止糖结晶，必须控制水分含量。水果硬糖的水分含量一般控制在 3.0% 以下，但过低会出现返砂和返潮现象；新鲜面包的水分含量若低于 28%～30%，其外形会干瘪、没有光泽。

2. 许多产品的水分含量通常有专门的规定

如国家标准中硬质干酪的水分含量≤42%（GB 5420—85）；食品工业用甜炼乳的水分含量≤27%（GB 13102—91）；蛋制品（冰鸡蛋白）≤88.5%（GB 2749—1996）；加工肉类食品时，水分的百分比通常也有专门的指标，如肉松太仓式的水分含量≤20%（GB 2729—94）；广式腊肉的水分含量≤25%（GB 2730—81）。所以为了能使产品达到相应的标准，有必要通过水分检测来更好地控制水分含量。

3. 控制水分含量是保障食品不变质的手段

如脱水蔬菜和水果、奶粉、脱水马铃薯、香料香精等，需要通过检测水分来调节控制食品中的水分含量。全脂乳粉的水分含量须控制在 2.5%～3.0%，这种条件下不利于微生物的生长，可延长保质期。

4. 食品营养价值的计量

食品营养价值的计量值要求列出水分含量。水分含量数据可用于表示在同一基础上的其他分析测定结果。此外，各种生产原料中水分含量的高低，对于它们的品质和保存、成本核算、提高工厂的经济效益等均具有重大意义。因此，食品中水分含量的测定被认为是食品分析的重要项目之一。

# 第二节　食品中水分的测定方法

## 一、干燥法

在一定的温度和压力下，通过加热方式将样品中的水分蒸发完全并根据样品加热前后的质量差来计算水分含量的方法，称为干燥法。干燥法可以分为两大类：直接测定法和间接测定法。利用水分本身的物理性质和化学性质去掉样品中的水分，再对其进行定量的方法称为直接测定法，如烘干法、化学干燥法、蒸馏法和卡尔·费休法；而利用食品的密度、折射率、电导、介电常数等物理性质测定水分含量的方法称为间接测定法，间接测定法不需要除去样品中的水分。水分含量测定值的大小与所用烘箱的类型、箱内条件、干燥温度和干燥时间密切相关。这种测定方法虽然费时较长，但操作简便、应用范围较广。

目前测定食品中水分含量的方法有国家标准方法中的直接干燥法、减压干燥法、蒸馏法。还有卡尔·费休法、电导测定法、近红外吸收法、电容法及光谱分析法等。

**（一）直接干燥法**（GB 5009.3—2010）

1. 原理

利用食品中水分的物理性质，在 101.3 kPa（一个大气压），101～105℃下采用挥发方法测定样品中干燥减失的重量，包括吸湿水、部分结晶水和该条件下能挥发的物质，再通过干燥前后的称量数值计算出水分的含量。

2. 试剂和材料

（1）盐酸（6mol·L$^{-1}$）：量取 50mL 盐酸，加水稀释至 100mL。

（2）氢氧化钠溶液（6mol·L$^{-1}$）：称取 24g 氢氧化钠，加水溶解并稀释至 100mL。

（3）海砂：取用水洗去泥土的海砂或河砂，先用盐酸煮沸 0.5h，用水洗至中性，再用氢氧化钠溶液煮沸 0.5h，用水洗至中性，经 105℃干燥备用。

3. 仪器设备

扁形铝制或玻璃制称量瓶；电热恒温干燥箱；干燥器：内附有效干燥剂；天平：感量为 0.1mg。

4. 分析步骤

（1）固体试样：取洁净铝制或玻璃制的扁形称量瓶，置于 101～105℃干燥箱中，瓶盖斜支于瓶边，加热 1.0h，取出盖好，置干燥器内冷却 0.5h，称量，并重复干燥至前后两次质量差不超过 2mg，即为恒重。将混合均匀的试样迅速磨细至颗粒小于 2mm，不易研磨的样品应尽可能切碎，称取 2.00～10.00g 试样（精确至 0.0001g），放入此称量瓶中，试样厚度不超过 5mm，如为疏松试样，厚度不超过 10mm，加盖，精密称量后，置于 101～105℃干燥箱中，瓶盖斜支于瓶边，干燥 2.0～4.0h 后，盖好取出，放入干燥器内冷却 0.5h 后称量。然后再放入 101～105℃干燥箱中干燥 1.0h 左右，取出，放入干燥器内冷却 0.5h 后再称量。并重复以上操作至前后两次质量差不超过 2mg，即为恒重。

（2）半固体或液体试样：取洁净的称量瓶，内加 10g 海砂及一根小玻棒，置于 101～105℃干燥箱中，干燥 1.0h 后取出，放入干燥器内冷却 0.5h 后称量，并重复干燥至恒重。然后称取 5～10g 试样（精确至 0.0001g），置于蒸发皿中，用小玻棒搅匀放在沸水浴上蒸干，并随时搅拌，擦去皿底的水滴，置于 101～105℃干燥箱中干燥 4h 后盖好取出，放入干燥器内冷却 0.5h 后称量。以下按固体试样步骤中自"然后再放入 101～105℃干燥箱中干燥 1h 左右"起依法操作。

5. 结果计算

$$X = \frac{m_1 - m_2}{m_1 - m_3} \times 100$$

式中：$X$——试样中水分的含量，g/100g；

　　　$m_1$——称量瓶（加海砂、玻棒）和试样的质量，g；

　　　$m_2$——称量瓶（加海砂、玻棒）和试样干燥后的质量，g；

　　　$m_3$——称量瓶（加海砂、玻棒）的质量，g。

水分含量≥1g/100g 时，计算结果保留三位有效数字；水分含量＜1g/100g 时，结果保留两位有效数字。

**6. 说明及注意事项**

(1) 温度条件控制：对于热稳定的谷物等，干燥温度可以提高到 120～130℃；如果糖含量高的样品，高温下（大于 70℃）长时间加热，可因氧化分解而致明显误差，宜用低温（50～60℃）干燥 0.5h，再用 101～105℃干燥。对于水果和蔬菜，应先洗净并吸干表面的水分。

(2) 样品的要求：直接干燥法耗时较长，且不适宜胶态、高脂肪、高糖食品及含有较多的高温易氧化、易挥发物质的食品；用这种方法测得的水分质量中包含所有在 100℃下失去的挥发物的质量，如微量的芳香油、醇、有机酸等挥发性物质的质量；含有较多氨基酸、蛋白质及羰基化合物的样品，长时间加热则会发生羰氨反应析出水分而导致误差，宜采用其他方法测定水分含量；测定时样品的量一般控制在其干燥后的残留物质量为 3～5g。故固体或半固体样品称样数量控制在 3～5g，而液体样品如果汁、牛乳等则控制在 15～20g。糖浆、甜炼乳等浓稠液体，一般要加水稀释，稀释液的固形物含量应控制在 20%～30%。水分含量在 14% 以下为安全水分，实验室条件下粉碎过筛处理，水分不会变化，但要求动作迅速。对于含水量大于 16% 的样品，则常采用二步干燥法测定，即将样品先自然风干后使其达到安全水分标准，再使用干燥法测定。

(3) 称量皿的选择应以样品置于其中平铺开后厚度不超过器皿高度的三分之一为宜。

(4) 在干燥过程中，一些食品原料可能易形成硬皮或结块，从而造成不稳定或错误的水分测量结果。为了避免这个情况，可以使用清洁干燥的海砂和样品一起搅拌均匀，再将样品加热干燥直至恒重。加入海砂的作用有两个：一是防止表面硬皮的形成；二是可以使样品分散减少样品水分蒸发的障碍。海砂的用量依样品量而定，一般每 3g 样品加入 20～30g 的海砂就可以使其充分地分散。除了海砂之外，也可使用其他类似海砂的对热稳定的惰性物质，如硅藻土等。

(5) 测定水分之后的样品，可以用来测定脂肪、灰分的含量；经加热干燥的称量瓶要迅速放到干燥器中冷却；干燥器内一般采用硅胶作为干燥剂，当其颜色由蓝色减退或变成红色时，应及时更换，于 135℃条件下烘 2～3h 后再重新使用；硅胶若吸附油脂后，除湿能力也会大大降低。

(6) 精密度的要求：在重复性条件下获得的两次独立测定结果的绝对差值不得超过算术平均值的 5%。

(7) 直接干燥法的设备和操作都比较简单，但是由于直接干燥法不能完全排出食品中的结合水，所以它不可能测定出食品中的真实水分。

**（二）减压干燥法**（GB 5009.3—2010）

**1. 原理**

利用食品中水分的物理性质，在达到 40～53kPa 压力后加热至(60±5)℃，采用减压烘干方法去除试样中的水分，再通过烘干前后的称量数值计算出水分的含量。

2. 仪器和设备

真空干燥箱；扁形铝制或玻璃制称量瓶；干燥器：内附有效干燥剂；天平：感量为 0.1mg。

3. 分析步骤

（1）试样的制备：粉末和结晶试样直接称取；较大块固体经研钵粉碎，混匀备用。

（2）测定：取已恒重的称量瓶称取约 2~10g（精确至 0.0001g）试样，放入真空干燥箱内，将真空干燥箱连接真空泵，抽出真空干燥箱内空气（所需压力一般为 40~53kPa），并同时加热至所需温度（60±5）℃。关闭真空泵上的活塞，停止抽气，使真空干燥箱内保持一定的温度和压力，经 4h 后，打开活塞，使空气经干燥装置缓缓通入至真空干燥箱内，待压力恢复正常后再打开。取出称量瓶，放入干燥器中 0.5h 后称量，并重复以上操作至前后两次质量差不超过 2mg，即为恒重。

4. 结果计算

$$X = \frac{m_1 - m_2}{m_1 - m_3} \times 100$$

式中：$X$——试样中水分的含量，g/100g；

$m_1$——称量瓶（加海砂、玻棒）和试样的质量，g；

$m_2$——称量瓶（加海砂、玻棒）和试样干燥后的质量，g；

$m_3$——称量瓶（加海砂、玻棒）的质量，g。

水分含量≥1g/100g 时，计算结果保留三位有效数字；水分含量＜1g/100g 时，结果保留两位有效数字。

5. 说明及注意事项

（1）减压干燥法适合于在较高温度下加热易分解、氧化、变性的食品，如糖浆、果糖、果蔬及其制品等。

（2）在减压干燥时，自干燥箱内部压力降至规定真空度时起计算干燥时间。一般每次干燥时间是 2h，但有的样品需要 5h；恒重一般以减量不超过 0.5mg 为标准，但对受热易分解的样品则可以减量不超过 1~3mg 为标准。

（3）真空干燥箱内各部分温度要求均匀一致，若干燥时间短时，更应该严格控制。

（4）精密度的要求：在重复性条件下获得的两次独立测定结果的绝对差值不得超过算术平均值的 10%。

## 二、蒸馏法（GB 5009.3—2010）

蒸馏法出现在 20 世纪初，它采用与水互不相溶的高沸点有机溶剂与样品中的水分共沸蒸馏，收集馏分于接收管内，从所得的水分的容量求出样品中的水分含量。目前所用的有两种方法：直接蒸馏和回流蒸馏。在直接蒸馏中，使用沸点比水高、与水互不相溶的溶剂，样品用矿物油或沸点比水高的液体在远高于水沸点的温度下加热，而回流蒸馏则可使用沸点仅比水略高的溶剂如甲苯、二甲苯。其中采用甲苯进行的回流蒸馏是应用最广泛的蒸馏方法。

1. 原理

利用食品中水分的物理化学性质，使用水分测定器将食品中的水分与甲苯或二甲苯共同蒸出，根据接收的水的体积计算出试样中水分的含量。本方法适用于含较多其他挥发性物质的食品，如油脂、香辛料等。

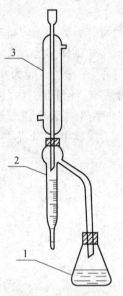

图 4-1　水分测定器

1—250mL 蒸馏瓶；2—水分接收管，容量 5mL，最小刻度值 0.1mL，容量误差小于 0.1mL，有刻度；3—冷凝管

2. 试剂和材料

甲苯或二甲苯（化学纯）：取甲苯或二甲苯，先以水饱和后，分去水层，进行蒸馏，收集馏出液备用。

3. 仪器和设备

水分测定器：见图 4-1（带可调电热套）；天平：感量为 0.1mg。

4. 分析步骤

准确称取适量试样（应使最终蒸出的水为 2～5mL，但最多取样量不得超过蒸馏瓶的 2/3），放入 250mL 锥形瓶中，加入新蒸馏的甲苯（或二甲苯）75mL，连接冷凝管与水分接收管，从冷凝管顶端注入甲苯，装满水分接收管。加热慢慢蒸馏，使每秒钟的馏出液为两滴，待大部分水分蒸出后，加速蒸馏约每秒 4 滴，当水分全部蒸出后，接收管内的水分体积不再增加时，从冷凝管顶端加入甲苯冲洗。如冷凝管壁附有水滴，可用附有小橡皮头的铜丝擦下，再蒸馏片刻至接收管上部及冷凝管壁无水滴附着，接收管水平面保持 10min 不变为蒸馏终点，读取接收管水层的容积。

5. 结果计算

$$X = \frac{V}{m} \times \frac{100}{1000}$$

式中：$X$——试样中水分的含量，mL/100g；

　　　$V$——接收管内水的体积，mL；

　　　$m$——试样的质量，g。

6. 说明及注意事项

（1）该法设备简单，操作方便，现已广泛用于谷类、果蔬、油类香料等多种样品的水分测定，尤其对于香料，此法是唯一公认的水分含量的标准分析法。

（2）测定样品的用量，一般谷类、豆类为 20g，鱼、肉、蛋、乳制品为 5～10g，蔬菜水果约为 5g。

（3）对于不同的食品，可以使用不同的有机溶剂进行蒸馏。对于热不稳定的食品，一般不采用高沸点的二甲苯（140℃），而常用低沸点的甲苯（110℃）或苯（80.1℃）。选用苯时，蒸馏时间需延长。

（4）蒸馏时温度不宜太高，以防止冷凝管上端水汽难以全部冷凝回收。

（5）为了防止蒸馏时管壁附着水滴，影响测定结果，仪器必须要清洗干净。

## 三、卡尔·费休法（GB 5009.3—2010）

1935 年由卡尔·费休提出的测定水分的定量方法，属于碘量法，是测定水分最为准确的化学方法。多年来，许多分析工作者对此方法进行了较为全面的研究，在反应的化学计量、试剂的稳定性、滴定方法、计量点的指示及各类样品的应用和仪器操作的自动化等方面，有许多改进，使该方法日趋成熟与完善。

1. 原理

根据碘能与水和二氧化硫发生化学反应，在有吡啶和甲醇共存时，1mol 碘只与 1mol 水作用，反应式如下：

$$C_5H_5N \cdot I_2 + C_5H_5N \cdot SO_2 + C_5H_5N + H_2O + CH_3OH \longrightarrow 2C_5H_5N \cdot HI + C_5H_6N[SO_4CH_3]$$

卡尔·费休水分测定法又分为库仑法和容量法。库仑法测定的碘是通过化学反应产生的，只要电解液中存在水，所产生的碘就会和水以 1∶1 的关系按照化学反应式进行反应。当所有的水都参与了化学反应，过量的碘就会在电极的阳极区域形成，反应终止。容量法测定的碘是作为滴定剂加入的，滴定剂中碘的浓度是已知的，根据消耗滴定剂的体积，计算消耗碘的量，从而计量出被测物的水分含量。

2. 试剂和材料

（1）卡尔·费休试剂。

（2）无水甲醇：优级纯。

3. 仪器和设备

卡尔·费休水分测定仪；天平：感量为 0.1mg。

4. 分析步骤

（1）卡尔·费休试剂的标定（容量法）。在反应瓶中加一定体积（浸没铂电极）的甲醇，在搅拌下用卡尔·费休试剂滴定至终点。加入 10mg 水（精确至 0.0001g），滴定至终点并记录卡尔·费休试剂的用量（V）。卡尔·费休试剂滴定度按下式计算：

$$T = \frac{M}{V}$$

式中：T——卡尔·费休试剂的滴定度，$mg \cdot mL^{-1}$；

M——水的质量，mg；

V——滴定水消耗的卡尔·费休试剂的用量，mL。

（2）试样前处理。可粉碎的固体试样要尽量粉碎，使之均匀。不易粉碎的试样可切碎。

（3）试样中水分的测定于反应瓶中加一定体积的甲醇或卡尔·费休测定仪中规定的

溶剂浸没铂电极，在搅拌下用卡尔·费休试剂滴定至终点。迅速将易溶于上述溶剂的试样直接加入滴定杯中；对于不易溶解的试样，应采用对滴定杯进行加热或加入已测定水分的其他溶剂辅助溶解后用卡尔·费休试剂滴定至终点。建议采用库仑法测定试样中的含水量应大于 $10\mu g$，容量法应大于 $100\mu g$。对于某些需要较长时间滴定的试样，需要扣除其漂移量。

（4）漂移量的测定。在滴定杯中加入与测定样品一致的溶剂，并滴定至终点，放置不少于 10min 后再滴定至终点，两次滴定之间的单位时间内的体积变化即为漂移量（D）。

5. 结果计算

固体试样中水分含量的计算：

$$X = \frac{(V_1 - D \times t) \times T}{M} \times 100$$

液体试样中水分含量的计算：

$$X = \frac{(V_1 - D \times t) \times T}{V_2 \rho} \times 100$$

式中：$X$——试样中水分的含量，g/100g；

$V_1$——滴定样品时卡尔·费休试剂体积的数值，mL；

$T$——卡尔·费休试剂的滴定度的准确数值，$g \cdot mL^{-1}$；

$M$——样品质量的数值，g；

$V_2$——液体样品体积的数值，mL；

$D$——漂移量，$mL \cdot min^{-1}$；

$t$——滴定时所消耗的时间，min；

$\rho$——液体样品的密度，$g \cdot mL^{-1}$。

水分含量 $\geq 1g/100g$ 时，计算结果保留三位有效数字；水分含量 $< 1g/100g$ 时，计算结果保留两位有效数字。

6. 说明及注意事项

（1）本方法为测定食品中微量水分的方法。可适用于糖果、巧克力、油脂、乳粉和脱水果蔬类等样品。食品中含有可与卡尔·费休试剂所含的组分起反应的物质如氧化剂、还原剂、氢氧化物等，对其测定会有干扰。并且对于含有如维生素 C 等强还原性组分的样品不适用此法。

（2）固体样品的细度为 40 目。最好用破碎机处理而不用研磨机，以防水分损失，另外，粉碎试样时保证其含水量均匀也是获得准确分析结果的关键。

（3）实验表明，卡尔·费休法测定糖果样品的水分等于干燥法测得的水分加上经干燥法烘过的样品再用卡尔·费休法测定残留水分。说明卡尔·费休法不仅能测出样品中的自由水，而且还能测定其结合水。所以其测定结果更能客观地反映出样品的实际含水量。

（4）本方法适用于食品中水分的测定，卡尔·费休容量法适用于水分含量大于

$1.0 \times 10^{-3}$ g/100g 的样品，卡尔·费休库伦法适用于水分含量大于 $1.0 \times 10^{-5}$ g/100g 的样品。

## 四、其他方法简介

其他测定水分的方法，还有介电容量法、电导率法、红外吸收光谱法、折光法、化学干燥法、微波烘箱干燥法、红外线干燥法等，下面分别做简单介绍。

### 1. 介电容量法

介电容量法是根据样品的介电常数与含水率有关，把含水食品作为测量电极间的充填介质，通过电容的变化达到对食品水分含量的测定。用该方法测定水分含量的仪器需要使用已知水分含量的试样（标准方法测定）来进行校准。为了控制分析结果的重现性和可靠性，需要考虑试样的密度和温度等重要因素，其中温度对电容值的影响非常大，水分仪上都装有一个或两个温度传感器，目的是对测定结果进行温度补偿。由于水的介点常数（80.37，20℃）比其他大部分溶剂都要高，所以可用介电容量法来进行水分的测定。例如：水的介电常数是 80.37，所以以介电容量法常用于谷物中水分含量的测定。在检测样品时，可以根据仪器的读数从之前制作好的标准曲线上得到水分含量的测定值。介电容量法的测量速度快，对于需要进行质量控制而要连续测定的加工过程非常有效，但该方法不大适用于检测水分含量低于 30%～35% 的食品。

我国生产的介电容量法水分测定仪有 LSC-3 型、SWS-5 型、JLS-3 型等。

### 2. 电导率法

电导率法的原理是当样品中水分含量发生变化时，可导致其电流传导性随之变化，因此通过测量样品的电阻，就成为一种具有一定精确度的快速分析方法。在用电导率法测定被测样品时，必须要保持温度的恒定，且每个样品的测定时间必须恒定为 1min。

目前，我国生产的电阻式水分测定仪有 LSKC-4A 型、TL-4 型等。

### 3. 红外吸收光谱法

红外线是一种电磁波，一般是指波长在 $0.75 \sim 1000 \mu m$ 的光，红外波段的范围又可进一步分为三部分。①近红外区波段：$0.75 \sim 2.5 \mu m$；②中红外区波段：$2.5 \sim 25 \mu m$；③远红外区波段：$25 \sim 1000 \mu m$。水分子对三个区域的光波均具有选择吸收作用。

红外吸收光谱法测定的是食品中的分子对（中、近红外）辐射的吸收，即频率不同的红外辐射被食品分子中不同的官能团所吸收，这与紫外-可见光谱中的紫外光或可见光的应用相似。根据水分对某一波长的红外线的吸收强度与其在样品中的含量存在一定的关系建立了红外吸收光谱法测定水分。红外吸收光谱法准确、方便、快速，存在深远的研究意义和广阔的应用前景。

### 4. 折光法

折射率是物质的一种物理特性，是食品生产中常用的工艺控制指标。通过测量物质的折射率来鉴别物质的组成，确定物质的纯度、浓度及判断物质的品质的分析方法称为折光法。折光法现在已广泛应用于水果及水果类产品中可溶性固定物的测定。测得食品固形物的方法，也就是间接测定水分的方法。

### 5. 化学干燥法

化学干燥法就是将某种对于水蒸气具有强烈吸附作用的化学药品与含水样品一同装入一个干燥容器，如普通玻璃干燥器或真空干燥器，通过等温扩散及吸附作用而使样品达到干燥恒重，然后根据干燥前后样品的质量差计算出其中的水分含量。用于干燥（吸收水蒸气）的化学样品叫干燥剂，主要包括硫酸（95%）、无水氯化钙、氧化钙、氢氧化钠（熔融）、氧化镁、硫酸（100%）、硅胶、氧化铝、氢氧化钾（熔融）、高氯酸镁、氧化钡、五氧化二磷等，它们的干燥效率依次增高。其中，浓硫酸、固体氢氧化钠、硅胶、活性氧化铝、无水氯化钙等最为常用。化学干燥法适用于对热不稳定及含有易挥发组分的样品，如茶叶、香料等。但此法的缺点是时间比较长，需要数天、数周甚至数月时间。

### 6. 微波烘箱干燥法

微波是指频率范围为 103～105MHz 的电磁波。微波加热是靠电磁波把能量传播到被加热物体的内部进行加热的方法。这种加热方法具有以下特点：①加热速度快；②加热均匀性好；③加热易于瞬时控制；④选择性吸收；⑤加热效率高。

### 7. 红外线干燥法

红外线干燥法是一种快速测定水分的方法，它以红外线发热管为热源，通过红外线的辐射热和直接热加热样品，高效迅速地使水分蒸发，根据干燥前后样品的质量差可以得出其水分含量。红外线干燥法与采用热传导和对流方式的普通烘箱相比，热渗透至样品中蒸发水分所需的干燥时间能显著缩短到 10～25min。但比较起来，其精密度较差，可作为简易法用于测定 2～3 份样品的大致水分，或快速检验在一定允许偏差范围内的样品水分含量。近些年来，红外线水分测定仪的性能得到了很大的提高，在测定操作的简易性、精度、速度、数字显示等方面都表现出优越的性能。

另外，食品领域应用的水分分析方法还有很多，如核磁共振波谱法、气相色谱法等，这些方法在其他文献上也有阐述，限于篇幅，这里不再一一阐述。

## 第三节 食品中水分活度的测定方法

### 一、概述

食品中的水可分为游离水和结合水两类。游离水能被微生物所利用，而结合水不能。食品中的水分含量，不能说明这些水完全是被微生物所利用的，对食品的生产和保藏均缺乏科学的指导作用，且食品中水分含量测定的结果，得到的是食品的总含水量。为了更好地说明食品中的水分状态，更好地阐明水分含量与食品保藏性能的关系，需要引入水分活度这个概念。

李维斯从平衡热力学定律严密地推导出物质活度的概念，而斯科特首先将它应用于食品。水分活度的严格定义是：溶液中水的逸度与纯水逸度之比值，即：

$$A_w = \frac{f}{f_0}$$

式中：$A_w$——水分活度；

   $f$——溶剂（水）的逸度（逸度是溶剂从溶液逃脱的趋势）；

   $f_0$——纯溶剂（水）的逸度。

在低压时，$f/f_0$ 与 $p/p_0$ 之间的差别小于 1％。若要求两者相等，前提条件是体系是理想溶液并且存在热力学平衡，但食品体系一般不符合上述两个条件，因此水分活度可近似地表示为溶液中水蒸气分压与纯水蒸汽压之比：

$$A_w = \frac{p}{p_0}$$

式中：$A_w$——水分活度；

   $p$——溶液或食品中的水分蒸汽分压，一般说来，$p$ 随食品中易蒸发的自由水含量的增多而加大；

   $p_0$——在相同温度下，纯水的蒸汽压。

$Aw$ 值介于 0 到 1 之间。当食品为完全干物质时，$A_w$ 为 0，当食品为纯水时 $A_w$ 为 1。当周围环境中的水蒸气压力高于食品表面的蒸汽压力时，食品就会吸湿，其质量就会相应的增加，反之，食品就会去湿，其质量会减少；在相同温度下，食品表面的蒸汽压力与周围环境的水蒸气压力达到平衡后，食品的质量就不再变化。

水分活度表示食品中水分存在的状态，反映了食品中水分与食品的结合程度（或游离程度），以及食品中能被微生物利用的有效水分状况，所以在食品生产与保藏中更具意义。$A_w$ 越大，水分与食品的结合程度就越低，食品的保藏性就越差；反之，$A_w$ 越小，水分与食品的结合程度就越高，食品的保藏性就会越好。食品的水分活度的高低是不能按其水分含量来衡量的。一般来说，同种食品的水分含量越高，其水分活度越大，但不同种食品即使水分含量相同，水分活度往往也是不同的。例如，金黄色葡萄球菌生长要求的最低水分活度为 0.86，而相当于这个水分活度的水分含量则随不同食品而不同，如干肉为 23％，乳粉为 16％，干燥肉汁为 63％；细菌对水分活性的要求最高，$A_w > 0.9$ 时才能生长繁殖；酵母菌要求 $A_w > 0.87$，而霉菌在 $A_w$ 为 0.8 时就开始繁殖。另外，同属而不同种的微生物对 $A_w$ 的要求也不完全相同。从水分活度的概念很容易看出，水分活度对食品的安全性和有关微生物生长、生化反应率及物理性质稳定性的预测是极其重要的。

## 二、水分活度值的测定

水分活度检测的方法和仪器正在不断改进，目前主要应用的检测方法有：水分活度测定仪（或被改进的新型水分活度自动检测仪）、扩散法、溶剂萃取法、公式模拟法及冰点法等。

### （一）水分活度测定仪法

食品水分活度测定仪分为两大类。一是冷却镜露点法，其特点是精确、快速而且便于操作，测量时间一般在 5min 以内；另一类是采用传感器的电阻或电容的变化来测定相对湿度，其特点是便宜，但精确度比前者要低，而且测量时间相对更长。这里介绍的水分活度测定仪的原理属于第二类。

1. 原理

在一定的温度下，利用氯化钡饱和溶液校正水分活度测定仪的 $A_w$ 值；在同一条件下测定样品，利用测定仪上的传感器，根据食品中蒸汽压力的变化，从仪器的表头上读出指示的水分活度。

2. 仪器与试剂

水分活度测定仪；20℃恒温箱；氯化钡饱和溶液。

3. 分析步骤

（1）仪器校正：用小镊子将两张滤纸浸在氯化钡饱和溶液中，待滤纸均匀地浸湿后，用小镊子轻轻地把它放在仪器的样品盒内，然后将具有传感器装置的表头放在样品盒上，小心轻轻地拧紧。将水分活度测定仪移至 20℃恒温箱中维持恒温 3h 后，再用小钥匙将表头上的校正螺丝拧动使 $A_w$ 值为 9.000。重复上述过程再校正一次。

（2）样品测定：取经 15～25℃恒温后的适量试样，果蔬类样品须迅速捣碎或按比例取汤汁或固形物，鱼和肉等样品须适当切碎，置于仪器样品盒内，保持表面平整且不高于盒内垫圈底部。然后将具有传感器装置的表头置于样品盒上（切勿使表头沾上样品）轻轻地拧紧，移到 20℃恒温箱中，保持恒温放置 2h 以后，不断从仪器表头上观察仪器指针的变化情况，待指针恒定不变时，所指示的数值即为此温度下试样的 $A_w$ 值。

如果试验条件不在 20℃恒温测定时，根据表 4-1 所列的 $A_w$ 校正值即可将其校正为 20℃时的数值。

**表 4-1　水分活度值的温度校正表**

| 温度（℃） | 校正值 | 温度（℃） | 校正值 |
|---|---|---|---|
| 15 | −0.010 | 21 | +0.002 |
| 16 | −0.008 | 22 | +0.004 |
| 17 | −0.006 | 23 | +0.006 |
| 18 | −0.004 | 24 | +0.008 |
| 19 | −0.002 | 25 | +0.010 |

4. 说明及注意事项

（1）所用的玻璃器皿应清洁干燥，否则会影响测量结果。

（2）仪器在常规测量时一般 0.5d 校准一次。当要求测量结果准确度较高时，则每次测量前必须用氯化钡饱和溶液进行校正。

(3) 测量表头为精密器件，在测定时，须轻拿轻放，切勿使表头直接接触样品和水；如果表头不小心接触了液体，需蒸发干燥进行校准后方能使用。

(4) 温度若不在20℃时的校正方法如下：如在15℃时测得某样品的 $A_w$=0.930，经查表4-1 15℃时校正值为−0.010，则该样品在20℃时的 $A_w$=0.930+(−0.010)=0.920；反之，在25℃某样品 $A_w$=0.940，经查表校正值为+0.010，则该样品在20℃时的 $A_w$=0.940+(+0.010)=0.950。

### (二) 扩散法

1. 原理

样品在康威氏（conway）微量扩散皿的密封和恒温条件下，分别在 $A_w$ 较高和较低的标准饱和溶液中扩散平衡后，根据样品质量增加（即在 $A_w$ 较高的标准溶液中平衡）和减少（即在 $A_w$ 较低的标准溶液中平衡），以质量的增减为纵坐标，各个标准试剂的水分活度为横坐标，求出样品的水分活度值。该法适用于中等及高水分活度（$A_w$＞0.5）的样品。

2. 主要试验仪器和试剂

(1) 主要仪器：康威氏微量扩散皿；小铝皿或玻璃皿：放样品用，直径为25～28mm、深度为7mm的圆形皿；分析天平：感量0.0001g；恒温箱：温度(10±0.1)～(40±0.1)℃。

(2) 主要试剂：标准水分活度试剂见表4-2。

**表4-2 标准 $A_w$ 试剂及其在25℃时的 $A_w$ 值**

| 试剂名称 | $A_w$ | 试剂名称 | $A_w$ |
|---|---|---|---|
| 重铬酸钾（$K_2Cr_2O_7 \cdot 2H_2O$） | 0.986 | 溴化钠（$NaBr \cdot 2H_2O$） | 0.577 |
| 硝酸钾（$KNO_3$） | 0.924 | 硝酸镁[$Mg(NO_3)_2 \cdot 6H_2O$] | 0.528 |
| 氯化钡（$BaCl_2 \cdot 2H_2O$） | 0.901 | 硝酸锂（$LiNO_3 \cdot 3H_2O$） | 0.476 |
| 氯化钾（KCl） | 0.842 | 碳酸钾（$K_2CO_3 \cdot 2H_2O$） | 0.427 |
| 溴化钾（KBr） | 0.807 | 氯化镁（$MgCl_2 \cdot 6H_2O$） | 0.330 |
| 氯化钠（NaCl） | 0.752 | 醋酸钾（$KAc \cdot H_2O$） | 0.224 |
| 硝酸钠（$NaNO_3$） | 0.737 | 氯化锂（$LiCl \cdot H_2O$） | 0.110 |
| 氯化锶（$SrCl_2 \cdot 6H_2O$） | 0.708 | 氢氧化钠（$NaOH \cdot H_2O$） | 0.070 |

3. 分析步骤

(1) 在预先恒重且精确称量的铝皿或玻璃皿中，精确称取1.00g左右均匀样品，迅速放入康威氏皿内室中。在康威氏皿外室预先放入饱和标准试剂5mL，或标准的上述各式盐5.0g，加入少许蒸馏水湿润。在操作时通常选择2～4份标准饱和试剂，每只皿装一种，其中1～2份的 $A_w$ 值大于或小于试样的 $A_w$ 值。

(2) 接着在扩散皿磨口边缘均匀涂上一层真空脂或凡士林，样品加入后迅速加盖密封，并移至(25±0.5)℃的恒温箱中放置(2±0.5)h。

(3) 然后取出铝皿或玻璃皿，用分析天平迅速称量，分别计算各个样品增减的质量。

(4) 以各个标准饱和溶液在25℃时的 $A_w$ 值为横坐标，样品增减的质量为纵坐标，在方格纸上作图，把各点连接成一条直线，这条直线与横坐标的交点就是所测样品的水分活度值。

(5) 结果计算。用实例来说明水分活度值的计算方法：某食品样品在硝酸钾溶液中增重 7mg，在溴化钾溶液中减重 15mg，可求得其 $A_w=0.878$。

4. 说明及注意事项

(1) 取样时应迅速且各份样品称量应在同一条件下进行；康威氏皿应该具有良好的密封性。

(2) 试样的形状、大小对测定结果影响不大；取食品的固体部分或液体部分都可以，样品平衡后其结果没有差异。

(3) 绝大多数被测样品在 2h 后即可测得 $A_w$，但有的样品则需 4d 左右时间才能测定，如米饭类、油脂类、油浸烟熏类。为此，必须加入样品量 0.2% 的山梨酸作防腐剂，并以其水溶液作空白试验。

### (三) 溶剂萃取法

1. 原理

利用苯与水不溶的性质，把食品中的水用苯来萃取。在一定的温度下，苯所萃取的水量与样品中水相的水分活度成正比。用卡尔·费休法分别测定苯从食品和纯水中萃取出来的水量并求出两者之比值，即为样品的水分活度值。

2. 仪器

溶剂萃取法所用的主要仪器与卡尔·费休法相同。

3. 试剂

(1) 卡尔·费休试剂；

(2) 苯：光谱纯，开瓶后可覆盖氢氧化钠保存；

(3) 无水甲醇：与卡尔·费休法中的相同。

4. 分析步骤

准确称取 1.00g 粉碎均匀的样品置于 250mL 干燥的磨口三角瓶中，加入苯溶液 100mL，盖上瓶盖，放置于摇瓶机上振摇 1h，然后静置 10min，吸取此溶液 50mL 至卡尔-费休水分测定仪中，加入无水甲醇 70mL（可事先滴定以除去可能残余的水分）。混合均匀，用费休试剂滴定至产生稳定的微橙红色不褪色为止，或者用 KF-1 型水分测定仪滴定至微安表指针偏转到终点并保持 1min 不变。整个测定操作过程需保持在(25±1)℃下进行。另外，取 10mL 重蒸水代替样品，加苯溶液 100mL，振摇 2min，静置 5min，然后按上述样品的测定步骤进行滴定至终点，记录所消耗的卡尔·费休试剂的毫升数。

5. 结果计算

$$A_w = [H_2O]_n \times \frac{10}{[H_2O]_0}$$

式中：$[H_2O]_n$——从食品样品中萃取的水量（即用卡尔·费休试剂滴定度乘以滴定样品所消耗该试剂的毫升数）；

$[H_2O]_0$——从纯水中萃取的水量（即用卡尔·费休试剂滴定度乘以滴定纯水萃取液时所消耗该试剂的毫升数）。

6. 说明及注意事项

（1）在溶剂萃取法中，除苯（光谱纯）提取样品水分外，其他步骤与卡尔·费休法测定水分含量相同。

（2）溶剂萃取法使用的所有玻璃器皿都必须干燥。

（3）这种方法与水分活度测定仪法所得的结果相当。

# 复习思考题

1. 说明干燥法和蒸馏法测定食品中水分含量的方法和种类、原理及使用范围。

2. 各种方法对水分测定的精密度要求一般是什么？在水分测定中如何进行恒重操作？

3. 说说下列各类食品水分测定的操作方法及要点：乳粉、面粉、香料、蜂蜜、肉类、南瓜、面包和油脂。

4. 简述水分活度测定仪法、扩散法、溶剂萃取法测定水分活度的原理。

5. 水分活度值的概念是什么？请论述水分活度在食品工业生产中的重要意义。

# 第五章  灰分及主要矿质元素的分析测定

学海导航

**学习目标**

掌握灰分的概念和知识；掌握样品灼烧、灰化、恒重的操作技能；了解矿物质的分类及其测定意义以及食品中钙、铁、锌、碘等几种重要矿物质元素的测定操作方法。

**学习重点**

掌握直接灰化法测定灰分的原理及操作要点。

**学习难点**

掌握分光光度计、原子吸收分光光度计、气相色谱仪等相关仪器设备的使用方法。

## 第一节  概  述

### 一、灰分的概念

食品的组成十分复杂，除含有大量有机物质外，还含有丰富的无机成分，这些无机成分包括人体必需的无机盐（或称矿物质），如含量较多的 Ca、Mg、K、Na、S、P、Cl 等元素。此外还含有少量的微量元素，如 Fe、Cu、Zn、I、F、Ca、Se 等。当这些组分经高温灼烧后，将发生一系列物理和化学变化：有机成分挥发逸散，而无机成分（主要是无机盐和氧化物）则残留下来。食品经高温（500～600℃）灼烧后的残留物，叫做灰分。由此可知，灰分的主要成分为氧化物和无机盐类。所以，灰分是食品中无机成分总量的一项指标。

食品成分不同，灼烧条件不同，残留物也各不相同。食品的灰分与食品中原来存在的无机成分在数量和组成上并不完全相同，这是因为食品在灰化时，某些易挥发的元素，如氯、碘、铅等会挥发散失，磷、硫等也能以含氧酸的形式挥发散失，使这部分无机物减少了。另一方面，某些金属氧化物会吸收有机物分解产生的二氧化碳而形成碳酸盐，又使无机成分增多了。因此严格地说，应该把灼烧后的残留物称为粗灰分。

食品经高温灼烧后的残留物叫做总灰分。在总灰分中，按其溶解性还可分为水溶性灰分、水不溶性灰分和酸不溶性灰分。其中水溶性灰分指的是可溶性的钾、钠、钙、镁等的氧化物和盐类。水不溶性灰分指的是污染的泥沙和铁、铝等氧化物及碱土金属的碱式磷酸盐的。酸不溶性灰分反映的是环境污染混入产品中的泥沙及样品组织中的微量氧化硅等。

## 二、食品中灰分测定的意义

灰分可以作为评价食品的质量指标，也是食品常规检验项目之一。例如在面粉加工中，常以总灰分含量评定面粉等级，富强粉为 0.3%～0.5%、标准粉为 0.6%～0.9%；加工精度越细，总灰分含量越小，这是由于小麦麸皮中灰分的含量比胚乳中的高 20 倍左右。例如果胶、明胶等胶质品的总灰分是这些制品的胶冻性能的标志。水溶性灰分能反映果酱果冻等制品中的果汁含量。

不同食品，因所用原料、加工方法和测定条件不同，灰分的组成和含量也各不相同。当这些条件确定后，某种食品的灰分常在一定范围内，如蔬菜 0.5%～2%，水果 0.5%～1%，豆类 1%～5%。如果某食品的灰分含量超过了正常范围，说明该食品生产过程中，使用了不符合卫生标准的原料或食品添加剂；或在生产、加工、贮藏过程中受到了污染。因此测定灰分可以判断食品受污染的程度。

测定植物性原料的灰分可以反映植物生长的成熟度和自然条件对其的影响，测定动物性原料的灰分可以反映动物品种，饲料组分对其的影响。

常见食品的灰分含量见表 5-1。

表 5-1　食品的灰分含量（%）

| 食品名称 | 含量 | 食品名称 | 含量 | 食品名称 | 含量 |
|---|---|---|---|---|---|
| 牛乳 | 0.6～0.7 | 罐藏甜炼乳 | 1.9～2.1 | 鲜肉 | 0.5～1.2 |
| 乳粉 | 5～5.7 | 鲜果 | 0.2～1.2 | 鲜鱼（可食部分） | 0.8～2.0 |
| 脱脂乳粉 | 7.8～8.2 | 蔬菜 | 0.2～1.2 | 鸡蛋白 | 0.6 |
| 罐藏淡炼乳 | 1.6～1.7 | 小麦胚乳 | 0.5 | 鸡蛋黄 | 1.6 |

# 第二节　灰分的测定

## 一、总灰分的测定（GB 5009.4—2010）

1. 原理

食品经灼烧后所残留的无机物质称为灰分。灰分数值系用灼烧、称重后计算得出。

2. 试剂和材料

(1) 乙酸镁 $(CH_3COO)_2Mg \cdot 4H_2O$：分析纯。

(2) 乙酸镁溶液 $(80g \cdot L^{-1})$：称取 8.0g 乙酸镁加水溶解并定容至 100mL，混匀。

(3) 乙酸镁溶液 $(240g \cdot L^{-1})$：称取 24.0g 乙酸镁加水溶解并定容至 100mL，混匀。

3. 仪器和设备

马弗炉：温度≥600℃；天平：感量为 0.1mg；石英坩埚或瓷坩埚；干燥器（内有干燥剂）；电热板；水浴锅。

4. 分析步骤

(1) 坩埚的灼烧：取大小适宜的石英坩埚或瓷坩埚置于马弗炉中，在(550±25)℃下灼烧 0.5h，冷却至 200℃左右，取出，放入干燥器中冷却 30min，准确称量。重复灼烧至前后两次称量相差不超过 0.5mg 为恒重。

(2) 称样：灰分大于 10g/100g 的试样称取 2~3g（精确至 0.0001g）；灰分小于 10g/100g 的试样称取 3~10g（精确至 0.0001g）。

(3) 测定。

1) 一般食品。液体和半固体试样应先在沸水浴上蒸干。固体或蒸干后的试样，先在电热板上以小火加热使试样充分炭化至无烟，然后置于马弗炉中，在(550±25)℃下灼烧 4h。冷却至 200℃左右，取出，放入干燥器中冷却 30min，称量前如发现灼烧残渣有炭粒时，应向试样中滴入少许水湿润，使结块松散，蒸干水分再次灼烧至无炭粒即表示灰化完全，方可称量。重复灼烧至前后两次称量相差不超过 0.5mg 为恒重。按式 (5-1) 计算。

2) 含磷量较高的豆类及其制品、肉禽制品、蛋制品、水产品、乳及乳制品。①称取试样后，加入 3.00mL 80g·$L^{-1}$ 乙酸镁溶液或 1.00mL 240g·$L^{-1}$ 乙酸镁溶液，使试样完全润湿。放置 10min 后，在水浴上将水分蒸干，以下步骤按一般食品测定中自"先在电热板上以小火加热……"起操作。按式 (5-2) 计算。②吸取 3 份与①相同浓度和体积的乙酸镁溶液，做 3 次试剂空白试验。当 3 次试验结果的标准偏差小于 0.003g 时，取算术平均值作为空白值。若标准偏差超过 0.003g 时，应重新做空白值试验。

5. 计算

$$X_1 = \frac{m_1 - m_2}{m_3 - m_2} \times 100 \tag{5-1}$$

$$X_2 = \frac{m_1 - m_2 - m_0}{m_3 - m_2} \times 100 \tag{5-2}$$

式中：$X_1$——测定时未加乙酸镁溶液的试样中灰分的含量，g/100g；

$X_2$——测定时加入乙酸镁溶液的试样中灰分的含量，g/100g；

$m_0$——氧化镁（乙酸镁灼烧后生成物）的质量，g；

$m_1$——坩埚和灰分的质量，g；

$m_2$——坩埚的质量，g；

$m_3$——坩埚和试样的质量，g。

试样中灰分含量≥10g/100g 时，保留 3 位有效数字；试样中灰分含量＜10g/100g 时，保留 2 位有效数字；在重复性条件下获得的两次独立测定结果的绝对差值不得超过算术平均值的 5%。

6. 说明及注意事项

（1）样品炭化时要注意热源强度，以防产生大量泡沫溢出坩埚。

（2）为加快灰化过程，缩短灰化周期，可以向灰化的样品中加入纯净疏松的物质，如等量的乙醇或乙酸铵等；炭化时若发生膨胀，如糖类、蛋白质以及含淀粉高的样品，可滴加数滴橄榄油；炭化时应先用小火，再用高火，以避免样品溅出。

（3）把坩埚放入高温炉或从炉中取出时，要放在炉口停留片刻，将坩埚预热或冷却，以防止温差巨变而使坩埚破裂。

（4）灼烧后的坩埚应冷却到 200℃以下，再移入干燥器中；从干燥器内取出坩埚时，盖子应慢慢打开；否则因热的对流作用，易造成残灰飞散。

（5）灰化后所得残渣可留作钙、磷、铁等成分的分析。用过的坩埚简单洗刷后，可用粗盐酸或废盐酸浸泡 10～20min，再用水冲洗干净。

（6）若液体样品量过多，可分次在同一坩埚中蒸干。在测定蔬菜、水果这类含水量高的样品时，应预先测定这些样品的水分，再将这些干燥物继续加热至 550～600℃灼烧炭化，测定其灰分含量。

（7）灰化温度一般为 550～600℃，但不能超过 600℃。否则钾、钠、氯等易挥发损失造成误差。

（8）有些样品灰化温度应≤550℃，如牛奶、奶粉、奶酪、海味品、水果及其制品等。

（9）近几年炭化时常用红外灯。

## 二、水溶性灰分和水不溶性灰分的测定

### （一）水不溶性灰分的测定

1. 仪器、试剂

仪器、试剂等同总灰分的测定。

2. 测定方法

在总灰分中加热水约 25mL，盖上表面皿，加热至沸腾，用无灰滤纸过滤，以 25mL 热水洗涤，将滤纸和残渣置于原坩埚中，按总灰分测定方法再进行干燥、炭化、灼烧、冷却、称重直至恒重。按下式计算水溶性灰分与水不溶性灰分的含量：

$$X_2 = \frac{m_3 - m_0}{m_2 - m_0} \times 100$$

式中：$X_2$——样品中水不溶性灰分的质量分数，%；

$m_0$——坩埚的质量，g；

$m_2$——坩埚和样品的质量，g；

$m_3$——坩埚和水不溶性灰分的质量，g。

水溶性灰分（％）＝总灰分（％）－水不溶性灰分（％）。

**（二）酸不溶性灰分的测定**

1. 仪器、试剂

仪器、试剂等同总灰分的测定。

2. 测定方法

向水不溶性灰分（或测定总灰分的残留物）中，加入 $0.1mol \cdot L^{-1}$ 盐酸 25mL，以下操作按照水不溶性灰分的方法测定，按下式计算酸不溶性灰分含量。

$$X_3 = \frac{m_4 - m_0}{m_2 - m_0} \times 100$$

式中：$X_3$——样品中水不溶性灰分的质量分数，％；

$m_0$——坩埚的质量，g；

$m_2$——坩埚和样品的质量，g；

$m_4$——坩埚和水不溶性灰分的质量，g。

# 第三节　几种重要矿质元素的测定

## 一、概述

食品中的矿物质元素是指除去碳、氢、氧、氮四种元素以外的存在于食品中的其他元素。

食品中的矿物质元素大约有 80 多种，从营养学角度，可分为必需元素、非必需元素和有害元素。根据人体需要量的多少可分为常量元素和微量元素（痕量元素）。其中，含量都在 0.01％以上，称为常量元素，约占矿物质总量的 80％，主要有 Ca、Mg、K、Na、P、S 等。此外，含量在 0.01％以下，称为微量元素或痕量元素，主要有 Fe、Co、Ni、Zn、Cr、Mo、Al、Si、Se 等元素。

另外，一些必需元素在维持机体的酸碱平衡、维持体液的渗透压、酶的活化剂、构成人体组织等方面，都起着十分重要的作用。微量元素在人体内含量甚少，但却能起到重要的生理作用，若某种元素供给不足，就会出现缺乏症，但摄入过多，又会发生中毒现象。由于食物中矿物质含量较丰富，分布也比较广泛，一般情况下都能满足人体需要，不易引起缺乏症；但对于一些特殊人群或处于特殊生理状况的人群时，如婴幼儿、孕妇、哺乳期、青春期等人群常易引起缺乏症。

测定食品中矿物质元素含量，对食品营养价值的评价、生产和开发强化食品具有十分重要的意义。本节简单介绍钙、铁、锌、碘、铜元素的测定方法。矿物元素的测定方法很多，常用的有原子吸收分光光度法、化学分析法、比色法，此外离子选择性电极法、荧光法等也有一定应用。

## 二、食品中钙的测定（GB/T 5009.92—2003）

钙是人体最重要的矿物质元素之一，是构成机体骨骼、牙齿的主要成分，钙具有维持毛细血管的正常渗透压，调节神经肌肉的兴奋性，控制心脏的作用。缺钙时可引起手足抽搐等不适症状。我国推荐的每日膳食中钙的供给量为 800～1000mg。食品中含钙较多的是豆及其制品、蛋、酥鱼、排骨、虾皮等。钙也通常作为食品改良剂和食品营养强化剂用于食品生产中，所以对食品中钙的测定具有重要意义。

食品中测定钙的国家标准方法有原子吸收分光光度法、EDTA 滴定法两种，并且两种方法适用于各种食品中钙的测定。

### （一）原子吸收分光光度法

#### 1. 原理

试样经湿化消化后，导入原子吸收分光光度计中，经火焰原子化后，吸收 422.7nm 的共振线，其吸收量与含量成正比，与标准系列比较定量。

#### 2. 试剂

（1）盐酸；

（2）硝酸；

（3）高氯酸；

（4）混合酸消化液：硝酸：高氯酸＝4：1；

（5）0.5mol·L⁻¹硝酸溶液：量取 32mL 硝酸，加去离子水并稀释至 1000mL；

（6）2％氧化镧溶液：称取 25g 氧化镧（纯度大于 99.99％），现用少量水湿润再加75mL 盐酸于 1000mL 容量瓶中，加去离子水稀释至刻度；

（7）钙标准储备溶液：准确称取 1.2486g 碳酸钙（纯度大于 99.99％），加 50mL去离子水，加盐酸溶解，移入 1000mL 容量瓶中，加 20g·L⁻¹氧化镧稀释至刻度，贮存于聚乙烯瓶内，4℃保存；此溶液每毫升相当于 500μg 钙；

（8）钙标准使用液：钙标准使用液的配制见表 5-2，钙标准使用液配制后，贮存于聚乙烯瓶内，4℃保存。

表 5-2　钙标准使用液配制

| 元　素 | 标准溶液浓度<br>（μg·mL⁻¹） | 吸取标准溶液量（mL） | 稀释体积<br>（mL） | 标准应用液浓度（μg·mL⁻¹） | 稀释溶液<br>（mL） |
|---|---|---|---|---|---|
| 钙 | 500 | 5.0 | 100 | 25 | 2％镧溶液 |

#### 3. 仪器与设备

实验室常用设备；原子吸收分光光度计。

4. 分析步骤

（1）试样处理

精确称取均匀样品干样 0.5～1.5g（湿样 2.0～4.0g，饮料等液体样品 5.0～10.0g）于 250mL 高型烧杯中，加混合酸消化液 20～30mL，上盖表面皿。置于电热板或砂锅浴上加热消化。如未消化好而酸液过少时，再补加几毫升混合酸消化液，继续加热消化，直至无色透明为止。加几毫升去离子水，加热以除去多余的硝酸。待烧杯中的液体接近 2～3mL 时，取下冷却，直至无色透明为止，再加几毫升水，加热以除去多余的硝酸。待烧杯中液体接近 2～3mL 时，取下冷却。用 20g·L⁻¹ 氧化镧溶液洗涤并转移于 10mL 刻度试管中，并定容刻度。取与消化样品相同量的混合酸消化液，按上述操作做试剂空白试验测定。

（2）测定

将钙标准使用液分别配制成不同浓度系列的标准稀释液，见表 5-3，测定操作参数见表 5-4。

表 5-3　不同浓度系列标准稀释液的配制方法

| 元素 | 使用液浓度（$\mu g \cdot mL^{-1}$） | 吸取使用液量（mL） | 稀释体积（mL） | 标准系列浓度（$\mu g \cdot mL^{-1}$） | 稀释溶液 |
|---|---|---|---|---|---|
| 钙 | 25 | 1 | 50 | 0.5 | 20g·L⁻¹ 氧化镧溶液 |
| | | 2 | | 1 | |
| | | 3 | | 1.5 | |
| | | 4 | | 2 | |
| | | 6 | | 3 | |

表 5-4　测定操作参数

| 元素 | 波长（nm） | 光源 | 火焰 | 标准系列浓度范围（$\mu g \cdot mL^{-1}$） | 稀释溶液 |
|---|---|---|---|---|---|
| 钙 | 422.7 | 可见光 | 空气-乙炔 | 0.5～3.0 | 20g·L⁻¹ 氧化镧溶液 |

其他实验条件：仪器狭缝、空气及乙炔的流量、灯头高度、元素灯电流等均按仪器的使用说明调至最佳状态。

将消化好的试样液、试剂空白液和钙元素的标准浓度系列分别导入火焰进行测定。

5. 计算

$$X = \frac{(c - c_0) \times V \times f \times 100}{m \times 1000}$$

式中：$X$——样品中元素的含量，mg/100g；

$c$——测定用样品中元素的浓度（由标准曲线查出），$\mu g \cdot mL^{-1}$；

$c_0$——试剂空白液中元素的浓度（由标准曲线查出），$\mu g \cdot mL^{-1}$；

$V$——样品定容体积，mL；

$f$——稀释倍数；

$m$——样品质量，g。

在重复性条件下获得的两个独立测定结果的绝对值不得超过算术平均值的 10%。

6. 说明及注意事项

（1）用玻璃仪器要均用硫酸-重铬酸钾洗液浸泡数小时，再用洗衣粉充分洗刷，之后用水反复冲洗，最后用去离子水冲洗晒干或烘干，方可使用。

（2）所用容器必须使用玻璃或聚乙烯制品，粉碎试样不得用石磨研碎。

（3）鲜样（如蔬菜、水果、鲜鱼、鲜肉等）先用自来水冲洗干净后，再用去离子水充分洗净。干粉类试样（如面粉、奶粉等）取样后立即装容器密封保存，以防止空气中的灰尘和水分污染。

（4）此方法最低检出限为 $0.1\mu g$。

**（二）EDTA 滴定法**（GB 12398—90）

1. 原理

根据钙与氨羧络合剂能定量地形成金属络合物，其稳定性较钙与指示剂所形成的络合物为强。在适当的 pH 范围内，以氨羧络合剂 EDTA 滴定，在达到化学当量点时，EDTA 就从指示剂络合物中夺取钙离子，使溶液呈现游离指示剂的颜色（终点）。根据 EDTA 络合剂用量，可计算钙的含量。

2. 试剂

（1）$1.25mol \cdot L^{-1}$ 氢氧化钾溶液：精确称取 70.13g 氢氧化钾，用水稀释至 1000mL。

（2）$10g \cdot L^{-1}$ 氰化钠溶液：称取 1.0g 氰化钠，用水稀释至 100mL。

（3）$0.05mol \cdot L^{-1}$ 柠檬酸钠溶液：称取 14.7g 柠檬酸钠，用水稀释至 1000mL。

（4）混合酸消化液：硝酸∶高氯酸=4∶1。

（5）EDTA 溶液：准确称取 4.50g EDTA（乙二胺四乙酸二钠），用水稀释至 1000mL，贮存于聚乙烯瓶中，4℃保存，使用时稀释 10 倍即可。

（6）钙标准溶液：准确称取 0.1248g 碳酸钙（纯度大于 99.99%，105～110℃烘干 2h），加 20mL 水及 3mL $0.5mol \cdot L^{-1}$ 盐酸溶解，移入 500mL 容量瓶中，加水稀释至刻度，贮存于聚乙烯瓶中，4℃下保存，此溶液每毫升相当于 $100\mu g$ 钙。

（7）钙红指示剂：称取 0.1g 钙红指示剂，用水稀释至 100mL，溶解后即可使用，贮存于冰箱中可保持一个半月以上。

3. 仪器与设备

实验室常用玻璃仪器：高型烧杯（250mL），微量滴定管（1mL 或 2mL），碱式滴定管（50mL），刻度吸管（0.5～1mL），试管等；电热板：1000～3000W，消化样品用。

4. 分析步骤

(1) 样品制备

同原子吸收分光光度法。

(2) 测定

1) 标定 EDTA 浓度。吸取 0.5mL 钙标准溶液，以 EDTA 滴定，标定其 EDTA 的浓度，根据滴定结果计算出每毫升 EDTA 相当于钙的毫克数，即滴定度（T）。

$$T = \frac{C \times V_1}{V_2 \times 1000}$$

式中：$T$——EDTA 滴定度，$mg \cdot mL^{-1}$；

$C$——钙标准溶液浓度，$\mu g \cdot mL^{-1}$；

$V_1$——吸取的钙标准溶液体积，mL；

$V_2$——滴定钙标准溶液时所用 EDTA 的体积，mL。

2) 样品及空白滴定。吸取 0.1～0.5mL（根据钙的含量而定）样品消化液及等量的空白消化液于试管中，加 1 滴氰化钠溶液和 0.1mL 柠檬酸钠溶液，用滴定管加 1.5mL 1.25mol·L$^{-1}$氢氧化钾溶液，加 3 滴钙红指示剂，立即以稀释 10 倍 EDTA 溶液滴定，至指示剂由紫红色变蓝为止。

5. 结果计算

$$X = \frac{T \times (V - V_0) \times f \times 100}{m}$$

式中：$X$——样品中钙元素含量，mg/100g；

$T$——EDTA 滴定度，$mg \cdot mL^{-1}$；

$V$——滴定样品时所用 EDTA 的体积，mL；

$V_0$——滴定空白时所用 EDTA 的体积，mL；

$f$——样品稀释倍数；

$m$——样品称重质量，g。

6. 说明及注意事项

(1) 本方法同实验室平行测定或连续两次测定结果的重复性小于 10%。本方法的检测范围为 5～50$\mu g$。

(2) 所有玻璃仪器均以硫酸-重铬酸钾洗液浸泡数小时，再用洗衣粉充分洗刷后用水反复冲洗，最后用去离子水冲洗晒干或烘干，方可使用。

## 三、食品中铁的测定（GB/T 5009.90—2003）

铁是人体必需的微量元素，是人体内血红蛋白和肌红蛋白的组成成分，能参与血液中氧的运输，促进脂肪氧化。缺乏铁会引起缺铁性贫血和血浆水平低下等病症，人体内铁过量时也会引起血红症等疾病。中国营养学会推荐的铁的每日推荐供应量为：成年男子 12mg，女子 18mg。肉、蛋、肝脏和果蔬中均含有丰富的铁质。食品在加工和贮存过程中，常常会由于污染了大量铁而使之产生褐变和维生素分解，造成食品品质降低，影响食品风味，所以食品中铁的测定不但具有卫生意义，而且具有营养学意义。

铁的测定方法常用原子吸收光谱法。

### (一) 原子吸收光谱法

**1. 原理**

样品经湿消化后，导入原子吸收分光光度计中，经火焰原子化以后，吸收 248.3nm 共振线，其吸收量与铁量成正比，可与标准系列比较定量。

**2. 试剂**

(1) 盐酸；

(2) 硝酸；

(3) 高氯酸；

(4) 混合酸消化液：硝酸：高氯酸＝4：1；

(5) 0.5mol·L⁻¹ 硝酸溶液：量取 32mL 硝酸，加去离子水稀释至 1000mL；

(6) 铁标准溶液：精密称取 1.0000g 金属铁（99.99％）或含 1.0000g 纯金属相对应的氧化物，分别加硝酸溶解并移入三只 1000mL 容量瓶中，加 0.5mol·L⁻¹ 硝酸溶液并稀释至刻度，此溶液每毫升相当于 1mg 铁；

(7) 标准使用液：铁标准使用液的配制见表 5-5。

**表 5-5　标准使用液配制**

| 元　素 | 使用液浓度<br>(μg/mL) | 吸取使用量<br>(mL) | 稀释体积<br>(容量瓶) (mL) | 标准系列浓度<br>(μg/mL) | 稀释溶液 |
|---|---|---|---|---|---|
| 铁 | 1000 | 10.0 | 100 | 100 | 0.5mol/L<br>硝酸溶液 |

**3. 仪器**

实验室常用设备；原子吸收分光光度计。

**4. 分析步骤**

(1) 试样制备

鲜湿样（如蔬菜、水果、鲜鱼、鲜肉等）用自来水冲洗干净后，要用去离子水充分洗净。干粉类试样（如面粉、奶粉等）取样后立即装容器密封保存，防止空气中的灰尘和水分污染。

(2) 试样消化

精确称取均匀样品干样 0.5～1.5g，湿样 2.0～4.0g，饮料等液体样品 5.0～10.0g 于 250mL 高型烧杯中，加混合酸消化液 20～30mL，上盖表面皿，置于电热板或电砂浴上加热消化。如未消化好而酸液过少时，再补加几毫升混合酸消化液，继续加热消化，直至无色透明为止。再加几毫升去离子水，加热以除去多余的硝酸。待烧杯中的液体接近2～3mL时，取下冷却。用去离子水洗并转移于10mL刻度试管中，加水定容至刻度。取与消化样品相同量的混合酸消化液，按上述操作做试剂空白试验测定。

5. 测定

将铁标准使用液分别配制不同浓度系列的标准稀释液，配制方法见表5-6，测定操作参数见表5-7。

表5-6　不同浓度系列标准稀释液的配制方法

| 元　素 | 使用液浓度（$\mu g/mL$） | 吸取使用液量（mL） | 稀释体积（容量瓶）（mL） | 稀释溶液 |
|---|---|---|---|---|
| 铁 | 100 | 0.5<br>1<br>2<br>3<br>4 | 100 | 0.5mol/L硝酸溶液 |

表5-7　测定操作参数

| 元　素 | 波长（nm） | 光　源 | 火　焰 | 标准系列浓度范围（$\mu g/mL$） | 稀释溶液 |
|---|---|---|---|---|---|
| 铁 | 248.3 | 紫外 | 空气 | 0.5～4.0 | 0.5mol/L硝酸溶液 |

其他试验条件：仪器狭缝、空气及乙炔流量、灯头高度、元素灯电流等均按使用的仪器说明调至最佳状态。

6. 结果计算

以各浓度系列标准溶液与对应的吸光度绘制标准曲线。

$$X = \frac{(c - c_0) \times V \times f \times 100}{m \times 1000}$$

式中：$X$——样品中铁元素含量，$mg \cdot 100g^{-1}$；

$\quad\quad c$——测定用试样液中元素的浓度（由标准曲线查出），$\mu g \cdot mL^{-1}$；

$\quad\quad c_0$——试剂空白液中元素的浓度（由标准曲线查出），$\mu g \cdot mL^{-1}$；

$\quad\quad V$——试样定容体积，mL；

$\quad\quad f$——样品稀释倍数；

$\quad\quad m$——样品称重质量，g。

计算结果表示到小数点后两位；在重复性条件下获得的两次独立测定结果的绝对差值不得超过算术平均值的10％。

7. 说明及注意事项

(1) 铁标准使用液配制后，贮存于聚乙烯瓶内，4℃下保存。

(2) 所有玻璃仪器均以硫酸-重铬酸钾洗液浸泡数小时，再用洗衣粉充分洗刷后用水反复冲洗，最后用去离子水冲洗晒干或烘干，方可使用。

(3) 微量元素分析的试样制备过程中应特别注意防止各种污染。所用设备如电磨、绞肉机、匀浆器、打碎机等必须是不锈钢制品。所用容器必须使用玻璃或聚乙烯制品。

## 四、食品中锌的测定 （GB/T 5009.14—2003）

锌是人体必需的微量元素之一，大部分的农、水、畜产品中都含有微量的锌。为了预防儿童缺锌，1986 年卫生部批准锌可作为营养强化剂使用。但食用过度强化锌的食品，易引起与锌相拮抗的其他营养素的缺乏，如钙、磷、铁，也可能导致机体慢性中毒。农、水、畜产品中含有过量的锌，也会使农作物产生污染。研究表明，锌具有强的致畸作用。因此合理地补锌和控制锌的摄入量必须综合考虑，全面评价。

锌的测定方法有原子吸收光谱法、二硫腙比色法、二硫腙比色法（一次提取）三种国家标准方法，三种方法适用于所有食品中锌的测定。

### (一) 原子吸收光谱法

1. 原理

样品经处理后，导入原子吸收分光光度计中，原子化以后，吸收 213.8nm 共振线，其吸收量与锌量成正比，可与标准系列比较定量。

2. 试剂

(1) 4-甲基戊酮-2 （MIBK），又名甲基异丁酮。

(2) 磷酸 （1∶10）。

(3) 1mol·L$^{-1}$盐酸：量取 10mL 盐酸，加水稀释至 120mL。

(4) 混合酸：硝酸∶高氯酸 （3∶1）。

(5) 锌标准溶液：精密称取 0.5000g 金属锌 （99.99%），溶于 10mL 盐酸中，然后在水浴上蒸发至近干，用少量水溶解后移入 1000mL 容量瓶中，以水稀释至刻度。贮于聚乙烯瓶中，此溶液每毫升相当于 0.5mg 锌。

(6) 锌标准使用液：吸取 10.0mL 锌标准溶液，置于 50mL 容量瓶中，以 0.1mol·L$^{-1}$盐酸稀释至刻度，此溶液每毫升相当于 100.0μg 锌。

3. 仪器

原子吸收分光光度计。

4. 分析步骤

(1) 样品处理

1) 谷类：去除其中杂物及尘土，必要时除去外壳，碾碎，过 40 目筛，混匀。称取 5.00~10.00g，置于 50mL 瓷坩埚中，小火炭化至无烟后移入马弗炉中，（500±25）℃

以下灰化约 8h 后，取出坩埚，放冷后再加少量混合酸，用小火加热，避免蒸干，必要时再加入少量混合酸，如此反复处理，直至残渣中无炭粒，待坩埚稍冷，加 10mL 1mol·L⁻¹残渣并移入 50mL 容量瓶中，再用 1mol·L⁻¹盐酸反复洗涤坩埚，洗液也并入容量瓶中，稀释至刻度，混匀备用。取与样品处理量相同的混合酸和 1mol·L⁻¹盐酸按同一操作方法做试剂空白试验溶液。

2）蔬菜、瓜果及豆类：取可食部分洗净晾干，充分切碎或打碎后混匀。称取 10.00～20.00g，置于瓷坩埚中，加 1mL（1∶10）磷酸，小火炭化，以下按 1）中自"然后移入马弗炉中"起，依法操作。

3）禽、蛋、水产及乳制品：取可食部分充分混匀。称取 5.00～10.00g，置于瓷坩埚中，小火炭化，以下按 1）中自"然后移入马弗炉中"起，依法操作。

乳类制品经混匀后，量取 50mL，置于瓷坩埚中，加 1mL 磷酸，在水浴上蒸干，再小火炭化，以下按 1）中自"然后移入高温炉中"起，依法操作。

（2）测定

吸取 0.00，0.10，0.20，0.40，0.80mL 锌标准使用液，分别置于 50mL 容量瓶中，以 1mol·L⁻¹盐酸稀释至刻度，混匀，各容量瓶中每毫升液体分别相当于 0.00、0.20、0.40、0.80、1.60μg 锌。

将处理后的样液、试剂空白液和各容量瓶中的锌标准液分别导入调至最佳条件的火焰原子化器进行测定。参考测定条件：灯电流 6mA，波长 213.8nm，狭缝 0.38nm，空气流量 10L·min⁻¹，乙炔流量 2.3L·min⁻¹，灯头高度 3mm，氘灯背景校正；其他条件均按仪器说明，调至最佳状态。以锌含量对应浓度吸光值，绘制标准曲线，试样吸光值与标准曲线比较或代入方程求出含量。

5. 结果计算

$$X_1 = \frac{(A_1 - A_2) \times V \times 1000}{m_1 \times 1000}$$

式中：$X_1$——样品中锌的含量，mg·kg⁻¹或 mg·L⁻¹；

$A_1$——测定用样品液中锌的含量，μg·mL⁻¹；

$A_2$——试剂空白液中锌的含量，μg·mL⁻¹；

$m_1$——样品质量（体积），g（mL）；

$V$——样品处理液的总体积，mL。

6. 说明及注意事项

（1）食盐、碱金属、碱土金属以及磷酸盐大量存在时，需要用溶剂萃取法将其提取出来，排除共存盐类的影响；对锌含量较低的样品如蔬菜、水果等，也可采用萃取法将锌浓缩，以提高测定灵敏度。

（2）实验前要以测定空白值检查水、器皿的锌污染至稳定合格。

（3）在重复性条件下获得的两次独立测定结果的绝对值不得超过算术平均值的 10%，最低检出浓度为 0.2μg·mL⁻¹。

（4）所配制溶液用的水要求使用去离子水。

## （二）二硫腙比色法

### 1. 原理

样品经消化后，在 pH4.0～5.5 时，锌离子与二硫腙形成紫红色络合物，溶于四氯化碳，加入硫代硫酸钠，防止铜、汞、铅、铋、银、镉等离子干扰，与标准系列比较定量。

### 2. 试剂

（1）2mol·L$^{-1}$乙酸钠溶液：称取 68g 乙酸钠，加水溶解后稀释至 250mL。

（2）2mol·L$^{-1}$乙酸：量取 10.0mL 冰乙酸，加水稀释至 85mL。

（3）乙酸-乙酸盐缓冲液：2mol·L$^{-1}$乙酸钠溶液与 2mol·L$^{-1}$乙酸等体积混合，此溶液 pH 为 4.7 左右，用 0.1g·L$^{-1}$二硫腙-四氯化碳溶液提取数次，每次 10mL，除去其中的锌，至四氯化碳层的绿色不变为止，再用四氯化碳提取乙酸-乙酸盐缓冲液中过剩的二硫腙，至四氯化碳层无色，弃去四氯化碳层。

（4）氨水（1∶1）。

（5）2mol·L$^{-1}$盐酸：量取 10mL 盐酸，加水稀释至 60mL。

（6）0.02mol·L$^{-1}$盐酸：吸取 1mL 2moL/L 盐酸，加水稀释至 100mL。

（7）1g·L$^{-1}$酚红指示液：称取 0.1g 酚红，用乙醇溶解并稀释至 100mL。

（8）200g·L$^{-1}$盐酸羟胺溶液：称取 20g 盐酸羟胺，加 60mL 水，滴加氨水（1∶1）调节 pH 至 4.0～5.5，以下按（3）中用 0.1g/L 二硫腙-四氯化碳溶液处理，用水稀释至 100mL。

（9）250g·L$^{-1}$硫代硫酸钠溶液：称取 25g 硫代硫酸钠，加 60mL 水，用 2mol/L 乙酸调节 pH 至 4.0～5.5，以下按（3）用 0.1g/L 二硫腙-四氯化碳溶液处理，用水稀释至 100mL。

（10）0.1g·L$^{-1}$二硫腙-四氯化碳溶液。

（11）二硫腙使用液：吸取 1.0mL 0.1g·L$^{-1}$二硫腙-四氯化碳溶液，加四氯化碳至 10.0mL，混匀。用 1cm 比色杯，以四氯化碳调节零点，于波长 530nm 处测吸光度。用下式计算出配制 100mL 二硫腙使用液所需 0.10g/L 二硫腙-四氯化碳溶液毫升数。

$$V = \frac{10(2 - \lg 57)}{A} = \frac{2.44}{A}$$

（12）锌标准溶液：精密称取 0.1000g 锌，加 10mL 2mol·L$^{-1}$盐酸，溶解后移入 1000mL 容量瓶中，加水稀释至刻度。此溶液每毫升相当于 100.0$\mu$g 锌。

（13）锌标准使用溶液：吸取 1.0mL 锌标准溶液，置于 100mL 容量瓶中，加 1mL 2mol·L$^{-1}$盐酸，用水稀释至刻度，此溶液每毫升相当于 1.0$\mu$g 锌。

### 3. 仪器

可见光分光光度计。

4. 分析步骤

硝酸-高氯酸-硫酸法

(1) 样品消化

1) 粮食、粉丝、粉条、豆干制品、糕点、茶叶等及其他含水分少的固体食品：称取 5.00g 或 10.00g 的粉碎的样品，置于 250～500mL 定氮瓶中，先加少许水使湿润，加数粒玻璃珠、10～15mL 硝酸-高氯酸合液，放置片刻，小火缓缓加热，待作用缓和，放冷，沿瓶壁加入 5mL 或 10mL 硫酸，再加热，至瓶中液体开始变成棕色时，不断沿瓶壁滴加硝酸-高氯酸混合液至有机质分解完全。加大火力，至产生白烟，待瓶口白烟冒净后，瓶内液体再产生更白烟时为消化完全，该溶液应澄明无色或微带黄色，放冷。加 20mL 水煮沸，除去残余的硝酸至产生白烟时为止，如此处理两次，放冷。将冷后的溶液移入 50mL 或 100mL 容量瓶中，用水洗涤定氮瓶，洗液并入容量瓶中，放冷，加水到刻度，混匀。定容后的溶液每 10mL 相当于 1g 样品，相应加入硫酸量为 1mL。取与消化样品相同量的硝酸-高氯酸合液和硫酸，按同一方法做试剂空白试验。

2) 蔬菜、水果：称取 25.00g 或 50.00g 洗净打成匀浆的样品。置于 250～500mL 定氮瓶中，加数粒玻璃珠、10～15mL 硝酸-高氯酸混合液，以下按 1) 中自"放置片刻"起依法操作，但定容后的溶液每 10mL 相当于硫酸量 1mL，相当于 5g 样品。

3) 酱、酱油、醋、冷饮、豆腐、腐乳、酱腌菜等：称取 10.00g 或 20.00g 样品（或吸取 10.00mL 或 20.00mL 液体样品），置于 250～500mL 定氮瓶中，加数粒玻璃珠、5～15mL 硝酸-高氯酸混合液。以下按 1) 中自"放置片刻"起依法操作，但定容后的溶液每 10mL 相当于 2g 或 2mL 样品。

4) 含酒精或二氧化碳的饮料：吸取 10.00mL 或 20.00mL 样品，置于 250～500mL 定氮瓶中，加数粒玻璃珠，先用小火加热除去乙醇或二氧化碳，再加 5～10mL 硝酸-高氯酸混合液，混匀后，以下按 1) 中自"放置片刻"起依法操作，但定容后的溶液每 10mL 相当于 2mL 样品。

5) 含糖量高的食品：称取 5.00g 或 10.0g 样品，置于 250～500mL 定氮瓶中，先加少许水使湿润，加数粒玻璃珠、5～10mL 硝酸-高氯酸混合液，摇匀。缓缓加入 5mL 或 10mL 硫酸，待作用缓和停止起泡沫后，先用小火缓缓加热（糖分易炭化），不断沿瓶壁补加硝酸-高氯酸混合液，待泡沫全部消失后，再加大火力，至有机质分解完全，发生白烟，溶液应澄明无色或微带黄色，放冷。以下按 1) 中自"加 20mL 水煮沸"起依法操作。

6) 水产品：取可食部分试样捣成匀浆，称取 5.00g 或 10.0g（海产藻类、贝类可适当减少取样量），置于 250～500mL 定氮瓶中，加数粒玻璃珠、5～10mL 硝酸-高氯酸混合液，摇匀后，以下按 1) 中自"沿瓶壁加入 5mL 或 10mL 硫酸"起依法操作。

(2) 测定

准确吸取 5.0～10.0mL 定容的消化液和相同量的试剂空白液，分别置于 125mL 分液漏斗中，加 5mL 水，0.5mL 200g·L$^{-1}$ 盐酸羟胺溶液，摇匀，再加 2 滴酚红指示液，用氨水（1∶1）调节至红色，再多加两滴。再加 5mL 0.1g·L$^{-1}$ 二硫腙-四氯化碳溶液，剧烈振摇 2min，静置分层。将四氯化碳层移入另一分液漏斗中，水层再用少量二硫腙-四氯化碳溶液振摇提取，每次 2～3mL，直至二硫腙-四氯化碳溶液绿色不变为止。合并提取液，用 5mL 水洗涤，四氯化碳层用 0.02mol·L$^{-1}$ 盐酸提取 2 次，每次 10mL，提取时剧烈振摇 2min，合并 0.02mol·L$^{-1}$ 盐酸提取液，并用少量四氯化碳洗去残留的二硫腙。

吸取 0.0、1.0、2.0、3.0、4.0、5.0mL 锌标准使用液（相当 0.0、1.0、2.0、3.0、4.0、5.0μg 锌），分别置于 125mL 分液漏斗中，各加 0.02mol·L$^{-1}$ 盐酸至 20mL。于样品提取液、试剂空白提取液及锌标准溶液各分液漏斗中加 10mL 乙酸-乙酸盐缓冲液、1mL 250g·L$^{-1}$ 硫代硫酸钠溶液，摇匀，再各加入 10.0mL 二硫腙使用液，剧烈振摇 2min。静至分层后，经脱脂棉将四氯化碳层滤入 1cm 比色杯中，以四氯化碳调节零点，于波长 530nm 处测吸光度，用标准液各点吸收值减去零管吸收值后绘制标准曲线或计算直线回归方程，样液吸收值与曲线比较或代入方程求得含量。

5. 结果计算

$$X_2 = \frac{(A - A_4) \times 1000}{m \times \dfrac{V_3}{V_2} \times 1000}$$

式中：$X_2$——样品中锌的含量，mg·kg$^{-1}$ 或 mg·L$^{-1}$；

　　　　$A_3$——测定用样品消化液中锌的含量，μg·mL$^{-1}$；

　　　　$A_4$——试剂空白液中锌的含量，μg·mL$^{-1}$；

　　　　$m$——样品质量（体积），g(mL)；

　　　　$V_2$——样品消化液的总体积，mL；

　　　　$V_3$——测定用消化液的体积，mL。

6. 说明及注意事项

（1）重复性条件下获得的两次独立测定结果的绝对值不得超过算术平均值的 10%，此法最低检出浓度为 2.5mg·kg$^{-1}$。

（2）二硫腙锌络合物的四氯化碳溶液只有在一定的 pH 范围才是稳定的，在室温下放置 2h 内吸光度不变。

## 五、食品中碘的测定（WS 302—2008）

碘是人体必需的微量元素，主要功能是参与甲状腺素的合成，碘与人体的生长发育、新陈代谢密切相关。我国是人群缺乏碘严重的国家之一，食用富含碘的食品及碘盐能有效地对人体补充碘，对食品中碘的测定有重要意义。测定微量碘的方法很多，如容量法、色谱法、原子吸收法、光度法等，本节主要介绍砷铈催化分光光度法。

1. 原理

采用碱灰化处理试样，使用碘催化砷铈反应，反应速度与碘含量成定量关系。

$$H_3AsO_3 + 2Ce^{4+} + H_2O \Longrightarrow H_3AsO_4 + 2Ce^{3+} + 2H^+$$

反应体系中，$Ce^{4+}$ 为黄色，$Ce^{3+}$ 为无色，用分光光度计测定剩余 $Ce^{4+}$ 的吸光度值，碘含量与吸光度值存在对数线性关系，计算食品中碘的含量。

**2. 仪器**

电热高温灰化炉（马弗炉）：可控温至 1000℃；超级恒温水浴箱：（30±0.2）℃；数显分光光度计，1cm 比色杯；瓷坩埚：30mL；秒表；电热控温干燥箱：可控温至 200℃；试管：15mm×（100～150）mm；可调电炉：1000W；分析天平（精度 0.0001g）。

**3. 试剂**

（1）碳酸钾-氯化钠混合溶液：称取 30g 无水碳酸钾，5g 氯化钠，溶于 100mL 水。常温可保存 6 个月。

（2）硫酸锌-氯酸钾混合溶液：称取 5g 氯酸钾于烧杯中，加入 100mL 水，加热溶解后再加入 10g 硫酸锌，搅拌溶解。常温可保存 6 个月。

（3）硫酸溶液（2.5mol·L⁻¹）：量取 140mL 浓硫酸，缓慢加入到盛有 700mL 水的烧杯中（不能将水加入到浓硫酸中），烧杯应放置在冷水浴中，以利散热，冷却后用水稀释至 1L。

（4）亚砷酸溶液（0.054mol·L⁻¹）：称取 5.3g 三氧化二砷、12.5g 氯化钠和 2.0g 氢氧化钠置于 1L 烧杯中，加水约 500mL，加热至完全溶解后冷却至室温，再缓慢加入 400mL 2.5mol·L⁻¹硫酸溶液，冷却至室温后用水稀释至 1L，贮于棕色瓶中室温放置，可保存 6 个月。

（5）硫酸铈铵溶液（$C_{Ce^{4+}}$ ＝ 0.015mol·L⁻¹）：称取 9.5g 或 10.0g 硫酸铈铵 [$Ce(NH_4)_4(SO_4)_4·2H_2O$]，溶于 2.5mol·L⁻¹硫酸溶液中，用水稀释至 1L，贮于棕色瓶中避光室温放置，可保存 3 个月。

（6）氢氧化钠溶液（0.2％）：称取 4.0g 氢氧化钠溶于 2000mL 水中。

（7）碘标准溶液。

1）贮备液：准确称取 0.1308g 经硅胶干燥器干燥 24h 的碘化钾于烧杯中，用 0.2％的氢氧化钠溶液溶解后全量移入 1L 容量瓶中，用 0.2％的氢氧化钠溶液稀释至刻度，此溶液 1mL 含碘 100μg。置冰箱（4℃）内可保存 6 个月。

2）中间溶液：移取 10.00mL 贮备液置于 100mL 容量瓶中，用 0.2％的氢氧化钠溶液稀释至刻度，此溶液 1mL 含碘 10μg。置冰箱（4℃）内可保存 3 个月。

3）碘标准应用系列溶液：准确吸取中间溶液 0、0.5、1.0、2.0、3.0、4.0、5.0mL 分别置于 100mL 容量瓶中，用 0.2％的氢氧化钠溶液稀释至刻度，碘含量分别为 0、50、100、200、300、400、500μg·L⁻¹。置冰箱（4℃）内可保存 1 个月。

**4. 样品处理**

（1）粮食试样：稻谷去壳，其他粮食除去可见杂质，取有代表性试样 20～50g，粉碎，过 40 目筛。

（2）蔬菜、水果：取可食部分，洗净、晾干、切碎、混匀。称取 100～200g 试样，制备成匀浆。或经 105℃ 干燥 5h，粉碎，过 40 目筛制备成干样。

（3）奶粉、牛奶直接称取。

（4）肉、鱼、禽蛋类试样制备成匀浆。

（5）如需将湿样的碘含量换算成干样的碘含量，应按照 GB/T—5009.3 的规定测定食品中的水分。

5. 测定

（1）移取 0.5mL 碘标准应用系列溶液（含碘质量分别为 0、25、50、100、150、200、250ng）并称取 0.3～1.0g（精确至 0.001g）试样分别于瓷坩埚中，固体试样加 1～2mL 水（液体样、匀浆样和标准溶液不需加水）。各加入 1mL 碳酸钾-氯化钠混合溶液，1mL 硫酸锌-氯酸钾混合溶液。充分搅拌试样使之均匀。碘标准系列和试样置电热干燥箱中于 105℃ 下干燥 3h。将干燥后的试样在可调电炉上（置 800W 左右，电热丝发红）炭化。碘标准系列不需炭化。炭化时瓷坩埚加盖留缝，直到试样不再冒烟为止，大约需时 30min。将炭化后的试样加盖置入电热高温灰化炉内，关闭炉门调节温度至 600℃，温度达到 600℃ 后继续灰化 4h。待炉温降至室温后取出试样备测。灰化好的试样应呈现均匀的白色或浅灰白色。

（2）碘标准系列和试样各加入 8mL 水，静置 1h，使烧结在坩埚上的灰分充分浸润，然后充分搅拌致使盐类物质溶解，再静置至少 1h 使灰分沉淀完全，但静置时间不得超过 4h。小心吸取上清液 2.0mL 于试管中，注意不要吸入沉淀物。碘标准系列溶液按高浓度到低浓度的顺序排列。向各管加入 1.5mL 亚砷酸溶液，使用混旋器充分混匀，使气体放出。然后置于 (30±0.2)℃ 恒温水浴箱中温浴 15min。

（3）使用秒表计时，每管间隔相同时间（30s 或 20s）依序向各管准确加入 0.5mL 硫酸铈铵溶液，使用混旋器立即混匀后放回水浴中。

（4）待第一管加入硫酸铈铵溶液后准确反应 30min 时，依顺序每管间隔相同时间（30 或 20s）于 405nm 波长处，用 1cm 比色杯，以水作参比，测定各管的吸光度值。

6. 计算

碘质量 $M$(ng) 与吸光度值 $A$ 的对数值呈线性关系：$M = a + b \ln A$（或 $\lg A$）。求出标准曲线的回归方程，将试样的吸光度值代入标准曲线回归方程，求出试样的碘质量。

将试样的碘质量代入以下公式，计算试样的碘含量 $X$。

$$X = \frac{M}{m}$$

式中：$X$——试样中碘的含量，$\mu g \cdot kg^{-1}$；

$M$——试样中的碘质量，ng；

$m$——称取的试样质量，g。

7. 说明及注意事项

（1）当室温稳定并大于 20℃，且测试的样品小于 60 份时，为了操作方便，测定中的步骤（2）、（3）、（4）可在室温下进行（不使用超级恒温水浴箱控温）。不同的室温条件下催化反应时间不同，使用一个250ng的碘标准管作为"监控管"监控加入硫酸铈铵溶液后的反应时间，当反应进行到该监控管的吸光度值约为0.3时，开始依序测定各管吸光度值。监控管的吸光度值不能用于标准曲线计算。

（2）本方法的检测范围为3～250ng碘；批间相对标准差小于7%；回收率为96.8%～101.1%。

（3）以下离子以所列含量存在于试样中时对碘的测定无干扰。20mg/g $Na^+$，24.5mg/g $HPO_4^{2-}$，20mg/g $K^+$，5.3mg/g $Ca^{2+}$，30mg/g $Cl^-$，7.5mg/g $S^{2-}$，10mg/kg $F^-$，0.4mg/g $Fe^{2+}$，30mg/kg $Mn^{2+}$，30mg/kg $Cu^{2+}$，1.0mg/kg $Cr^{6+}$，1.0mg/kg $Hg^{2+}$。

（4）本方法中试剂三氧化二砷以及由此配置的亚砷酸溶液均为剧毒品，需遵守有关剧毒品操作规程。

（5）实验室应避免高碘污染。

## 六、食品中铜的测定 （GB/T 5009.13—2003）

铜是人体必需的微量元素之一，对造血细胞的生长、某些酶的活性等功能起着重要作用，但摄入过多则会发生中毒。人口服一次致吐量为500mg，致死量为10g。FAO/WHO推荐铜的日允许摄入量为0.05～0.5mg·$kg^{-1}$。铜的化合物应用非常广泛，在工业上用硫酸铜作染料，农业上用它来配制波尔多液等杀虫剂，医疗上用做眼药；氧化铜常用做玻璃着色；碳酸铜用做颜料、焰火、收敛剂等。

食品中测定铜的国家标准方法有原子吸收分光光度法、二乙基二硫代氨基甲酸钠法两种方法。

### （一）原子吸收光谱法

1. 原理

样品处理后，导入原子吸收分光光度计中，原子化以后，吸收324.8nm共振线，其吸收量与铜量成正比，可与标准系列比较定量。

2. 试剂

（1）硝酸。

（2）石油醚。

（3）硝酸溶液（10%）：取10mL硝酸置于适量水中，再稀释至100mL。

（4）硝酸溶液（0.5%）：取0.5mL硝酸置于适量水中，再稀释至100mL。

（5）硝酸溶液（1:4）。

（6）溶液（4:6）：量取40mL硝酸置于适量水中，再稀释至100mL。

（7）铜标准溶液：精密称取1.0000g金属铜（99.99%），分次加入硝酸溶液（4:6）溶解，总量不超过37mL，移入1000mL容量瓶中，用水稀释至刻度。此溶液每毫升相当于1.0mg铜。

（8）铜标准使用液 I：吸取 10.0mL 铜标准溶液，置于 100mL 容量瓶中。用 0.5％ 硝酸溶液稀释至刻度，摇匀，如此多次稀释至每毫升相当于 10.0$\mu$g 铜。

（9）铜标准使用液 II：按 I 方式，稀释至每毫升相当于 0.10$\mu$g 铜。

3. 仪器

捣碎机；马弗炉；原子吸收分光光度计。

4. 样品处理步骤

（1）谷类：去除其中杂物及尘土，必要时除去外壳，碾碎，过 20 目筛，混匀。蔬菜、瓜果试样取可食部分，切碎、捣成匀浆。称取 1.00～5.00g 试样，置于石英或瓷坩埚中，再加 1mL 硝酸浸湿灰分，小火蒸干，然后移入以马弗炉中，500℃灰化 0.5h 后，冷却取出，以 1mL 硝酸（1：4）溶解 4 次，移入 10.0mL 容量瓶中，用水稀释至刻度，备用。取与消化试样相同量的硝酸，按同一方法做试剂空白试验。

（2）水产类：取可食部分捣成匀浆，称取 1.00～5.00g，以下按 1）中自"置于石英或瓷坩埚中…"起依法操作。

（3）乳、炼乳、乳粉：称取 2.00g 混匀试样，以下按以下按 1）中自"置于石英或瓷坩埚中…"起依法操作。

（4）油脂类：称取 2.00g 混匀试样，固体油脂先加热融成液体，置于 100mL 分液漏斗中，加 10mL 石油醚，用硝酸（10％）提取 2 次，每次 5mL，振摇 1min，合并硝酸液于 50mL 容量瓶中，加水稀释至刻度，混匀，备用。并同时做试剂空白试验。

（5）饮品、酒、醋、酱油等液体试样，可直接取样测定，固形物较多时或仪器灵敏度不足时，可把上述试样浓缩，以后按（1）中操作。

5. 测定

（1）吸取 0.0、1.0、2.0、4.0、6.0、8.0、10.0mL 铜标准使用液 I，分别置于 10mL 容量瓶中，加 0.5％硝酸稀释至刻度，混匀。容量瓶中每毫升分别相当于 0.00、0.10、0.20、0.40、0.60、0.80、1.00$\mu$g 铜。

将铜标准系列溶液、试剂空白液及样品处理液分别导入调至最佳条件的火焰原子化器进行测定。仪器参考条件：灯电流 3～6mA，波长 324.8nm，光谱通带 0.5nm，空气流量 9L·min$^{-1}$，乙炔流量 2L·min$^{-1}$，灯头高度 6mm，氘灯背景校正。以铜标准液含量和对应吸光度，绘制标准曲线并计算直线回归方程，由仪器自动计算样液含量或代入回归方程求得样液含量。

（2）吸取 0.0、1.0、2.0、4.0、6.0 和 8.0mL 铜标准使用液 II，分别置于 10mL 容量瓶中，加 0.5％硝酸溶液稀释至刻度，摇匀。容量瓶中每毫升相当于 0.00、0.01、0.02、0.04、0.06、0.08、0.10$\mu$g 铜。

将铜标准系列溶液、试剂空白液和样品处理液分别导入调至最佳条件石墨炉原子化器进行测定。仪器参考条件：灯电流 3～6mA，波长 324.8nm，光谱通带 0.5nm，保护气 1.5L·min$^{-1}$（原子化阶段停气）。操作参数：干燥 90℃，20s；灰化 20s，升到 800℃，20s；原子化 2300℃，4s。以铜标准使用液 II 系列含量和对应吸光度，绘制标准曲线或计算直线回归方程，样品吸收值与标准曲线比较或代入回归方程求得样液含量。

（3）氯化钠或其他物质干扰时，可在进样前用 1mg/mL 硝酸铵或磷酸二氢铵稀释或进样后（石墨炉）再加入与试样等量的上述物质作为基体改进剂。

6. 结果计算

（1）火焰法

$$X_1 = \frac{(A_1 - A_2) \times V_1 \times 1000}{m_1 \times 1000}$$

式中：$X_1$——样品中铜的含量，$mg \cdot kg^{-1}$ 或 $mg \cdot L^{-1}$；

$A_1$——测定用样液中铜的含量，$\mu g \cdot mL^{-1}$；

$A_2$——试剂空白液中铜的含量，$\mu g \cdot mL^{-1}$；

$V_1$——样品处理后的总体积，mL；

$m_1$——样品质量（或体积），g(或 mL)。

（2）石墨炉法

$$X_2 = \frac{(A - A_4) \times 1000}{m \times \dfrac{V_3}{V_2} \times 1000}$$

式中：$X_1$——样品中铜的含量，$mg \cdot kg^{-1}$ 或 $mg \cdot L^{-1}$；

$A$——测定用样液中铜的含量，$ng \cdot mL^{-1}$；

$A_2$——试剂空白液中铜的含量，$ng \cdot mL^{-1}$；

$V_2$——样品消化液的总体积，mL；

$V_3$——测定用消化液的体积，mL；

$m$——样品质量（或体积），g(或 mL)。

计算结果保留两位有效数字，试样含量超过 $10mg \cdot kg^{-1}$ 时保留三位有效数字。

7. 说明及注意事项

（1）所用玻璃仪器均以 10％硝酸浸泡 24h 以上，用水反复冲洗，最后用去离子水冲洗晾干后，方可使用。

（2）当样品中有大量钾盐和钠盐时，会由于分子吸收而产生正误差，用有机溶剂萃取后方可得到正确的结果。

（3）试样铜标准溶液之回收率为 90％～105％。

**（二）二乙基二硫代氨基甲酸钠法**

1. 原理

样品经消化后，在碱性溶液中铜离子与二乙基二硫代氨基甲酸钠生成棕黄色络合物，溶于四氯化碳与标准系列比较定量。

2. 试剂

（1）柠檬酸铵、乙二胺四乙酸二钠溶液：称取 20g 柠檬酸铵及 5g 乙二胺四乙酸二钠溶液于水中，加水稀释至 100mL。

（2）硫酸（1:18）：量取 20mL 硫酸，小心倒入 360mL 水中，混匀后再冷却。

（3）氨水（1:1）。

（4）酚红指剂液（$1g \cdot L^{-1}$）：称取 0.1g 酚红，用乙醇溶解至 100mL。

（5）铜试剂溶液（$1g \cdot L^{-1}$）：称取 0.1g 二乙基二硫代氨基甲酸钠，溶于少量水中，并稀释至 100mL，必要时过滤，贮存于冰箱中。

（6）四氯化碳。

（7）铜标准溶液：同原子吸收法。

（8）铜标准使用液：同原子吸收法中铜标准使用液 I。

（9）硝酸溶液（3:8）：量取 60mL 硝酸，小心倒入 160mL 水中，混匀后冷却。

3. 仪器

分光光度计。

4. 分析步骤

（1）样品消化

1）饮品及酒精：取均匀样品 10.0～20.0g 于烧杯中，酒类应先在水浴上蒸去酒精，于电热板上先蒸发至一定体积后，加入 10mL 硝酸-高氯酸消化液（4:1），消化完全后，转移，定容至 50mL 容量瓶中。

2）包装材料浸泡液可直接吸收测定。

3）谷类：去除其中杂物及尘土，必要时除去外壳，碾碎，过 30 目筛，混匀。称取 5.0～10.0g，置于 50mL 瓷坩埚中，小火炭化，然后移入马弗炉中，500℃ 以下灰化 16h 后，取出坩埚，放冷后再加少量混合酸，小火加热，不使干涸，必要时再加少许混合酸，如此反复处理，直至残渣中无炭粒，待坩埚稍冷，加 10mL 盐酸（1:11），溶解残渣并定量移入 50mL 容量瓶中，稀释至刻度，混匀备用。

4）蔬菜、瓜果及豆类：取可食部分洗净晾干，充分切碎混匀。称取 10～20g，置于瓷坩埚中，加 1mL 磷酸（1:10），小心炭化，以下按 1）中自"然后移入马弗炉中"起，依法操作。蔬菜、瓜果及豆类的混合酸和盐酸（1:11）按同一操作方法作试剂空白试验。

5）禽、蛋、水产及乳制品：取可食部分充分混匀。称取 5.0～10g，置于瓷坩埚中，小火炭化，以下按 1）中自"然后移入马弗炉中"起依法操作。

乳类经混匀后，量取 50mL，置于瓷坩埚中，加磷酸（1:10），在水浴上蒸干，再加小火炭化，以下按 1）中自"然后移入马弗炉中"起依法操作。

（2）测定

吸取 10.0mL 消化后的定容溶液和同量的试剂空白液，分别置于 125mL 分液漏斗中，加水稀释至 20mL。

吸取 0.00、0.50、1.00、1.50、2.00、2.50mL 铜标准使用液（相当 0、5、10、15、20、$25\mu g$ 铜），分别置于 125mL 分液漏斗中，各加硫酸（1:18）至 20mL。

于样品消化液、试剂空白液和铜标准液中，各加 5mL 柠檬酸铵，乙二胺四乙酸二钠溶液和 3 滴酚红指示液，混匀，用氨水（1：1）调至红色。各加 2mL 铜试剂溶液和 10.0mL 四氯化碳，剧烈振摇 2min，静置分层后，四氯化碳层经脱脂棉滤入 2cm 比色杯中，以零管调节零点，于波长 440nm 处测吸光度，绘制标准曲线比较。

5. 结果计算

$$X = \frac{(A_5 - A_6) \times 1000}{m_3 \times \frac{V_4}{V_3} \times 1000}$$

式中：$X$——样品中铜的含量，$mg \cdot kg^{-1}$ 或 $mg \cdot L^{-1}$；

$A_5$——测定用样品消化液中铜的质量，$\mu g$；

$A_6$——试剂空白液中铜的质量，$\mu g$；

$m_3$——样品质量，g；

$V_3$——样品消化液的总体积，mL；

$V_4$——测定用样品消化液体积，mL。

6. 说明及注意事项

（1）二乙基二硫代氨基甲酸钠及其溶液应避光暗处保存，配制后应放于冰箱保存，一周内可用，最好现用现配。

（2）样品中的镁、铝、钙等离子在弱碱性条件下可生成沉淀而产生干扰，加入柠檬酸铵可去除。

（3）铜试剂不但和铜离子有显色反应，而且还可与其他金属呈色，如与铁呈黑褐色，与镍、钴、铋则分别呈黄绿色、暗绿、黄色，对测定有干扰。在 pH 为 7.5～8.5，加入 EDTA 可消除。加入 EDTA 后，必须剧烈振摇 3～4min 才行。

（4）锰与二乙基二硫代氨基甲酸钠络合成微红色且不稳定，显色后放置即褪色，含锰量多时可加盐酸羟胺将其掩蔽。

（5）铜试剂与铜离子生成的络合物，在曝光下可引起褪色，因此三氯甲烷和四氯化碳溶液应暗处放置较稳定，操作应避免强光照射，1h 内完成。

（6）本方法测定标准参考物质对结果准确性好。

# 复习思考题

1. 食品的灰分与食品中原有的无机成分在数量与组成上是否完全相同？

2. 测定食品灰分的意义何在？

3. 加速食品灰化的方法有哪些？

4. 为什么说添加醋酸镁或硝酸镁的醇溶液可以加速灰化？

5. 为什么食品样品在高温灼烧前要进行炭化处理？

6. 比较钙的几种测定方法的特点。

# 第六章　酸度的分析测定

学海导航

**学习目标**

　　掌握食品酸度的含义和食品中存在的主要有机酸；掌握总酸度、有效酸度、挥发性酸的测定方法、原理及注意事项。

**学习重点**

　　总酸度和挥发性酸的测定原理和方法。

**学习难点**

　　食品中酸度测定的不同方法以及样品的预处理。

## 第一节　概　　述

### 一、酸度的概念和表示方法

食品中酸的量用酸度表示，酸度用以下几种不同的方法来表示。

1. 总酸度

总酸度是指食品中所有酸性物质的总量。它是食品中未离解的酸和已离解的酸的浓度总和，其大小可用标准碱液来滴定，故总酸度又可称为"可滴定酸度"。

2. 有效酸度

有效酸度是指被测溶液中呈游离态的氢离子的浓度（准确地说应是活度），它是已离解的酸的浓度，用 pH 表示，其大小可用酸度计（即 pH 计）来测定。

3. 挥发酸

挥发酸是指食品中易挥发的有机酸，如甲酸、醋酸及丁酸等低碳链的直链脂肪酸，可通过蒸馏法分离，再借标准碱滴定来测定。

4. 牛乳酸度

外表酸度：又叫固有酸度，是指刚挤出来的牛乳本身所具有的酸度，是由磷酸、酪蛋白、白蛋白、柠檬酸和 $CO_2$ 等所引起的。外表酸度在新鲜牛乳中约占 $0.15\%\sim0.18\%$（以乳酸计）。

真实酸度：也叫发酵酸度，是指牛乳放置过程中，在乳酸菌作用下乳糖发酵产生了乳酸而升高的那部分酸度。若牛乳中含酸量超过 $0.20\%$，即表明有乳酸存在，因此习惯上将 $0.20\%$ 以下含酸量的牛乳称为新鲜牛乳。

牛乳的总酸度：外表酸度与真实酸度之和，其大小可通过标准碱滴定来测定。

## 二、食品中酸度的种类及分布

1. 食品中常见的有机酸

食品中的酸性物质包括有机酸和无机酸两类，主要是有机酸。通常有机酸部分呈游离状态，部分呈酸式盐状态存在于食品中，而无机酸则以中性盐的形式存在于食品中。

食品中常见的有机酸有苹果酸、柠檬酸、酒石酸、草酸、琥珀酸、乳酸及醋酸等，这些有机酸有的是食品所固有的，如苹果中的苹果酸；有的是在食品加工中人为加入的，如汽水中的有机酸；有的是在生产、加工或贮藏过程中产生的，如酸奶中的乳酸。

一种食品中可同时含有一种或多种有机酸。如苹果中含有大量的苹果酸和极少的柠檬酸；菠菜中则以草酸为主，其次还有一些苹果酸及柠檬酸等；而有些食品中的酸是人为添加的，故较为单一，如可乐中主要含有磷酸。果蔬中主要有机酸的种类见表6-1。

### 表 6-1　果蔬中主要有机酸种类

| 果　蔬 | 有机酸的种类 | 果　蔬 | 有机酸的种类 |
|---|---|---|---|
| 苹果 | 苹果酸、少量柠檬酸 | 梅 | 柠檬酸、苹果酸、草酸 |
| 桃 | 苹果酸、柠檬酸、奎宁酸 | 蜜橘 | 柠檬酸、苹果酸 |
| 洋梨 | 柠檬酸、苹果酸 | 夏橙 | 柠檬酸、苹果酸、琥珀酸 |
| 梨 | 苹果酸、柠檬酸 | 柠檬 | 柠檬酸、苹果酸 |
| 葡萄 | 酒石酸、柠檬酸 | 菠萝 | 柠檬酸、苹果酸、酒石酸 |
| 樱桃 | 苹果酸 | 甜瓜 | 柠檬酸 |
| 杏 | 苹果酸、柠檬酸 | 番茄 | 柠檬酸、苹果酸 |
| 菠菜 | 草酸、苹果酸、柠檬酸 | 甜叶菜 | 草酸、柠檬酸、苹果酸 |
| 甘蓝 | 柠檬酸、苹果酸、琥珀酸、草酸 | 莴苣 | 苹果酸、柠檬酸、草酸 |
| 笋 | 草酸、酒石酸、乳酸、柠檬酸 | 甘薯 | 草酸 |
| 芦笋 | 柠檬酸 | 蓼 | 甲酸、醋酸、戊酸 |

2. 食品中常见有机酸含量

有机酸在食品中分布非常广泛，但却不均衡。果蔬中有机酸的含量主要取决于其品种、成熟度以及产地气候条件等，其他食品中有机酸的含量则受原料种类、产品配方以及工艺过程等的影响。部分果蔬中的柠檬酸和苹果酸大致含量见表 6-2。

表 6-2　果蔬中柠檬酸和苹果酸的含量

| 水果名称 | 苹果酸（%） | 柠檬酸（%） | 蔬菜名称 | 苹果酸（%） | 柠檬酸（%） |
|---|---|---|---|---|---|
| 苹果 | 0.27～1.02 | 0.03 | 芦笋 | 0.10 | 0.11 |
| 杏 | 0.33 | 1.06 | 甜菜 | | 0.11 |
| 香蕉 | 0.50 | 0.15 | 白菜 | 0.10 | 0.14 |
| 樱桃 | 1.45 | | 胡萝卜 | 0.24 | 0.09 |
| 橙子 | 0.18 | 0.92 | 芹菜 | 0.17 | 0.01 |
| 梨 | 0.16 | 0.42 | 黄瓜 | 0.24 | 0.01 |
| 桃 | 0.69 | 0.05 | 菠菜 | 0.09 | 0.08 |
| 菠萝 | 0.12 | 0.77 | 番茄 | 0.05 | 0.47 |
| 红梅 | 0.49 | 1.59 | 茄子 | 0.17 | |
| 柚子 | 0.08 | 1.33 | 莴苣 | 0.17 | 0.02 |
| 葡萄 | 0.31 | 0.02 | 洋葱 | 0.17 | 0.22 |
| 柠檬 | 0.29 | 6.08 | 豌豆 | 0.08 | 0.11 |
| 李 | 0.92 | 0.03 | 土豆 | | 0.15 |
| 梅 | 1.44 | | 南瓜 | 0.32 | 0.04 |
| 草莓 | 0.16 | 1.08 | 白萝卜 | 0.23 | |

## 三、测定食品酸度的意义

食品中的酸不仅作为酸味成分，而且在食品的加工、贮藏及品质管理等方面被认为是重要的成分，测定食品中的酸度具有十分重要的意义。

1. 有机酸影响食品的色、香、味及稳定性

果蔬中所含色素的色调，与其酸度密切相关。如叶绿素在酸性条件下会转变成黄褐色的脱镁叶绿素，花青素在不同酸度下，颜色亦不相同。一些果实及其制品的口感很大一部分受酸度影响，酸度降低则糖含量增加，其甜味增加，口感就较好。同时水果中适量的挥发酸含量也会带给其特定的香气。在加工贮存过程中，有机酸能与 Fe、Sn 等金属反应，加快设备和容器的腐蚀作用，影响制品的风味与色泽。

另外，食品中有机酸含量高，则其 pH 低，而 pH 的高低，对食品稳定性有一定影响。降低 pH，能减弱微生物的抗热性并抑制其生长，如在果蔬罐头杀菌中重点控制 pH 的大小；在水果加工中，控制介质 pH 可以抑制水果褐变。

2. 酸度反映了食品的质量指标

食品中有机酸的种类和含量是判别其质量好坏的一个重要指标。例如：某些发酵制品中有甲酸积累，则说明已发生细菌性腐败，水果发酵制品中含有 0.1% 以上的醋酸，则说明制品腐败；新鲜牛奶中的乳酸含量过高，说明牛奶已腐败变质；新鲜的油脂常常

是中性的，不含游离脂肪酸。但油脂在存放过程中，本身含的解脂酶会分解油脂而产生游离脂肪酸，使油脂酸败；新鲜肉的 pH 为 5.7～6.2，如 pH>6.7，说明肉已变质。

3. 测得酸度可判断某些果蔬的成熟度

不同种类的水果和蔬菜，酸的含量因成熟度、生长条件而异。一般随着成熟度提高，酸的含量降低，而糖的含量增加，糖酸比增大。如番茄在成熟过程中，总酸度从绿熟期的 0.94％下降到完熟期的 0.64％，同时糖的含量增加，糖酸比增大，具有良好的口感，故测定酸度可判断某些果蔬的成熟度。

# 第二节  酸度的测定

## 一、总酸度的测定（直接滴定法，GB/T 12456—2008）

1. 原理

食品中的有机酸（弱酸）用标准碱液滴定时，被中和生成盐类。用酚酞作指示剂，当滴定到终点呈浅红色，30s 不褪色时，根据所消耗的标准碱溶液的浓度和体积，可计算出样品中总酸含量。

2. 试剂

（1）0.1mol·L$^{-1}$氢氧化钠标准滴定溶液。

（2）1％酚酞指示剂溶液：1g 酚酞溶于 60mL 95％乙醇中，用水稀释至 100mL。

3. 仪器和设备

组织捣碎机；水浴锅；研钵；冷凝管。

4. 试样的制备

（1）液体样品

1）不含二氧化碳的样品：充分混匀，置于密闭玻璃容器内。

2）含二氧化碳的样品：取至少 200g 充分混匀的样品于 500mL 烧杯中，置于电炉上，边搅拌边加热至微沸腾，保持 2min，称量，用煮沸过的水补充至煮沸前的质量，置于密闭玻璃容器内。

（2）固体样品

取有代表性的样品至少 200g，置于研钵或组织捣碎机中，加入与试样等量的煮沸过的水，用研钵研碎，或用组织捣碎机捣碎，混匀后置于密闭玻璃容器内。

（3）固、液体样品

按样品的固、液体比例至少取 200g，用研钵研碎，或组织捣碎机捣碎，混匀后置于密闭玻璃容器内。

5. 试液的制备

称取 10～50g 试样，精确至 0.001g，置于 100mL 烧杯中。用约 80℃煮沸过的水将烧杯中的内容物转移到 250mL 容量瓶中（总体积约 150mL）。置于沸水浴中煮沸 30min（摇动 2～3 次使试样中的有机酸全部溶解于溶液中），取出，冷却至室温（约 20℃），用煮沸过的水定容至 250mL。用快速滤纸过滤，收集滤液，用于测定。

6. 分析步骤

（1）滴定

称取 25.000～50.000g 试液，使之含 0.035～0.070g 酸，置于 250mL 三角瓶中。加 40～60mL 水及 0.2mL1％酚酞指示剂，用 0.1mol·L$^{-1}$氢氧化钠标准滴定溶液（如样品酸度较低，可用 0.01mol·L$^{-1}$或 0.05mol·L$^{-1}$氢氧化钠标准滴定溶液）滴定至微红色且 30s 不褪色。记录消耗 0.1mol·L$^{-1}$氢氧化钠标准滴定溶液的体积的数值（$V_1$）。

同一被测样品应测定两次。

（2）空白试验

用水代替试液，按照以上步骤操作。记录消耗 0.1mol·L$^{-1}$氢氧化钠标准滴定溶液的体积的数值（$V_2$）。

7. 结果计算

食品中总酸的含量以质量分数 $X$ 计，单位以 g·kg$^{-1}$表示。

$$X = \frac{(V_1 - V_2) \times C \times K \times F}{m} \times 1000$$

式中：$X$——每千克（或每升）样品中酸的克数，g·kg$^{-1}$（或 g·L$^{-1}$）；

　　　$C$——氢氧化钠标准滴定溶液的浓度，mol·L$^{-1}$；

　　　$V_1$——滴定试液时消耗氢氧化钠标准滴定溶液的体积，mL；

　　　$V_2$——空白试验时消耗氢氧化钠标准滴定溶液的体积，mL；

　　　$F$——试液的稀释倍数；

　　　$m$——试样质量（或体积），g 或 mL；

　　　$K$——酸的换算系数。见表 6-3，即 1mmol 氢氧化钠相当于主要酸的系数。

表 6-3　果蔬制品的酸度系数

| 酸的名称 | 换算系数 | 习惯用以表示的果蔬制品 |
| --- | --- | --- |
| 苹果酸 | 0.067 | 仁果类、核果类水果 |
| 柠檬酸或含一结晶水 | 0.064 或 0.070 | 柑橘类、浆果类水果 |
| 酒石酸 | 0.075 | 葡萄 |
| 草酸 | 0.045 | 菠菜 |
| 弱酸 | 0.090 | 盐渍、发酵制品 |
| 乙酸 | 0.060 | 醋渍制品 |

8. 说明及注意事项

（1）本法适用于各类色浅的食品中总酸的测定。

（2）食品中的酸一般是多种有机弱酸的混合物，用强碱滴定测其含量时滴定突跃不明显，其滴定终点偏碱性，一般在 pH8.2 左右，故可选用酚酞作终点指示剂。

（3）对于颜色较深的食品，因它使终点颜色变化不明显，遇此情况，可通过加水稀释，用活性炭脱色等方法处理后再滴定。若样液颜色过深或浑浊，则宜采用电位滴定法。

（4）样品浸渍，稀释用的蒸馏水不能含有 $CO_2$，因为 $CO_2$ 溶于水中成为酸性的 $H_2CO_3$ 形式，影响滴定终点时酚酞颜色变化，无 $CO_2$ 蒸馏水在使用前煮沸 15min 并迅速冷却备用。必要时须经碱液抽真空处理。样品中 $CO_2$ 对测定亦有干扰，故在测定之前应将其除去。

（5）样品浸渍、稀释的用水量应根据样品中总酸含量慎重选择，为使误差不超过允许范围，一般要求滴定时消耗 $0.1mol \cdot L^{-1}NaOH$ 溶液不得少于 5mL，最好在 10~15mL。

## 二、挥发酸的测定

食品中的挥发酸是低碳链的脂肪酸，主要是醋酸和痕量的甲酸、丁酸等，不包括可用水蒸气蒸馏的乳酸、琥珀酸、山梨酸及 $CO_2$、$SO_2$ 等。

正常生产的食品中，其挥发酸的含量较稳定，若生产中使用了不合格的原料或加工、储藏过程中的违规操作，则会由于糖的发酵，而使挥发酸含量增加，降低食品的品质。因此测定挥发酸的含量对于控制某些食品的质量指标有着非常重要的意义。

总挥发酸可用直接法或间接法测定。直接法是直接用标准碱液滴定由水蒸气蒸馏或其他方法所得到的挥发酸。间接法是将挥发酸蒸发除去后，滴定不挥发残液的酸度，最后由总酸度减去此残液酸度，即可得出挥发酸的含量。前者操作方便，较常用于挥发酸含量较高的样品。若蒸馏液有所损失或被污染，或样品中挥发酸含量较少，宜用间接法。下面介绍水蒸气蒸馏法。

### 1. 原理

样品经预处理后，加适量磷酸使结合态挥发酸游离出来，用水蒸气蒸馏分离出总挥发酸，经冷却、收集后，以酚酞做指示剂，用标准碱液滴定至微红色，30s 不褪色为终点，根据标准碱的消耗量计算出样品总挥发酸含量。

### 2. 试剂和仪器

（1）$0.1mol \cdot L^{-1}NaOH$ 标准溶液。

（2）1%酚酞乙醇溶液。

（3）10%磷酸溶液：称取 10.0g 磷酸，用少许无 $CO_2$ 水溶解，并稀释至 100mL。

（4）水蒸气蒸馏装置。

### 3. 试样的制备

（1）液体样品。

1）不含二氧化碳的样品：充分混匀，置于密闭玻璃容器内。

2）含二氧化碳的样品：如碳酸饮料、发酵酒类等。取至少 200g 充分混匀的样品于 500mL 烧杯中，置于电炉上，边搅拌边加热至微沸腾，保持 2min，称量，用煮沸过的水补充至煮沸前的质量，置于密闭玻璃容器内。

（2）固体样品（如干鲜果蔬及其制品）及冷冻、黏稠等制品。先取可食部分加入一定量水（冷冻制品先解冻）用高速组织捣碎机捣成浆状，再称取处理样品 10g，加无 $CO_2$ 蒸馏水溶解并稀释至 25mL。

4. 测定

（1）蒸馏：准确称取试样 2～3g 移到蒸馏瓶中，加 50mL 无 $CO_2$ 的蒸馏水和 1mL10％$H_3PO_4$ 溶液，连接水蒸气蒸馏装置打开冷凝水，加热蒸馏至馏出液约 300mL 为止。

（2）滴定：将馏出液加热至 60～65℃，加入 3 滴酚酞指示剂。用 $0.1mol \cdot L^{-1}$ 的 NaOH 标准溶液滴定至微红 30s 不褪色，记录消耗 $0.1mol \cdot L^{-1}$ 氢氧化钠标准滴定液的体积（$V_1$）。

（3）空白试验：用水代替试液，按照以上步骤操作。记录消耗 $0.1mol \cdot L^{-1}$ 氢氧化钠标准滴定溶液的体积数值（$V_2$）。

5. 结果计算

食品中总挥发酸通常以醋酸的质量百分数表示，按下式计算：

$$X = \frac{(V_1 - V_2) \times C \times 0.06}{m} \times 100$$

式中：$X$——试样中挥发酸的质量分数（以醋酸计），％；

$C$——标准碱液的浓度，$mol \cdot L^{-1}$；

$V_1$——试样滴定时所消耗的标准碱的体积，mL；

$V_2$——空白滴定时消耗的标准碱的体积，mL；

$m$——试样质量，g；

0.06——换算为醋酸的系数。

6. 说明及注意事项

（1）样品中挥发酸的蒸馏方式可采用直接蒸馏和水蒸气蒸馏，用直接蒸馏法比较困难，因为挥发酸能与水构成混溶体，并有固定的沸点。在一定的沸点下，蒸汽中的酸与留在溶液中的酸之间有一平衡关系，在整个平衡时间内，这个平衡关系不变，挥发酸不能完全蒸馏。但用水蒸气蒸馏，则挥发酸与水蒸气是和水蒸气分压成比例地自溶液中一起蒸馏出来，因而加速挥发酸的蒸馏过程，保证挥发酸蒸发完全。

（2）蒸馏前应先将水蒸气发生瓶中的水煮沸 10min，以排除其中的 $CO_2$。

（3）食品中的总挥发酸包括游离挥发酸和结合态挥发酸。结合态的挥发酸不易挥发出，故测定样液中总挥发酸含量时，须加少许磷酸使结合态挥发酸游离出，以便于蒸馏。

（4）在整个蒸馏时间内，应注意蒸馏瓶内液面保持恒定，否则会影响测定结果，另要注意蒸馏装置密封良好，以防挥发酸损失。

（5）滴定前将蒸馏液加热到 60～65℃，使其终点明显，加速滴定反应，缩短滴定时间，减少溶液与空气接触机会，以提高测定精度。

（6）若样品中含有 $SO_2$，对测定结果有干扰。排除 $SO_2$ 方法如下：在已用标准碱液滴定过的蒸馏液中加入 5mL25％$H_2SO_4$ 酸化，以淀粉溶液作指示剂，用 $0.02mol \cdot L^{-1}I_2$ 滴定至蓝色，10s 不褪为终点，并从计算结果中扣除此滴定量（以醋酸计）。

### 三、有效酸度的测定

有效酸度是指被测溶液中呈游离态的氢离子的浓度，它是已离解的酸的浓度，用 pH 表示。食品的 pH 和总酸度之间没有严格的比例关系，测定 pH 往往比测定总酸度具有更大的实际意义，更能说明问题。常见食品的 pH 见表 6-4。食品的 pH 变动很大，这不仅取决于原料的品种和成熟度，而且取决于加工方法。例如对于肉食品，通过对肉中有效酸度即 pH 的测定有助于评定肉的品质（新鲜度）和动物宰前的健康状况。动物在宰前，肌肉的 pH 为 7.1～7.2，宰后由于肌肉代谢发生变化，使肉的 pH 下降，宰后 1h 的鲜肉，pH 为 6.2～6.3，24h 后，pH 下降到 5.6～6.0，这种 pH 可一直维持到肉发生腐败分解之前。当肉腐败时，由于肉中蛋白质在细菌酶的作用下，被分解为氨或胺类等碱性化合物，可使肉的 pH 显著增高。

**表 6-4　常见食品的 pH**

| 名　称 | pH | 名　称 | pH | 名　称 | pH |
|---|---|---|---|---|---|
| 牛肉 | 5.1～6.2 | 苹果 | 3.0～5.0 | 甜橙 | 3.5～4.9 |
| 羊肉 | 5.4～6.7 | 梨 | 3.2～4.0 | 甜樱桃 | 3.5～4.1 |
| 猪肉 | 5.3～6.9 | 杏 | 3.4～4.0 | 青椒 | 5.4 |
| 鸡肉 | 6.2～6.4 | 桃 | 3.3～3.9 | 甘蓝 | 5.2 |
| 鱼肉 | 6.6～6.8 | 李 | 2.8～4.1 | 南瓜 | 5.0 |
| 蟹肉 | 7.0 | 葡萄 | 2.5～4.5 | 菠菜 | 5.7 |
| 牛乳 | 6.5～7.0 | 草莓 | 3.8～4.4 | 番茄 | 4.1～4.8 |
| 小虾肉 | 6.8～7.0 | 西瓜 | 6.0～6.4 | 胡萝卜 | 5.0 |
| 鲜蛋 | 8.2～8.4 | 柠檬 | 2.2～3.5 | 豌豆 | 6.1 |

pH 的测定方法有 pH 试纸法、标准色管比色法和酸度计法（电位法）。三种方法中以酸度计法更准确且简便。

1. 原理

酸度计是利用 pH 复合电极对被测溶液中氢离子浓度产生不同的直流电位通过前置放大器输入到转换器，以达到 pH 测量的目的，最后由数字显示出 pH。

pH 复合电极是把指示电极和参比电极复合制造成一体，在这个电极系统中指示电极（玻璃电极）和一个参比电极（饱和甘汞电极）同浸于一个溶液中组成一个原电池。玻璃电极所显示的电位可因溶液氢离子浓度不同而改变，甘汞电极的电位保持不变，因此电极之间产生电位差（电动势），电池电动势大小与溶液 pH 有直接关系：

$$E = E^\ominus - 0.0591pH(25℃)$$

即在 25℃时，每相差一个 pH 单位就产生 59.1mV 的电池电动势，利用酸度计测量电池电动势并直接以 pH 表示，故可从酸度计表头上读出样品溶液的 pH。

2. 适用范围

本法适用于各类饮料、果蔬及其制品，以及肉、蛋类等食品中 pH 的测定。测定值可准确到 0.01pH 单位。

3. 主要仪器

PHS-25C 数字酸度计；电磁搅拌器；高速组织捣碎机。

4. 样品处理

（1）液体样品。

1）一般液体样品过滤摇匀后备用。

2）含 $CO_2$ 的液体样品（如碳酸饮料、啤酒等）同"总酸度测定"方法排除 $CO_2$ 后再过滤摇匀备用。

（2）黏稠或半黏稠样品。取一部分试验样品，在组织捣碎机中捣碎或在研钵中研磨。如果得到的样品仍较稠，则可加入等量的水混匀，过滤备用。

（3）固体样品。

1）果蔬样品：榨汁后取果汁直接进行测定。对果蔬干制品，可取适量样品，加数倍的无 $CO_2$ 蒸馏水，于水浴上加热 30min，再捣碎，过滤，取滤液测定。

2）肉类制品：称取 10g 已除去油脂并捣碎的样品，加入 100mL 无 $CO_2$ 蒸馏水，浸泡 15min，并随时摇动，过滤后取滤液测定。

（4）固、液样品。如罐头制品先将样品沥汁液，取浆汁液测定，或将液固混合捣碎成浆状后，取浆状物测定。若有油脂，则应先分出油脂。

5. 酸度计的校正

（1）接通电源，打开开关，并将功能开关置 pH 档，接上复合电极预热 30min。

（2）将温度补偿旋钮调到与标准缓冲溶液的温度一致。

（3）将斜率调节旋钮调到 100% 位置。

（4）把电极用蒸馏水清洗干净，用滤纸吸干，插入 pH＝6.86 的标准缓冲溶液中。调节定位旋钮，使仪器显示的 pH 与该标准缓冲溶液的 pH 一致。

（5）把电极取出，用蒸馏水清洗干净，用滤纸吸干，插入 pH＝9.18 的标准缓冲溶液中，仪器显示值应是该温度下标准缓冲溶液的 pH。若不是则调节斜率旋钮，使仪器显示的 pH 与该标准缓冲溶液在此温度下的 pH 相同。

（6）重复上述（4）（5）步骤，最终使仪器的显示值与标准缓冲溶液的 pH 相同。

6. 试样溶液的 pH 测定

（1）用蒸馏水淋洗电极，并用滤纸吸干，再用待测样液冲洗电极。

（2）根据样液温度调节酸度计温度补偿旋钮。

（3）将电极插入待测样液中，仪器显示值即为样品溶液的 pH。

（4）测定完毕，清洗电极，妥善保管。

7. 说明及注意事项

（1）第一次使用的新电极或很久未用的 pH 电极，必须预先在 $3mol \cdot L^{-1}$ 的氯化钾溶液中浸泡 24h。

（2）取下电极帽后应注意，在塑料保护栅内的敏感玻璃泡不与硬物接触，任何破损和擦毛都会使电极失效。测量完毕，不用时应将电极保护帽套上，帽内应放少量补充液，以保持电极球泡的湿润。

（3）测定前，选择 2 种 pH 相差 3 个单位的标准缓冲液，使供试液的 pH 处于二者之间。

（4）取与供试液 pH 较接近的第 1 种标准缓冲液对仪器进行校正（定位），使仪器示值与标准缓冲液 pH 一致。

（5）仪器定位后，再用第 2 种标准缓冲液核对仪器示值，误差应不大于 ±0.02pH 单位。若大于此偏差，则小心调节斜率，使示值与第 2 种标准缓冲液的表列数值相符。重复上述定位与斜率调节操作，至仪器示值与标准缓冲液的规定数值相差不大于 ±0.02pH 单位。否则，需检查仪器或更换电极后，再进行校正符合要求。

（6）配制标准缓冲液与溶解供试品的水，应是新沸过的冷蒸馏水，其 pH 应为 5.5～7.0。

# 复习思考题

1. 简述食品中有机酸的种类及其特点。

2. 食品酸度的测定有何意义？

3. 对于颜色较深的一些样品，在测定总酸度时，如何排除干扰，以保证测定的准确度？

4. 什么叫有效酸度？在食品的 pH 测定中必须注意哪些问题？如何使用及维护 pH 计？

5. 用水蒸气蒸馏测定挥发酸时，加入 10％磷酸的作用是什么？

# 第七章 食品中脂肪的测定

**教学目标**

    了解脂肪的存在状态，常用有机溶剂的特点；粗脂肪的概念，各类不同食品中脂肪的测定方法、原理及适用范围；重点掌握索氏抽提法测定粗脂肪的原理、设备、试剂选取等知识。

**教学重点**

    如何选择脂肪提取溶剂，使用时注意事项；索氏抽提法的操作技能；掌握酸水解法测定乳脂的操作技能、原理及所加试剂的作用。

**教学难点**

    重点掌握索氏抽提法设备安装及测定脂肪的操作技能。

## 第一节 概　　述

### 一、食品中脂类的种类及存在形式

自然界中，食用油脂主要包括真脂和一些类脂化合物，如脂肪酸、磷脂、糖脂、甾醇、固醇等。其中，真脂占食用油脂的95％，在人体中占99％，主要是甘油（丙三醇）和脂肪酸结合而成的脂肪酸甘油酯。其他5％的食用油脂为类脂。大多数动物性食品及某些植物性食品（如种子、果实、果仁）都含有天然脂肪或类脂化合物。水产品一般含有1％～10％脂肪，牛乳含3.5％～4.2％，全脂乳粉含26％～32％，黄豆含12.1％～20.2％，花生仁含30.5％～39.2％，核桃仁含63.9％～69.0％，葵花子含44.6％～

51.1%，芝麻含 50%～5%，全蛋含 11.3%～15.0%，果蔬脂肪含量在 1.1%以下。

　　食用油脂根据来源可分为植物油和动物油。植物油中脂肪酸不饱和程度较高，故其熔点较低，一般常温下为液态，又被称为"油"，而动物类油脂中脂肪酸饱和程度较高，故其熔点较高，常温下多为固态或半固态，又被称为"脂"。食品中脂肪有游离态存在形式的，如动物性脂肪及植物性油脂；也有结合态的，如天然存在的磷脂、糖脂、脂蛋白及某些加工品（如焙烤食品及麦乳精等）中的脂肪，与蛋白质或碳水化合物形成结合态。对大多数食品来说，游离态脂肪是主要的，结合态脂肪含量较少。

## 二、脂肪在食品加工中的作用

　　脂肪是食物中具有最高能量的营养素，为人体提供必需脂肪酸及脂溶性维生素，故食品中的脂肪含量是衡量食品营养价值高低的指标之一。

　　在食品生产加工过程中，原料、半成品、成品的脂类含量对产品的风味、组织结构、品质、外观、口感等都有直接的影响。蔬菜本身的脂肪含量较低，在生产蔬菜罐头时，添加适量的脂肪可以改善产品的风味，对于面包之类的焙烤食品，脂肪含量特别是卵磷脂组分，对于面包心的柔软度、面包的弹性、面包的体积及其结构（形成均匀的蜂窝状）等都有影响。含脂肪的食品中，其含量都有一定的规定，故食品中的脂肪含量又是食品质量管理中的一项重要指标。测定食品的脂肪含量，可以用来评价食品的品质，衡量食品的营养价值，而且对实行工艺监督及生产过程中的质量管理，研究食品的贮藏方式是否恰当等都有重要的意义。

## 三、提取剂的选择

　　天然的脂肪并不是单纯的甘油三酸酯，而是各种甘油三酸酯的混合物，它们在不同溶剂中的溶解度因多种因素而变化，这些因素有脂肪酸的不饱和性、脂肪酸的碳链长度、脂肪酸的结构以及甘油三酸酯的分子构型等。显然，试样来源不同，其结构也有差异，所采用的提取剂不可能完全一样。但脂肪酸也有共性，各种脂肪酸都存在非极性的长碳链，与烃的性质相似，易溶于有机溶剂，不溶于水等极性溶剂。所以，测定脂类大多采用低沸点的有机溶剂萃取的方法。常用的溶剂有乙醚、石油醚、氯仿-甲醇混合溶剂。

### 1. 乙醚

　　现有的食品脂肪含量的标准分析法都采用乙醚作为提取剂。但乙醚易燃，同时沸点低，仅 34.6℃，能被 2%的水饱和，含水的乙醚抽提能力降低（氧与水能形成氢键使乙醚溶解脂肪的能力最强，脂穿透组织的能力降低，即抽提能力下降），同时也将抽提出水溶性的单糖、双糖和低聚糖等非脂溶性的成分，增加结果的重量，而且使抽提的效率降低，而且水分会阻止乙醚渗入食品组织内部。所以实验时，一定要用无水乙醚，且需将试样烘干，避免乙醚吸收试样中的水分。

　　使用乙醚时室内还需空气流畅。因为乙醚在空气中，最大允许浓度为 400ppm，超过这个极限易爆炸。另外，乙醚一般贮存在棕色瓶中，如果乙醚放置时间过长，就会产生过氧化物，且极不稳定。当蒸馏或烘干时，易发生爆炸。所以，在使用前一定要严格检查有无过氧化物并除去。

检查的方法：取 6mL 乙醚，加 2mL 10％碘化钾溶液，用力振摇，放置 1min 后，等待分层。若有过氧化物，则会析出游离碘，水层出现黄色（或滴加 4 滴 5g · L$^{-1}$淀粉指示剂显蓝色），则应另选乙醚或经过脱过氧化物处理后再用。

去除过氧化物的方法：将乙醚倒入蒸馏瓶中，加一段无锈铁丝或铝丝，收集重蒸馏乙醚。

2. 石油醚

石油醚具有较高的沸点，其溶解脂肪的能力比乙醚弱些，但吸收水分比乙醚少。因此，用石油醚做提取剂时，允许样品含有少量水分。石油醚没有乙醚易燃，安全性较乙醚高。它没有胶溶现象，不会夹带胶态的淀粉、蛋白质等物质。石油醚抽出物比较接近真实的脂类，即测定值比较接近真实值。

乙醚、石油醚适用于已烘干磨碎的样品，或不易潮解结块的样品，而且只能提取样品中游离态的脂肪，不能提取结合态的脂肪，对于结合态脂，必须预先用酸或碱破坏脂类和非脂成分的结合后才能提取。因二者各有优点，故常常混合使用。

3. 氯仿-甲醇

氯仿-甲醇是另一种有效的溶剂，它对于脂蛋白、磷脂的提取效率较高，特别适用于水产品、家禽、蛋制品等食品脂肪的提取。

总之，不同种类的食品，由于其中脂肪的含量及存在形式不同，因此测定脂肪的方法也不同。常用的测定脂肪的方法有索氏抽提法、酸水解法、罗紫-歌特里法、巴布科克法、氯仿-甲醇提取法等。

# 第二节　脂类的测定方法

## 一、索氏提取法（GB/T 5009.6—2003）

1. 原理

将经前处理而分散且干燥的试样用无水乙醚或石油醚等溶剂回流抽提后，试样中的脂肪进入溶剂中，回收溶剂后所得到的残留物，即为脂肪（或粗脂肪）。

一般食品用有机溶剂浸提，蒸去有机溶剂后得到的物质主要是游离脂肪，此外，还含有磷脂、色素、树脂、蜡状物、挥发油、糖脂等物质，所以用索氏提取法测得的脂肪，也称粗脂肪。

2. 适用范围

此法适用于脂类含量较高、结合态的脂类含量较少、能烘干磨细、不易吸湿结块的样品，如肉制品、豆制品、坚果制品、谷物、油炸制品、中西式糕点等的粗脂肪含量的

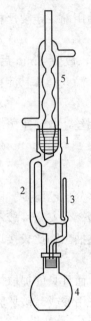

图 7-1  索氏提取器

1—提取管；2—连接管；
3—虹吸管；4—接收瓶；
5—冷凝管

分析测定。

食品中的游离脂肪一般都能直接被乙醚、石油醚等有机溶剂抽提，而结合态脂肪不能直接被乙醚、石油醚提取，需在一定条件下进行水解等处理，使之转变为游离态脂肪后方能提取，故索氏提取法测得的只是游离态脂肪，而结合态脂肪测不出来。

此法是经典方法，对大多数样品结果比较可靠，但费时间，溶剂用量大，且需专门的索氏抽提器。

3. 试剂

（1）无水乙醚或石油醚（沸程 30～60℃）。

（2）海砂：取用水洗去泥土的海砂或河砂，先用盐酸（1∶1）煮沸 0.5h，用水洗至中性，再用氢氧化钠（240g·L$^{-1}$）溶液煮沸 0.5h，用水洗至中性，经（103±2）℃干燥备用。

4. 仪器

索氏提取器：其构造（图 7-1）；电热恒温鼓风干燥箱：温控（103±2）℃；干燥器；恒温水浴箱（50～80℃）。

5. 实验步骤

（1）滤纸筒的制备。将滤纸裁成 8cm×15cm 大小，以直径为 2.0cm 的大试管为模型，将滤纸紧靠试管壁卷成圆筒形，把底端封口，内放一小片脱脂棉，用白细线扎好定形，在 100～105℃烘箱中烘至恒重（准确至 0.0002g）。

（2）样品处理。

1）固体样品：谷物或干燥制品用粉碎机粉碎过 40 目筛，肉类用绞肉机绞两次，一般用组织捣碎机捣碎后，称取 2.00～5.00g（可取测定水分后的试样），必要时拌以海砂，在（103±2）℃下干燥、研细，全部移入已干燥至恒重的滤纸筒内。

2）液体或半固体试样：准确称取均匀样品 5.00～10.00g，置于蒸发皿中，加入约 20g 海砂于沸水浴上蒸干后，在（103±2）℃下干燥，研细，全部转入滤纸筒内。蒸发皿及附有样品的玻璃棒，均用沾有乙醚的脱脂棉擦净，并将棉花也放入滤纸筒内。

（3）索氏提取器的清洗。将索氏提取器各部位充分洗涤并用蒸馏水清洗后烘干，脂肪烧瓶在（103±2）℃的烘箱内干燥至恒重（前后两次称量差不超过 2mg）。

（4）抽提。

1）将装有样品的滤纸包用长镊子放入索氏提取器的抽提筒内，连接已干燥至恒重的脂肪烧瓶，由抽提器冷凝管上端加入乙醚或石油醚至瓶内容积的 2/3 处，通入冷凝水，将底瓶浸没在水浴中加热，用一小团脱脂棉轻轻塞入冷凝管上口。

2）抽提温度的控制：水浴温度应控制在 70～80℃（夏天约 65℃，冬天约 80℃）。

3）抽提时间的控制：使冷凝管下滴的乙醚成连珠状，控制每分钟滴下乙醚 80 滴左右或不断回流提取 6～8 次/h，一般抽提 6～12h 至抽提完全（抽提时间视试样中粗脂肪含量而定，一般样品提取 6～12h，坚果类样品提取约 16h。提取结束时可用滤纸或毛玻璃检查，由提脂管下口滴下的乙醚滴在滤纸或毛玻璃上，挥发后不留下痕迹。

4）抽提完毕后，用长镊子取出滤纸包，在通风处使乙醚挥发（抽提室温以 12～25℃为宜）。提取瓶中的乙醚另行回收。

（5）称量。取下接收瓶，回收乙醚或石油醚。待接收瓶内乙醚仅剩下 1～2mL 时，在水浴上赶尽残留的溶剂，再在 (100±5)℃的烘箱中烘 2h 后，置于干燥器中冷却至室温，称量。继续干燥 30min 后冷却称量，反复干燥至恒重（前后两次称量的质量差不超过 2mg）。

6. 结果计算

$$W = \frac{m_2 - m_1}{m} \times 100$$

式中：$W$——脂类质量分数，%；

$\quad$ $m$——样品的质量，g；

$\quad$ $m_1$——接收瓶的质量，g；

$\quad$ $m_2$——接收瓶和脂肪的质量，g。

计算结果精确至小数点后第一位。

7. 说明及注意事项

（1）样品应干燥无水后研细，样品中含有水分会影响溶剂的提取效果，溶剂会吸收样品中的水分使非脂成分溶出，造成测定结果偏高。装样品的滤纸筒也一定要严密，不能往外漏样品，但也不要包得太紧影响溶剂渗透，滤纸筒的高度不要超过虹吸管的高度，否则容易造成乙醚没有浸没的部分抽提不完全，产生误差。

（2）对含大量糖及糊精的样品，要先以冷水使糖及糊精溶解，经过滤除去，将残渣连同滤纸一起烘干，再一起放入抽提管中。

（3）乙醚和石油醚都是易燃、易爆且挥发性强的物质，因此在挥发乙醚或石油醚时，切忌用直接明火加热，应该用电热套、电水浴等。烘前应驱除全部残余的乙醚，因乙醚若稍有残留，放入烘箱时，可能有发生爆炸的危险。另外，乙醚具有麻醉作用，应注意环境空气流畅。

（4）抽提用的乙醚或石油醚要求无水、无醇、无过氧化物，挥发残渣含量低。因水和醇可导致水溶性物质溶解，如水溶性盐类、糖类等，会使得测定结果偏高。过氧化物会导致脂肪氧化，在烘干时也有引起爆炸的危险。

（5）提取时水浴温度不可过高，以每分钟从冷凝管滴下 80 滴左右，每小时回流 6～12 次为宜，提取过程应注意防火。

（6）反复加热会因脂类氧化而增重。重量增加时，以增重前的重量作为恒重。

## 二、酸水解法（GB/T 5009.6—2003）

某些食品中，如面粉及其焙烤制品（面条、面包之类）等食品，脂肪被包含在食品组织内部，乙醚不能充分渗入样品颗粒内部，或脂类与食品成分（蛋白质、碳水化合物）结合成结合态脂类，对固体、半固体、黏稠液体或液体食品，特别是加工后的混合食品，容易吸潮、结块、难以烘干的食品，用索氏提取法不能将其中的脂类完全提取出来，这种情况下，用酸水解法效果就比较好。即在强酸、加热的条件将淀粉、蛋白质、纤维素水解，使脂类游离出来，然后再用有机溶剂提取。

本法适用于各类食品中总脂肪含量的测定，包括游离态脂肪和结合态脂肪，但对于含较多磷脂的食品，如贝类、蛋类及其制品，鱼类及其制品，在盐酸溶液中加热时，磷脂将几乎完全分解为脂肪酸及碱，测定值将偏低，故本法不宜测定磷脂含量高的食品。本法也不适宜测高糖类食品，因糖类食品遇强酸易炭化而影响测定效果。

1. 原理

样品经盐酸溶液水解消化后，使结合或包藏在食品组织内部的脂肪游离出来，再用有机溶剂（乙醚和石油醚）提取脂肪，然后回收和除去溶剂，干燥后称量，提取物的重量即为样品中脂类的含量。

图 7-2　100mL
具塞刻度量筒

2. 试剂

（1）盐酸。

（2）95％乙醇。

（3）乙醚。

（4）石油醚（沸程：30～60℃）。

3. 仪器

100mL 具塞刻度量筒（图 7-2）。

4. 测定方法

（1）样品处理。

1）固体样品：精确称取固体样品 2.00g 于 50mL 大试管中，加水 8mL，用玻璃棒充分混合均匀后再加 10mL 盐酸。

2）液体样品：精确称取 10.00g 样品，置于 50mL 大试管中，加 10mL 盐酸。

（2）水解。将试管放入 70～80℃水浴中，每隔 5～10min 用玻棒搅拌一次，至样品完全消化、脂肪完全游离为止，约 40～50min。

（3）提取。取出试管加入 10mL 乙醇，混合，冷却后将混合物移入 100mL 带塞量筒中。用 25mL 乙醚分次洗涤试管，一并倒入具塞量筒中，加塞振摇 1min，小心开塞放出气体，再塞好，静置 12min，小心开塞，并用石油醚-乙醚等量混合液冲洗塞及筒口附着的脂肪。静置 10～20min，待上部液体清晰，吸出上清液于已恒重的锥形瓶内，再加 5mL 乙醚于具塞量筒内，振摇，静置后，仍将上层乙醚吸出，放入原锥形瓶内。

（4）回收溶剂、烘干、称重。将锥形瓶置于水浴上蒸干，于 100～105℃烘箱中干燥 2h，取出放入干燥器内冷却 0.5h 后称量，并重复以上操作至恒重。

5. 结果计算

$$W = \frac{m_2 - m_1}{m} \times 100$$

式中：$W$——脂类质量分数，%；

  $m$——试样的质量，g；

  $m_1$——空锥形瓶的质量，g；

  $m_2$——锥形瓶和脂类的质量，g。

计算结果精准至小数点后第一位。

6. 说明及注意事项

（1）测得的固体样品必须充分磨细，液体样品必须充分混合均匀，以便消化完全至无块状炭粒，否则结合性脂肪不能完全游离，会致使结果偏低。

（2）水解时应注意防止水分大量损失，以免使酸度升高。

（3）水解后加入乙醇可使蛋白质沉淀，降低表面张力，促进脂肪球聚合，还可以使碳水化合物（如糖）、有机酸等溶解。后面用乙醚提取脂肪时，由于乙醇可溶于乙醚，故需加入石油醚，以降低乙醇在醚中的溶解度，使乙醇溶解物残留在水层，使分层清晰。

（4）挥干溶剂后，残留物中若有黑色焦油状杂质，是分解物与水一同混入所致，将使测定值增大，造成误差，可用等量乙醚及石油醚溶解后过滤，再次进行挥干溶剂的操作。

（5）精密度：在重复性条件下获得的两次独立测定结果的绝对差值不得超过算术平均值的 10%。

### 三、罗紫-哥特里法（碱性乙醚提取法）

罗紫-哥特里法为国际标准化组织（ISO），联合国粮农组织/世界卫生组织（FAO/WHO）等采用，为乳及乳制品等脂类定量的国际标准方法。

本法适用于各种液状乳（生乳、加工乳、部分脱脂乳、脱脂乳等）、各种炼乳、奶粉、奶油及冰激凌，以及能在碱性溶液中溶解的乳制品。除乳制品外，也适用于豆乳或加水呈乳状的食品。

1. 原理

利用氨-乙醇溶液破坏乳的胶体性状及脂肪球膜，使非脂成分溶解于氨-乙醇溶液中，而脂肪游离出来，再用乙醚-石油醚提取出脂肪，蒸馏去除溶剂后，残留物即为乳脂肪。

2. 试剂

（1）250g·L$^{-1}$氨水（相对密度 0.91）。

（2）95%（体积分数）的乙醇：化学纯。

（3）乙醚：化学纯（不含过氧化物）。

（4）石油醚：化学纯（沸程：30～60℃）。

3. 仪器

100mL 具塞刻度量筒或抽脂瓶（内径 2.0～2.5cm，容积 100mL）。

4. 操作方法

（1）准确吸（称）取一定量样品（牛乳吸取 10.00mL；乳粉 1～5g 用 10mL60℃的水分次溶解）于抽脂瓶（或具塞量筒）中，加 1.25mL 氨水，充分混匀，置于 60℃水浴中加热 5min，再振摇 5min，加入 10mL 乙醇，加塞，充分摇匀，于冷水中冷却。

（2）加入 25mL 乙醚，加塞轻轻振荡摇匀，小心放出气体，再塞紧，剧烈振荡 1min，小心放出气体并取下塞子，加入 25mL 石油醚，加塞，剧烈振荡 0.5min。小心开塞放出气体，敞口静置约 0.5h。待上层液澄清时，读取醚层体积，放出一定体积的醚层于已恒重的烧瓶中。若用具塞量筒，可用吸管，将上层液吸至已恒重的脂肪烧瓶中。再用乙醚-石油醚（1∶1）混合液冲洗吸管、塞子及提取管上附着的脂肪，静置，待上层液澄清，再用吸管将洗液吸至上述脂肪瓶中。重复提取提脂瓶中的残留液，重复两次，每次每种溶剂用量为 15mL，最后合并提取液。

（3）蒸馏回收乙醚及石油醚，挥干残余醚后，放入 95～105℃烘箱中干燥 2h，冷却，称重。

5. 计算结果

$$脂肪(\%) = \frac{(m_2 - m_1)}{m \times \dfrac{V_1}{V}} \times 100$$

式中：$m_1$——脂肪烧瓶质量，g；

$m_2$——脂肪烧瓶和脂肪质量，g；

$m$——样品的质量［或样品体积（mL）×密度（g·mL$^{-1}$）］，g；

$V_1$——测定时所取醚层体积，mL；

$V$——读取醚层总体积，mL。

6. 说明及注意事项

（1）乳类脂肪虽然也属于游离脂肪，但它以脂肪球状态分散于乳浆中形成乳浊液，脂肪球被乳中酪蛋白钙盐包裹，所以不能直接被乙醚、石油醚提取，需先用氨水和乙醇处理。氨水使酪蛋白钙盐变成可溶解的盐，乙醇使溶解于氨水的蛋白质沉淀析出，以防止乳化，并溶解醇溶性物质，使其留在水中，避免进入醚层影响测定结果。然后再用乙醚提取脂肪。故此法也称为碱性乙醚提取法。

（2）无抽脂瓶时可用容积 100mL 具塞量筒代替，待分层后读数，用移液管吸出一定量醚层。

（3）加入石油醚的作用是降低乙醚的极性，使乙醚与水不混溶，只抽提出脂肪，并可使分层清晰。

（4）对已结块的乳粉，用本法测定脂肪含量，其结果往往偏低。

## 四、巴布科克法

### 1. 原理

用浓硫酸溶解乳中的乳糖和蛋白质等非脂成分，将牛奶中的酪蛋白钙盐转变成可溶性的重硫酸酪蛋白，使脂肪球膜被破坏，脂肪游离出来，再通过加热离心，使脂肪完全迅速分离，在脂肪瓶中直接读取脂肪层的数值，从而得出被检乳的含脂率。

### 2. 适应范围与特点

这是测定乳脂肪的标准方法，适用于鲜乳及乳制品中脂肪含量的测定。对含糖多的乳品（如甜或加糖乳粉等），用此法时硫酸可使糖发生炭化，结果误差较大，故不宜采用。这种方法又叫湿法提取，样品不需事先烘干，且操作简便、迅速，对大多数样品来说测定精度可满足要求，但不如重量法准确。

改良的巴布科克法可用于测定风味提取液中芳香油的含量及海产品中脂肪的含量。

### 3. 仪器

巴布科克氏乳脂瓶（简称巴氏瓶）：颈部刻度有 0.0～8.0%，0.0～10.0% 两种，最小刻度值为 0.1%；乳脂离心机；17.6mL 标准移乳管。

### 4. 试剂

浓硫酸。

### 5. 测定方法

精密吸取 17.6mL 样品，倒入巴布科克氏乳脂瓶中，再取 17.5mL 硫酸，沿瓶颈缓缓注入瓶中，将瓶颈回旋，使液体充分混合至无凝块并呈均匀棕色。置于乳脂离心机上，以约 1000r/min 的速度离心 5min，取出，加入 80℃ 以上的水至瓶颈基部，再置离心机中离心 2min，取出后再加入 80℃ 以上的水至脂肪浮到 2 或 3 刻度处，再置离心机中离心 1min，取出后置 55～60℃ 水浴中，5min 后，取出立即读取脂肪层最高与最低点所占的格数，即为样品含脂肪的百分数。

### 6. 说明及注意事项

（1）硫酸的浓度要严格遵守规定的要求，如过浓会使乳炭化成黑色溶液而影响读数；过稀则不能使酪蛋白完全溶解，会使测定值偏低或使脂肪层混浊。硫酸的作用为既能破坏脂肪球膜，使脂肪游离出来，又能增加液体的相对密度，使脂肪容易浮出。

（2）巴布科克法中采用 17.6mL 标准吸管取样，实际上注入巴氏瓶中的样品只有 17.5mL，牛乳的相对密度为 1.03，故样品重量为 $17.5 \times 1.03 = 18g$。

巴氏瓶颈的刻度（0～10%）共 10 个大格，每大格容积为 0.2mL，在 60℃ 左右，脂肪的平均相对密度为 0.9，故当整个刻度部分充满脂肪时，其脂肪重量为 $0.2 \times 10 \times 0.9 = 1.8g$。18g 样品中含有 1.8g 脂肪，即瓶颈全部刻度表示为脂肪含量 10%，每一大格代表 1% 的脂肪。故巴氏瓶颈刻度读数即为样品中脂肪的百分含量。

## 五、盖勃氏法

1. 原理

同巴布科克法

盖勃氏法较巴布科克法简单快速，多用一种试剂异戊醇。使用异戊醇是为了防止糖炭化。该法在欧洲比在美国使用更为广泛。

2. 试剂

(1) 硫酸：相对密度 1.820～1.825 (20℃)，相当于 90%～91% 硫酸；

(2) 异戊醇：相对密度 0.811～0.812 (20℃)，沸程：128～132℃。

3. 仪器

乳脂离心机；盖勃氏乳脂计：颈部刻度为 0.0%～8.0%，最小刻度为 0.1%。

4. 分析步骤

于盖勃氏乳脂瓶中先加入 10mL 硫酸，再沿着管壁小心准确地加入 11mL 牛乳试样，使试样与硫酸不要混合，然后加 1mL 异戊醇 [相对密度 0.811～0.812 (20℃)，沸程：128～132℃]，塞上橡皮塞，使瓶口向下，同时用布包裹以防冲出，用力振摇至呈均匀棕色液体，静置数分钟（瓶口向下），置 65～70℃ 水浴中 5min，取出后放乳脂离心机中以 800～1000r/min 的转速离心 5min，再置 65～70℃ 水浴中，注意水浴水面应高于乳脂计脂肪层，5min 后取出，立即读数，即为脂肪的含量。

5. 说明及注意事项

(1) 硫酸的浓度要严格遵守规定的要求，如过浓会使乳炭化呈黑色溶液而影响读数；过稀则不能使酪蛋白完全溶解，会使测定值偏低或使脂肪层混浊。

(2) 硫酸除可破坏脂肪球膜，使脂肪游离出来外，还可增加液体相对密度，使脂肪容易浮出。

(3) 盖勃法中所用异戊醇的作用是促使脂肪析出，并能降低脂肪球的表面张力，以利于形成连续的脂肪层。

(4) 加热 (65～70℃ 水浴中) 和离心的目的是促使脂肪离析。

(5) 1mL 异戊醇应能完全溶于酸中，但由于质量不纯，可能有部分析出掺入到油层，而使结果偏高。因此在使用未知规格的异戊醇之前，应先做试验，其方法如下：将硫酸、水（代替牛乳）及异戊醇按测定试样时的数量注入乳脂计中，振摇后静置 24h 澄清，如在乳脂计的上部狭长部分无油层析出，认为适用，否则表明异戊醇质量不佳，不能采用。

(6) 盖勃法所用移乳管为 11mL，实际注入的试样为 10.9mL，试样的重量为 11.25g，乳脂计刻度部分 (0%～8%) 的容积为 1mL，当充满脂肪时，脂肪的重量为 0.9g，11.25g 试样中含有 0.9g 脂肪，故全部刻度表示为脂肪含量 0.9/11.25×100%＝8%，刻度数即为脂肪的质量百分数。

## 六、氯仿-甲醇提取法

索氏提取法只能提取游离态的脂肪，而对脂蛋白、磷脂等结合态的脂肪则不能完全提取出来，酸分解法又会使磷脂分解而损失。在一定的水分存在下，极性的甲醇及非极性的氯仿混合溶液（简称CM混合液）却能有效地提取出结合态脂类。

本法适合于结合态脂类，特别是磷脂含量高的样品，如鲜鱼、贝类、肉、禽、蛋及其制品，大豆及其制品（发酵大豆类制品除外）等，对于高水分试样的测定更为有效，对于干燥试样，可先在试样中加入一定量的水，使组织膨润后再提取。

1. 原理

将试样分散于氯仿-甲醇混合液中，在水浴上轻微沸腾，氯仿-甲醇混合液及样品中一定的水分形成提取脂类的有效溶剂，在使样品组织中结合态脂类游离出来的同时与磷脂等极性脂类的亲和性增大，从而有效地提取出全部脂类。经过滤除去非脂成分，回收溶剂，对残留脂类用石油醚提取，蒸馏除去石油醚后定量分析。

2. 仪器

提取装置；具塞锥形瓶：200mL；电热恒温水浴锅；布氏漏斗：过滤板直径40mm，容量60～100mL；具塞离心管；离心机：3000r/min。

3. 试剂

（1）氯仿：97%（体积分数）以上；

（2）甲醇：96%（体积分数）以上；

（3）氯仿-甲醇混合液：按2∶1体积比混合；

（4）石油醚；

（5）无水硫酸钠：优级纯，在120～135℃下干燥1～2h，保存于聚乙烯瓶中。

4. 操作方法

（1）提取。准确称取均匀样品5g，置于200mL具塞锥形瓶中（高水分食品可加适量硅藻土使其分散），加入60mL氯仿-甲醇混合液（对于干燥食品，可加入2～3mL水以使组织膨润）。在65℃水浴中，由轻微沸腾开始计时提取1h。

（2）回收溶剂。提取结束后，取下锥形瓶，用布氏漏斗过滤，滤液用另一具塞锥形瓶收集，用氯仿-甲醇混合液分次洗涤滤器、原锥形瓶及滤器中试样残渣，洗涤液并入滤液中，置于65～70℃水浴中回收溶剂，至锥形瓶内物料呈浓稠态，但不能使其干涸，冷却。

（3）石油醚萃取、定量。用移液管加入25mL石油醚，然后加入15g无水硫酸钠，立即加塞振荡1min，将醚层移入具塞离心沉淀管中，以3000r/min离心5min进行分离。用移液管迅速吸取离心管中澄清的石油醚10mL于已恒重的干燥称量瓶内，蒸发除去石油醚后于100～105℃烘箱中烘至恒重（约30min）。

5. 计算结果

$$W = \frac{(m_2 - m_1) \times 2.5}{m} \times 100\%$$

式中：$m_1$——称量瓶质量，g；

$m_2$——称量瓶与脂类质量，g；

$m$——试样质量，g；

$W$——脂类质量分数，%；

2.5——从 25mL 石油醚中取 10mL 进行干燥，故乘以系数 2.5。

6. 说明及注意事项

(1) 高水分食品可在具塞三角瓶内加入适量的硅藻土使其分散；干燥食品需加一定量的水，使组织膨润。

(2) 提取结束后，用玻璃过滤器过滤，用溶剂洗涤烧瓶，每次 5mL，洗三次，然后用 30mL 溶剂洗涤试样残渣。

(3) 回收溶剂时，残留物需含有适量的水，不能干涸，否则脂类难以溶解石油醚，会使测定结果偏低。

(4) 无水硫酸钠必须在石油醚之后加入，以免影响石油醚对脂肪的溶解。

## 七、其他分析方法

目前比较先进的牛乳脂肪测定方法是自动化仪器分析法，如丹麦福斯电器公司生产的 MTM 型乳脂快速测定仪，它专用于检测牛乳的脂肪含量。其测定范围为 0~13%，测定速度快，每小时可测 80~100 个样品。这种仪器带有配套的稀释剂，稀释剂由 ED-TA（乙二胺四乙酸二钠）、氢氧化钠、表面活性剂和消泡剂组成，利用比浊分析来测定脂肪含量。其原理如下：用螯合剂破坏牛乳中悬浮的酪蛋白胶束，使悬浮物中只有脂肪球，用均质机将脂肪球打碎，并调整均匀（2μm 以下），再经稀释达到能够应用朗伯-比尔定律测定的浓度范围，因而可以和通常的光吸收分析一样测定脂肪的浓度。

另一类是牛乳红外线分析仪。该仪器是一种可同时测定牛乳中的脂肪、蛋白质、乳糖及和水分的仪器。其原理是：将牛乳样品加热到 40℃，由均化泵吸入，在样品池中恒温、均化，使牛乳中的各成分均匀一致。由于脂肪、蛋白质、乳糖和水分在红外光谱区域中各自有独特的吸收波长，因此，当红外线光束通过不同的滤光片和样品溶液时被选择性地吸收，通过电子转换及参比值和样品值的对比，直接显示出牛乳中脂肪、蛋白质、乳糖和水分的百分含量，还可通过电脑显示并打印出检测结果。

# 复习思考题

1. 常用测定脂肪的有哪些提取剂？各自有何优缺点？

2. 脂肪的生理功能有哪些？测定脂肪有何意义？

3. 索氏提取法测定脂肪的原理是什么？适用对象及操作中应注意的事项是什么？

4. 测定脂肪可用哪些方法？各自的适用范围如何？

5. 掌握巴布科克氏法测定牛奶脂肪的原理和方法。为什么乳脂瓶脂肪所占的格数即表示牛奶含脂率？

6. 了解罗紫-哥特里法、酸水解法测定脂肪的原理和方法。

7. 哪些食品适合用酸水解法测定其脂肪？为什么？如何减少测定误差？

# 第八章　碳水化合物的分析测定

 学海导航

**教学目标**

　　掌握碳水化合物的性质、在食品中的存在形式；单糖、还原糖、多糖测定时的提取、澄清方法；各种碳水化合物的测定原理、方法和步骤；熟练掌握仪器使用的正确方法。

**教学重点**

　　掌握碳水化合物的性质、在食品中的存在形式，以及不同类型糖的提取、澄清方法和分析测定方法；称量、滴定的正确使用方法。

**教学难点**

　　还原糖的测定原理；还原糖测定操作的关键步骤。

## 第一节　概　　述

### 一、碳水化合物的种类及分布

　　碳水化合物俗称糖类，是由碳、氢、氧三种元素组成的一大类化合物，是自然界中分布广泛、数量最多的有机化合物，是人体重要的能量物质来源，人体所需能量的 $55\%\sim65\%$ 来自于糖类。一些糖能与蛋白质结合成糖蛋白，与脂肪合成糖脂，是构成人体细胞组织的成分，具有重要的生理功能。

　　碳水化合物是食品工业的主要原料和辅助材料，是大多数食品的主要成分之一。在不同食品中，碳水化合物的存在形式和含量各不相同。从化学结构上看，碳水化合物是多羟基醛、酮或多羟基醛、酮的环状半缩醛及其缩合产物。

　　糖类按其组成可分为单糖、双糖和多糖。单糖是糖的最基本组成单位，是指用水解的方法不能将其分解的碳水化合物。食品中最常见的单糖有葡萄糖、果糖、半乳糖，它们都是含有六个碳原子的多羟基醛或多羟基酮，又分别称为己醛糖（葡萄糖、半乳糖）和己酮糖（果糖），此外还有甘露糖、核糖、阿拉伯糖、木糖等醛糖。

双糖是由两分子单糖缩合而成的糖，主要有蔗糖、乳糖、麦芽糖。蔗糖由一分子葡萄糖和一分子果糖缩合而成，普遍存在于具有光合作用的植物中，是食品工业中最重要的甜味剂。乳糖由一分子葡萄糖和一分子半乳糖缩合而成，存在于哺乳动物的乳汁中，乳糖的存在可促进婴儿肠道双歧杆菌的生长。麦芽糖是由二分子葡萄糖缩合而成，主要存在于发芽的谷粒，尤其是麦芽中。

低聚糖是指 3~9 个的单糖聚合物，主要有异麦芽低聚糖（多种异麦芽低聚糖的混合物）和棉籽糖、水苏糖、低聚果糖等。

多糖是由 10 个以上的单糖分子失水缩合而成的高分子化合物，如淀粉、糊精、果胶、纤维素等，水解后可以得到许多个单糖分子，它分为淀粉多糖和非淀粉多糖两大类。淀粉广泛存在于谷类、豆类及薯类中，又分为直链淀粉、支链淀粉和变性淀粉等。非淀粉多糖包括纤维素、半纤维素、果胶、亲水胶物质（如黄原胶、阿拉伯胶等）和活性多糖（如香菇多糖、枸杞多糖等）。纤维素集中于谷类的谷糠和果蔬的表皮中；果胶存在于各类植物的果实中。而活性多糖是一大类具有降血脂、抗氧化、提高机体免疫功能的活性物质。

## 二、糖类的测定方法

食品中糖类的测定方法有很多，主要有物理法、化学法、比色法、酶法和 HPLC 法等。在分析检测过程中，常根据碳水化合物的含量、组成及分析检测的目的选用不同的检测方法。物理法如相对密度、折光法、旋光法常用于高含量糖类物质的测定，如测定糖液浓度、糖品的蔗糖成分、番茄酱中固形物含量等。对常规糖物质的测定常采用化学法和比色法，该法操作简便易行，但结果的特异性差。而酶法测定糖类也有一定的应用，具有灵敏度高、特异性强、干扰性小的特点，但价格较高。HPLC 法是目前发展最快的分析检测方法，通过选用不同的糖柱，用示差检测器，可以有效地分析不同类型或组成不同的糖类。

本章主要介绍可溶性糖、淀粉、纤维、果胶物质的标准分析测定方法。

## 三、糖类的测定意义

碳水化合物是食品工业的主要原料和辅助材料，是大多数食品的主要成分之一。在食品加工工艺中，糖类对改变食品的形态、组织结构、物化性质及色、香、味等感官指标起着重要作用。如食品加工中常需控制一定量的糖酸比；糖果中糖的组成及比例直接关系到其风味和质量；糖的焦糖化作用及羰氨反应既可使食品获得诱人的色泽和风味，又能引起食品的褐变，必须根据工艺需要加以控制。食品中糖的含量也标志着食品营养价值的高低，是某些食品的主要质量指标。所以，在食品工业中，分析检测食品中碳水化合物的含量，具有十分重要的意义。

## 第二节　可溶性糖的测定

食品中可溶性糖通常是指葡萄糖、果糖等游离单糖及蔗糖、麦芽糖、乳糖等低聚糖。测定可溶性糖时，一般需将样品磨碎、浸渍成溶液（提取液），选用适当的溶剂提取、纯化，除去其中的脂类和叶绿素等干扰物质，经过滤澄清后再测定。

### 一、可溶性糖类试样的制备

#### 1. 提取液的制备

提取的目的是将被测组分（可溶性糖）提取完全，并将非糖成分（干扰组分）尽量排除。根据试样的性状选择不同的提取液制备方法，常用提取剂有水（40～50℃）、70%～75%乙醇溶液。

提取液含糖量最好控制在 0.05～0.35g/100g 左右。

含脂肪样品，如乳酪、巧克力、蛋黄酱、调味品等，通常需先经脱脂后再用水提取。一般用石油醚进行脱脂，然后用水提取。

含有大量淀粉、糊精及蛋白质的食品，通常用 70%～75%乙醇溶液进行提取。提取时，可加热回流，然后冷却并离心，倒出上清液，如此反复提取 2～3 次，合并提取液，再蒸发除去乙醇。

鲜活产品，如谷物、薯类、果蔬等，应避免提取过程中淀粉酶的水解（先经灭酶）。

含酒精和二氧化碳的液体样品，通常先经蒸发浓缩（蒸发至原体积的 1/3～1/4），除去酒精和二氧化碳后再处理。若试样为酸性食品，在加热前应预先用氢氧化钠调节试样溶液的 pH 至中性，以防止低聚糖（蔗糖）在酸性条件下被部分水解。

提取固体试样时，可采用加热的方法以提高提取效果。加热温度一般控制在 40～50℃，用乙醇作提取剂，加热时应安装回流装置。

水果中含有有机酸等酸性物质，可使蔗糖等低聚糖在加热时被部分水解（转化），所以水果及其制品等酸性试样提取时要用碳酸钙中和后提取，即提取液应控制在中性。为避免糖类被酶水解，可加入氯化汞来抑制酶的活性。

#### 2. 提取液的澄清

试样经水或乙醇提取后，提取液中除含有单糖和低聚糖等可溶性糖类外，还含有一些影响分析检测的干扰物质，如单宁、色素、蛋白质、有机酸、氨基酸、果胶质、可溶性淀粉等，这些物质的存在使提取液带有色泽或呈现浑浊而影响滴定终点，从而影响糖的测定结果，因此提取液均需要进行澄清处理，即加入澄清剂，使干扰物质沉淀而分离。

对澄清剂的要求：能够完全地除去干扰物质，不吸附或沉淀被测糖分，也不改变糖类的理化性质；同时，残留在提取液中的澄清剂应不干扰分析测定或很容易除去。

常用的澄清剂有以下几种。

（1）中性醋酸铅：食品分析中最常用的一种澄清剂，能除去蛋白质、单宁、有机酸、果胶，还能凝聚其他胶体，作用可靠，不会使还原糖从溶液中沉淀出来，在室温下也不会形成可溶性的铅糖化合物。适用于植物性试样、浅色糖及糖浆制品、果蔬制品、焙烤制品等。缺点是脱色能力差，不能用于深色糖液的澄清，否则加活性炭处理。

（2）碱性醋酸铅：优点是能除去蛋白质、色素、有机酸，又能凝聚胶体，可用于深色的蔗糖溶液的澄清。缺点是与杂质作用形成体积较大的沉淀，可带走还原糖，特别是果糖。过量的碱性醋酸铅可因其碱度及铅糖的形成而改变糖类的旋光度。

（3）醋酸锌溶液和亚铁氰化钾溶液：它们反应可生成白色的亚铁氰酸锌沉淀，能带走蛋白质，发生共同沉淀作用。这种澄清剂除蛋白质能力较强，但脱色能力差。适用于色泽较浅、富含蛋白质的提取液的澄清，如乳制品、豆制品等，特别对乳制品最理想。

（4）硫酸铜溶液和氢氧化钠溶液：二者合并使用生成氢氧化铜，铜离子可使蛋白质沉淀，可作为牛乳试样的澄清剂。

（5）氢氧化铝：能凝聚胶体，但对非胶态物质澄清效果不好，可用作浅色溶液的澄清剂，或作为附加澄清剂。

（6）活性炭：能除去植物性试样中的色素，但在脱色的过程中，伴随的蔗糖损失较大。对于质量浓度为 0.2g/100mL 的糖溶液，若使用活性炭 0.5g 进行脱色，不论左旋糖或右旋糖，被吸附的损失很少，但用动物性活性炭，则这些糖将被吸附损失 $6\%\sim8\%$。

澄清剂的种类很多，性能也各不相同，应根据提取液的性质、干扰物质的种类、含量以及所采用的糖的测定方法，加以适当的选择，同时还要考虑所采用的分析方法。

澄清剂的用量要适当，用量太少，达不到澄清的目的；用量太多，会使检测结果产生误差。如使用铅盐作为澄清剂时，用量不宜过大，当试样溶液在测定过程进行加热时，铅与还原糖（果糖）反应，生成铅糖会产生误差，使测得的糖量降低。可加入除铅剂如草酸钾、草酸钠、硫酸钠、磷酸氢二钠等来减少误差。

## 二、还原糖的测定（GB/T 5009.7—2008）

还原糖是指具有还原性的糖类。葡萄糖分子中含有游离的醛基，果糖分子中含有游离的酮基，乳糖和麦芽糖分子中含有游离的半缩醛羟基，因而他们都具有还原性，都是还原糖。其他非还原糖类，如双糖、三糖、多糖等（常见的蔗糖、糊精、淀粉等都属此类），本身不具有还原性，但可以通过水解而生成相应的还原性的单糖，测定水解液的还原糖含量就可以求得试样中相应糖类的含量，因此，还原糖的测定是一般糖类定量的基础。

还原糖的测定方法很多，其中最常用的有直接滴定法、高锰酸钾滴定法和比色法等。

### （一）直接滴定法

本法是国家标准分析方法，是目前最常用的测定还原糖的方法。它具有试剂用量少、操作和计算都比较简便、快速，滴定终点明显，所以又称快速法。适用于各类食品中还原糖的测定。但在分析测定酱油、深色果汁等样品时，因色素干扰，滴定终点常常模糊不清，影响准确性。

### 1. 原理

试样经除去蛋白质后，在加热条件下，以次甲基蓝作为指示剂，直接滴定已经标定过的碱性酒石酸铜溶液（用还原糖标准溶液标定碱性酒石酸铜溶液），还原糖将溶液中的二价铜还原成红色的氧化亚铜。待二价的铜全部被还原后，稍过量的还原糖立即把次甲基蓝指示剂还原，溶液由蓝色变为无色，即为滴定终点。根据试样溶液消耗的体积，计算还原糖量。

### 2. 试剂

（1）碱性酒石酸铜甲液：称取 15g 硫酸铜（$CuSO_4 \cdot 5H_2O$）及 0.05g 次甲基蓝，溶入水中并稀释至 1000mL。

（2）碱性酒石酸铜乙液：称取 50g 酒石酸钾钠及 75g 氢氧化钠，溶于水中，再加入 4g 亚铁氰化钾，完全溶解后，用水稀释至 1000mL，贮存于橡胶塞玻璃瓶内。

（3）乙酸锌溶液：称取 21.9g 乙酸锌，加 3mL 冰乙酸，加水溶解并稀释至 100mL。

（4）亚铁氰化钾溶液：称取 10.6g 亚铁氰化钾，加水溶解并稀释至 100mL。

（5）葡萄糖标准溶液：准确称取 1.000g 经过（98±2）℃ 干燥至恒重的无水葡萄糖，加水溶解后转入 1000mL 容量瓶，加入 5mL 盐酸（防止微生物生长），用水稀释至 1000mL。此溶液 1mL 相当于 1.0mg 葡萄糖。

### 3. 仪器

酸式滴定管：25mL；可调式电炉：带石棉网。

### 4. 操作方法

（1）试样处理。

1）乳类、乳制品及含蛋白质的冷食类（雪糕、冰激凌、豆乳等）：称取约 2.50～5.00g 固体试样（或吸取 25.00～50.00mL 液体试样），置于 250mL 容量瓶中，加50mL 水，摇匀后慢慢加入 5mL 乙酸锌溶液，混匀放置片刻，加入 5mL 亚铁氰化钾溶液，加水至刻度，混匀、沉淀、静置 30min，用干燥滤纸过滤，弃去初滤液，滤液备用。

2）酒精性饮料：吸取 100.0mL 试样，置于蒸发皿中，用氢氧化钠（40g/L）溶液中和至中性，在水浴上蒸发至原体积的 1/4 后，移入 250mL 容量瓶中，加水至刻度。

3）富含淀粉的食品：称取 10.00～20.00g 试样，置于 250mL 容量瓶中，加水200mL 在 45℃水浴中加热 1h，并不断振摇。冷却后加水至刻度，混匀，静置。吸取20mL 上清液于另一 250mL 容量瓶中，慢慢加入 5mL 乙酸锌溶液及 5mL 亚铁氰化钾溶液，加水至刻度，混匀，静置 30min，用干燥滤纸过滤，弃去初滤液，滤液备用。

4）汽水等含有二氧化碳的饮料：吸取 100.0mL 试样置于蒸发皿中，在水浴上除去二氧化碳后，移入 250mL 容量瓶中，并用水洗涤蒸发皿，洗液并入容量瓶中，加水至刻度，混匀后备用。

（2）碱性酒石酸铜溶液的标定。准确吸取碱性酒石酸铜甲液和乙液各 5.0mL，置于 250mL 锥形瓶中，加水 10mL，加玻璃珠 2 粒。从滴定管中滴加约 9mL 葡萄糖标准液，控制在 2min 内加热至沸腾，趁沸以每 2s 一滴的速度继续滴加葡萄糖标准溶液，直至溶液蓝色刚好褪去为终点。记录消耗的葡萄糖标准溶液的总体积。平行操作 3 份，取其平均值。

按下式计算每 10mL（甲、乙液各 5mL）碱性酒石酸铜液相当于葡萄糖的质量：

$$A = c \times V$$

式中：$A$——10mL（甲、乙液各 5mL）碱性酒石酸铜溶液相当于葡萄糖的质量，mg；

$c$——葡萄糖标准溶液的浓度，$mg \cdot mL^{-1}$；

$V$——标定时消耗葡萄糖标准溶液的总体积，mL。

（3）试样溶液预测。吸取碱性酒石酸铜甲液及乙液各 5.0mL，置于 250mL 锥形瓶中，加水 10mL，加玻璃珠 2 粒，控制在 2min 内加热至沸，趁沸以先快后慢的速度从滴定管中滴加试样溶液，滴定时须始终保持溶液呈沸腾状态。等溶液蓝色变浅时，以每 2s 1 滴的速度继续滴定，直至蓝色刚好褪去为终点，记录消耗的试样溶液体积。当样液中还原糖浓度过高时应适当稀释，再进行正式滴定，使每次滴定消耗样液的体积控制在与标定碱性酒石酸铜溶液时所消耗的还原糖标准溶液的体积相近，约 10mL。当浓度过低时则采取直接加入 10.0mL 试样液，免去加水 10mL，再用还原糖标准溶液滴定至终点，记录消耗的体积与标定时消耗的还原糖标准溶液体积之差相当于 10mL 样液中所含还原糖的量。

（4）试样溶液测定。吸取碱性酒石酸铜甲液及乙液各 5.0mL，置于 250mL 锥形瓶中，加水 10mL，加玻璃珠 2 粒，从滴定管中加入比预测体积少 1mL 的试样溶液，控制在 2min 内加热至沸腾，趁沸以每 2s 1 滴的速度继续滴定，至蓝色刚好褪去为终点。记录消耗的试样溶液的总体积。同法平行操作 3 份，取其平均值。

5. 结果计算

$$X = \frac{A}{mV/250 \times 1000} \times 100$$

式中：$X$——试样中还原糖的含量（以葡萄糖计），g/100g；

$m$——试样质量，g；

$A$——10mL 碱性酒石酸铜溶液（甲液、乙液各 5.0mL）相当于还原糖（以葡萄糖计）的质量，mg；

250——试样溶液的总体积，mL；

$V$——测定时消耗的试样溶液体积，mL。

还原糖含量大于或等于 10g/100g 时计算结果保留三位有效数字；还原糖含量小于 10g/100g 时计算结果保留两位有效数字。

6. 说明及注意事项

（1）此法所用的氧化剂碱性酒石酸铜的氧化能力较强，醛糖和酮糖都能被氧化，所以测得的是总还原糖含量。

（2）直接滴定法是根据经过标定的一定量的碱性酒石酸铜溶液（$Cu^{2+}$ 量一定）消耗的试样溶液量来计算试样溶液中还原糖的含量，反应体系中 $Cu^{2+}$ 的含量是定量的基础，所以，试样处理时不能采用铜盐作为澄清剂，如不宜采用氢氧化钠和硫酸铜作澄清剂，以免试样溶液中引入 $Cu^{2+}$，得出错误的结果。一般采用乙酸锌和亚铁氰化钾作为澄清剂。

（3）在碱性酒石酸铜乙液中加入亚铁氰化钾，是为了使所生成的 $Cu_2O$ 红色沉淀与之形成可溶性的无色络合物，使终点便于观察。其反应式如下：

$$Cu_2O\downarrow + K_4Fe(CN)_6 + H_2O \longrightarrow K_2Cu_2Fe(CN)_6 + 2KOH$$

（4）碱性酒石酸铜甲液和乙液应分别贮存，用时才混合，不能事先混合贮存。否则酒石酸钾钠铜配合物长期在碱性条件下会慢慢分解析出氧化亚铜沉淀，使试剂有效浓度降低。

（5）次甲基蓝本身也是一种氧化剂，其氧化型为蓝色，还原型为无色；但在测定条件下，它的氧化能力比 $Cu^{2+}$ 弱，故还原糖先与 $Cu^{2+}$ 反应，$Cu^{2+}$ 完全反应后，稍微过量一点的还原糖将次甲基蓝指示剂还原，使之由蓝色变为无色，指示滴定终点。

（6）滴定时要保持沸腾状态，使上升蒸汽阻止空气侵入滴定反应体系中，一方面，加热可加快还原糖与 $Cu^{2+}$ 的反应速度；另一方面，加热可防止空气进入，避免氧化亚铜和还原型的次甲基蓝被空气氧化从而使得耗糖量增加。

（7）试样溶液预测的目的：本法要求试样中还原糖浓度控制在 0.1%左右，测定时试样溶液的消耗体积应该与标定葡萄糖标准溶液时消耗的体积相近，通过预测可了解试样浓度是否合适，浓度过大或过小均应加以调整，使测定时消耗试样的溶液量在 10mL 左右；通过预测可知道试样溶液的大概消耗量，以便在正式滴定时，预先加入比实际用量少 1mL 左右的样液，只留下 1mL 左右的样液在继续滴定时加入，以保证在 1min 内完成滴定，提高了测定的准确度。

（8）直接滴定法测定还原糖含量，测定中锥形瓶瓶壁厚度、反应液碱度、还原糖液浓度、滴定速度、热源强度及煮沸时间等都对测定精密度有很大的影响。

## （二）高锰酸钾法

本法是国家标准分析方法，适用于各类食品中还原糖的测定，对于有色样液也同样适用。优点是准确度高，重现性好，这两方面都优于直接滴定法。缺点是操作复杂、费时，需查特制的高锰酸钾法糖类检索表。

1. 原理

将一定量的试样溶液与过量的碱性酒石酸铜溶液反应，还原糖将 $Cu^{2+}$ 还原为氧化亚铜，经过滤，得到氧化亚铜沉淀，加入过量的酸性硫酸铁溶液将其氧化溶解，而三价铁盐被定量地还原为亚铁盐，用高锰酸钾标准溶液滴定所生成的亚铁盐，根据高锰酸钾溶液消耗量可计算出氧化亚铜的量，再从检索表中查出与氧化亚铜量相当的还原糖量，即可计算出样品中还原糖含量。

2. 仪器

25mL 古氏坩埚或 G4 垂融坩埚；真空泵或水泵。

3. 试剂

（1）碱性酒石酸铜甲液：称取 34.639g 硫酸铜（$CuSO_4 \cdot 5H_2O$），加适量水溶解，加 0.5mL 硫酸，再加水稀释至 500mL，用精制石棉过滤。

（2）碱性酒石酸铜乙液：称取 173g 酒石酸钾钠与 50g 氢氧化钠，加适量水溶解并稀释至 500mL，用精制石棉过滤，贮存于橡胶塞玻璃瓶内。

（3）精制石棉：取石棉先用盐酸（$3mol \cdot L^{-1}$）浸泡 2～3d，用水洗净，再加 $400g \cdot L^{-1}$ 氢氧化钠溶液浸泡 2～3d，倾去溶液，再用热碱性酒石酸铜乙液浸泡数小时，用水洗净。再以盐酸（$3mol \cdot L^{-1}$）浸泡数小时，以水洗至不呈酸性。然后加水振摇，使成微细的浆状软纤维，用水浸泡并贮存于玻璃瓶中，即可用作填充古氏坩埚用。

（4）高锰酸钾标准溶液（$0.1000mol \cdot L^{-1}$）：称取 3.3g 高锰酸钾溶于 1000mL 水中，缓缓煮沸 15～20min，冷却后于暗处密闭保存数日，用垂融漏斗过滤，保存于棕色瓶中。

标定：精确称取 110～150℃ 干燥至恒重的基准草酸钠约 0.2g，溶于 250mL 新煮沸过的冷水中，加 10mL 硫酸，加入约 25mL 配制的高锰酸钾溶液，加热至 65℃，用高锰酸钾溶液滴定至溶液呈微红色，保持 30s 不褪色为止。在滴定终了时溶液温度应不低于 55℃。同时做空白试验。

（5）氢氧化钠溶液（$40g \cdot L^{-1}$）：称取 4g 氢氧化钠，加水溶解并稀释至 100mL。

（6）硫酸铁溶液：称取 50g 硫酸铁，加入 200mL 水溶解后，慢慢加入 100mL 硫酸，冷却后加水稀释至 1000mL。

（7）盐酸（$3mol \cdot L^{-1}$）：量取 30mL 盐酸，加水稀释至 120mL。

4. 操作方法

（1）试样处理。

1）乳类、乳制品及含蛋白质的冷食类：精密称取 2.00～5.00g 固体试样（吸取 25.00～50.00mL 液体试样），置于 250mL 容量瓶中，加水 50mL，摇匀后加 10mL 碱性酒石酸铜甲液及 4mL 氢氧化钠溶液（$40g \cdot L^{-1}$），加水至刻度，混匀。静置 30min，用干燥滤纸过滤，弃去初滤液，滤液供分析检测用。

2）酒精性饮料：吸取 100.0mL 样品置于蒸发皿中，用氢氧化钠溶液（$40g \cdot L^{-1}$）中和至中性，在水浴上蒸发至原体积的 1/4 后，移入 250mL 容量瓶中，加 50mL 水，混匀。加 10mL 碱性酒石酸铜甲液及 4mL 氢氧化钠溶液（$40g \cdot L^{-1}$），加水至刻度，混匀。静置 30min，用干燥滤纸过滤，弃去初滤液，滤液供分析检测用。

3）富含淀粉的食品：称取 10.00～20.00g 试样，置于 250mL 容量瓶中，加 200mL 水，在 45℃ 水浴中加热 1h，并不断振摇。冷后加水至刻度，混匀，静置。吸取 200mL

上清液于另一 250mL 容量瓶中，加 10mL 碱性酒石酸铜甲液及 4mL 氢氧化钠溶液（40g·L$^{-1}$），加水至刻度，混匀。静置 30min，用干燥滤纸过滤，弃去初滤液，滤液供分析检测用。

4）汽水等含有二氧化碳的饮料：吸取 100.0mL 试样置于蒸发皿中，在水浴上除去二氧化碳后，移入 250mL 容量瓶中，并用水洗涤蒸发皿，洗液并入容量瓶中，加水至刻度，混匀后备用。

（2）试样的测定。吸取 50.00mL 处理后的试样溶液于 400mL 烧杯内，加碱性酒石酸铜甲、乙液各 25mL，于烧杯上盖一表面皿，加热，使其在 4min 内沸腾，再准确沸腾 2min，趁热用铺好石棉的古氏坩埚或 G4 垂融坩埚抽滤，并用 60℃热水洗涤烧杯及沉淀，至洗液不呈碱性为止。将古氏坩埚或垂融坩埚放回原 400mL 烧杯中，加 25mL 硫酸铁溶液及 25mL 水，用玻璃棒搅拌至氧化亚铜完全溶解，以高锰酸钾标准溶液（0.1000mol·L$^{-1}$）滴定至微红色为终点。记录高锰酸钾标准溶液的消耗量。

同时吸取 50mL 水代替样液，按上述方法做空白试验。记录空白试验消耗的高锰酸钾标准溶液的量。

5. 结果计算

$$X_1 = (V - V_0) \times c \times 71.54$$

式中：$X_1$——试样中还原糖质量相当于氧化亚铜的质量，mg；

$V$——测定用试样液消耗高锰酸钾标准溶液的体积，mL；

$V_0$——试剂空白消耗高锰酸钾标准溶液的体积，mL；

$c$——高锰酸钾标准溶液的实际浓度，mol·L$^{-1}$；

71.54——1mL 高锰酸钾标准溶液（1.000mol·L$^{-1}$）相当于氧化亚铜的质量，mg。

根据上式中计算所得氧化亚铜质量，查附录三，相当于氧化亚铜质量的葡萄糖、果糖、乳糖、转化糖的质量表，再计算试样中还原糖含量。

$$X_2 = \frac{m_1}{m_2 V / 250 \times 1000} \times 100$$

式中：$X_2$——试样中还原糖的含量，g/100g 或 g/100mL；

$m_1$——查表得还原糖的质量，mg；

$m_2$——试样质量，g；

$V$——测定用试样溶液的体积，mL；

250——试样处理后的总体积，mL。

还原糖含量大于或等于 10g/100g 时计算结果保留三位有效数字；还原糖含量小于 10g/100g 时计算结果保留两位有效数字。

6. 说明及注意事项

（1）此法以高锰酸钾滴定反应过程中产生的定量的硫酸亚铁为结果计算的依据，因此，在试样处理时，不能用乙酸锌和亚铁氰化钾作为糖液的澄清剂，以免引入 $Fe^{2+}$，造成误差。

（2）此法又称贝尔德蓝法。还原糖能在碱性溶液中将 $Cu^{2+}$ 还原为棕红色的氧化亚铜沉淀，而糖本身被氧化为相应的羧酸。这是还原糖定量分析和检测的基础。

（3）测定时必须严格按规定的操作条件进行，必须使加热至沸腾时间及保持沸腾时间严格保持一致。即必须控制好热源强度，保证在 4min 内加热至沸，并使每次测定的沸腾时间保持一致，否则误差较大。可先取水 50mL，碱性酒石酸铜甲、乙液各 25mL，调整热源强度，使其在 4min 内加热至沸，维持热源强度不变，再正式滴定。

（4）此法所用碱性酒石酸铜溶液是过量的，即保证把所有的还原糖全部氧化后，还有过剩的 $Cu^{2+}$ 存在，所以，煮沸后的反应液应呈蓝色。煮沸过程中如发现溶液蓝色消失，说明糖液浓度过高，应减少试样溶液取用体积，重新操作，不能增加酒石酸铜甲、乙液用量。

（5）试样中既有单糖又有麦芽糖或乳糖等双糖时，还原糖测定结果偏低，主要是由于双糖的分子中只有一个还原糖所致。

（6）抽滤及洗涤氧化亚铜沉淀的整个过程中要防止氧化亚铜沉淀暴露在空气中，应使沉淀始终在液面以下，以免被氧化。

### 三、蔗糖的测定（GB/T 5009.8—2008）

在食品生产过程中，测定蔗糖的含量可以判断食品加工原料的成熟度，鉴别白砂糖、蜂蜜等食品原料的品质，以及控制糖果、果脯、加糖乳制品等新产品的质量指标。

蔗糖是由一分子葡萄糖和一分子果糖缩合而成的非还原性双糖，不能用测定还原糖的方法直接进行测定，但在一定条件下，蔗糖可水解成具有还原性的葡萄糖和果糖。再按测定还原糖的方法测定蔗糖含量。对于浓度较高的蔗糖溶液，其相对密度、折光率、旋光度等物理常数与蔗糖浓度都有一定关系，故可用物理检验法进行测定。在此介绍高效液相色谱法和酸水解法。

#### （一）高效液相色谱法

1. 原理

试样经处理后，用高效液相色谱氨基柱（—$NH_2$ 柱）分离，用示差折光检验器检测，根据蔗糖的折光指数与浓度成正比，外标单点法定量。

2. 试剂

除另有规定外，本法中所用到的试剂均为分析纯，实验用水的电导率（25℃）为 0.01mS/m。

（1）硫酸铜（$CuSO_4 \cdot 5H_2O$）。

（2）氢氧化钠（NaOH）。

（3）乙腈（$C_2H_3N$）。

（4）蔗糖（$C_{12}H_{22}O_{12}$）。

（5）硫酸铜溶液（$70g \cdot L^{-1}$）：称取 7g 硫酸铜，加水溶解并定容至 100mL。

（6）氢氧化钠溶液（40g·L⁻¹）：称取 4g 氢氧化钠，加水溶解并稀释至 100mL。

（7）蔗糖标准溶液（10mg·mL⁻¹）：准确称取蔗糖标样 1g（精确至 0.0001g）置于 100mL 容量瓶内，先加少量水溶解，再加 20mL 乙腈，最后用水定容至刻度。

3. 仪器

高效液相色谱仪，附示差折光检验器。

4. 分析步骤

（1）样液制备

精密称取 2.00～10.00g 试样，精确至 0.001g，加水 50mL 溶解，移至 100mL 容量瓶中，加硫酸铜溶液 10mL，氢氧化钠溶液 4mL，振摇，加水至刻度，静置 30min 过滤，取 3～7mL 试样液置于 10mL 容量瓶中，用乙腈定容，通过 0.45μm 滤膜过滤，滤液备用。

（2）高效液相色谱参考条件

色谱柱：氨基柱（4.6mm×250mm，5μm）；柱温：25℃；示差检验器检测池池温：40℃；流动相：乙腈：水（75：25）；流速：1.0mL·min⁻¹；进样量：10μL。

（3）色谱图

蔗糖色谱图见图 8-1。

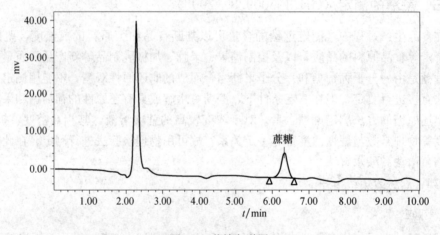

图 8-1　蔗糖色谱图

5. 结果计算

试样中蔗糖含量的计算

$$X = \frac{cA}{A_1 \times (m/100) \times (V/10) \times 1000} \times 100$$

式中：$X$——试样中蔗糖含量，g/100g；

　　　$c$——蔗糖标准溶液浓度，mg·mL⁻¹；

　　　$A$——试样中蔗糖的峰面积；

　　　$A_1$——标准蔗糖溶液的峰面积；

　　　$m$——试样的质量，g；

$V$——过滤体积，mL。

### 6. 精密度

在重复条件下获得的两次独立测定结果的绝对差值不得超过算术平均值的10%。

### (二) 酸水解法

#### 1. 原理

试样经除去蛋白质等杂质后，用稀盐酸水解，使蔗糖转化为还原糖，再按还原糖的测定方法直接滴定法或高锰酸钾法，分别测定水解前后样液中还原糖的含量，两者的差值即为由蔗糖水解产生的还原糖的量，再乘以换算系数0.95即为蔗糖含量。

#### 2. 仪器

酸式滴定管：25mL；可调式电炉：带石棉网。

#### 3. 试剂

(1) 1:1的盐酸溶液：量取50mL盐酸，缓慢加入50mL水中，冷却后混匀。

(2) 氢氧化钠溶液（$200g \cdot L^{-1}$）：称取20g氢氧化钠加水溶解后，冷却，并定容至100mL。

(3) 甲基红指示液：称取甲基红0.10g，用少量乙醇溶解后并定容至100mL。

(4) 碱性酒石酸铜甲液：称取15g硫酸铜（$CuSO_4 \cdot 5H_2O$）及0.05g次甲基蓝，溶入水中并稀释至1000mL。

(5) 碱性酒石酸铜乙液：称取50g酒石酸钾钠及75g氢氧化钠，溶于水中，再加入4g亚铁氰化钾，完全溶解后，用水稀释至1000mL，贮存于橡胶塞玻璃瓶内。

(6) 乙酸锌溶液：称取21.9g乙酸锌，加3mL冰乙酸，加水溶解并稀释至100mL。

(7) 亚铁氰化钾溶液：称取10.6g亚铁氰化钾，加水溶解并稀释至100mL。

(8) 葡萄糖标准溶液：准确称取1.000g经过（98±2）℃干燥至恒重的无水葡萄糖，加水溶解后转入1000mL容量瓶，加入5mL盐酸（防止微生物生长），用水稀释至1000mL。此溶液每毫升相当于1.0mg葡萄糖。

#### 4. 操作方法

(1) 试样处理。

1) 乳类、乳制品及含蛋白质的冷食类（雪糕、冰激凌、豆乳等）：称取约2.50～5.00g固体试样（或吸取25.00～50.00mL液体试样），置于250mL容量瓶中，加50mL水，摇匀后慢慢加入5mL乙酸锌溶液，混匀放置片刻，加入5mL亚铁氰化钾溶液，加水至刻度，混匀，沉淀、静置30min，用干燥滤纸过滤，弃去初滤液，滤液备用。

2) 酒精性饮料：吸取100.0mL试样，置于蒸发皿中，用氢氧化钠（$40g \cdot L^{-1}$）溶液中和至中性，在水浴上蒸发至原体积的1/4后，移入250mL容量瓶中，加水至刻度。

3) 富含淀粉的食品：称取10.00～20.00g试样，置于250mL容量瓶中，加水200mL在45℃水浴中加热1h，并不断振摇。冷却后加水至刻度，混匀，静置。吸取20mL上清液于另一250mL容量瓶中，慢慢加入5mL乙酸锌溶液及5mL亚铁氰化钾溶液，加水至刻度，混匀，静置 30min，用干燥滤纸过滤，弃去初滤液，滤液备用。

4）汽水等含有二氧化碳的饮料：吸取 100.0mL 试样置于蒸发皿中，在水浴上除去二氧化碳后，移入 250mL 容量瓶中，并用水洗涤蒸发皿，洗液并入容量瓶中，加水至刻度，混匀后备用。

（2）测定。吸取 2 份 50mL 的试样处理液，分别置于 100mL 容量瓶中，其中一份加 5mL 盐酸（1∶1），在 68～70℃水浴中加热 15min，取出冷却至室温，加 2 滴甲基红指示剂，用氢氧化钠溶液（200g·L$^{-1}$）中和至中性，加水至刻度，混匀。另一份直接加水稀释至 100mL，按直接滴定法的操作步骤：标定碱性酒石酸铜溶液、试样溶液预测、试样溶液测定，分别测定还原糖含量。

5. 结果计算

以葡萄糖为标准滴定溶液时，按下式计算试样中蔗糖的含量。

$$X = (R_2 - R_1) \times 0.95$$

式中：$X$——试样中蔗糖含量，g/100g 或 g/100mL；

$R_1$——未经水解处理的还原糖含量，g/100g 或 g/100mL；

$R_2$——水解处理后的还原糖含量，g/100g 或 g/100mL；

0.95——还原糖（以葡萄糖计）换算为蔗糖的系数。

计算结果保留三位有效数字

6. 说明及注意事项

（1）本法是国家标准的分析方法，在此法规定的水解条件下蔗糖可以完全水解，而其他双糖和淀粉等水解很少，可忽略不计。所以，必须严格控制水解条件，以确保分析结果的准确性及重现性。

（2）测定中应严格控制水解条件，试样溶液体积、酸的浓度及用量、水解温度和水解时间都不能随意改动，既要保证蔗糖的完全水解又要避免其他多糖的水解。水解结束后立即取出，迅速冷却中和，以防止果糖及其他单糖类的损失。

（3）根据蔗糖的水解反应方程式：

$$C_{12}H_{22}O_{11} + H_2O \longrightarrow C_6H_{12}O_6 + C_6H_{12}O_6$$

蔗糖　　　　　　　葡萄糖　　　果糖

蔗糖的相对分子质量为 342，水解后生成 2 分子单糖，其相对分子质量之和为 360。342/360＝0.95，即 1g 转化糖相当于 0.95g 的蔗糖量。

（4）用还原糖法测定蔗糖时，为减少误差测得的还原糖含量应以转化糖表示。所以，用直接滴定法时，碱性酒石酸铜溶液的标定应采用 0.1％蔗糖标准溶液按测定条件水解后进行标定。

## 四、总糖的测定（直接滴定法）

食品中的总糖通常是指具有还原性的糖（葡萄糖、果糖、乳糖、麦芽糖等）和在测定条件下能水解为还原性单糖的蔗糖的总量。

许多食品中含有多种糖类，包括具有还原性的葡萄糖、果糖、乳糖、麦芽糖等以及非还原性的蔗糖、棉子糖等。这些糖有的来自原料，有的是因生产需要而加入的，有的是在生产过程中形成的（如蔗糖水解为葡萄糖和果糖）。许多食品中通常只需测定其总量，即总糖。应当注意这里所讲的总糖和营养学上所指的总糖是有区别的，营养学上的总糖是指被人体消化、吸收利用的糖类物质的总和，包括淀粉。而这里讲的总糖不包括淀粉，因为在该测定条件下，淀粉的水解作用很微弱。

总糖是许多食品（如麦乳精、果蔬罐头、巧克力、软饮料等）的重要质量指标，是食品生产中常规的检验项目，其含量高低对产品的色、香、味、组织形态、营养价值、成本等有一定的影响。所以，在食品分析中总糖的测定具有十分重要的意义。

总糖的测定通常是以还原糖的测定方法为基础的，常用的方法主要有直接滴定法和蒽酮比色法。直接滴定法测定的总糖的结果一般以转化糖或葡萄糖计，具体应根据产品的质量指标来定；蒽酮比色法适合于含微量碳水化合物的试样，具有灵敏度高、试剂用量少等优点，但要求被测试样溶液必须清澈透明，加热后没有蛋白质沉淀，否则会影响测定结果。

这里只介绍直接滴定法。

1. 原理

试样经处理除去蛋白质等杂质后，加入盐酸，在加热条件下使蔗糖水解为还原性单糖，再用还原糖的测定方法直接滴定法或高锰酸钾法测定水解后试样中的还原糖总量。

2. 试剂和仪器

同蔗糖的测定。

3. 操作方法

（1）试样处理：同直接滴定法或高锰酸钾法测定还原糖。

（2）测定：按测定蔗糖的方法水解试样，再按直接滴定法测定还原糖含量。

4. 结果计算

$$总糖（以转化糖计，\%）= \frac{F}{m \times \frac{50}{V_1} \times \frac{V_2}{100} \times 1000} \times 100$$

式中：$F$——10mL 碱性酒石酸铜溶液相当于转化糖的质量，mg；

$m$——试样质量，g；

$V_1$——试样处理液总体积，mL；

$V_2$——测定时消耗试样水解液的体积，mL。

5. 说明及注意事项

（1）测定时必须严格控制水解条件，既要保证蔗糖的完全水解又要避免其他多糖的水解。水解结束后立即取出，迅速冷却中和，以防止果糖及其他单糖类的损失。否则结果会有很大误差。

（2）总糖测定结果一般以转化糖计，但也可用葡萄糖计，要根据产品的质量指标要求而定，如以转化糖表示，应用标准转化糖溶液标定碱性酒石酸铜溶液，如用葡萄糖计，则应用标准葡萄糖溶液标定。

（3）转化糖即水解后的蔗糖，因蔗糖的旋光性是右旋的，而水解后所得的葡萄糖和果糖的混合物是左旋的，这种旋光性的变化称为转化，故称转化糖。

# 第三节 淀粉的测定

## 一、概述

淀粉是以葡萄糖为基本单位通过糖苷键而构成的多糖类化合物。它分为直链淀粉和支链淀粉。它广泛存在于植物的根、茎、叶、种子等组织中，是人类食物的重要组成部分，也是供给人体热能的主要来源。

许多食物中都含有淀粉，有的来自原料本身，有的是在食品加工中添加的用于改变食品的物理性状。如在糖果中做填充剂，同时在各种硬糖和奶糖成形过程中，加入淀粉可防止相互黏结和吸湿，在雪糕等冷饮中作稳定剂，在午餐肉等肉类罐头中作增稠剂，在其他食品中还可作为胶体生成剂、保湿剂、乳化剂等。有的食品不仅淀粉含量高，而且都是用淀粉制造的，如粉丝、粉条、粉皮、凉粉、绿豆糕等。所以淀粉含量常作为某些食品的主要质量指标，是食品生产管理过程中常用的分析检测项目之一。

淀粉的测定方法有很多，都是根据淀粉的理化性质而建立的。常用的方法有国家标准分析方法——酸水解法和酶水解法，它是根据淀粉在酸或酶的作用下水解为葡萄糖后，再按测定还原糖的方法进行定量测定。以下分别介绍用这两种方法测定食品中淀粉的含量。

酸水解法适用于淀粉含量较高，而半纤维素和多缩戊糖等其他多糖含量少的试样。因为酸水解法不仅是淀粉水解，半纤维素和多缩戊糖等其他多糖也会被水解为具有还原性的木糖、阿拉伯糖等，使测定结果偏高。该法操作简单、应用广泛，但选择性和准确性没有酶水解法高。酶水解法具有选择性强，不受试样中半纤维素、果胶质等多糖的干扰，适用于各种食品中淀粉含量的测定，测定结果准确，但操作费时。淀粉酶使用前还应检查其活力，以确定水解时淀粉酶的添加量。

## 二、食品中淀粉的测定方法（GB/T 5009.9—2008）

### （一）酸水解法

1. 原理

样品经乙醚除去脂肪，乙醇除去可溶性糖类后，其中淀粉用酸水解成具有还原性的单糖，然后进行还原糖的测定，并折算为淀粉含量。

2. 试剂

除非另有规定，本方法中所用试剂均为分析纯。

（1）乙醚。

（2）石油醚：沸点范围 60～90℃。

（3）乙醇溶液（85％）：量取 85mL 无水乙醇，加水定容至 100mL。

（4）盐酸溶液（1∶1）：量取 50mL 盐酸，与 50mL 水混合。

（5）氢氧化钠溶液（400g·L⁻¹）：称取 40g 氢氧化钠加水溶解后，放冷并稀释至 100mL。

（6）硫酸钠溶液（100g·L⁻¹）：称取 10g 硫酸钠，加水溶解并稀释至 100mL。

（7）甲基红指示液（2g·L⁻¹）：称取甲基红 0.20g，用少量乙醇溶解后，定容至 100mL。

（8）乙酸铅溶液（200g·L⁻¹）：称取 20g 乙酸铅，加水溶解并稀释至 100mL。

（9）精密 pH 试纸：6.8～7.2。

（10）其余试剂同测定还原糖的直接滴定法或高锰酸钾滴定法。

3. 仪器

水浴锅；高速组织捣碎机：1200r/min；回流装置，并附 250mL 锥形瓶。

4. 操作方法

（1）试样处理。

1）易于粉碎的试样：将试样磨碎过 40 目筛，称取 2～5g（精确至 0.001g），置于放有慢速滤纸的漏斗中，用 50mL 石油醚或乙醚分五次洗去试样中脂肪，弃去石油醚或乙醚。用 150mL 乙醇（85％）溶液分数次洗涤残渣，除去可溶性糖类物质。滤干乙醇溶液，以 100mL 水洗涤漏斗中残渣并转移至 250mL 锥形瓶中，加入 30mL 盐酸（1∶1），接好冷凝管，置沸水浴中回流 2h。回流完毕后，立即置流水中冷却。待试样水解液冷却后，加入 2 滴甲基红指示液，先以氢氧化钠溶液（400g·L⁻¹）调至黄色，再以盐酸（1∶1）校正至水解液刚变红色为宜。若水解液颜色较深，可用精密 pH 试纸测试，使试样水解液的 pH 约为 7。然后加 20mL 乙酸铅溶液（200g·L⁻¹），摇匀，放置 10min。再加 20mL 硫酸钠溶液（100g·L⁻¹），以除去过多的铅。摇匀后将全部溶液及残渣转入 500mL 容量瓶中，用水洗涤锥形瓶，洗液合并于容量瓶中，加水稀释至刻度。过滤，弃去初滤液 20mL，滤液供测定用。

2）蔬菜、水果、粉皮、凉粉、各种粮豆、含水熟食制品：加适量水在组织捣碎机中捣成匀浆（蔬菜、水果需先洗净、晾干、取可食部分）。称取相当于原样质量 2.5～5g（精确至 0.001g）的匀浆，于 250mL 锥形瓶中，用 50mL 石油醚或乙醚分五次洗去试样中脂肪，弃去石油醚或乙醚，用 150mL 乙醇（85％）溶液分数次洗涤残渣，除去可溶性糖类物质。滤干乙醇溶液，以 100mL 水洗涤漏斗中残渣并转移至 250mL 锥形瓶中，加入 30mL 盐酸（1∶1），接好冷凝管，置沸水浴中回流 2h。回流完毕后，立即置流水中冷却。待试样水解液冷却后，加入 2 滴甲基红指示液，先以氢氧化钠溶液（400g·L⁻¹）调至黄色，再以盐酸（1∶1）校正至水解液刚变红色为宜。若水解液颜色较深，可用精密 pH 试纸测试，使试样水解液的 pH 约为 7。然后加 20mL 乙酸铅溶液（200g·L⁻¹），摇匀，放置 10min。再加 20mL 硫酸钠溶液（100g·L$^{-1}$），以除去过多的铅。摇匀后将全部溶液及残渣转入 500mL 容量瓶中，用水洗涤锥形瓶，洗液合并于容量瓶中，加水稀释至刻度。过滤，弃去初滤液 20mL，滤液供测定用。

（2）空白试验。取 100mL 水和 30mL 盐酸（1∶1）于 250mL 锥形瓶中，按上述方法操作，得试剂空白液。

（3）试样测定。按食品中还原糖的测定方法测定（标定碱性酒石酸铜溶液、试样溶液预测、试样溶液测定）。

5. 结果计算

$$X = \frac{(A_1 - A_2) \times 0.9}{mV/500 \times 1000} \times 100$$

式中：$X$——试样中淀粉含量，g/100g；

$A_1$——测定用试样中水解液还原糖的质量，mg；

$A_2$——试剂空白中还原糖的质量，mg；

$m$——试样质量，g；

$V$——测定用试样水解液体积，mL；

500——试样液总体积，mL；

0.9——还原糖（以葡萄糖计）折算成淀粉的换算系数。

计算结果保留到小数点后一位。

在重复性条件下获得的两次独立测定结果的绝对差值不得超过算术平均值的 10%。

6. 说明及注意事项

（1）试样含脂肪时，会妨碍乙醇溶液对可溶性糖类的提取，所以要用乙醚除去。脂肪含量较低时，可省去乙醚脱脂肪步骤。

（2）盐酸水解淀粉的专一性较差，它可同时将试样中的半纤维素水解，生成一些还原物质，引起还原糖测定的误差，因而对含纤维素高的食品如食物壳皮、高粱、糖等不宜采用此法。

（3）试样中加入乙醇溶液后，混合液中的乙醇含量应在 80% 以上，以防止糊精随可溶性糖类一起被洗掉。如要求测定结果不包括糊精，则用 10% 乙醇洗涤。

（4）因水解时间较长，应采用回流装置，并且要使回流装置的冷凝管长一些，以保证水解过程中盐酸浓度不发生大的变化。

（5）水解条件要严格控制。加热时间要适当，既要保证淀粉水解完全，又要避免加热时间过长，因为加热时间过长，葡萄糖会形成糠醛聚合体，失去还原性，影响测定结果的准确性。

对于水解时取样量、所用酸的浓度及加入量、水解时间等条件，各方法规定有所不同。常见的水解方法有：混合液中盐酸的含量达 1%，100℃水解 2.5h。在本法的测定条件下，混合液中盐酸的含量为 5%。

### （二）酶水解法

1. 原理

试样经除去脂肪及可溶性糖类后，其中的淀粉用淀粉酶水解成小分子双糖，再用盐酸水解成单糖，最后按还原糖测定，并折算成淀粉含量。

2. 试剂

除非另有规定，本方法中所用试剂均为分析纯。

（1）乙醚。

（2）淀粉酶溶液（$5g \cdot L^{-1}$）：称取淀粉酶 0.5g，加 100mL 水溶解，临用时现配；也可加入数滴甲苯或三氯甲烷，防止长霉，贮于 4℃冰箱中。

（3）碘溶液：称取 3.6g 碘化钾溶于 20mL 水中，加入 1.3g 碘，溶解后加水定容至 100mL。

（4）乙醇（85%）：量取 85mL 无水乙醇，加水定容至 100mL 混匀。

（5）盐酸溶液（1:1）：量取 50mL 盐酸，与 50mL 水混合。

（6）氢氧化钠溶液（$200g \cdot L^{-1}$）：称取 20g 氢氧化钠加水溶解后，放冷，并稀释至 100mL。

（7）甲基红指示液（$2g \cdot L^{-1}$）：称取甲基红 0.20g，用少量乙醇溶解后，定容至 100mL。

（8）其余试剂同测定还原糖的直接滴定法或高锰酸钾滴定法和蔗糖测定法。

3. 仪器

水浴锅。

4. 操作方法

（1）易于粉碎的试样：将试样磨碎过 40 目筛，称取 2～5g（精确至 0.001g）试样，置于放有折叠滤纸的漏斗内，先用 50mL 石油醚或乙醚分 5 次洗除脂肪，再用约 100mL 乙醇（85%）洗去可溶性糖类，滤干乙醇，将残留物移入 250mL 烧杯内，并用 50mL 水洗滤纸及漏斗，洗液并入烧杯内，将烧杯置沸水浴上加热 15min，使淀粉糊化，放冷至 60℃以下，加 20mL 淀粉酶溶液，在 55～60℃保温 1h，并不断搅拌。然后取一滴此液加一滴碘溶液，应不显现蓝色，若显蓝色，再加热糊化并加 20mL 淀粉酶溶液，继续保温，直至加碘不显蓝色为止。加热至沸，冷后移入 250mL 容量瓶中，并加水至刻度，混匀，过滤，弃去初滤液。取 50mL 滤液，置于 250mL 锥形瓶中，加 5mL 盐酸（1:1），装上回流冷凝器，在沸水浴中回流 1h，冷后加两滴甲基红指示液，用氢氧化钠溶液（$200g \cdot L^{-1}$）中和至中性，溶液转入 100mL 容量瓶中，洗涤锥形瓶，洗液并入 100mL 容量瓶中，加水至刻度，混匀备用。

（2）其他试样：加适量水在组织捣碎机中捣成匀浆（蔬菜、水果需先洗净、晾干，取可食部分）。称取相当于原样质量 2.5～5g（精确至 0.001g）的匀浆，置于放有折叠滤纸的漏斗内，先用 50mL 石油醚或乙醚分 5 次洗除脂肪，再用约 100mL 乙醇（85%）

洗去可溶性糖类，滤干乙醇，将残留物移入 250mL 烧杯内，并用 50mL 水洗滤纸及漏斗，洗液并入烧杯内，将烧杯置沸水浴上加热 15min，使淀粉糊化，放冷至 60℃ 以下，加 20mL 淀粉酶溶液，在 55～60℃ 保温 1h，并不断搅拌。然后取一滴此液加一滴碘溶液，应不显现蓝色，若显蓝色，再加热糊化并加 20mL 淀粉酶溶液，继续保温，直至加碘不显蓝色为止。加热至沸，冷后移入 250mL 容量瓶中，并加水至刻度，混匀，过滤，弃去初滤液。取 50mL 滤液，置于 250mL 锥形瓶中，加 5mL 盐酸（1∶1），装上回流冷凝器，在沸水浴中回流 1h，冷后加两滴甲基红指示液，用氢氧化钠溶液（200g·L⁻¹）中和至中性，溶液转入 100mL 容量瓶中，洗涤锥形瓶，洗液并入 100mL 容量瓶中，加水至刻度，混匀备用。

5. 试样测定

（1）标定碱性酒石酸铜溶液：准确吸取碱性酒石酸铜甲液和乙液各 5.0mL，置于 250mL 锥形瓶中，加水 10mL，加玻璃珠 2 粒。从滴定管中滴加约 9mL 葡萄糖标准液，控制在 2min 内加热至沸腾，趁沸以每 2s 1 滴的速度继续滴加葡萄糖标准溶液，直至溶液蓝色刚好褪去为终点。记录消耗的葡萄糖标准溶液的总体积。平行操作 3 份，取其平均值。计算每 10mL（甲、乙液各 5mL）碱性酒石酸铜液相当于葡萄糖的质量（mg）。

（2）试样溶液预测：吸取碱性酒石酸铜甲液及乙液各 5.0mL，置于 250mL 锥形瓶中，加水 10mL，加玻璃珠 2 粒，控制在 2min 内加热至沸，趁沸以先快后慢的速度从滴定管中滴加试样溶液，滴定时须始终保持溶液呈沸腾状态。等溶液蓝色变浅时，以每 2s 1 滴的速度继续滴定，直至蓝色刚好褪去为终点，记录消耗的试样溶液体积。当样液中还原糖浓度过高时应适当稀释，再进行正式滴定，使每次滴定消耗样液的体积控制在与标定碱性酒石酸铜溶液时所消耗的还原糖标准溶液的体积相近，约 10mL。当浓度过低时则采取直接加入 10.0mL 试样液，免去加水 10mL，再用还原糖标准溶液滴定至终点，记录消耗的体积与标定时消耗的还原糖标准溶液体积之差相当于 10mL 样液中所含还原糖的量。

（3）试样溶液测定：吸取碱性酒石酸铜甲液及乙液各 5.0mL，置于 250mL 锥形瓶中，加水 10mL，加玻璃珠 2 粒，从滴定管中加入比预测体积少 1mL 的试样溶液，控制在 2min 内加热至沸腾，趁沸以每 2s 1 滴的速度继续滴定，至蓝色刚好褪去为终点。记录消耗的试样溶液的总体积。同法平行操作 3 份，取其平均值。

（4）量取 50mL 水及与试样处理时相同量的淀粉酶溶液，按同一方法做试剂空白试验。

6. 结果计算

$$X = \frac{(A_1 - A_2) \times 0.9}{m \times 50/250 \times V/100 \times 1000} \times 100$$

式中：$X$——试样中淀粉的含量，g/100g；

$A_1$——测定用试样中还原糖的质量，mg；

$A_2$——试剂空白中还原糖的质量，mg；

　　0.9——还原糖（以葡萄糖计）换算成淀粉的系数；

　　m——试样质量，g；

　　$V_1$——测定用试样处理液的体积，mL。

计算结果保留至小数点后一位小数。

在重复性条件下获得的两次独立测定结果的绝对差值不得超过算术平均值的10%。

7. 说明及注意事项

（1）脂肪的存在会妨碍酶对淀粉的作用及可溶性糖类的去除，故应用乙醚脱脂。若试样中脂肪含量较少，可省略此步骤。

（2）淀粉粒具有晶体结构，淀粉酶难以作用。加热糊化破坏了淀粉的晶体结构，使其易于被淀粉酶作用。

# 第四节　纤维的测定

## 一、概述

### 1. 粗纤维和膳食纤维的概念

纤维是植物性食品的主要成分之一，广泛存在于各种植物体内，其含量随食品的来源、种类而变化，尤其在谷类、豆类、水果、蔬菜中含量较高。食品中的纤维在化学上不是单一的物质，而是食用植物细胞壁中的碳水化合物和其他物质的复合物，其组成十分复杂。早在19世纪60年代，德国科学家首次提出了"粗纤维"的概念，即表示食品中不能被稀酸、稀碱所溶解，不能为人体所消化利用的物质。它仅包括食品中部分纤维素、半纤维素、木质素及少量含氮物质。

随着研究的深入，从营养学的观点，2000年6月1日美国谷物化学家协会理事会，给膳食纤维提出了准确的概念。"膳食纤维"是指能抗人体小肠消化吸收的，而在大肠能部分或全部发酵的可食用的植物成分，即碳水化合物及其相类似物质的总和，包括多糖、寡糖、木质素以及相关的植物物质。以上定义明确规定了膳食纤维的主要成分：膳食纤维是一种可以食用的植物性成分，而非动物成分。主要包括纤维素、半纤维素、果胶及亲水胶体物质如树胶、海藻多糖等组分；另外还包括植物细胞壁中所含有的木质素；不被人体消化酶所分解的物质如抗性淀粉、抗性糊精、抗性低聚糖、改性纤维素、黏质、寡糖以及少量相关成分如蜡质、角质、软木脂等。这些物质的共同特点是：它们都不被人体消化的聚合物。

膳食纤维比粗纤维更能客观、准确地反映食物的可利用率，因此有逐渐取代粗纤维指标的趋势。

### 2. 测定纤维的意义

根据膳食纤维溶解性的不同，可将其分为可溶性膳食纤维和不可溶性膳食纤维两大类。可溶性膳食纤维是指不被人体消化道消化，但可溶于热水或温水，且其水溶液又能被其四倍体积的乙醇再沉淀的那部分膳食纤维。主要包括植物细胞的储存物质和分泌物质，还包括微生物多糖和合成多糖，其主要成分是胶类物质，如果胶、黄原胶等，还有半乳甘露聚糖、聚葡萄糖、海藻酸钠、羟甲基纤维和真菌多糖等。在食品中主要起胶凝、增稠和乳化的作用。不可溶性膳食纤维是指不被人体消化道消化且不溶于热水的那部分膳食纤维，主要成分是纤维素、半纤维素、木质素、原果胶、植物蜡和壳聚糖等，在食品中主要起充填作用。

纤维是人类膳食中不可缺少的重要物质之一，有较好的保健功效，尤其是随着人们的生活水平的提高，饮食中缺少纤维素，引起了不少疾病，因此，纤维素在维持人体健康、预防疾病等方面有着独特的作用，已日益引起人们的重视。如膳食纤维在大肠内以发酵的方式代谢，提供的能量低于普通碳水化合物，它具有较强的吸水功能和膨胀功能，在食物中吸水膨胀并形成高黏度的溶胶或凝胶，易于产生饱腹感。膳食纤维能抑制进食，降低了淀粉、蛋白质和脂肪的吸收，减少了食物的消化率，减慢了胃的排空时间。因此，它具有控制体重、减肥的作用；还可以在肠道内促进肠壁的有效蠕动，减少食物在肠道中的停留时间从而起到通便的作用，具有防治便秘、结肠癌，防治糖尿病、高血压、心脏病和动脉硬化等作用。人类每天要从食物中摄入一定量的纤维才能维持人体正常的生理代谢功能。为保证纤维的正常摄入，一些国家强调增加纤维含量高的谷物、果蔬制品的摄食，同时还开发了许多强化膳食纤维的配方食品。膳食纤维具有与已知六大营养素完全不同的生理作用，被营养学家称为"第七营养素"。在食品生产和开发中，常需要测定纤维的含量，它也是食品成分全分析项目之一，对于食品品质管理和营养价值的评定、正确指导消费者合理消费具有重要的意义。

## 二、粗纤维的测定

纤维的测定主要分两种方法：一是植物类食品中粗纤维的测定（GB/T 5009.10—2003）；二是食品中不溶性膳食纤维的测定（GB/T 5009.88—2003）。用第一种方法的优点是操作简便、迅速，适用于各类食品，是应用最广泛的经典分析法。目前，我国的食品成分表中"纤维"一项的数据都是用此法测定的，但该法测定结果粗糙，重现性差。由于酸碱处理时纤维成分会发生不同程度的降解，使测得值与纤维的实际含量差别很大，这是此法的最大缺点。而采用第二种方法的优点是设备简单、操作容易、准确度高、重现性好、接近于食品中膳食纤维的真实含量，适用于谷物及其制品、饲料、果蔬等样品；此法的最大缺点是对于蛋白质、淀粉含量高的样品，易形成大量泡沫，黏度大，过滤困难，使此法应用受到限制。所测结果不包括水溶性非消化性多糖。

### （一）植物类食品中粗纤维的测定（GB/T 5009.10—2003）

#### 1. 原理

在硫酸作用下，试样中糖、淀粉、果胶质和半纤维素经水解除去后，再用碱处理，除去蛋白质及脂肪酸，剩余的残渣为粗纤维。如果其中含有不溶于酸碱的杂质，可灰化后除去。

2. 试剂

（1）1.25％硫酸溶液。

（2）1.25％氢氧化钾溶液。

（3）5％氢氧化钠溶液。

（4）20％盐酸溶液。

3. 仪器

G2 垂融坩埚或 G2 垂融漏斗；水浴锅；石棉：加 5％氢氧化钠溶液浸泡石棉，在水浴上回流 8h 以上，再用热水充分洗涤。然后用 20％盐酸在沸水浴上回流 8h 以上，再用热水充分洗涤，干燥。在 600～700℃中灼烧后，加水使成混悬物，贮存于玻塞瓶中。

4. 分析步骤

（1）取样：称取 20～30g 捣碎的试样（或 5.0g 干试样），移入 500mL 锥形瓶中，加入 200mL 煮沸的 1.25％硫酸，加热使微沸，保持体积恒定，维持 30min，每隔 5min 摇动锥形瓶一次，以充分混合瓶内的物质。

（2）洗涤：取下锥形瓶，立即用亚麻布过滤后，用沸水洗涤至洗液不呈酸性。在硫酸作用下，试样中糖、淀粉、果胶质和半纤维素经水解除去（以甲基红为指示剂）。

（3）碱处理：再用 200mL 煮沸的 1.25％氢氧化钾溶液，将亚麻布上的存留物洗入原锥形瓶内加热微沸 30min 后，取下锥形瓶，立即以亚麻布过滤，以沸水洗涤 2～3 次至洗液不呈碱性（以酚酞为指示剂）。

（4）干燥：把亚麻布上的残留物用水洗入 100mL 烧杯中，然后转移到已干燥至恒重的 G2 垂融坩埚或同型号的 G2 垂融漏斗中，抽滤，用热水充分洗涤后，抽干。再依次用乙醇和乙醚洗涤一次。将坩埚和内容物在 105℃烘箱中烘干后称量，重复操作，直至恒重。

（5）灰化：如试样中含有较多的不溶性杂质，则可将试样移入石棉坩埚，烘干称量后，再移入 550℃高温炉中灰化，使含碳的物质全部灰化，置于干燥器内，冷却至室温后称重，所损失的量即为粗纤维的量。

5. 结果计算

$$X = \frac{G}{m} \times 100\%$$

式中：$X$——试样中粗纤维的含量；％；

　　　$G$——残余物的质量（或经高温炉损失的质量），g；

　　　$m$——试样的质量，g。

计算结果表示到小数点后一位。

6. 精密度

在重复性条件下获得的两次独立测定结果的绝对差值不得超过算术平均值的 10％。

### （二）食品中不溶性膳食纤维的测定（GB/T 5009.88—2003）

1. 原理

在中性洗涤剂的消化作用下，试样中的糖、淀粉、蛋白质、果胶等物质被溶解除去，不能消化的残渣为不溶性膳食纤维，主要包括纤维素、半纤维素、木质素、胶质和二氧化硅、不溶性灰分等。

2. 试剂

（1）无水亚硫酸钠。

（2）石油醚：沸程 30～60℃。

（3）丙酮。

（4）甲苯。

（5）中性洗涤剂溶液：将 18.61g EDTA 二钠盐和 6.81g 四硼酸钠（含 10$H_2O$）置于烧杯中，加水约 150mL，加热使之溶解，将 30g 月桂基硫酸钠（十二烷基硫酸钠，化学纯）和 10mL 2-乙氧基乙醇（化学纯）溶于约 700mL 热水中，合并上述两种溶液，再将 4.56g 无水磷酸氢二钠溶于 150mL 热水中，并入上述溶液中，用磷酸调节上述混合液至 pH 为 6.9～7.1，最后加水至 1000mL。此溶液如有沉淀，需在使用前加热到 60℃，使沉淀溶解。

（6）磷酸盐缓冲液：由 38.7mL 0.1mol·$L^{-1}$ 磷酸氢二钠和 61.3 mL 0.1mol·$L^{-1}$ 磷酸二氢钠混合配制成 pH 为 7.0 的磷酸盐缓冲溶液。

（7）2.5% α-淀粉酶溶液：称取 2.5g α-淀粉酶，溶于 100mLpH 为 7.0 的磷酸盐缓冲溶液中，离心、过滤，滤过的酶液备用。

3. 仪器

烘箱：110～130℃；恒温箱：（37±2）℃；纤维测定仪；耐热玻璃棉（耐热 130℃，耐热且不易折断）；如没有纤维测定仪，可由下列部件组成。电热板：带控温装置；高型无嘴烧杯；600mL 坩埚式耐热玻璃滤器：容量 60mL，孔径 40～60$\mu m$；回流冷凝装置；抽滤装置：由抽滤瓶、抽滤垫及水泵组成。

4. 分析步骤

（1）试样处理。

1）粮食：试样用水洗 3 次，置 60℃烘箱中烘干去除表面水分，磨碎，过 20～30 目筛，贮于塑料瓶内，放一小包樟脑精，盖紧瓶塞保存、备用。

2）蔬菜及其他植物性食品：取其可食部分，用水冲洗 3 次后，用纱布吸去水滴，切碎，取混合均匀的试样于 60℃烘干，称重并计算水分含量，磨碎，过 20～30 目筛，备用。鲜试样可直接用纱布吸去水滴，打碎、混合备用。

（2）试样测定。

1）称样：准确称取试样 0.5～1.0g，置高型无嘴烧杯中，如试样脂肪含量超过 10%，需先除去脂肪，即用石油醚（30～60℃）提取 3 次，按每克试样每次 10mL。加

10mL 中性洗涤剂溶液，再加 0.5g 无水亚硫酸钠。

2）加热：用电炉加热，使之在 5～10min 内沸腾，移至电热板上，保持微沸 1h。

3）干燥玻璃棉：在耐热玻璃滤器中铺 1～3g 玻璃棉，移至烘箱内，110℃烘 4h，取出，放入干燥器中冷却至室温，称重，得 $m_1$（准确至小数点后四位）。

4）抽滤：将煮沸后的试样趁热倒入滤器，用水泵抽滤。用 500mL 的热水（90～100℃）分数次洗涤烧杯及滤器，抽滤至干。洗净滤器下部的液体和泡沫，塞上玻璃塞。

5）加酶：于滤器中加入 α-淀粉酶溶液，液面需覆盖纤维，用细针挤压掉其中的气泡，加几滴甲苯，上盖表面皿，置于(37±2)℃恒温箱中过夜。

6）去淀粉：取出滤器，取下底部的塞子，抽去酶液，并用 300mL 热水分次洗去残留酶液，用碘液检查是否有淀粉残留，如有残留，继续加酶水解，如淀粉已除尽，抽干，再用丙酮洗涤两次。

7）烘干滤器：将滤器置于 110℃烘箱中干燥 4h，取出移入干燥器冷却至室温，称重，得 $m_2$（准确至小数点后四位）。

5. 结果计算

$$X = \frac{m_2 - m_1}{m} \times 100$$

式中：$X$——试样中不溶性膳食纤维的百分含量，%；

　　　$m_1$——滤器加玻璃棉的质量，g；

　　　$m_2$——滤器加玻璃棉及试样中纤维的质量，g；

　　　$m$——试样的质量，g。

计算结果表示到小数点后两位。

在重复性条件下获得的两次独立测定结果的绝对差值不得超过算术平均值的 10%。

# 第五节　果胶物质的测定

## 一、概述

### 1. 食品中的果胶物质及分类

果胶物质是一种亲水性植物胶，存在于果蔬类植物组织中，是构成植物细胞壁的主要成分之一。1825 年，Bracennot 首次从胡萝卜肉质根中提出一种物质，能够形成凝胶，于是将该物质命名为"Pectin"，中文译名为"果胶"。此后，许多化学家对果胶进行研究，并广泛地应用在食品工业中。

果胶物质在化学分类上属于碳水化合物的衍生物，其基本组成单位是 D-半乳糖醛酸，以 α-1,4 糖苷键连接，由半乳糖醛酸、乳糖、阿拉伯糖、葡萄糖醛酸等组成的高分子聚合物，平均分子量达 5 万～30 万。通常以部分甲基化形式存在。

果胶物质一般以原果胶、果胶酯酸、果胶酸三种不同的形式存在。

原果胶呈长链状，与纤维素结合在一起形成多聚半乳糖醛酸，少部分发生甲基化的物质。它不溶于水，在酶作用下或在水或酸性溶液中加热，转化为果胶酯酸。果胶酯酸也呈长链状，是羧基已经发生不同程度甲酯化的多聚半乳糖醛酸，它溶于水，存在于细胞汁液中。当酯化程度为 100％时，甲氧基含量为 16.32％，称为完全甲基化的果胶酯酸；甲氧基含量大于 7％时称为高甲氧基果胶，甲氧基含量小于 7％时，称为低甲氧基果胶。果胶酸是甲氧基含量小于 1％的果胶，它是羧基完全游离的多聚半乳糖醛酸长链，微溶于水，存在于细胞壁和细胞液中。

在果蔬未成熟时，主要以原果胶形式存在，果蔬整个组织比较坚硬。在成熟过程中，在酶的作用下，原果胶水解成果胶酯酸，并与纤维素、半纤维素分离，使组织变软。如果过熟，果胶酯酸则可进一步水解成果胶酸而使组织溃烂。

2. 测定果胶物质的意义

果胶在食品、纺织、印染、烟草、冶金等领域中应用较广。果胶具有良好的乳化、增稠、稳定和凝胶作用。利用果胶的水溶液在适当条件下可形成凝胶的特性，可将其用于果酱、果冻及高级糖果的生产；利用果胶的增稠、稳定、乳化功能又可解决饮料分层、防止沉淀及改善风味等；利用低甲氧基果胶所具有的与有害金属配位的性质，用其制成防治某些职业病的保健饮料；还可作为胃溃疡的辅助治疗剂。同时还具有抗菌、止血、消肿、解毒、止泻、降血脂的作用，是一种良好的药物制剂基质。随着对多糖研究开发的深入，果胶应用范围的扩展，其作用越来越受到人们的重视，因此，对果胶物质的测定具有十分重要的意义。

## 二、测定方法

测定果胶的方法主要有称量法、咔唑比色法、果胶酸钙滴定法、蒸馏滴定法。称量法适用于各类食品，优点是方法稳定可靠；缺点是操作较烦琐、费时，选择性较差。咔唑比色法适用于各类食品的果胶含量的测定，具有操作简便、快速、准确度高、重现性好等优点。果胶酸钙滴定法适用于比较纯的果胶物质的测定，当样液有色时，不易确定终点。此外，由不同来源的试样得到的果胶酸钙中钙所占的比例并不相同，从测得的钙量不能准确计算出果胶物质的含量，这使此法的应用受到一定的限制。对于蒸馏滴定法，因为在蒸馏时有一部分糠醛分解，回收率较低，故此法也不常用。上述测定方法中较常用的是称量法和咔唑比色法。

### （一）称量法

1. 原理

试样经 70％乙醇处理，使果胶沉淀，再依次用乙醇、乙醚洗涤沉淀，除去可溶性糖类、脂肪、色素等物质，然后分别用酸或水提取残渣中的总果胶或水溶性果胶。提取出来的果胶经氢氧化钠皂化除去甲氧基，生成果胶酸钠，再经乙酸酸化使之生成果胶酸，加入钙盐则生成果胶酸钙沉淀，烘干后称重，换算成果胶的质量。

2. 试剂

(1) 乙醇（分析纯）。

(2) 乙醚。

(3) 0.05mol·L⁻¹盐酸溶液。

(4) 0.1mol·L⁻¹氢氧化钠溶液。

(5) 1mol·L⁻¹乙酸：取 58.3mL 冰乙酸，用水定容到 100mL。

(6) 苯酚-硫酸溶液：5％苯酚水溶液-硫酸 1：5。

(7) 1mol·L⁻¹氯化钙溶液：称取 110.99g 无水氯化钙，用水溶解并定容到 500mL。

(8) 10％硝酸银溶液。

3. 仪器

布氏漏斗；G2 垂融坩埚；抽滤瓶；真空泵。

4. 分析步骤

(1) 试样处理。

1) 新鲜试样：称取试样 30～50g，用小刀切成薄片，置于预先放有无水乙醇的 500mL 锥形瓶中，装上回流冷凝器，在水浴上沸腾回流 15min 后，冷却，用布氏漏斗 过滤，残渣于研钵中一边慢慢磨碎，一边滴加 70％的热乙醇，冷却后再过滤，反复操 作至滤液不呈糖类的反应（用苯酚-酸法检验）为止。残渣用无水乙醇洗涤脱水，再用 乙醚洗涤以除去脂类和色素，风干乙醚。

2) 干燥试样：研细，使试样通过 60 目筛，称取 5～10g 试样于烧杯中，加入热的 70％乙醇，充分搅拌以提取糖类，过滤。反复操作至滤液不呈糖类的反应。残渣用无水 乙醇洗涤，再用乙醚洗涤，风干除去乙醚。

(2) 提取果胶。

1) 水溶性果胶的提取：用 150mL 水将上述漏斗中的残渣移入 250mL 烧杯中，加 热至沸并保持沸腾 1h，随时补足蒸发的水分，冷却后移入 250mL 容量瓶中，加水定 容，摇匀，过滤，弃去初滤液，收集滤液即得水溶性果胶提取液。

2) 总果胶的提取：用 150mL 加热至沸的 0.05mol·L⁻¹盐酸溶液把漏斗中的残渣 移入 250mL 锥形瓶中，装上冷凝器，于沸水浴中加热回流 1h，冷却后移入 250mL 容 量瓶中，加甲基红指示剂 2 滴，再加 0.5mol·L⁻¹氢氧化钠中和后，用水定容，摇匀， 过滤，弃去初滤液，收集滤液即得总果胶提取液。

(3) 试样测定。取 25mL 提取液（能生成果胶酸钙 25mg 左右）于 500mL 烧杯中， 加入 0.1mol·L⁻¹氢氧化钠溶液 100mL，充分搅拌，放置 0.5h，再加入 1mol·L⁻¹乙 酸 50mL，放置 5min，边搅拌边缓缓加入 1mol·L⁻¹氯化钙溶液 25mL，放置 1h（陈 化），加热煮沸 5min，趁热用烘干至恒重的滤纸（或 G2 垂融坩埚）过滤，再用热水洗 涤至无氯离子（用 10％硝酸溶液检验）为止。滤渣连同滤纸一同放入称量瓶中，置于 105℃的干燥箱中（G2 垂融坩埚可直接放入）干燥至恒重。

5. 结果计算

$$X = \frac{m_1 - m_2}{m \times 25/250} \times 100 \times 0.9233$$

式中：$X$——果胶物质（以果胶酸计）的含量，g/100g；

  $m_1$——果胶酸钙和滤纸或垂融坩埚的质量，g；

  $m_2$——滤纸或垂融坩埚的质量，g；

  $m$——试样的质量，g；

  25——测定时吸取果胶提取液的体积，mL；

  250——果胶提取液的总体积，mL；

  0.9233——由果胶酸钙换算为果胶酸的系数，果胶酸钙的分子式为 $C_{17}H_{22}O_{11}Ca$，

      其中钙含量约为 7.67%，果胶酸含量约为 92.33%。

6. 说明及注意事项

（1）将切片浸入乙醇中，是为了钝化酶的活性，因为新鲜试样若直接研磨，由于其中的果胶分解酶的作用，会导致果胶迅速分解，故需钝化果胶分解酶。

（2）糖分的苯酚-硫酸检验法：取检液 1mL，置于试管中，加入 1mL5% 苯酚水溶液，再加入 5mL 硫酸，混匀。如溶液呈褐色，证明检液中含有糖分。

（3）加入氯化钙溶液时，应边搅拌边缓缓滴加，以减小过饱和度，并可避免溶液局部过浓。

（4）采用热过滤和热水洗涤沉淀，是为了降低溶液的黏度，加快过滤和洗涤速度，并增大杂质的溶解度，使其易被洗去。

### （二）咔唑比色法

1. 原理

果胶经水解可生成半乳糖醛酸，半乳糖醛酸在强酸中与咔唑试剂发生缩合反应，生成紫红色化合物，该紫红色化合物的呈色强度与半乳糖醛酸含量成正比。在 530nm 处有最大吸收，故可通过测定吸光度对果胶含量进行定量。

2. 仪器

分光光度计；50mL 比色管。

3. 试剂

（1）95% 乙醇。

（2）乙醚。

（3）0.05mol·L$^{-1}$ 盐酸溶液。

（4）硫酸（优级纯）。

（5）0.15% 咔唑乙醇溶液：称取化学纯咔唑 0.150g，溶解于 95% 乙醇中并定容到 100mL。

（6）半乳糖醛酸标准溶液：称取半乳糖醛酸 100mg，溶于蒸馏水中并定容到

100mL。用此液配制一组浓度为 $10 \sim 60 \mu g \cdot mL^{-1}$ 的半乳糖醛酸标准溶液。

4. 分析步骤

(1) 试样处理。

1) 新鲜试样：称取试样 $30 \sim 50g$，用小刀切成薄片，置于预先放有无水乙醇的 500mL 锥形瓶中，装上回流冷凝器，在水浴上沸腾回流 15min 后，冷却，用布氏漏斗过滤，残渣于研钵中一边慢慢磨碎，一边滴加热的 70%乙醇，冷却后再过滤，反复操作至滤液不呈糖类的反应（用苯酚-酸法检验）为止。残渣用无水乙醇洗涤脱水，再用乙醚洗涤以除去脂类和色素，风干乙醚。

2) 干燥试样：研细，使试样通过 60 目筛，称取 $5 \sim 10g$ 试样于烧杯中，加入热的 70%乙醇，充分搅拌以提取糖类，过滤。反复操作至滤液不呈糖类的反应。残渣用无水乙醇洗涤，再用乙醚洗涤，风干除去乙醚。

(2) 提取果胶。

1) 水溶性果胶的提取：用 150mL 水将上述漏斗中的残渣移入 250mL 烧杯中，加热至沸并保持沸腾 1h，随时补足蒸发的水分，冷却后移入 250mL 容量瓶中，加水定容，摇匀，过滤，弃去初滤液，收集滤液即得水溶性果胶提取液。

2) 总果胶的提取：用 150mL 加热至沸的 $0.05mol \cdot L^{-1}$ 盐酸溶液把漏斗中残渣移入 250mL 锥形瓶中，装上冷凝器，于沸水浴中加热回流 1h，冷却后移入 250mL 容量瓶中，加甲基红指示剂 2 滴，加 $0.5mol \cdot L^{-1}$ 氢氧化钠溶液中和后，用水定容，摇匀，过滤，弃去初滤液，收集滤液即得总果胶提取液。

(3) 标准工作曲线的制作。取 7 支 50mL 比色管，各加入 10mL 浓硫酸，置冰水浴中，边冷却边缓缓依次加入浓度为 0、10、20、30、40、50、$60 \mu g \cdot mL^{-1}$ 的半乳糖醛酸标准溶液 2mL，充分混合后，再置冰水浴中冷却。然后在沸水浴中加热 10min，迅速冷却到室温，各加入 0.15%咔唑试剂 1mL，充分混合，置室温下放置 30min，以半乳糖醛酸含量为 0 的半乳糖醛酸标准溶液（即 0 号管）为空白，在 530nm 波长下测定吸光度。以半乳糖醛酸含量为纵坐标，吸光度为横坐标，绘制标准工作曲线。

(4) 试样提取液的测定。取果胶提取液（水溶性果胶或总果胶提取液），用水稀释到适当浓度（含半乳糖醛酸 $10 \sim 60 \mu g \cdot mL^{-1}$）。取 2mL 稀释液于 50mL 比色管中，以下按制作标准曲线的方法操作，测定吸光度并从标准曲线上查出半乳糖醛酸浓度（$\mu g \cdot mL^{-1}$）。

5. 结果计算

$$X = \frac{cVK}{m \times 10^6} \times 100$$

式中：$X$——果胶物质（以半乳糖醛酸计）的含量，g/100g；

$c$——从标准曲线上查得的半乳糖醛酸浓度，$\mu g \cdot mL^{-1}$；

$V$——果胶提取液总体积，mL；

$m$——试样的质量，g；

$K$——提取液稀释倍数。

# 复习思考题

1. 直接滴定法测定食品中还原糖为什么必须在沸腾条件下进行滴定，且不能随意摇动三角瓶？

2. 直接滴定法和高锰酸钾法测定食品中还原糖的原理是什么？在测定过程中应注意哪些问题？

3. 用直接滴定法测还原糖时，为什么要进行预测？怎样提高测定结果的准确度？

4. 测定食品中的蔗糖时，为什么要严格控制水解条件？

5. 测定食品中淀粉时，酸水解法和酶水解法的使用范围及优缺点各是什么？

6. 简述测定纤维的意义，在测定粗纤维时，试样应怎样进行前处理？

7. 请说出还原糖的定义，并将下列糖分类为还原糖和非还原糖（必须说明原因）。
D-葡萄糖，D-果糖，蔗糖，麦芽糖，棉子糖，麦芽三糖，纤维素和支链淀粉。

8. 试比较用酶水解法和酸水解法测定淀粉的优缺点。

9. 试分析在淀粉测定中影响其测定结果的各种因素。

10. 说明用重量法测定果胶的原理。

# 第九章　蛋白质和氨基酸的测定

**教学目标**

　　了解蛋白质的分类、组成及测定蛋白质的意义；理解并掌握食品中蛋白质和氨基酸的测定原理及方法；重点掌握凯氏定氮法测定蛋白质的原理、设备的组装、操作技能等知识。

**教学重点**

　　掌握凯氏定氮法测定蛋白质的方法，蛋白质的快速测定方法；掌握凯氏定氮法的操作技能，使用时注意事项；掌握氨基酸的各种测定方法。

**教学难点**

　　重点掌握凯氏定氮法设备安装及测定蛋白质的操作技能。

## 第一节　概　　述

### 一、食品中蛋白质的组成及含量

　　蛋白质是构成生命的物质基础，是生物体细胞组织的重要成分，是生物体发育及修补组织的主要原料；蛋白质可维持体内的渗透压平衡体液平衡，维持水分在体内正常分布；是维持酸碱平衡的有效物质；是构成酶、激素和部分维生素的重要物质；遗传信息的传递、物质的代谢及运转、热能的供应、免疫力的增强、神经系统正常功能的维持，都与蛋白质有关。一切有生命的活体都含有蛋白质，只是含量及类型不同。可以说没有蛋白质就没有生命。

蛋白质是复杂的含氮有机化合物，其相对分子质量很大，大部分高达数万至数百万。它主要由 C、H、O、N 四种元素组成。在某些蛋白质中还含有微量的 S、P、Cu、Fe、I 等元素。但含有氮元素是蛋白质组成的最大特点，是蛋白质区别于其他有机化合物的主要标志。这些元素按一定结构组成氨基酸，氨基酸是蛋白质的基本组成单位。构成蛋白的氨基酸有 20 余种，蛋白质分子的长轴长达 1~100nm，这 20 余种氨基酸通过酰胺键以一定的方式结合起来，并具有一定的空间结构，即氨基酸组成的数量和排列顺序不同，使人体中蛋白质的数量多达 10 万种以上。数以万计的蛋白质在结构和功能上千差万别，形成了生命的多样性和复杂性。人及动物只能从食品中得到蛋白质及其分解产物，以构成自身的蛋白质，故蛋白质是人体重要的营养物质，也是食品的重要营养指标。

食品种类很多，蛋白质在各种不同的食品中的种类及含量也各不相同，一般动物性食品的蛋白质含量高于植物性食品，动物组织以肌肉内脏含量较高于其他部位，植物蛋白主要分布在植物种子中，豆类食品蛋白质含量最高。所以动物来源和豆类食品是优质的蛋白质资源。部分常见食品中蛋白质的含量见表 9-1。

表 9-1　部分常见食品中蛋白质的含量（g/100g）

| 食　品 | 蛋白质 | 食　品 | 蛋白质 | 食　品 | 蛋白质 |
|---|---|---|---|---|---|
| 猪肉 | 9.5 | 黄鱼（大） | 17.6 | 面粉（标准） | 9.9 |
| 牛肉 | 20.1 | 黄鱼（小） | 16.7 | 菠菜 | 2.4 |
| 兔肉 | 21.2 | 带鱼 | 18.0 | 黄瓜 | 1.0 |
| 鸡肉 | 21.5 | 鲤鱼 | 17.3 | 大豆 | 36.5 |
| 牛乳 | 3.5 | 稻米 | 8.5 | 苹果 | 0.4 |

## 二、蛋白质测定的方法

不同的蛋白质其氨基酸构成比例及方式不同，故各种的蛋白质其含氮量也不同，一般蛋白质含氮量为 16%，即 1 份氮素相当于 6.25 份蛋白质，此数值（6.25）称为蛋白质系数。不同种类食品的蛋白质系数有所不同，经过分析，各种食品的含氮量相对固定，蛋白质系数也相对固定，如玉米、荞麦、青豆、鸡蛋等为 6.25，花生为 5.46，稻米为 5.95，大豆及其制为 5.71，小麦粉为 5.70，葵花籽、芝麻为 5.30，乳及其制品为 6.38。故不能都采用 6.25 为蛋白质系数。应该是不同的食品采用不同的换算等数，一般手册上列出了一部分换算系数，用时可查。如果是手册上查不到的样品则可用 6.25，一般在写测定报告时要注明采用的换算系数以何物质代替。但是，在实际测定时，历来采用 6.25。近几年，国际组织认为 6.25 作为换算系数太高，特别对于蛋类、肉类、鱼类、贝类等动物性食品，所以目前关于换算系数还存在争议。一般，在没有特别说明的情况下，还以 6.25 作为换算系数。

蛋白质测定方法分两大类：一类是利用蛋白质的共性即含氮量、肽键和折射率等测定蛋白质含量；另一类是利用蛋白质中的氨基酸残基、酸性和碱性基团以及芳香基团等测定蛋白质含量。但是食品种类很多，食品中蛋白质含量又不同，特别是其他成分，如碳水化合物、脂肪和维生素等干扰成分很多，因此蛋白质的测定最常用的方法是凯氏定氮法。它是测定总有机氮的最准确和操作较简便的方法之一，可用于所有动、植物食品的分析及各种加工食品的分析，可同时测定多个样品，故国内外应用较为普遍，是个经典分析方法，至今仍被作为标准检验方法。

蛋白质的测定，目前多采用将试样中蛋白质消化，测定其总含氮量，再乘以相应的蛋白质换算系数而求出蛋白质含量的凯氏定氮法。在食品和生物材料中的含氮物质包括蛋白质氮，还包括有非蛋白质氮，如核酸、含氮碳水化合物、生物碱、含氮类脂、卟啉和含氮的色素等，所以凯氏定氮法测定的只能称为粗蛋白含量。此外，双缩脲法、染料结合法、酚试剂法等也常用于蛋白质含量的测定，由于方法简便快速，故多用于生产单位的质量控制分析。另外，国外采用红外分析仪，利用波长在 $0.75\sim3\mu m$ 范围内的近红外线具有被食品中蛋白质组分吸收及反射的特性，依据红外线的反射强度与食品中蛋白质含量之间存在的函数关系而建立了近红外光谱快速定量法。

在构成蛋白质的 20 种氨基酸中，有 8 种在人体内不能合成，必须从食物中来摄取，称为必需氨基酸。从营养学方面来考虑，食品组成中含必需氨基酸多的蛋白质营养价值就高。一般来说，动物性蛋白质含有的必需氨基酸多于植物性蛋白质，因此动物性蛋白质比植物性蛋白质的营养价值高。所以在评价蛋白质营养价值时，除了测定蛋白质含量，还需要对各种氨基酸进行分离鉴定，尤其是对必需氨基酸进行定性定量分析。这对提高蛋白质的生理效价，进行氨基酸互补及强化的理论，对食品加工工艺的改革、保健食品的开发及合理膳食，都具有积极的指导作用。食品中氨基酸的成分十分复杂，在一般的常规检验中多测定食品中氨基酸总量，通常采用酸碱滴定法来完成。近年来世界上已出现了多种氨基酸分析仪，可快速鉴定氨基酸的种类及其含量，对氨基酸进行定性定量分析。

### 三、蛋白质测定的意义

蛋白质是食品中三大营养素之一，测定食品中蛋白质的含量，对于评价食品的营养价值、合理开发利用食品资源（如一些蛋白质具有生物活性功能，是开发功能性食品原料之一）、提高产品质量、优化食品配方、指导成本核算及生产过程控制均具有极其重要的意义。再者，食品中蛋白质的含量与分解产物直接影响食品的色、香、味及组织结构等；所以说蛋白质是食品中最重要的质量指标。

# 第二节  蛋白质的测定

## 一、凯氏定氮法（GB 5009.5—2010）

新鲜食品中含氮化合物大都以蛋白质为主体，所以检验食品中的蛋白质时，往往只限于测定总氮量，然后乘以蛋白质换算系数，即可得到蛋白质含量。由于食品中还含有少量非蛋白质含氮化合物，故此法的结果又称为粗蛋白质含量。

凯氏定氮法由 Kieldhl 于 1833 年提出，经长期改进现已发展为常量、微量、半微量法、改良凯氏法及自动定氮仪法等多种方法。微量凯氏定氮法样品质量及试剂用量较少，且有一套微量凯氏定氮器。目前通用以硫酸铜作催化剂的常量、半微量、微量凯氏定氮法。在凯氏法改良中主要的问题是氮化合物中氮的完全氨化及缩短时间、简化操作的问题，即分解试样所用的催化剂。常量改良凯氏定氮法在催化剂中增加了二氧化钛。下面仅对前三种方法作以介绍。

**(一) 常量凯氏定氮法**

1. 原理

样品与浓硫酸和催化剂一同加热消化，使蛋白质分解，其中碳和氢被氧化为二氧化碳和水逸出，而样品中的有机氮转化为氨与硫酸结合成硫酸铵。然后加碱蒸馏，使氨逸出，用硼酸溶液吸收后，再以标准盐酸或硫酸溶液滴定。根据标准酸消耗的体积可计算出蛋白质的含量。整个过程分三步：消化、蒸馏、吸收和滴定。

(1) 消化。消化反应方程式：

$$2NH_2(CH_2)_2COOH + 13H_2SO_4 \longrightarrow (NH_4)_2SO_4 + 6CO_2 + 12SO_2 + 16H_2O$$

浓硫酸具有脱水性，在消化过程中，浓硫酸使有机物脱水并炭化为碳、氢、氮。反应方程式为：

$$NH_2(CH_2)_2COOH + 3H_2SO_4 \longrightarrow NH_3 + 2CO_2 + 3SO_2 + 4H_2O$$

浓硫酸又具有氧化性，将有机物炭化后的碳氧化为二氧化碳，硫酸则被还原成二氧化硫：

$$2H_2SO_4 + C \longrightarrow 2SO_2 + 2H_2O + CO_2$$

二氧化硫使氮还原为氨，本身则被氧化为三氧化硫，氨随之与硫酸作用生成硫酸铵留在酸性溶液中：

$$H_2SO_4 + 2NH_3 \longrightarrow (NH_4)_2SO_4$$

在消化反应中，为了加速蛋白质的分解，缩短消化时间，常加入下列物质。

1) 硫酸钾。加入硫酸钾可以提高溶液的沸点而加快有机物分解，它与硫酸作用生成硫酸氢钾可提高反应温度，一般纯硫酸加热沸点在 340℃ 左右，而添加硫酸钾后，可使温度提高至 400℃ 以上，因此随着消化过程中硫酸不断地被分解，水分不断逸出而使硫酸钾浓度增大，故沸点不断升高，其反应式如下：

$$K_2SO_4 + H_2SO_4 \longrightarrow 2KHSO_4$$
$$2KHSO_4 \longrightarrow K_2SO_4 + H_2O\uparrow + SO_3$$

应该注意，硫酸钾加入量不能太大，否则消化体系温度太高，引起已生成的铵盐发生热分解放出氨而造成损失，反应式如下：

$$(NH_4)_2SO_4 \longrightarrow NH_3\uparrow + NH_4HSO_4$$
$$2NH_4HSO_4 \longrightarrow 2NH_3\uparrow + 2SO_3\uparrow + 2H_2O$$

除硫酸钾外，也可以加入硫酸钠、氯化钾等盐类来提高沸点，但使用效果不如硫酸钾。

2）硫酸铜。硫酸铜起催化剂的作用。凯氏定氮法中可使用的催化剂种类很多，除硫酸铜外，还有氧化汞、汞、硒粉、二氧化钛等，但考虑到效果、价格以及环境污染等多种因素，实验中应用最广泛的是硫酸铜，使用时还常加入少量过氧化氢、次氯酸钾等作为氧化剂以加速有机物氧化分解，硫酸铜的作用机理如下：

$$2CuSO_4 \longrightarrow Cu_2SO_4 + SO_2 \uparrow + O_2 \uparrow$$
$$C + 2CuSO_4 \longrightarrow Cu_2SO_4 + SO_2 \uparrow + O_2 \uparrow$$
$$Cu_2SO_4 + 2H_2SO_4 \longrightarrow 2CuSO_4 + 2H_2O + SO_2 \uparrow$$

该反应不断进行，待有机物完全被消化后，不再有硫酸亚铜（$Cu_2SO_4$，褐色）生成，溶液呈现清澈的蓝绿色，所以可以指示消化终点的到达。同时在消化液蒸馏时还可作为碱性反应（加碱是否足量）的指示剂。

（2）蒸馏。在消化完全的样品消化液中加入浓氢氧化钠使其呈碱性，消化液中的氨被游离出来，加热蒸馏，即可释放出氨气，反应方程式如下：

$$2NaOH + (NH_4)_2SO_4 \longrightarrow 2NH_3 \uparrow + Na_2SO_4 + 2H_2O$$

（3）吸收和滴定。加热蒸馏所放出的氨，可用硼酸溶液进行吸收，待吸收完全后，再用盐酸标准溶液滴定，因硼酸呈微弱酸性（$k = 5.8 \times 10^{-10}$），用酸滴定不影响指示剂的变色反应，但它有吸收氨的作用，吸收及滴定的反应方程式如下：

$$2NH_3 + 4H_3BO_3 \longrightarrow (NH_4)_2B_4O_7 + 5H_2O$$
$$(NH_4)_2B_4O_7 + 2HCl + 5H_2O \longrightarrow 2NH_4Cl + 4H_3BO_3$$

此测定所用到的指示剂是甲基红-溴甲酚绿混合指示剂。当甲基红和溴甲酚绿按一定比例混合时，在 pH 大于 5 时呈绿色，pH 小于 5 时为橙红色，pH 等于 5 时因互补色关系呈紫灰色，滴定终点十分明显，易于掌握。

此法适用于各类食品中蛋白质含量的测定。

2. 试剂

（1）硫酸铜。

（2）硫酸钾。

（3）硫酸（密度为 $1.84g \cdot L^{-1}$）。

（4）硼酸溶液（$20g \cdot L^{-1}$）：称取 20g 硼酸，加水溶解后稀释至 1000mL。

（5）混合指示剂：2 份 $1g \cdot L^{-1}$ 甲基红乙醇溶液与 1 份 $1g \cdot L^{-1}$ 亚甲基蓝乙醇溶液，临用时混合。也可用 1 份 $1g \cdot L^{-1}$ 甲基红乙醇溶液与 5 份 $1g \cdot L^{-1}$ 溴甲酚绿乙醇溶液，临用时混合。

（6）氢氧化钠溶液（$400g \cdot L^{-1}$）：称取 40g 氢氧化钠加水溶解后，放冷，并稀释至 100mL。

（7）硫酸标准滴定溶液（$0.0500mol \cdot L^{-1}$）或盐酸标准滴定溶液（$0.1000mol \cdot L^{-1}$）。

（8）甲基红乙醇溶液（$1g \cdot L^{-1}$）：称取 0.1g 甲基红，溶于 95% 乙醇，用 95% 乙醇稀释至 100mL。

（9）亚甲基蓝乙醇溶液（1g·L$^{-1}$）：称取0.1g亚甲基蓝，溶于95％乙醇，用95％乙醇稀释至100mL。

（10）溴甲酚绿乙醇溶液（1g·L$^{-1}$）：称取0.1g溴甲酚绿，溶于95％乙醇，用95％乙醇稀释至100mL。

**3. 主要仪器**

500mL凯氏烧瓶；凯氏定氮蒸馏装置（图9-1）。

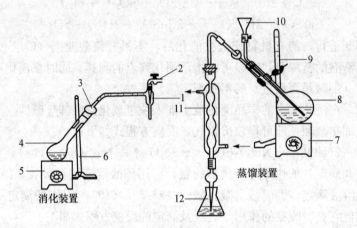

图9-1 常量凯氏定氮法消化、蒸馏装置

1—水力抽气管；2—水龙头；3—倒置的干燥管；4—凯氏烧瓶；5，7—电炉；
8—蒸馏烧瓶；6，9—铁支架；10—进样漏斗；11—冷凝管；12—接收瓶

**4. 操作方法**

（1）样品消化：准确称取均匀的固体样品0.2～2g，或均匀半固体样品2～5g，或吸取溶液样品15～25mL（约相当于30～40mg氮）。小心移入干燥的100、250或500mL凯氏烧瓶中（勿黏附在瓶壁上）。加入0.2g硫酸铜、10g硫酸钾及20mL浓硫酸，小心摇匀后，于瓶口置一小漏斗，将瓶以45°角斜支于有小孔的电炉石棉网上，在通风橱内加热消化。先以小火缓慢加热，待内容物完全炭化、泡沫消失后，加大火力消化，保持瓶内液体微沸，至液体呈蓝绿色并澄清透明后，再继续加热0.5～1h，取出放置冷却至室温。向瓶中小心加200mL水。同时做试剂空白试验。

（2）蒸馏：消化液冷却至室温后，将凯氏烧瓶或蒸馏瓶（加入玻璃珠数粒），按常量凯氏定氮消化、蒸馏装置方式连好，塞紧瓶口，冷凝管下端插入接受瓶液面下（瓶内预先装入50mL20g·L$^{-1}$硼酸溶液及混合指示剂2～3滴）。放松夹子，通过漏斗加入80mL400g·L$^{-1}$氢氧化钠溶液，并摇动凯氏瓶，至瓶内溶液变为深蓝色或产生褐色沉淀，再加入100mL蒸馏水（从漏斗中加入），夹紧夹子。加热蒸馏，至氨全部蒸出（馏出液约250mL即可），将冷凝管下端提离液面，用蒸馏水冲洗管口，继续蒸馏1min，用表面皿接几滴馏出液，检查氨是否完全蒸馏出来，用pH试纸检查馏出液是否为碱性。若为碱性，即可停止加热。

（3）吸收和滴定：将上述接收到的蒸馏液用 $0.1000mol \cdot L^{-1}$ 盐酸标准溶液直接滴定至溶液由蓝色变为微红色即为终点，记录盐酸溶液用量。

同时做一试剂空白（除不加样品外，从消化开始的各步操作完全相同），记录空白试验消耗盐酸标准溶液的体积。

5. 结果计算

$$W = \frac{c(V_2 - V_1) \times 0.014}{m} \times F \times 100$$

式中：$W$——蛋白质的质量分数，%；

$c$——盐酸标准溶液的浓度，$mol \cdot L^{-1}$；

$V_1$——滴定空白吸收液时消耗盐酸标准溶液的体积，mL；

$V_2$——滴定样品吸收液时消耗盐酸标准溶液的体积，mL；

$m$——样品质量，g；

0.014——氮的毫摩尔质量，$g \cdot mmol^{-1}$；

$F$——氮换算为蛋白质的系数。不同食品的蛋白质换算系数不同。乳制品为 6.38，面粉为 5.70，玉米、高粱为 6.24，花生为 5.46，米为 5.95，大豆及其制品为 5.71，肉与肉制品为 6.25，大麦、小米等为 5.83，芝麻、向日葵为 5.30。

6. 说明及注意事项

（1）所用试剂溶液应用无氨蒸馏水配制。

（2）消化时不要用强火，应保持和缓沸腾，以免黏附在凯氏瓶内壁上的含氮化合物在无硫酸存在的情况下未消化完全而造成氮损失。同时注意不断转动凯氏烧瓶，以便利用冷凝酸液将附在瓶壁上的固体残渣洗下并促进其消化完全。

（3）若样品中含脂肪或糖较多时，消化过程中易产生大量泡沫，为防止泡沫溢出瓶外，在开始消化时应用小火加热，并不停摇动；也可加入少量辛醇或液体石蜡或硅油消泡剂，并同时注意控制热源强度。

（4）当样品消化液不易澄清透明时，可将凯氏烧瓶冷却，加入 30% 过氧化氢 2～3mL 后再继续加热消化。

（5）若取样量较大，如干试样超过 5g，可按每克试样 5mL 的比例增加硫酸用量。

（6）消化液一般消化至透明后，继续消化 30min 即可，但对于含有特别难以氨化的含氮化合物样品，如含有赖氨酸、组氨酸、色氨酸、酪氨酸或脯氨酸等时，需适当延长消化时间。有机物如分解完全，消化液呈蓝色或浅绿色，但含铁量多时，呈较深绿色。

（7）蒸馏装置不能漏气，小漏斗要用水封保持其气密性。蒸馏完毕后，应先将冷凝管下端提离液面清洗管口，再蒸 1min 后关掉热源，否则可能造成吸收液倒吸。

（8）蒸馏前若加碱量不足，消化液呈蓝色不生成氢氧化铜沉淀，此时需再增加氢氧化钠用量。

（9）硼酸吸收液的温度不应超过 40℃，否则对氨的吸收作用减弱而造成损失，此时可置于冷水浴中使用。

### （二）微量凯氏定氮法

**1. 原理**

同常量凯氏定氮法。

**2. 试剂**

0.01000mol·L⁻¹盐酸标准溶液，其他试剂同常量凯氏定氮法。

**3. 仪器**

100mL 凯氏烧瓶；微量凯氏定氮装置。

**4. 操作方法**

（1）样品消化：样品消化步骤同常量法。将消化完全的消化液冷却后，完全转入 100mL 容量瓶中，加蒸馏水至刻度，摇匀。

（2）蒸馏吸收：按图 9-2 安装好微量定氮蒸馏装置。于水蒸气发生瓶内装水至 2/3 容积处，加甲基橙指示剂数滴及硫酸数毫升，以保持水始终呈酸性，这样可以避免水中的氨被蒸出而影响测定结果。再加入数粒玻璃珠，以防爆沸，加热煮沸水蒸气发生瓶内的水。在接收瓶内加入 10mL 40g·L⁻¹（或20g·L⁻¹）硼酸及 2 滴甲基红-溴甲酚绿混合指示剂，将冷凝管下端插入液面以下。准确移取消化稀释液 10mL 由进样漏斗进入反应室，以少量蒸馏水冲洗进样漏斗，并流入反应室。再从进样漏斗口加入 10mL 400g·L⁻¹氢氧化钠溶液使其呈强碱性，用少量蒸馏水洗漏斗数次，夹好漏斗夹，进行水蒸气蒸馏。接收瓶内的硼酸-指示剂混合液由于吸收了氨，开始变色，直到蒸馏至吸收液中所加的混合指示剂变为绿色开始计时，继续蒸馏 10min 后，将冷凝管尖端提离液面并用少量蒸馏水冲洗冷凝管下口，再继续蒸馏 1min，移开接收瓶停止蒸馏，准备滴定。

（3）滴定：馏出液用 0.01000mol·L⁻¹盐酸标准溶液滴定至微红色为终点。同时做一空白试验。

**5. 结果计算**

同常量凯氏定氮法。

**6. 说明及注意事项**

（1）20g·L⁻¹硼酸吸收液每次用量为 25mL，用前加入甲基红-溴甲酚绿混合指示剂 2 滴。

（2）在蒸馏时，蒸汽发生要均匀充足，蒸馏过程中不得停火断气，否则将发生倒吸。

（3）加碱要足量，操作要迅速；漏斗应采用水封措施，以免氨由此逸出损失。

（4）在每次蒸馏消化液前需先检查仪器的气密性并对仪器进行彻底清洗。

## 二、蛋白质的快速测定法

凯氏定氮法是各种测定蛋白质含量方法的基础，具有应用范围广、准确性高、操作简单、回收率较好以及可以不用昂贵仪器等优点。但除自动凯氏定氮法外，均操作费时，且在操作过程中会产生大量有害气体，污染环境，影响操作人员的身体健康，如遇到高脂肪、高蛋白质的样品消化需要 5h 以上，很难满足现代质量控制的要求，所以需要研究一些简单快速的检测食品中蛋白质含量的方法。

为满足生产单位对工艺过程的快速控制分析，尽量减少环境污染、简化操作并省时，又陆续建立了不少快速测定蛋白质含量的方法，如双缩脲分光光度比色法、折射法、水杨酸比色法、染料结合分光光度比色法、旋光法及近红外光谱法等。本节着重介绍双缩脲比色法、紫外分光光度法等测定方法。

**（一）双缩脲法**

双缩脲法是一种比色测定方法。测定过程中需有与被测试样成分相似或同类物质做标样，标准试样的蛋白质含量也需通过凯氏定氮法确定。

1. 原理

双缩脲在碱性条件下与硫酸铜结合生成紫红色络合物，此反应称为双缩脲反应。蛋白质分子中含有类似双缩脲结构的肽键（—CO—NH—），在碱性溶液中与铜离子可发生双缩脲反应生成紫红色配合物，其最大吸收波长为 560nm。在一定范围内，其颜色深浅与蛋白质含量成正比，据此可用分光光度法来测定蛋白质含量。

2. 适用范围

双缩脲法具有操作简单、快速、受蛋白质种类性质的影响较小，但灵敏度较低，特异性不高等特点。除肽键—CO—NH—有双缩脲反应外，—CO—NH$_2$、—CH$_2$—NH$_2$、—CS—NH$_2$ 等基团也有此反应。故此法常用于需要快速，但并不需要十分精确的蛋白质测定。在生物化学领域中测定蛋白质含量时此法也常用。本法还适用于豆类、油料、米谷等作物种子及肉类等样品测定。

3. 主要仪器

分光光度计、离心机（4000r/min）。

4. 试剂

（1）碱性硫酸铜溶液

1）以甘油为稳定剂：将 10mL10mol·L$^{-1}$ 氢氧化钾溶液和 3.0mL 甘油加到 937mL 蒸馏水中，剧烈搅拌，同时慢慢加入 50mL4% 硫酸铜（40g·L$^{-1}$）溶液。

2）以酒石酸钾钠为稳定剂：吸取 10mL 氢氧化钾溶液和 20mL250g·L$^{-1}$ 酒石酸钾钠溶液加到 930mL 蒸馏水中，剧烈搅拌，同时慢慢加入 40mL4% 硫酸铜（40g·L$^{-1}$）溶液。

（2）四氯化碳（CCl$_4$）分析纯。

5. 操作步骤

（1）标准曲线的绘制：以采用凯氏定氮法测出蛋白质含量的样品作为标准蛋白质样。按蛋白质含量 40mg、50mg、60mg、70mg、80mg、90mg、100mg、110mg 分别称取混合均匀的标准蛋白质样于 8 支 50mL 纳氏比色管中，然后各加入 1mL 四氯化碳（阻滞淀粉、还原糖、色素、类脂物溶解，消除干扰），再用碱性硫酸铜溶液（试剂①或试剂②）准确稀释至 50mL，振摇 10min，静置 1h，取上层清液离心 5min，取离心分离后的透明液于比色皿中，在 560nm 波长下以蒸馏水作参比液调节仪器零点并测定各溶液的吸光度 A，以蛋白质的含量为横坐标，吸光度 A 为纵坐标绘制标准曲线。

（2）样品的测定：准确称取样品适量（即使得蛋白质含量在 40～110mg 之间）于 50mL 纳氏比色管中，加 1mL 四氯化碳，按上述步骤显色后，在相同条件下测其吸光度 A。用测得的 A 值在标准曲线上即可查得蛋白质毫克数，进而由此求得样品中的蛋白质含量（mg/100g）。

6. 结果计算

$$X = \frac{m_1 \times 100}{m}$$

式中：$X$——样品中蛋白质的含量，mg/100g；

$m_1$——从标准曲线上查得的蛋白质含量，mg；

$m$——测定样液时相当于样品的质量，mg。

7. 说明及注意事项

（1）蛋白质的种类不同，对发色程度影响不大。

（2）标准曲线制作完整后，无需每次再作标准曲线。

（3）对脂肪含量高的样品，在测定前应进行脱脂处理，预先用醚抽出弃去。

（4）样品中有不溶性成分存在时，会给比色测定带来困难，此时可预先将蛋白质抽出后再进行测定。

（5）当肽链中含有脯氨酸时，若有多量糖类共存，则显色不好，会使测定值偏低。

（6）对浑浊样液除进行离心处理外也可与系列浓度的类似样品显色液进行目视比色测定。

**（二）紫外分光光度法**

1. 原理

蛋白质及其降解产物（脲、胨、肽和氨基酸）的芳香环残基 $[—NH—CH(R)—CO—]$ 在紫外区内对一定波长的光具有选择吸收作用。在此波长（280nm）下，光吸收程度与蛋白质浓度（$3～8mg \cdot mL^{-1}$）成直线关系，因此，通过测定蛋白质溶液的吸光度，并参照事先用凯氏定氮法测定蛋白质含量的标准样所作的标准曲线，即可求出样品的蛋白质含量。

2. 适用范围

紫外吸收法测蛋白质含量简便迅速，不消耗样品，测定后仍能回收使用，低浓度盐类不干扰测定。因此，已在蛋白质和酶的生化制备中广泛采用，尤其适用于柱层析洗脱液的快速连续检测，常用 280nm 进行紫外检测，来判断蛋白质吸附或洗脱情况。但由于许多非蛋白质成分在紫外光区也有吸收作用，加之光散射作用的干扰，应用受到限制，故在食品分析领域中的应用并不广泛，最早用于测定牛乳的蛋白质含量，操作如下：准确吸取均匀的试样 0.2mL，置于 25mL 比色管中，用 95%～97% 的冰醋酸稀释至刻度，摇匀后以同样的冰醋酸为参比液，用 1cm 比色皿于 280nm 处测定其吸光度，通过标准样品与未知样品的吸光度比较确定牛乳中蛋白质含量。此方法也可用于测定小麦面粉、糕点、豆类、蛋黄及肉制品中的蛋白质含量。

3. 主要仪器

(1) 紫外分光光度计。

(2) 离心机（3000～5000r/min）。

4. 试剂

(1) 0.1mol·L$^{-1}$ 柠檬酸水溶液。

(2) 8mol·L$^{-1}$ 尿素 [$(NH_2)_2CO$] 的氢氧化钠溶液（2mol·L$^{-1}$）。

(3) 95% 乙醇。

(4) 无水乙醚。

5. 操作方法

(1) 标准曲线绘制：准确称取样品 2.00g，置于 50mL 烧杯中，加入 0.1mol·L$^{-1}$ 柠檬酸溶液 30mL，不断搅拌 10min 使其充分溶解，用四层纱布过滤于玻璃离心管中，以 3000～5000r/min 的速度离心 5～10min，倾出上清液。分别吸取 0.5mL、1.0mL、1.5mL、2.0mL、2.5mL、3.0mL 于 6 个 10mL 容量瓶中，各加入 8mol·L$^{-1}$ 尿素的氢氧化钠溶液定容至标线，充分振摇 2min，若浑浊则再次离心直至透明为止。取透明液置于比色皿中，以 8mol·L$^{-1}$ 尿素的氢氧化钠溶液作参比液，在 280nm 波长处测定各溶液的吸光度 A。以事先用凯氏定氮法测得的样品中蛋白质的含量为横坐标，上述吸光度 A 为纵坐标，绘制标准曲线。

(2) 样品的测定：准确称取试样 1.00g，如前处理，吸取的每毫升样品溶液中含有 3～8mg 的蛋白质。按标准曲线绘制的操作条件测定其吸光度，从标准曲线中查出对应的蛋白质的含量。

6. 结果计算

$$蛋白质(mg/100g) = \frac{c \times 100}{m}$$

式中：$c$——从标准曲线上查得的蛋白质质量，mg；

$m$——测定样品溶液所相当于样品的质量，mg。

7. 说明及注意事项

(1) 该法对于测定那些与标准蛋白质中酪氨酸和色氨酸含量差异较大的蛋白质，有一定的误差。故该法适用于测定与标准蛋白质的氨基酸组成相似的蛋白质，若样品中含有嘌呤、嘧啶（即样品中含有较多量的核酸）等吸收紫外光的物质，会出现较大干扰。

（2）测定糕点时，应将表皮的颜色去掉。

（3）温度对蛋白质水解有影响，操作温度应控制在 20~30℃。

# 第三节　氨基酸总量的测定

## 一、双指示剂甲醛滴定法

### 1. 原理

氨基酸含有酸性的—COOH 基和碱性的—NH₂ 基，所以氨基酸具有酸、碱两重性质。—COOH 和—NH₂ 相互作用而使氨基酸成为中性的内盐。当加入甲醛溶液时，—NH₂ 与甲醛结合，从而使其碱性消失，内盐的存在形式被破坏，这样就可以用标准强碱溶液来滴定—COOH，以间接的方法测定氨基酸总量，反应式以三种不同的形式存在。

该法简单易行、快速方便，与亚硝酸氮气容量法分析结果相近。在食品发酵工业中常用此法测定发酵液中氨基氮含量的变化，以了解可被微生物利用的氮源的量及利用情况，并以此作为控制发酵生产的指标之一。脯氨酸与甲醛作用时产生不稳定的化合物，使结果偏低；酪氨酸含有酚羟基，滴定时也会消耗一些碱而致使结果偏高；溶液中若有铵存在，也可与甲醛反应，往往使结果偏高。

### 2. 试剂

（1）40％中性甲醛溶液：以百里酚酞做指示剂，用氢氧化钠（$1mol \cdot L^{-1}$）将 40％ 甲醛中和至淡蓝色。

（2）0.1％百里酚酞乙醇溶液。

（3）0.1％中性红 50％乙醇溶液。

（4）$0.100mol \cdot L^{-1}$氢氧化钠标准溶液。

### 3. 操作方法

取含氨基酸约 20~30mg 的样品溶液两份，分别置于 250mL 锥形瓶中，各加 50mL

蒸馏水，其中一份加入 2～3 滴中性红指示剂，用 0.100mol·L⁻¹ 氢氧化钠标准溶液滴定至由红色变为琥珀色为终点；另一份加入百里酚酞指示剂 3 滴及中性甲醛 20mL，摇匀，静置 1 分钟，用 0.100mol·L⁻¹ 氢氧化钠标准溶液滴定至淡蓝色为终点。分别记录两次所消耗的碱液体积（mL）。

4. 结果计算

$$W = \frac{c(V_2 - V_1) \times 0.014}{m} \times 100\%$$

式中：$c$——氢氧化钠标准溶液的浓度，mol·L⁻¹；

$V_1$——用中性红做指示剂滴定时消耗氢氧化钠标准溶液的体积，mL；

$V_2$——用百里酚酞做指示剂滴定时消耗氢氧化钠标准溶液的体积，mL；

$m$——测定用样品溶液相当于样品的质量，g；

0.014——氮的毫摩尔质量，g·mmol⁻¹。

5. 说明及注意事项

（1）此法适用于测定食品中的游离氨基酸。

（2）固体样品应先进行粉碎，准确称样后用水萃取，然后测定萃取液；液体样品如酱油、饮料等可直接吸取样品进行测定。萃取在 50℃ 水浴中进行 0.5h 即可。

（3）若样品颜色较深，可加适量活性炭脱色后再测定，或用电位滴定法进行测定。

（4）与该法类似的还有单指示剂（百里酚酞）甲醛滴定法，但分析结果偏低，双指示剂法的结果更准确。

## 二、电位滴定法

1. 原理

根据氨基酸的两性作用，加入甲醛以固定氨基的碱性，使羧基显示出酸性，将酸度计的玻璃电极及甘汞电极同时插入被测液中构成电池，用氢氧化钠标准溶液滴定，依据酸度计指示的 pH 判断和控制滴定终点。

2. 仪器

（1）磁力搅拌器。

（2）酸度计。

（3）10mL 微量滴定管。

3. 试剂

（1）pH＝6.18 标准缓冲溶液。

（2）20％中性甲醛溶液。

（3）0.05mol·L⁻¹ 氢氧化钠标准溶液。

4. 操作方法

（1）吸取含氨基酸约 20mg 的样品溶液于 100mL 容量瓶中，加水至标线，混匀后吸取 20.0mL 置于 200mL 烧杯中，加水 60mL，开动磁力搅拌器，用 0.05mol·L$^{-1}$ 氢氧化钠标准溶液滴定至酸度计指示 pH8.2，记录消耗氢氧化钠标准溶液的毫升数，可计算总酸含量。

（2）加入 10.0mL 甲醛溶液，混匀。再用 0.05mol·L$^{-1}$ 氢氧化钠标准溶液继续滴定至 pH9.2，记录消耗氢氧化钠标准溶液的毫升数。

（3）同时取 80mL 蒸馏水置于另一 200mL 洁净烧瓶中，先用氢氧化钠标准溶液调至 pH8.2，（此时不计碱消耗量），再加入 10.0mL 中性甲醛溶液，用 0.05mol·L$^{-1}$ 氢氧化钠标准溶液滴定至 pH9.2，作为试剂空白试验。

5. 结果计算

$$W = \frac{c(V_2 - V_1) \times 0.014}{m \times 20/100} \times 100\%$$

式中：$V_1$——样品稀释液加入甲醛后滴定至终点（pH9.2）所消耗氢氧化钠标准溶液的体积，mL；

$V_2$——空白试验加入甲醛后滴定至终点（pH9.2）所消耗的氢氧化钠标准溶液的体积，mL；

$c$——氢氧化钠标准溶液的浓度，mol·L$^{-1}$；

$m$——测定用样品溶液相当于样品的质量，g；

0.014——氮的毫摩尔质量，g·mmol$^{-1}$。

6. 说明及注意事项

（1）本法准确快速，可适用于各类样品游离氨基酸含量的测定。

（2）对于浑浊和色深样液可不经处理而直接测定。

## 三、茚三酮比色法

### 1. 原理

茚三酮是使氨基酸和多肽显色的重要试剂。茚三酮溶液与氨基酸共热，生成氨。氨与茚三酮和还原型茚三酮反应，生成蓝紫色化合物。该蓝紫色化合物的颜色深浅与氨基酸的含量成正比，其最大吸收波长为 570nm，据此可以测定样品中氨基酸含量。此反应灵敏，所以该法是氨基酸定量测定应用较广泛的方法之一。多肽和蛋白质虽具有茚三酮反应，但肽链越大，灵敏度也越差，因此不易作定量测定之用。

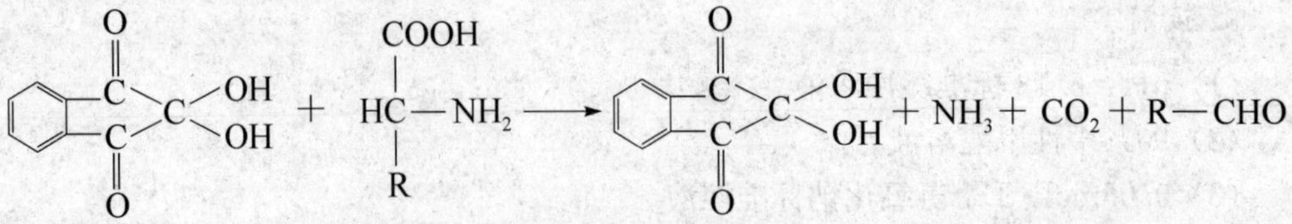

茚三酮　　　　　氨基酸　　　　　还原性茚三酮　　　　　醛类

**2. 试剂**

（1）氨基酸标准溶液：准确称取干燥的氨基酸（如异亮氨酸）0.2000g 于烧杯中，先用少量水溶解后，定量转入 100mL 容量瓶中，用水稀释定容，摇匀。再准确吸取此液 10.0mL 于 100mL 容量瓶中，加水定容，摇匀。此为 $200\mu g \cdot mL^{-1}$ 氨基酸标准溶液。

（2）pH 为 8.04 的磷酸缓冲溶液：准确称取磷酸二氢钾（$KH_2PO_4$）4.5350g 于烧杯中，用少量蒸馏水溶解后，定量转入 500mL 容量瓶中，用水稀释定容，摇匀备用。

准确称取磷酸氢二钠（$Na_2HPO_4$）11.9380g 于烧杯中，用少量蒸馏水溶解后，定量转入 500mL 容量瓶中，用水稀释定容，摇匀备用。

取上述配好的磷酸二氢钾溶液 10.0mL 和磷酸氢二钠溶液 190mL，混合均匀即为 pH8.04 的磷酸缓冲溶液。

（3）$20g \cdot L^{-1}$（2%）茚三酮溶液：称取 1g 茚三酮于盛有 35mL 热水的烧杯中使其溶解，加入 40mg 氯化亚锡（$SnCl_2 \cdot H_2O$），搅拌过滤（作防腐剂）。滤液于冷暗处过夜，加蒸馏水至 50mL，摇匀备用。

**3. 仪器**

（1）可见分光光度计。

（2）水浴锅。

**4. 操作方法**

（1）标准曲线绘制。准确吸取 $200\mu g \cdot mL^{-1}$ 的氨基酸标准溶液 0、0.5mL、1.0mL、1.5mL、2.0mL、2.5mL、3.0mL（相当于 0、100、200、300、400、500、600$\mu g$ 氨基酸），分别置于 25mL 容量瓶或比色管中，各加水补充至容积为 4.0mL，然后加入茚三酮溶液（$20g \cdot L^{-1}$）和磷酸盐缓冲溶液（pH 为 8.04）各 1mL，混合均匀，于水浴上加热 15min，取出迅速冷至室温，加水至标线，摇匀。静置 15min 后，在 570nm 波长下，以试剂空白为参比液测定其余各溶液的吸光度 $A$。以氨基酸的质量微克数为横坐标，吸光度 $A$ 为纵坐标，绘制标准曲线。

（2）样品测定。吸取澄清的样品溶液 1～4mL，按标准曲线制作步骤，在相同条件

下测定吸光度 $A$ 值，用测得的 $A$ 值在标准曲线上可查得对应的氨基酸质量微克数。

5. 结果计算

$$氨基酸含量(\mu g/100g) = \frac{m_1}{m \times 1000} \times 100$$

式中：$m_1$——从标准曲线上查得的氨基酸的质量数，$\mu g$；

$m$——测定的样品溶液相当于样品的质量，g。

6. 说明及注意事项

（1）样品处理方法为：准确称取粉碎样品 5～10g 或吸取样品样液 5～10mL，置于烧杯中，加入 50mL 蒸馏水和 5g 左右活性炭，加热煮沸，过滤，用 30～40mL 热水洗涤活性炭，收集滤液于 100mL 容量瓶中，加水至标线，摇匀备测。

（2）茚三酮受阳光、空气、温度、湿度等影响而被氧化呈淡红色或深红色，使用前需进行纯化。方法为：取 10g 茚三酮溶于 40mL 热水中，加入 1g 活性炭，摇动 1min，静置 30min，过滤。将滤液置冰箱中过夜，即出现蓝色晶体，过滤，用 2mL 冷水洗涤结晶，放入干燥器中干燥，装瓶备用。

# 复习思考题

1. 为什么凯氏定氮法测定出食品中的蛋白质含量为粗蛋白含量？

2. 在消化过程中加入的硫酸铜、硫酸钾试剂有哪些作用？

3. 论述蛋白质测定中，样品消化过程所必须注意的事项。消化过程中内容物的颜色会发生什么变化？为什么？

4. 样品经消化蒸馏之前为什么要加入氢氧化钠？这时溶液的颜色会发生什么变化？为什么？如果没有变化，说明了什么问题？

5. 蛋白质蒸馏装置的水蒸气发生器中的水为何要用硫酸调成酸性？

6. 双缩脲法测定食品中的蛋白质的原理？

7. 蛋白质测定的结果计算为什么要乘上蛋白质系数？

8. 说明甲醛滴定法测定氨基酸态氮的原理及操作要点。

9. 论述氨基态氮的测定原理。

10. 茚三酮是否可用于氨基酸和蛋白质的定性鉴定？

11. 试述双指示剂甲醛滴定法测定氨基酸的原理、试剂的作用、指示剂的颜色变化、滴定终点的判定以及要注意的问题。

# 第十章 维生素的分析测定

 学海导航

**学习目标**

　　学习维生素的定义、分类及作用，掌握常用维生素的测定方法，注意区分不同测定方法的原理及操作要求。

**学习重点**

　　熟练掌握维生素 A、维生素 C、维生素 D、维生素 $B_1$ 的检测方法。

**学习难点**

　　维生素 A、维生素 C 常用测定方法的熟练应用。

## 第一节 概　　述

### 一、食品中的维生素及分类

　　维生素是维持人体生命活动必需的一类微量天然有机化合物。维生素在体内的含量虽少，但不可或缺。虽然各种维生素的化学结构以及性质不同，但它们却有着下列共同的特点。

　　（1）维生素或其前体化合物（维生素原）都存在于天然食物中。

　　（2）一般在体内不能合成，或者合成量太少而不能满足机体的需求，也不能充分贮存在组织里，必须经常通过食物供给。

　　（3）维生素在体内不提供能量，不参与机体组织的构成，主要参与机体代谢的调节。

　　（4）它们参与维持机体正常生理功能，日常需求量极少，通常以毫克（mg）或微克（μg）计算，当机体缺乏时，会表现出不同的缺乏症。许多维生素是辅基或辅酶的组成部分。

近年的研究表明,一些维生素的作用不仅限于预防维生素的缺乏病,在预防多种慢性退化性疾病方面也发挥着不可忽视的营养保健作用。

维生素的种类繁多,而且这些有机物的结构也很复杂,理化性质及生理功能各异,有的属于胺类,有的属于醛类,有的属于醇类,还有的属于酚或醌类化合物等。目前已确认的有 30 余种,其中被认为对维持人体健康和促进发育至关重要的有 20 余种。由于它们的化学结构和生理功能差异很大,无法按照结构或功能分类。一般按维生素溶解性能将它们分成两大类:一类能溶于脂肪,叫脂溶性维生素(如 A、D、E、K);另一类能溶解于水,叫水溶性维生素,目前主要有维生素 C 和 B 族维生素(如维生素 $B_1$、维生素 $B_{12}$ 等)。有些物质在化学结构上类似于某种维生素,经过简单的代谢反应即可转变成维生素,此类物质称为维生素原。

脂溶性维生素均不溶于水,易溶于乙醇、乙醚、苯及氯仿等脂溶性有机溶剂和脂肪中,因此命名为脂溶性维生素。通常在食物中与脂类共存,进入消化道后,一定要有脂肪作为载体存在,并经胆汁乳化,人体才能吸收,吸收进血液以后,也要和某种蛋白质结合,才能运转到全身。可见脂溶性维生素在机体内的吸收与机体对脂肪的吸收密切相关,且被吸收后大部分积存在体内,若脂溶性维生素摄入过多,可引起中毒。

水溶性维生素易溶于水,而不溶于脂肪及脂溶剂。水溶性维生素经血液吸收过量时,多余部分会随尿液排出,体内贮存极少,一般无毒,一旦大量摄入,可对机体产生不良影响。

相比之下,水溶性维生素可直接被肠道细胞吸收,吸收过程快,且排泄快,不易出现中毒现象。

## 二、测定维生素的意义

食品中各种维生素的含量主要取决于食品的类别,另外与食品的加工工艺及贮存等条件有关,大多数维生素对光、热、氧、pH 敏感,若加工条件不合理或贮存不当都会造成维生素的丢失。为保证人体健康,维生素作为强化剂已在食品工业的某些产品中开始使用,测定食品中的维生素含量,不仅可评价食品的营养价值,同时还可以监督维生素强化食品的剂量,以防摄入过多的维生素而引起中毒;开发利用富含维生素的食品资源;研究维生素在食品加工、贮存等过程中的稳定性,指导人们制定合理的加工工艺条件及贮存条件,最大限度地保留各种维生素。所以,测定食品中的维生素在营养分析方面具有重要的意义。

# 第二节　脂溶性维生素的测定

维生素 A、维生素 D、维生素 E 与类脂物一起存于食物中,摄食时可吸收,可在体内积存。脂溶性维生素具有以下理化性质。

**1. 溶解性**

脂溶性维生素不溶于水，易溶于脂肪、乙醇、丙酮、氯仿、乙醚、苯等有机溶剂。

**2. 耐酸碱性**

维生素 A、维生素 D 对酸不稳定，对碱稳定，维生素 E 对碱不稳定，但在抗氧化剂存在下或惰性气体保护下，也能经受碱的煮沸。

**3. 耐热、耐氧化性**

具体见表 10-1。

**表 10-1　脂溶性维生素的耐热性及耐氧化性**

| 维生素 | 耐热性 | 氧化性 |
|---|---|---|
| $V_A$ | 好，能经受煮沸 | 易被氧化（光、热促进其氧化） |
| $V_D$ | 好，能经受煮沸 | 不易被氧化 |
| $V_E$ | 好，能经受煮沸 | 在空气中能慢慢被氧化（光、热、碱促进其氧化） |

根据上述性质，测定脂溶性维生素时，通常先皂化样品，再水洗去除类脂物，然后使用有机溶剂提取脂溶性维生素（不皂化物），浓缩提取物，最后溶于适当的溶剂进行测定。

在皂化和浓缩时，为防止维生素的氧化分解，常加入抗氧化剂（如焦性没食子酸等）。

## 一、食品中维生素 A 的测定（GB/T 5009.82—2003）

维生素 A 是一种不饱和一元醇类，属脂溶性维生素。由于人体或哺乳动物缺乏维生素 A 时易出现干眼病，故又称为抗干眼醇。已知 $V_A$ 有 $A_1$ 和 $A_2$ 两种，$A_1$ 存在于动物肝脏、血液和眼球的视网膜中，又称为视黄醇，天然 $V_A$ 主要以此形式存在。$A_2$ 主要存在于淡水鱼的肝脏中。维生素 $A_1$ 是一种脂溶性淡黄色片状结晶，熔点 64℃，维生素 $A_2$ 熔点 17～19℃，通常为金黄色油状物。许多植物如胡萝卜、番茄、绿叶蔬菜、玉米等含类胡萝卜素物质，如 α-、β-、γ-胡萝卜素，隐黄质、叶黄素等。其中有些类胡萝卜素具有与维生素 $A_1$ 相同的环结构，在体内可转变为 $V_A$，故称为 $V_A$ 原，β-胡萝卜素含有两个维生素 $A_1$ 的环结构，转换率最高。其化学结构式见图 10-1。

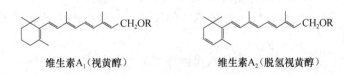

维生素$A_1$（视黄醇）　　　　　　　维生素$A_2$（脱氢视黄醇）

图 10-1　维生素 A 的化学结构

R＝H 或 $COCH_3$ 醋酸酯或 $CO(CH_2)_{14}CH_3$ 棕榈酸酯，维生素 $A_2$ 是维生素 $A_1$ 的衍生物

以下介绍食品中维生素 A 测定常用的两种方法：三氯化锑比色法和紫外分光光

度法。

### (一) 三氯化锑比色法

1. 原理

在氯仿溶液中，维生素 A 与三氯化锑可相互作用，生成蓝色可溶性配合物，其颜色深浅与溶液中所含维生素 A 的含量成正比。该蓝色物质在一定时间内可用分光光度计测定其吸光度（于 620nm 波长处有最大吸收峰），从标准曲线中求得试样提取液中维生素 A 含量，再计算试样中维生素 A 的含量。

2. 试剂

(1) 无水硫酸钠：不吸附维生素 A。

(2) 乙酸酐。

(3) 无水乙醚：不含过氧化物。

(4) 无水乙醇：不含醛类物质。

(5) 三氯甲烷：不含分解物。

(6) 250g·L$^{-1}$ 三氯化锑-三氯甲烷溶液

(7) 500g·L$^{-1}$ 1：1 氢氧化钾溶液。

(8) 0.5mol·L$^{-1}$ 氢氧化钾溶液。

(9) 维生素 A 标准溶液。视黄醇（纯度 85％）或视黄醇乙酸酯（纯度 90％）经皂化处理后使用。用脱醛乙醇溶解维生素 A 标准品，使其浓度大约为每毫升维生素 A 标准溶液相当于 1mg 视黄醇。临用前用紫外分光光度法标定其准确浓度。维生素 A 标准溶液浓度的标定：取维生素 A 标准溶液 10.00μL，用乙醇稀释至 3.00mL，临用前用紫外分光光度法测定维生素 A 的吸光度，计算出维生素 A 的浓度。

(10) 10g·L$^{-1}$ 酚酞指示剂：用 95％ 乙醇配制。

3. 仪器设备

(1) 实验室常用设备。

(2) 分光光度计。

(3) 回流冷凝装置。

4. 分析步骤

(1) 样品处理：根据样品性质可采用皂化法或研磨法。

1) 皂化法：适用于维生素 A 含量不高的样品（可减少脂溶性物质的干扰，费时，维生素 A 易损失）

皂化：称取 0.5～5g 经组织捣碎机捣碎或充分混匀的样品于三角瓶中，加入 10mL（1：1）氢氧化钾及 20～40mL 乙醇，于电热板上回流 30min。加入 10mL 水，稍稍振荡，若无浑浊现象，表示皂化完全。

提取：将皂化瓶内混合物移至分液漏斗，以 30mL 水分两次洗皂化瓶，洗液并入分液漏斗中（如有渣子用脱脂棉滤入分液漏斗）。再用 50mL 乙醚分两次洗皂化瓶，所有洗液并入分液漏斗中，振摇 2min 并注意放气，提取不皂化部分。静置分层后，水层放入第二个分液漏斗中。皂化瓶再用 30mL 乙醚分两次冲洗，洗液倾入第二个分液漏斗。振摇后，静置分层，水层放入第三分液漏斗中，醚层与第一个分液漏斗合并。重复至醚层不再使三氯化锑-三氯甲烷溶液呈蓝色为止。

洗涤：用 30mL 水加入第一个分液漏斗中，轻摇，静置片刻，放去水层，加 15～20mL0.5mol·L$^{-1}$ 氢氧化钾溶液于分液漏斗中，轻摇后，弃去下层碱液（除去醚溶性酸皂）。再用水洗涤，每次用水约 30mL，直至洗涤液与酚酞指示剂呈无色为止。醚层液静置 10～20min，小心放出析出的水。

浓缩：将醚层液经过无水硫酸钠滤入三角瓶中，再用约 25mL 乙醚冲洗分液漏斗和硫酸钠 2 次，洗液并入三角瓶内。置水浴上蒸馏，回收乙醚。直到瓶中剩约 5mL 时取下，用减压抽气法蒸干，立即准确加入一定量的三氯甲烷（5mL），使溶液中维生素 A 含量在适宜浓度范围内（3～5$\mu$g·mL$^{-1}$）。

2）研磨法：适用于每克样品的维生素 A 含量大于 5～10$\mu$g 样品的测定。具有步骤简单，结果准确的特点。

研磨：精确称取 2～5g 样品，放入盛有 3～5 倍样品质量的无水硫酸钠研钵中，研磨至样品中水分完全被吸收，并均质化。

提取：小心地将全部均质化样品移入带盖的三角瓶内，准确加入 50～100mL 乙醚，紧压盖子，用力振摇 2min，使样品中 V$_A$ 溶于乙醚中，使其自行澄清（或离心澄清）。

浓缩：取澄清乙醚液 2～5mL，放入比色管中，在 70～80℃水浴上抽气蒸干，立即加入 1mL 三氯甲烷溶解残渣。

（2）标准曲线的绘制。准确取一定量的维生素 A 标准液于 5～6 个容量瓶中（0.0、0.1、0.2、0.3、0.4、0.5mL），以三氯甲烷配制标准系列使用液。再取相同数量 3cm 比色管顺次取标准系列使用液各 1mL，各管加入乙酸酐 1 滴制成标准比色系列。于 620nm 波长处，以 10mL 三氯甲烷加 1 滴乙酸酐调节吸光度至零点，将其标准比色系列按顺序移入光路前，迅速加入 9mL 三氯化锑-三氯甲烷溶液，于 6s 内测定吸光度（每支比色管都在临测前加入显色剂），以维生素 A 为横坐标，吸光度为纵坐标绘出标准曲线图。

（3）样品测定。于一比色管中加入 10mL 三氯甲烷，加入 1 滴乙酸酐为空白液。另一比色管中加入 1mL 三氯甲烷，其余比色管中分别加入 1mL 样品溶液及 1 滴乙酸酐其余步骤按标准曲线的制备。分别测定样品空白液和样品溶液的吸光度，从标准曲线中查出相应的维生素 A 的含量。

5. 结果计算

$$X = \frac{\rho - \rho_0}{m} \times V \times \frac{100}{1000}$$

式中：X——样品中维生素 A 的含量，mg/100g（若按国际单位，每国际单位相当于
　　　　0.3$\mu$g 维生素 A 即 1IU＝0.3$\mu$g 维生素 A）；
　　　$\rho$——由标准曲线上查得样品溶液中维生素 A 的含量，$\mu$g·mL$^{-1}$；

$\rho_0$——由标准曲线上查得样品空白溶液中维生素 A 的含量，$\mu g \cdot mL^{-1}$；

$m$——样品质量，g；

$V$——提取后加三氯甲烷定量之体积，mL；

100/1000——将样品中维生素 A 由 $\mu g \cdot g^{-1}$ 换算成 mg/100g 的换算系数。

6. 说明及注意事项

(1) 乙醚为溶剂的萃取体系，易发生乳化现象。在提取、洗涤操作中，不要用力过猛，若发生乳化，可加几滴乙醇破乳。

(2) 所用氯仿中不应有水，因三氯化锑遇水会出现沉淀，干扰比色测定。故在每毫升氯仿中加一滴乙酸酐，以保证脱水。

(3) 三氯化锑腐蚀性强，不能粘在手上；由于三氯化锑遇水产生沉淀，因此用过的仪器要用稀盐酸浸泡后再清洗。

(4) 由于三氯化锑与维生素 A 所产生的蓝色物质很不稳定，通常 6s 后便开始比色，要求反应必须在比色管中进行，产生蓝色后立即读取吸光度。

**(二) 紫外分光光度法**

1. 原理

维生素 A 的异丙醇溶液在 325nm 波长下有最大吸收峰，其吸光度与维生素 A 的含量成正比。

2. 试剂

维生素 A 标准溶液等试剂同三氯化锑比色法；异丙醇。

3. 仪器设备

紫外分光光度计。

4. 分析步骤

(1) 样品处理。按照三氯化锑比色进行。

(2) 标准曲线绘制。分别取维生素 A 标准溶液 (10IU $\cdot$ mL$^{-1}$) 0.0、1.0、2.0、3.0、4.0、5.0mL 于棕色瓶中，用异丙醇定容。以空白液调仪器零点，用紫外分光光度计在 325nm 波长下分别测定吸光度，绘制标准曲线。

(3) 样品经皂化、提取、洗涤、浓缩后，迅速用异丙醇溶解并移入 50mL 容量瓶中，用异丙醇定容，于紫外分光光度计 325nm 处测定其吸光度，从标准曲线上查出相当的维生素 A 的含量。

5. 结果计算

$$X = \frac{c \times V}{m} \times 100$$

式中：$X$——维生素 A 含量，IU/100g；

$c$——由标准曲线查得的维生素 A 含量，IU $\cdot$ mL$^{-1}$；

$V$——样品的异丙醇溶液体积，mL；

$m$——样品质量，g。

6. 说明

本法的最低检测限为 $5\mu g \cdot g^{-1}$。由于许多伴随物对 325nm 的紫外光均有吸收，故在测定前必须对样品进行分离纯化处理。

## 二、维生素 D 的测定（三氯化锑比色法）

维生素 D 为固醇类衍生物，具有抗佝偻病作用，具有维生素 D 活性的化合物约有 10 种，其中最重要的是 $D_2$ 和 $D_3$ 及维生素 D。植物不含维生素 D，但维生素 D 原在动、植物体内都存在。植物中的麦角醇为维生素 $D_2$ 原，经紫外线照射后可转变为维生素 $D_2$，又名麦角钙化醇，维生素 $D_2$ 药片吃多了中毒。人和动物皮下含的 7-脱氢胆固醇为维生素 $D_3$ 原，在紫外线照射后转变成维生素 $D_3$，又名胆钙化醇，以维生素 $D_3$ 为最重要。

分析方法中较好的是比色法和高效液相色谱法，下面介绍比色法。

1. 原理

在三氧甲烷中，维生素 D 与三氯化锑生成橙黄色化合物，并在 500nm 波长处有最大吸收，呈色强度与维生素 D 的含量成正比。

2. 试剂

（1）氯仿、乙醚、乙醇，同三氧化锑比色法测定维生素 A。

（2）三氯化锑-氯仿溶液：用三氯甲烷配制三氯化锑溶液，将 25g 干燥的三氯化锑迅速投入装有 100mL 三氯甲烷的棕色试剂瓶中，振摇，使之溶解，再加无水硫酸钠 10g，用时取上清液。

（3）三氧化锑-氯仿-乙酰氯溶液：取上述三氯化锑-氯仿溶液，加入其体积 3％的乙酰氯，摇匀。

（4）石油醚：沸程 30～60℃，重蒸馏。

（5）维生素 D 标准溶液：称取 0.2500g 维生素 D，用氯仿稀释至 100mL，此溶液浓度为 $2.5mg \cdot mL^{-1}$，临用时，用氯仿配制成 $0.025～2.5\mu g \cdot mL^{-1}$ 的标准使用液。

（6）聚乙二醇（PEG）600。

（7）白色硅藻土：Celite545（柱层析载体）。

（8）无水硫酸钠。

（9）$0.5mol \cdot L^{-1}$ 氢氧化钾溶液。

（10）中性氧化铝：层析用，100～200 目。在 550℃高温电炉中活化 5.5h，降温至 300℃左右取出装瓶。冷却后，每 100g 氧化铝中加水 4mL，用力振摇，使其无块状，瓶口密封后贮存于干燥器内，16h 后使用。

3. 仪器设备

（1）分光光度计。

（2）层析柱：内径 2.2cm，具活塞，砂芯板。

（3）实验室常用仪器。

4. 分析步骤

（1）样品的处理：皂化和提取同维生素 A 的测定。如果样品中有维生素 A 共存时，必须进行纯化、分离维生素 A。

1）分离柱的制备。在内径为 22mm 具活塞和砂芯板的玻璃层析柱中先加 1～2g 无水硫酸钠，铺平整，此为第一层。第二层，称取 15g Celite 545 置于 250mL 碘价瓶中，加入 80mL 石油醚，振摇 2min，再加 10mL 聚乙二醇 600，剧烈振摇 10min 使其黏合均匀。将上述黏合物加到玻璃层析柱内。第三层，黏合物上面加入 5g 中性氧化铝。第四层，加 2～4g 无水硫酸钠。轻轻转动层析柱，使柱内的黏合物高度（第二层）保持在 12cm 左右。

2）纯化。柱装填后，先用 30mL 左右的石油醚进行淋洗，然后将样品提取液倒入柱内，再用石油醚淋洗，弃去最初收集的 10mL，再用 200mL 容量瓶收集淋洗液至刻度。淋洗液的流速保持在（2～3）mL·min$^{-1}$。将淋洗液移入 500mL 分液漏斗中，每次加入 100～150mL 水用力振摇，洗涤三次，弃去水层（水洗主要是去除残留的聚乙二醇，以免与三氧化锑作用形成浑浊，影响测定）。将上述石油醚层通过无水硫酸钠脱水，移入锥形瓶或脂肪烧瓶中，在水浴上浓缩至约 5mL 在水浴上用水泵减压至恰干，立即加入 5mL 氯仿，加塞摇匀备用。

（2）测定。

1）标准曲线的绘制。准确吸取维生素 D 标准使用液（浓度视样品中维生素 D 含量高低而定）0.0、1.0、2.0、3.0、4.0、5.0mL 于 6 个 10mL 容量瓶中，用氯仿定容，摇匀。分别吸取上述标准溶液各 1mL 于 1cm 比色皿中，置于分光光度计的比色槽内，立即加入三氧化锑-氯仿-乙酰氯溶液 3mL，以 0 管调零，在 500nm 波长下于 2min 内测定吸光度值，绘制标准曲线。

2）样品的测定。吸取上述已纯化的样品溶液 1mL 于 1cm 比色皿中，以下操作同标准曲线的绘制。根据样品溶液的吸光度，从标准曲线上查出其相应的含量。

5. 结果计算

$$X = \frac{\rho V}{m \times 1000} \times 100$$

式中：$X$——样品中维生素 D 的含量，mg/100g；

$\rho$——标准曲线上查得样品溶液中维生素 D 的含量，$\mu g \cdot mL^{-1}$（如按国际单位，每 1IU 相当于 0.025$\mu$g 维生素 D）；

$V$——样品提取氯仿定容之体积，mL；

$m$——样品质量，g。

6. 说明及注意事项

（1）测定中加入乙酰氯可消除温度、湿度等干扰因素的影响。

（2）食品中维生素 D 的含量一般很低，而维生素 A、维生素 E、胆固醇等成分的含量往往大大超过维生素 D，严重干扰维生素 D 的测定，因此测定前须经柱层析除去这些干扰成分。

（3）本法测定的是维生素 D$_2$、维生素 D$_3$ 的总量。

### 三、β-胡萝卜素的测定（纸色谱法，GB/T 5009.83—2003）

胡萝卜素是一种广泛存在于有色蔬菜和水果中的天然色素，但以胡萝卜为食物的家禽、兽类、水产动物及其加工产品，以及为着色而添加胡萝卜素的食品也含有胡萝卜素。它有多种异构体和衍生物，总称为类胡萝卜素，其中在分子结构中含有 β-紫罗宁残基的类胡萝卜素，在人体内可转变为维生素 A，故称为维生素 A 原。如 α-、β-、γ-胡萝卜素，其中以 β-胡萝卜素效价最高。

胡萝卜素对热及酸、碱比较稳定，但紫外线和空气中的氧可促进其氧化破坏。因系脂溶性维生素，故可用有机溶剂从食物中提取。

胡萝卜素本身是一种色素，在 450nm 波长处有最大吸收，故只要能完全分离，便可定性和定量。但在植物体内，胡萝卜素经常与叶绿素、叶黄素等共存，在提取 β-胡萝卜素时，这些色素也能被有机溶剂提取，因此在测定前，必须将胡萝卜素与其他色素分开。常用的方法有纸层析、柱层析和薄层层析法，这里只介绍纸色谱法。

1. 原理

试样经过皂化后，用石油醚提取果品制品中的胡萝卜素及其他植物色素，以石油醚为展开剂进行纸层析，胡萝卜素极性最小，移动速度最快，从而与其他色素分离，剪下含胡萝卜素的区带，洗脱后于 450nm 波长下定量测定。

2. 试剂

试剂除特别标明外，均为分析纯。

（1）无水硫酸钠。

（2）氢氧化钾溶液（1+1）：称取 50g 氢氧化钾溶于 50mL 水中。

（3）无水乙醇：不得含有醛类物质，可用银镜反应进行检验。

（4）石油醚：沸程 30～60℃，又作展开剂。

（5）β-胡萝卜素标准溶液。

β-胡萝卜素标准贮备液：准确称取 50.0mgβ-胡萝卜素标准品，溶于 100.0mL 三氯甲烷中，浓度约为 500$\mu$g·mL$^{-1}$，准确测其浓度。

标定浓度的方法：取标准贮备液 10.0$\mu$L，加正己烷 3.00mL 混匀，测其吸光度，比色杯厚度为 1cm，以正己烷为空白，入射光波长 450nm，平行测定三份，取均值。

计算公式：

$$\rho = \frac{A}{E} \times \frac{3.01}{0.01}$$

式中：$\rho$——胡萝卜素标准溶液浓度，$\mu$g·mL$^{-1}$；

$A$——吸光度值；

$E$——β-胡萝卜素在正己烷溶液中，入射波长 450nm，比色皿厚度为 1cm，溶液浓度为 $1mg \cdot L^{-1}$ 的吸光系数，0.2683；

3.01/0.01——测定过程中稀释倍数的换算。

（6）β-胡萝卜素标准使用液：将已标定的标准使用液用石油醚准确稀释 10 倍，使每 1mL 溶液相当于 50μg，避光保存在冰箱中。

3. 仪器设备

（1）玻璃分析缸。

（2）分光光度计。

（3）旋转蒸发仪：具配套 150mL 球形瓶。

（4）恒温水浴锅。

（5）皂化回流装置。

（6）点样器或微量注射器。

（7）滤纸（定性，快速或中速，18cm×30cm）。

4. 分析步骤

以下分析步骤需要在避光条件下进行。

（1）样品预处理。

皂化：取适量样品，相当于原样的 1～5g（含胡萝卜素 20～80μg）匀浆，粮食样品视其胡萝卜素含量而定（植物油和高脂肪样品取样量不超过 10g），置于 100mL 带塞锥形瓶中，加脱醛乙醇 30mL，再加 10mL 氢氧化钾溶液（1∶1），回流加热 30min，然后用冰水使之迅速冷却。皂化后样品用石油醚提取，直至提取液为无色，每次提取石油醚用量为 15～25mL。

洗涤：将皂化后的样品提取液用水洗涤至中性。将提取液通过盛有 10g 无水硫酸钠的小漏斗，滤入球形瓶，用少量石油醚分数次洗净分液漏斗和无水硫酸钠层内的色素，洗涤液并入球形瓶内。

浓缩与定容：将上述球形瓶中的提取液置于旋转蒸发仪上减压蒸发，水浴温度为 60℃，蒸发至约 1mL 时，取下球形瓶，用氮气吹干，立即加入 2.00mL 石油醚定容，供纸色谱分离用。

（2）纸色谱。

点样：在 18cm×30cm 滤纸下端距底边 4cm 处做一基线，在基线上取 A、B、C、D 四点，吸取 0.100～0.400mL 上述浓缩液在 AB 和 CD 间迅速点样。

展开：待纸上所点样液自然挥干后，将滤纸卷成圆筒状，置于预先用石油醚饱和的层析缸中，进行上行展开。

洗脱：待胡萝卜素与其他色素完全分开后，取出滤纸，自然挥干石油醚，将位于展开剂前沿的胡萝卜素层析带剪下，立即放入盛 5mL 石油醚的具塞试管中，用力振摇，使胡萝卜素完全溶入试剂中。

（3）比色测定。用1cm 比色皿，以石油醚调节零点，于450nm 波长下，测吸光度值，以其值从标准曲线上查出 β-胡萝卜素的含量，供计算使用。

（4）标准工作曲线的绘制。取 β-胡萝卜素标准使用液（浓度为 $50\mu g \cdot mL^{-1}$）1.00、2.00、3.00、4.00、6.00、8.00mL 分别置于100mL 具塞锥形瓶中，按样品测定步骤进行预处理和纸色谱分离，点样体积为 0.100mL，标准曲线各点含量依次为 2.5、5.0、7.5、10.0、15.0、20.0μg。为测定低含量样品，可在 0～2.5μg 间加做几点。以 β-胡萝卜素含量为横坐标，以吸光度为纵坐标绘制标准曲线。

5. 结果计算

$$X = \frac{m_1}{m} \times \frac{V_2}{V_1} \times 100$$

式中：$X$——样品中胡萝卜素的含量（以 β-胡萝卜素计），μg/100g；

$m_1$——在标准曲线上查得的胡萝卜素的含量，μg；

$V_1$——点样体积，mL；

$V_2$——样品提取液浓缩后定容体积，mL；

$M$——样品质量，g。

6. 说明及注意事项

（1）此法简便，色带清晰，最小检出量为 0.11μg。

（2）样品和标准液的提取一定要注意避免丢失。

（3）浓缩提取液时，一定要防止蒸干，避免胡萝卜素在空气中氧化或因温度、紫外线直射等破坏。定容、点样、层析后剪样点等操作环节一定要迅速。

（4）层析分离也可采用氧化镁、氧化铝作为吸附剂进行柱层析，洗脱色素后进行比色，这样分离比较好，但比纸层析费时、费事。

# 第三节　水溶性维生素的测定

水溶性维生素 $B_1$、维生素 $B_2$ 和维生素 C，广泛存在于动植物组织中，饮食来源充足，但由于它们本身的水溶性质，除满足人体生理、生化需求外，任何多余量都会从机体中排出。为避免缺乏，需要经常由饮食来提供。

水溶性维生素都易溶于水，而不溶于苯、乙醚、氯仿等大多数有机溶剂。在酸性介质中很稳定，即使加热也不被破坏；但在碱性介质中不稳定，易分解，特别在碱性条件下加热，可大部分或全部被破坏。它们易受空气、光、热、酶、金属离子等的影响；维生素 $B_2$ 对光，特别是紫外线敏感，易被光线破坏；维生素 C 对氧、铜离子敏感，易被氧化。

由于水溶性维生素具有上述特性，测定水溶性维生素时，一般都在酸性溶液中进行前处理。维生素 $B_1$、维生素 $B_2$ 通常采用盐酸水解，或再经淀粉酶、木瓜蛋白酶等酶解作用，使结合态维生素游离出来，还可用活性人造浮石、硅镁吸附剂等进行纯化处理。

测定水溶性维生素常用高效液相色谱法、荧光法、比色法和微生物法等。

## 一、维生素 $B_1$ 的测定（荧光法，GB/T 5009.84—2003）

维生素 $B_1$ 又名硫胺素、抗神经炎素，通常以游离态或以焦磷酸酯的形式存在于自然界。在酵母、米糠、麦胚、花生、黄豆以及绿色蔬菜和牛乳、蛋黄中含量较为丰富。动物组织不如植物含量丰富。

维生素 $B_1$ 在水中溶解度较大，在酸性溶液中较稳定，在碱性溶液中受热极易分解。

近年来对利用带荧光检测器的高效液相色谱测定法进行了许多研究，并应用于实际试样的测定。这里主要介绍荧光法和高效液相色谱法（参考 GB/T 5009.84—2003 食品中硫胺素的测定）。

### （一）荧光法

1. 原理

试样在酸性溶液中加热，提取维生素 $B_1$，经蛋白分解酶处理，使维生素 $B_1$ 成为游离型。再经层析柱纯化，去除荧光淬灭物质，同时浓缩，用碱性铁氰化钾溶液将其氧化成硫色素，在紫外线下，硫色素发出荧光，在给定的条件下及没有其他物质干扰时，此荧光强度与硫色素量成正比，即与溶液中维生素 $B_1$ 的量成正比。如试样中含杂质过多，应经过离子交换剂处理，使硫胺素与杂质分离，然后以所得溶液做测定。

2. 试剂

（1）盐酸（0.1mol·L$^{-1}$）：8.5mL 浓盐酸（相对密度 1.19 或 1.20）用水稀释至 1000mL。

（2）盐酸（0.3mol·L$^{-1}$）：25.5mL 浓盐酸用水稀释至 1000mL。

（3）乙酸溶液：30mL 冰乙酸用水稀释至 1000mL。

（4）氢氧化钠溶液（150g·L$^{-1}$）：15g 氢氧化钠溶于水中稀释至 100mL。

（5）无水硫酸钠。

（6）乙酸钠溶液（2mol·L$^{-1}$）：164g 无水乙酸钠溶于水中稀释至 1000mL。

（7）氯化钾溶液（250g·L$^{-1}$）：250g 氯化钾溶于水中稀释至 1000mL。

（8）酸性氯化钾溶液（250g·L$^{-1}$）：8.5mL 浓盐酸用 25% 氯化钾溶液稀释至 1000mL。

（9）1% 铁氰化钾溶液（10g·L$^{-1}$）：1g 铁氰化钾溶于水中稀释至 100mL。放于棕色瓶内保存。

（10）碱性铁氰化钾溶液：取 4mL 10g·L$^{-1}$ 铁氰化钾溶液，用 150g·L$^{-1}$ 氢氧化钠溶液稀释至 60mL。用时现配，避光使用。

（11）正丁醇：需经重蒸馏后使用。

（12）淀粉酶和蛋白酶。

（13）活性人造浮石：称取 200g 40～60 目的人造浮石，以 10 倍于其容积的热乙酸溶液搅洗 2 次，每次 10min；再用 5 倍于其容积的 250g·L$^{-1}$ 热氯化钾溶液搅洗 15min；

然后用稀乙酸溶液搅洗 10min；最后用热蒸馏水洗至没有氯离子；于蒸馏水中保存。

（14）硫胺素标准贮备液（0.1mg·mL⁻¹）：准确称取 100mg 经氯化钙干燥 24h 的硫胺素，溶于 0.01mol·L⁻¹盐酸中，并稀释至 1000mL；于冰箱中避光保存。

（15）硫胺素标准中间液（10μg·mL⁻¹）：将硫胺素标准贮备液用 0.01mol·L⁻¹盐酸稀释 10 倍。此溶液每毫升相当于 10μg 硫胺素；于冰箱中避光可保存数月。

（16）硫胺素标准使用液（0.1mg·mL⁻¹）：将硫胺素标准中间液用水稀释 100 倍，用时现配。

（17）溴甲酚绿溶液（0.4g·L⁻¹）：称取 0.1g 溴甲酚绿，置于小研钵中，加入 1.4mL0.1mol·L⁻¹氢氧化钠研磨片刻，再加入少许水继续研磨至完全溶解，用水稀释至 250mL。

### 3. 仪器设备

（1）电热恒温培养箱。

（2）荧光分光光度计。

（3）Maizel-Gerson 反应瓶。

（4）盐基交换管（图 10-2）。

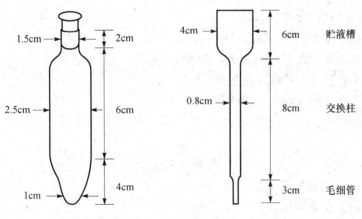

图 10-2　盐基交换管

### 4. 分析步骤

（1）试样制备。

试样准备：样品采集后用匀浆机打成匀浆保存于低温冰箱中冷冻，用时将其解冻后使用。干燥试样要将其尽量粉碎后备用。

提取：准确称取适量试样（估计其硫胺素含量为 10～30μg，一般称取 2～10g 试样）置于 100mL 三角瓶中，加入 50mL0.1mol·L⁻¹或 0.3mol·L⁻¹盐酸使其溶解，放入高压锅中加热水解，121℃30min，凉后取出。用 2mol·L⁻¹乙酸钠调 pH 为 4.5（以 0.4g·L⁻¹溴甲酚绿为外指示剂）。按每克试样加入 20mg 淀粉酶和 40mg 蛋白酶的比例加入淀粉酶和蛋白酶，于 45～50℃保温箱过夜保温约 16h。凉至室温，定容至 100mL，然后混匀过滤，即为提取液。

净化：用少许脱脂棉铺于盐基交换管的交换柱底部，加水将棉纤维中气泡排出，再加约 1g 活性人造浮石使之达到交换柱的 1/3 高度。保持盐基交换管中液面始终高于活性人造浮石。用移液管加入提取液 20～60mL（使通过活性人造浮石的硫胺素总量为 2～5μg）。加入约 10mL 热蒸馏水冲洗交换柱，弃去洗液。如此重复三次。加入 20mL250g·L$^{-1}$ 酸性氯化钾（温度为 90℃左右），收集此液于 25mL 刻度试管内。冷至室温，用 250g·L$^{-1}$ 酸性氯化钾定容至 25mL，即为试样净化液。重复上述操作，将 20mL 硫胺素标准使用液加入盐基交换管以代替样品提取液，即得到标准净化液。

氧化：将 5mL 试样净化液分别加入 A、B 两个反应瓶。在避光条件下将 3mL150g·L$^{-1}$ 氢氧化钠加入反应瓶 A，将 3mL 碱性铁氰化钾溶液加入反应瓶 B，振摇约 15s，然后加入 10mL 正丁醇；将 A、B 两个反应瓶同时用力振摇 90s。

重复上述操作，用标准净化液代替试样净化液。

静置分层后吸去下层碱性溶液，加入 2～3g 无水硫酸钠使溶液脱水。

（2）测定。

荧光测定条件：激发波长 365nm；发射波长 435nm；激发波狭缝 5nm；发射波狭缝 5nm。

依次测定下列试样的荧光强度：

1）试样空白荧光强度（试样反应瓶 A）。

2）标准空白荧光强度（标准反应瓶 A）。

3）试样荧光强度（试样反应瓶 B）。

4）标准荧光强度（标准反应瓶 B）。

5. 结果计算

$$X = (U - U_b) \times \frac{cV}{S - S_b} \times \frac{V_1}{V_2} \times \frac{1}{m} \times \frac{100}{1000}$$

式中：$X$——样品中硫胺素含量，mg/100g；

$\quad\quad U$——样品荧光强度；

$\quad\quad U_b$——样品空白荧光强度；

$\quad\quad S$——标准荧光强度；

$\quad\quad S_b$——标准空白荧光强度；

$\quad\quad C$——硫胺素标准使用液浓度，μg·mL$^{-1}$；

$\quad\quad V$——用于净化的硫胺素标准使用液体积，mL；

$\quad\quad V_1$——样品水解后定容之体积，mL；

$\quad\quad V_2$——样品用于净化的提取液体积，mL；

$\quad\quad M$——样品质量，g；

$\quad\quad 100/1000$——样品含量由 μg·g$^{-1}$ 换算成 mg/100g 的系数。

6. 说明及注意事项

（1）一般食品中的维生素 B$_1$ 是游离型的，也有结合型的，即与淀粉、蛋白质等结合在一起的，故需用酸或酶水解，使结合型维生素 $B_1$ 成为游离型，再采用此法测定。一般淀粉酶含有维生素 $B_1$，要用白土吸附去除，但需要迅速处理，否则酶活性降低。

(2) 谷物类物质不需酶分解，样品粉碎后用 $250g \cdot L^{-1}$ 酸性氯化钾直接提取。

(3) 样品与铁氰化钾溶液混合后，所呈现的黄色应至少保持 15s，否则应再滴加铁氰化钾溶液 $1 \sim 2$ 滴，因样品中含有还原性物质，而铁氰化钾用量不够时，硫胺素氧化不完全，但过多的铁氰化钾又会破坏硫胺素，因此其用量应恰当。

(4) 紫外线破坏硫胺素，因此硫胺素形成后要迅速测定并力求避光操作。

(5) 加热酸性 KCl 时不能使其沸腾，热 KCl 滤速较快，而不沸则是使其不致因过饱和而在洗涤中结晶析出而阻塞交换柱。

(6) 氧化中加铁氰化钾是整个实验的关键，对每个样品所加试剂的次序、快慢、振摇时间等都必须尽量一致，尤其是用正丁醇提取硫色素时必须保证准确振摇 90s。

**（二）高效液相色谱法**（HPLC）

**1. 原理**

维生素 $B_1$ 测定通常采用反相键结合相色谱法进行分离，利用紫外检测器或荧光检测器检测。利用荧光检测器检测时，应首先使从样品中提取出来的维生素 $B_1$ 氧化成硫色素，然后转入正丁醇或异丁醇中，再进行 HPLC 分析。HPLC 法快速、简便、准确、灵敏度高。

**2. 试剂**

(1) $0.0025mol \cdot L^{-1}$ 磷酸盐缓冲溶液（pH7.4）。

(2) 流动相：以磷酸盐缓冲液 80 份和乙腈 20 份相互混合而成。

(3) 碱性氰化钾溶液：吸取 $97mL150g \cdot L^{-1}NaOH$ 溶液加入 $3mL10g \cdot L^{-1}$ 铁氰化钾相互混合而成。

(4) 维生素 $B_1$ 标准溶液：用 $0.01mol \cdot L^{-1}$ 盐酸溶液将符合药典的盐酸维生素 $B_1$ 配制成 $100\mu g \cdot mL^{-1}$ 维生素 $B_1$ 标准溶液。

(5) 维生素 $B_1$ 标准使用溶液：取维生素 $B_1$ 标准溶液 2mL，用重蒸馏水定容至 100mL，最终浓度为 $2\mu g \cdot mL^{-1}$。

(6) 混合酶溶液：根据酶的活度和活力，用 $2mol \cdot L^{-1}$ 乙酸钠溶液取适量的淀粉酶和木瓜蛋白酶配制成各 $3\%$ 浓度的溶液。

**3. 仪器设备**

(1) 液相色谱仪（配荧光分光检测器和记录仪）；

(2) 微量注射器（ $5\mu L$、$10\mu L$ 微量注射器）；

(3) 实验室常用设备。

**4. 分析步骤**

(1) 样品处理。将固体样品粉碎后过 20 目筛备用；肉类及水产品样品经捣碎机捣碎；果蔬类样品也经捣碎后备用。

称取样品 1.00g（维生素 $B_1$ 含量不低于 $0.5\mu g$）于 50mL 棕色容量瓶中，加入 35mL0.1mol·$L^{-1}$盐酸溶液，在超声波浴中处理 3min 或转动摇动，在高压灭菌器内于 121℃灭菌 20～30min 或者置于沸水中加热 30min，然后轻摇数次。取出，冷却至 40℃ 以下，分别加入 2.5mL 混合酶液摇匀，置于 37℃下过夜或于 42～43℃加热 4h，冷却 后用水定容至 50mL，样液经 3000r·$min^{-1}$的速度离心后过滤，取约 10mL 滤液备用。

取上述滤液 5mL 于 60mL 分液漏斗中，边振边沿分液漏斗壁加入 3mL 碱性铁氰化 钾溶液，继续振摇 10s，立即加入 8mL 异丁醇，并猛烈振摇 45s，静置分层后，弃去水 层。有机相通过无水硫酸钠小柱，收集待测溶液的维生素 $B_1$。

维生素 $B_1$ 标准使用溶液：分别取 0.00、0.25、0.50、1.00、2.00 和 4.00mL 维生 素 $B_1$ 于 50mL 的棕色容量瓶中，再加入与样品等量的 0.1mol·$L^{-1}$盐酸溶液，以下操 作方法与样品处理相同。

(2) 样品测定。样品液与维生素 $B_1$ 分别进样分析（等量进样）。

色谱分析条件：

色谱柱为 YWG-$C_{18}$，250mm×3.8mm（内径，简写为 i.d.）。

激发波长为 435nm，狭缝为 10nm。

发射波长为 375nm，狭缝为 12.5nm。

灵敏度为 10。

流动相速度为 1mL·$min^{-1}$。

进样量为 $4\mu L$ 或 $8\mu L$。

5. 结果计算

以标准系列的峰高为纵坐标，标准系列的维生素 $B_1$ 含量（$\mu g$）为横坐标，绘制标 准曲线。计算公式为：

$$X = \frac{m_1}{m}$$

式中：$X$——维生素 $B_1$ 含量，$\mu g \cdot g^{-1}$；

　　　$m_1$——由标准曲线查得相当于维生素 $B_1$ 的质量，$\mu g$；

　　　$m$——进入色谱内的样品质量，g。

## 二、食品中维生素 $B_2$ 的测定（GB/T 5009.85—2003）

维生素 $B_2$ 即核黄素，在食品中以游离形式或磷酸酯等结合形式存在。核黄素是机 体许多重要辅酶的组成成分，对机体内糖、蛋白质、脂肪代谢起着重要作用。缺乏时会 发生口角炎、舌炎等。膳食中的主要来源是各种动物性食品，其中以肝、肾、心、蛋、 奶的含量最多，其次是植物性食品的豆类和新鲜绿叶蔬菜。人体不能合成。

维生素 $B_2$ 为橙黄色针状结晶化合物，由于具有橙黄色，又称核黄素。味苦，易溶 于水和乙醇，水溶液呈黄绿色荧光。维生素 $B_2$ 在酸性溶液中稳定、耐热；在碱性溶液 中极易受光照而被破坏。游离核黄素对光、紫外线敏感。

维生素 $B_2$ 是由异咯嗪基和核糖醇基所组成的（图 10-3）。

目前测定核黄素的方法主要有荧光法和微生物法，在这里仅介绍荧光法。

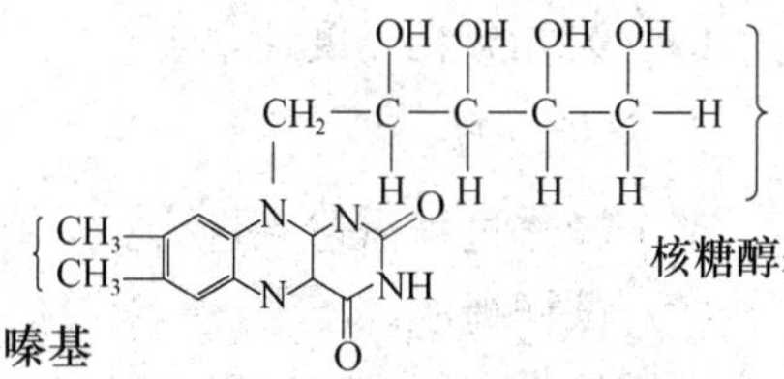

图 10-3　维生素 $B_2$ 的化学式

1. 原理

核黄素在 440～500nm 波长光照射下发生黄绿色荧光。在稀溶液中其荧光强度与核黄素的浓度成正比。在波长 525nm 下测定其荧光强度。试液再加入低亚硫酸钠（$Na_2S_2O_4$），将核黄素还原为无荧光的物质，然后再测定试液中残余荧光杂质的荧光强度，两者之差即为样品中核黄素所产生的荧光强度。

2. 试剂

试验用水为蒸馏水。试剂如不加说明为分析纯。

（1）0.1mol·$L^{-1}$盐酸。

（2）1mol·$L^{-1}$氢氧化钠。

（3）0.1mol·$L^{-1}$氢氧化钠。

（4）硅镁吸附剂：60～100 目。

（5）2.5mol·$L^{-1}$无水乙酸钠溶液。

（6）200g·$L^{-1}$低亚硫酸钠溶液：此液用时现配。保存在冰水浴中，4h 内有效。

（7）洗脱液：丙酮＋冰乙酸＋水＝5＋2＋9。

（8）0.4g·$L^{-1}$溴甲酚绿指示剂。

（9）30g·$L^{-1}$高锰酸钾溶液。

（10）3％过氧化氢溶液。

（11）10％木瓜蛋白酶：用 2.5mol·$L^{-1}$乙酸钠溶液配制。使用时现配制。

（12）10％淀粉酶：用 2.5mol·$L^{-1}$乙酸钠溶液配制。使用时现配制。

（13）核黄素标准溶液的配制（纯度98％）。

25μg·$mL^{-1}$核黄素标准储备液：将标准品核黄素粉状结晶置于真空干燥器或盛有硫酸的干燥器中。经过 24h 后，准确称取 50mg，置于 2L 容量瓶中，加入 2.4mL 冰醋酸和 1.5L 水。将容量瓶置于温水中摇动，待其溶解，冷至室温，稀释至 2L，移至棕色瓶内，加少许甲苯盖于溶液表面，于冰箱中保存。

核黄素标准使用液：吸取 2.00mL 核黄素标准储备液，置于 50mL 棕色容量瓶中，用水稀释至刻度。避光贮于 4℃冰箱，可保存一周。此溶液每毫升相当于 1.00μg 核黄素。

3. 仪器设备

（1）实验室常用设备。

（2）高压消毒锅。

（3）电热恒温培养箱。

（4）核黄素吸附柱。

（5）荧光分光光度计。

4. 分析步骤

整个操作过程需避光进行。

（1）试样提取。

试样的水解：准确称取 2～10g 样品（约含 10～200$\mu$g 核黄素）于 100mL 三角瓶中，加入 50mL0.1mol·L$^{-1}$盐酸，搅拌直到颗粒物分散均匀。用 40mL 瓷坩埚为盖扣住瓶口，置于高压锅内高压水解，10.3×10$^4$Pa，30min。水解液冷却后，滴加 1mol·L$^{-1}$氢氧化钠，取少许水解液，用 0.4g·L$^{-1}$溴甲酚绿检验呈草绿色，pH 为 4.5。

试样的酶解：

1）含有淀粉的水解液：加入 3mL10％淀粉酶溶液，于 37～40℃保温约 16h。

2）含高蛋白的水解液：加入 3mL10％木瓜蛋白酶溶液，于 37～40℃保温约 16h。

上述酶解液定容至 100.0mL，用干滤纸过滤。此提取液在 4℃冰箱中可保存一周。

（2）氧化去杂质。视试样中核黄素的含量取一定体积的试样提取液及核黄素标准使用液（约含 1～10$\mu$g 核黄素）分别于 20mL 的带盖刻度试管中，加水至 15mL。各管加 0.5mL 冰醋酸，混匀。加 30g·L$^{-1}$高锰酸钾溶液 0.5mL，混匀，放置 2min，使氧化去杂质。滴加 3％双氧水溶液数滴，直至高锰酸钾的颜色褪掉，剧烈振摇此管，使多余的氧气逸出。

（3）核黄素的吸附和洗脱。

核黄素吸附柱：称硅镁吸附柱约 1g 用湿法装入柱，占柱长 1/2～2/3（约 5cm）为宜（吸附柱下端用一小团脱脂棉垫上），勿使柱内产生气泡，调节流速约为 60 滴/分。

过柱与洗脱：将全部氧化后的样液及标准液通过吸附柱后，用约 20mL 热水洗去样液中的杂质。然后用 5.00mL 洗脱液将试样中核黄素洗脱并收集于一带盖 10mL 刻度试管中，再用水洗吸附柱，收集洗出液并定容至 10mL，混匀后待测荧光。

（4）标准曲线的制备。分别精确吸取核黄素标准使用液 0.3、0.6、0.9、1.25、2.5、5.0、10.0、20.0mL（相当于 0.3、0.6、0.9、1.25、2.5、5.0、10.0、20.0$\mu$g 核黄素）或取与试样含量相近的单点标准按核黄素的吸附和洗脱步骤操作。

（5）测定。于激发光波长 440nm，发射光波长 525nm 下，测量试样管及标准管的荧光值。

待试样及标准的荧光值测量后，在各管的剩余液（约 5～7mL）中加 0.1mL20％低亚硫酸钠溶液，立即混匀，在 20s 内测定各管的荧光值，做试样的空白值和标准的空白值。

5. 结果计算

$$X = \frac{(A-B) \times m_0}{(C-D) \times m} \times F \times \frac{100}{1000}$$

式中：$X$——样品中含核黄素的量，mg/100g；

$A$——样品管荧光值；

$B$——样品管空白荧光值；

$C$——标准管荧光值；

$D$——标准管空白荧光值；

$F$——稀释倍数；

$m$——样品的质量，g；

$m_0$——标准管中核黄素的含量，$\mu$g；

100/1000——将样品中核黄素量由 $\mu$g·g$^{-1}$ 折算成 mg/100g 的折算系数。

6. 说明及注意事项

（1）核黄素对光敏感，整个操作应在避光条件下进行。

（2）核黄素可被低亚硫酸钠还原成无荧光型，但摇动后很快被空气氧化成有荧光物质，所以要立即测定。

（3）试样提取液中若有色素，可吸收部分荧光，因此可用高锰酸钾氧化除去色素。

（4）在重复性条件下获得两次独立测定结果的绝对差值不得超过算数平均值的 10%。

## 三、维生素 C 的测定

维生素 C 是一种己糖醛基酸，有抗坏血病的作用，所以又被人们称作抗坏血酸，主要有还原型及脱氢型两种，广泛存在于植物组织中，新鲜的水果、蔬菜，特别是枣、辣椒、苦瓜、柿子叶、猕猴桃、柑橘等食品中含量较多。它是氧化还原酶之一，本身易被氧化，但在有些条件下又是一种抗氧化剂。

维生素 C（还原型）纯品为白色无臭结晶，熔点 190～192℃，溶于水或乙醇中，不溶于油剂。在水溶液中易被氧化，在碱性条件下易分解，在弱酸条件下较稳定。维生素 C 开始氧化为脱氢型抗坏血酸（有生理作用），如果进一步水解则生成 2,3-二酮古乐糖酸，失去生理作用。

目前常用的测定方法有：2,6-二氯靛酚法（还原型 $V_C$）；2,4-二硝基苯肼法（总 $V_C$）；碘量法；荧光分光光度法。这里仅介绍 2,6-二氯靛酚法（还原型 $V_C$）和 2,4-二硝基苯肼法（总 $V_C$）。

### （一）2,4-二硝基苯肼比色法（GB/T 5009.86—2003）

1. 原理

可测总抗坏血酸，总抗坏血酸包括还原型、脱氢型和二酮古乐糖酸型。此法是将样品的还原型抗坏血酸氧化为脱氢型抗坏血酸，然后与 2,4-二硝基苯肼作用，生成红色的脎。脎的量与总抗坏血酸含量成正比，将红色脎溶于硫酸后进行比色，由标准曲线计算样品中的总 $V_C$。

2. 试剂

本实验用水均为蒸馏水。试剂纯度均为分析纯。

（1）4.5mol·L⁻¹硫酸：谨慎地将 250mL 硫酸（相对密度为 1.84）加入 700mL 水中，冷却后用水稀释至 1000mL。

（2）85%硫酸：谨慎地将 90mL 硫酸（相对密度为 1.84）加于 100mL 水中。

（3）2% 2,4-二硝基苯肼溶液：溶解 2g 2,4-二硝基苯肼于 100mL 4.5mol·L⁻¹硫酸内，过滤。不用时存于冰箱内，每次用前必须过滤。

（4）2%草酸溶液：溶解 20g 草酸于 700mL 水中，稀释至 1000mL。

（5）1%草酸溶液：将 500mL 2%草酸溶液稀释到 1000mL。

（6）1%硫脲溶液：溶解 5g 硫脲于 500mL 1%草酸溶液中。

（7）2%硫脲溶液：溶解 10g 硫脲于 500mL 1%草酸溶液中。

（8）1mol/L盐酸：取 100mL 盐酸，加入水中，并稀释至 1200mL。

（9）抗坏血酸标准溶液：溶解 100mg 纯抗坏血酸于 100mL 1%草酸中，配成每毫升相当于 1mg 抗坏血酸的标准溶液。

（10）活性炭：将 100g 活性炭加入 750mL1mol·L⁻¹盐酸中，回流 1～2h，过滤，用水洗数次，至滤液中无铁离子（$Fe^{3+}$）为止，然后置于 110℃烘箱中烘干。

检验铁离子方法：利用普鲁士蓝反应。将 2%亚铁氰化钾与 1%盐酸等量混合，将上述洗出滤液滴入，如有铁离子则产生蓝色沉淀。

3. 仪器设备

（1）恒温箱（37±0.5)℃。

（2）可见-紫外分光光度计。

（3）捣碎机。

4. 分析步骤

（1）样品制备。

鲜样的制备：称取 100g 鲜样和 100g2%草酸溶液，倒入捣碎机中打成匀浆，取 10～40g 匀浆（含 1～2mg 抗坏血酸）倒入 100mL 容量瓶中，用 1%草酸溶液稀释至刻度，混匀。

干样的制备：称取 1～4g 干样（含 1～2mg 抗坏血酸）放入研钵内，加入 1%草酸溶液磨成匀浆，倒入 100mL 容量瓶内，用 1%草酸溶液稀释至刻度，混匀。

将上述滤液过滤，滤液备用。不易过滤的样品可用离心机沉淀后，倾出上清液，过滤，备用。

（2）氧化处理。取 25mL 上述滤液，加入 2g 活性炭，振摇 1min，过滤，弃去最初数毫升滤液。取 10mL 经氧化后的提取液，加入 10mL2%硫脲溶液混匀，此即为样品稀释液。

（3）呈色反应。于三个试管中各加入 4mL 经氧化的试样稀释液。一个试管作为空白，在其余试管中加入 1.0mL 2%的 2,4-二硝基苯肼溶液，将所有试管放入(37±0.5)℃恒温箱或水浴中保温 3h。

3h 后取出，除空白管外，将所有试管放入冰水中，空白管取出后使其冷到室温。

然后加入 1.0mL 2%的 2,4-二硝基苯肼溶液，在室温中放置 10～15min 后放入冰水内。其余步骤同样品。

(4) 85%硫酸处理。当试管放入冰水后，向每一试管中加入 5mL 85%硫酸，滴加时间至少需要 1min（防止液温升高而使部分有机物灰化，影响空白值），需边加边摇动试管。添加硫酸溶液后将试管自冰水中取出，在室温放置 30min 后比色。

(5) 比色。用 1cm 比色杯，以空白液调零点，于 500nm 波长处测定吸光值。

(6) 标准曲线绘制。

1) 加 2g 活性炭于 50mL 标准溶液中，摇动 1min，过滤。

2) 取 10mL 滤液放入 500mL 容量瓶中，加 5.0g 硫脲，用 1%草酸溶液稀释至刻度，抗坏血酸浓度为 20μg·mL$^{-1}$。

3) 取 5、10、20、25、40、50、60mL 稀释液，分别放入 7 个 100mL 容量瓶中，用 1%硫脲溶液稀释至刻度，使最后稀释液中抗坏血酸的浓度分别为 1、2、4、5、8、10、12μg·mL$^{-1}$。

4) 按样品测定步骤形成脎并比色。

5) 以吸光值为纵坐标，以抗坏血酸浓度（μg·mL$^{-1}$）为横坐标绘制标准曲线。

5. 结果计算

$$X = \frac{c \times V}{m} \times F \times \frac{100}{1000}$$

式中：X——样品中总抗坏血酸含量，mg/100g；

   C——由标准曲线查得或由回归方程算得样品氧化液中总抗坏血酸的浓度，μg·mL$^{-1}$；

   V——试样用 1%草酸溶液定容的体积，mL；

   F——样品氧化处理过程中的稀释倍数；

   M——试样质量，g。

6. 说明与注意事项

(1) 活性炭对维生素 C 的氧化作用是基于其表面吸附的氧进行的界面反应，加入量过低，则氧化不充分，测定结果偏低；反之则对维生素 C 有吸附作用，也会使结果偏低。

(2) 对无色或已脱色的样品，也可用液溴或 2,6-二氯淀粉做氧化剂。

(3) 硫脲可防止维生素 C 的继续氧化，同时促进脎的形成，最后溶液中硫脲的浓度要一致，否则会影响测定结果。

(4) 试管从冰浴中取出后，因糖类的存在造成显色不稳定，颜色会逐渐加深，30s 后影响将减小，故在加入 85%硫酸 30s 后进行比色。

(5) 测定波长一般在 495～540nm，样品杂质多时在 540nm 处较为合适，但灵敏度较最大吸收波长 520nm 下的降低约 30%。

(6) 结果的允许差：同一实验室平行或重复测定的相对偏差绝对值≤10%。

### （二）2,6-二氯靛酚滴定法

**1. 原理**

还原型抗坏血酸还原染料 2,6-二氯靛酚，该染料在酸性溶液中呈粉红色，在中性或碱性溶液中呈蓝色，被还原后红色消失。还原型抗坏血酸还原 2,6-二氯靛酚后，本身被氧化成脱氢抗坏血酸。在没有杂质干扰时，一定量的样品提取液还原标准 2,6-二氯靛酚的量与样品中所含维生素 C 的量成正比。

**2. 试剂**

（1）1%草酸溶液：称取 10g 草酸，加水至 1000mL。

（2）2%草酸溶液：称取 20g 草酸，加水至 1000mL。

（3）维生素 C 标准使用液：准确称取 20mg$V_C$ 溶于 1%草酸溶液中，并稀释至 100mL，保存于冰箱中。用时吸取 5mL 于 50mL 容量瓶中，加入 1%草酸溶液至刻度，此溶液每毫升含有 0.02mg$V_C$。

1）标定：吸取标准使用液 5mL 于三角瓶中，加入 6%碘化钾溶液 0.5mL、1%淀粉溶液 3 滴，以 0.001mol/L 碘酸钾标准溶液滴定，终点为淡蓝色。

2）计算：

$$c = \frac{V_1}{V_2} \times 0.088$$

式中：$c$——维生素 C 标准溶液的浓度，$mg \cdot mL^{-1}$；

$V_1$——滴定时消耗 0.001mol·$L^{-1}$碘酸钾标准溶液的体积，mL；

$V_2$——滴定时所取维生素 C 标准使用液的体积，mL；

0.088——1mL0.001mol·$L^{-1}$碘酸钾标准溶液相当于维生素 C 的量，$mg \cdot mL^{-1}$。

（4）0.02% 2,6-二氯靛酚溶液：称取 2,6-二氯靛酚 50mg，溶于 200mL 含有 52mg 碳酸氢钠的热水中，冷却后，稀释至 250mL，过滤于棕色瓶中，贮存于冰箱内，应用过程中每星期标定一次。

1）标定：吸取 5mL 已知浓度的 $V_C$ 标准溶液，加入 5mL1%草酸溶液，摇匀，用染料 2,6-二氯靛酚滴定至溶液呈粉红色，15 秒不褪色即为终点。

2）计算：

$$T = \frac{c \times V_1}{V_2}$$

式中：$T$——每毫升 2,6-二氯靛酚相当于维生素 C 的毫克数，$mg \cdot mL^{-1}$；

$C$——维生素 C 标准溶液的浓度，$mg \cdot mL^{-1}$；

$V_1$——维生素 C 标准溶液的体积，mL；

$V_2$——消耗 2,6-二氯靛酚的体积，mL。

（5）0.001mol·$L^{-1}$KIO$_3$ 标液：吸取 0.1mol·$L^{-1}$KIO$_3$ 溶液 5mL 溶于 500mL 容量瓶内，加水至刻度，每毫升相当于 $V_C$0.008mg。

（6）1%淀粉溶液。

（7）6％KI 溶液。

3. 仪器设备

（1）50mL 锥形瓶。

（2）50mL 容量瓶。

（3）微量滴定管。

（4）实验室常用设备。

4. 分析步骤

（1）试样提取。准确称取试样 1～3g，放入研钵中，加入 2％的草酸溶液 3～5mL 进行研磨，成糊状后加入 1％草酸溶液 10～15mL 浸提片刻，将浸提液滤入 50mL 容量瓶中。如此共抽提 2～3 次。最后用 1％草酸溶液定容至 50mL。如果滤液颜色很深，滴定不易辨别终点，可用对维生素 C 无吸附作用的优质白陶土脱色后再进行滴定。

（2）滴定。用吸量管准确吸取样液 5mL，放入 50mL 锥形瓶中，再加入 1％的草酸溶液 5mL。以 2,6-二氯靛酚溶液滴定至提取液呈浅粉红色，并在 15～30s 不褪色。滴定过程必须迅速，不要超过 2min。滴定所用的 2,6-二氯靛酚的量应在 1～4mL。记录消耗的 2,6-二氯靛酚的量。重复操作三次。

另取 1％草酸 5mL2 份，按上法做空白滴定，记录消耗的 2,6-二氯靛酚的量（mL）。

5. 结果计算

$$m = \frac{(V - V_1) \times T \times 100}{m_1}$$

式中：$V$——消耗染料的体积，mL；

$\quad\quad V_1$——空白滴定消耗的染料的体积，mL；

$\quad\quad T$——1mL 染料所能氧化维生素 C 的毫克数，mg；

$\quad\quad m_1$——滴定时所有滤液中含有样品的克数，g；

$\quad\quad m$——试样中维生素 C 的含量，mg/100g。

6. 说明及注意事项

（1）所有试剂的配制最好都用重蒸馏水。

（2）滴定时，可同时吸两个样品。一个滴定，另一个作为观察颜色变化的参考。

（3）样品进入实验室后，应浸泡在已知量的 2％草酸溶液中，以防氧化损失维生素 C。

（4）整个操作过程要迅速，避免还原型抗坏血酸被氧化。

（5）在处理各种样品时，如遇有泡沫产生，可加入数滴辛醇消除。

（6）测定样液时，需做空白对照，样液滴定体积扣除空白体积。

# 复习思考题

1. 大多数维生素定量方法中，维生素必须先从食品中提取出来，通常使用哪些方法提取维生素？对于水溶性维生素和脂溶性维生素，分别给出一个适当的提取方法。

    2. 试述高效液相色谱法测定维生素 A、维生素 E 的原理及操作要点。

    3. 说明三氯化锑比色法测定维生素 A 的原理，皂化、提取的目的。

    4. 简要说明维生素 D 的测定原理及方法。

    5. 简要说明 β-胡萝卜素的测定原理及方法。

    6. 试述维生素 C 的性质并比较各种测定 $V_C$ 方法之间的优缺点。

# 第十一章 食品添加剂的检验

**学习目标**

    掌握食品添加剂的定义、种类及主要作用。

    掌握使用食品添加剂应遵循的原则。

    掌握苯甲酸、山梨酸、甜蜜素等常见添加剂的测定方法。

**学习重点**

    苯甲酸、山梨酸、糖精钠、甜蜜素、亚硫酸盐、硝酸盐、亚硝酸盐的测定原理和方法。

**学习难点**

    各种食品添加剂测定所用仪器的基本原理。

## 第一节 概 述

### 一、食品添加剂的概念

    食品添加剂是指为改善食品品质和色、香、味，以及为防腐、保鲜和加工工艺的需要而加入食品中的人工合成或者天然的物质。营养强化剂、食品用香料、胶基糖果中基础剂物质、食品工业用加工助剂也包括在内。

    食品添加剂可以是一种物质或多种物质的混合物，它们中大多数不是基本食品原料本身所固有的物质，而是在生产、贮存、包装等过程中在食品中为达到某一目的而有意添加的物质。食品添加剂一般都不能单独作为食品来食用，其添加量有严格的限制，并且为取得所需效果的添加量也很小。

## 二、食品添加剂的分类

食品添加剂的种类很多，目前国际上对食品添加剂的分类还没有统一的标准。大致上可按其来源、功能和安全评价的不同而有不同划分。按来源可分为：天然食品添加剂和人工化学合成食品添加剂。前者主要从动、植物中提取制得，也有一些来自微生物的代谢产物或矿物。后者则是通过化学合成的方法取得。

我国 2011 年颁布的《食品添加剂使用标准》中附录 E，按其主要功能作用的不同，把添加剂分为：酸度调节剂、抗结剂、消泡剂、抗氧化剂、漂白剂、膨松剂、胶基糖果中基础剂物质、着色剂、护色剂、乳化剂、酶制剂、增味剂、面粉处理剂、被膜剂、水分保持剂、营养强化剂、防腐剂、稳定剂和凝固剂、甜味剂、增稠剂、食品用香料、食品工业用加工助剂及其他添加剂（上述功能类别中不能涵盖的其他功能）。

## 三、食品添加剂在食品加工中的作用

食品添加剂的主要作用有以下几个方面：
（1）有利于食品的保藏，防止食品腐败变质（如防腐剂、抗氧化剂）。
（2）改善食品的感官性状（食品的色、香、味、形态和质地等）。
（3）保持或提高食品的营养价值。
（4）增加食品的品种和方便性。
（5）有利于食品的加工处理，适应生产的机械化和自动化。
（6）满足其他特殊需要。

## 四、测定添加剂的意义

（1）一般化学合成的添加剂具有毒性，有个别的在食品中起变态反应，对添加剂的剂量加以限制，以保障人民身体健康。
（2）通过食品理化检测考察食品中食品添加剂的使用量是否超标，是否在标准规定范围内，以保证食品的卫生质量。

# 第二节　食品中甜味剂的测定

## 一、食品中糖精钠的测定

糖精钠别名水溶性糖精，学名邻磺酰苯酰亚胺钠，英文名 saccharin sodium，分子式是 $C_7H_4O_3NSNa \cdot 2H_2O$，为无色结晶或稍带白色的结晶性粉末，无臭或稍有香气，味浓甜带苦，在空气中缓慢风化，失去约一半结晶水而成为白色粉末。甜度为蔗糖的 $200 \sim 500$ 倍，一般为 300 倍，甜味阈值约为 0.00048%。易溶于水，其溶解度为：99.8%（20℃）。略溶于乙醇，在 25℃、92.5% 乙醇中的溶解度为 2.6%。水溶液呈微碱性。糖精钠在水溶液中比较稳定，于 100℃加热 2 小时无变化。将水溶液长时间放置，甜味慢慢降低。糖精钠不参与体内代谢，人摄入 0.5h 后，即可在尿中出现，16～24h 后，可全部排出体外，其化学结构无变化。

糖精钠具有价格便宜，不参加代谢，不提供能量，性质稳定等优点。但单独使用会带来令人讨厌的后苦味和金属味，使用中常通过和甜蜜素等其他甜味剂混合来改善不良后味。

糖精钠的测定方法有高效液相色谱法、薄层色谱法、离子选择电极等，以下主要介绍高效液相色谱法。

**1. 原理**

试样加温除去二氧化碳和乙醇，调 pH 至近中性，过滤后进高效液相色谱仪，经反相色谱分离后，根据保留时间和峰面积进行定性和定量。

**2. 试剂**

(1) 甲醇：经 $0.45\mu m$ 滤膜过滤；

(2) 氨水（1∶1）：氨水加等体积水混合；

(3) 乙酸铵溶液（$0.02mol \cdot L^{-1}$）：称取 1.54g 乙酸铵，加水至 1000mL 溶解，经 $0.45\mu m$ 滤膜过滤；

(4) 糖精钠标准储备溶液：准确称取 0.0851g 经 120℃烘干 4 小时后的糖精钠，加水溶解定容至 100mL，糖精钠含量 $1.0mg \cdot mL^{-1}$，作为储备溶液；

(5) 糖精钠标准使用溶液：吸取糖精钠标准储备液 10mL 放入 100mL 容量瓶中，加水至刻度，经 $0.45\mu m$ 滤膜过滤，该溶液每毫升相当于 0.10mg 的糖精钠。

**3. 仪器**

高效液相色谱仪，紫外检测器。

**4. 分析步骤**

(1) 试样处理。

1) 汽水：称取 5.00～10.00g，放入小烧杯中，微温搅拌除去二氧化碳，用氨水（1∶1）调 pH 约为 7，加水定容至适当的体积，经 $0.45\mu m$ 滤膜过滤。

2) 果汁类：称取 5.00～10.00g，用氨水（1∶1）调 pH 约为 7，加水定容至适当的体积，离心沉淀，上清液经 $0.45\mu m$ 滤膜过滤。

3) 配制酒类：称取 10.00g，放入小烧杯中，水浴加热除去乙醇，用氨水（1∶1）调 pH 约为 7，加水定容至 20mL，经 $0.45\mu m$ 滤膜过滤。

(2) 高效液相色谱参考条件。

柱：YWG-C18，4.6mm×250mm，$10\mu m$ 不锈钢柱（或具有相同分离效果的柱子）。

流动相：甲醇、乙酸铵溶液（$0.02mol \cdot L^{-1}$）（5∶95）。

流速：$1mL \cdot min^{-1}$。

检测器：紫外检测器，波长 230nm，0.2AUFS。

(3) 测定。取处理液和标准使用液各 $10\mu L$（或相同体积）注入高效液相色谱仪进行分离，以其标准溶液峰的保留时间为依据进行定性，以其峰面积求出样液中被测物质的含量，供计算。

5. 结果计算

试样中糖精钠含量计算公式：

$$X = \frac{A \times 1000}{m \times \frac{V_2}{V_1} \times 1000}$$

式中：$X$——试样中糖精钠含量，$g \cdot kg^{-1}$；

$A$——进样体积中糖精钠的质量，mg；

$V_2$——进样体积，mL；

$V_1$——试样稀释液总体积，mL；

$m$——试样质量，g。

6. 其他

应用 4（2）的高效液相分离条件可以同时测定苯甲酸、山梨酸和糖精钠（GB/T 23495—2009），其分离色谱图见图 11-1。

## 二、食品中环己基氨基磺酸钠的测定方法

环己基氨基磺酸钠别名甜蜜素，为白色结晶或结晶性粉末，无臭，味甜，甜度为蔗糖的 30~50 倍，易溶于水（20g·100mL$^{-1}$），水溶液呈中性，几乎不溶于乙醇等有机溶剂，对热、酸、碱稳定。相对于蔗糖，甜蜜素的甜味来得较慢，但持续时间较久。甜蜜素风味良好，不带异味，还能掩盖如糖精钠等所带有的苦涩味，摄入后由尿（40％）和粪便（60％）排出，无营养作用。

图 11-1 苯甲酸、山梨酸和糖精钠液相色谱图

环己基氨基磺酸钠的测定方法有气相色谱法、比色法、薄层色谱法、液相色谱串联质谱法等。这里只介绍气相色谱法。

1. 原理

在硫酸介质中环己基氨基磺酸钠与亚硝酸反应，生成环己醇亚硝酸酯，利用气相色谱法进行定性和定量。

2. 试剂

本法所用试剂，凡未指明规格者，均为分析纯（AR），水为蒸馏水。

（1）正己烷；

（2）氯化钠；

（3）层析硅胶（或海砂）；

（4）50g·L$^{-1}$亚硝酸钠溶液；

（5）100g·L$^{-1}$硫酸溶液；

（6）环己基氨基磺酸钠标准溶液（含环己基氨基磺酸钠，98％）：精确称取1.0000g 环己基氨基磺酸钠，加水溶解并定容至 100mL，此溶液每毫升含环己基氨基磺酸钠 10mg。

**3. 仪器**

（1）气相色谱仪；

（2）附氢火焰离子化检测器；

（3）旋涡混合器；

（4）离心机；

（5）10μL 微量注射器（有些仪器附有自动进样器）

**4. 色谱条件**

色谱柱：长 2m，内径 3mm，U 形不锈钢柱（或与其等效的石英毛细管柱）；

固定相：Chromosorb W AW DMCS80～100 目，涂以 10％SE-30；

测定条件：根据仪器型号选择适当的分析条件；

柱温：80℃；汽化温度：150℃；检测温度：150℃；

流速：氮气 40mL·min$^{-1}$；氢气 30mL·min$^{-1}$；空气 300mL·min$^{-1}$。

**5. 样品处理**

（1）液体样品：摇匀后直接称取。含二氧化碳的样品先加热除去，含酒精的样品加 40g·L$^{-1}$氢氧化钠溶液调至碱性，于沸水浴中加热除去，制成试样。

（2）固体样品：凉果、蜜饯类样品将其剪碎制成试样。

**6. 分析步骤**

（1）试剂制备。

1）液体试样：称取 20.0g 试样于 100mL 带塞比色管中，置于冰浴中。

2）固体试样：称取 2.0g 已剪碎的试样于研钵中，加少许层析硅胶（或海砂）研磨至呈干粉状，经漏斗倒入 100mL 容量瓶中，加水冲洗研钵，并将洗液一并转移至容量瓶中。加水至刻度，不时摇动，1h 后过滤，即得试样，准确吸取 20mL 于 100mL 带塞比色管中，置冰浴中。

（2）测定。

1）标准曲线的制备：准确吸取 1.00mL 环己基氨基磺酸钠标准溶液于 100mL 带塞比色管中，加水 20mL。置冰浴中，加入 5mL50g·L$^{-1}$亚硝酸钠溶液，5mL100g·L$^{-1}$硫酸溶液，摇匀，在冰浴中放置 30min，并经常摇动，然后准确加入 10mL 正己烷，5g氯化钠，摇匀后置旋涡混合器上振动 1min（或振摇 80 次），待静止分层后吸出己烷层于 10mL 带塞离心管中进行离心分离，每毫升己烷提取液相当于 1mg 环己基氨基磺酸钠，将标准提取液进样 1～5μL 于气相色谱仪中，根据响应值绘制标准曲线。

2）样品管按 1）中自"加入 5mL50g/L 亚硝酸钠溶液……"起操作，然后将试样同样进样 1～5μL，测得响应值，从标准曲线图中查出相应含量。

**7. 试样中甜蜜素含量计算公式**

$$X = \frac{m_1 \times 10 \times 1000}{m \times V \times 1000}$$

式中：$X$——样品中环己基氨基磺酸钠的含量，$g \cdot kg^{-1}$；

     $m$——样品质量，g；

     $V$——进样体积，$\mu L$；

     10——正己烷加入量，mL；

     $m_1$——测定用试样中环己基氨基硝酸钠的含量，$\mu g$。

# 第三节　食品中防腐剂苯甲酸、山梨酸的测定

苯甲酸为白色有丝光的鳞片或针状结晶，质轻、无臭，或略带安息香或苯甲醛的气味。性质稳定，但有吸湿性。约100℃时开始升华，在酸性条件下易随水蒸气挥发，微溶于水易溶于乙醇。苯甲酸钠为白色颗粒或结晶性粉末，无臭或微带安息香的气味，有甜涩味。在空气中稳定，露置空气中可吸潮。苯甲酸水溶性差，在实际使用中常用其钠盐。

苯甲酸分子态的抑菌活性较离子态高，故在 pH 小于 4 时，抑菌活性高，其抑菌的最小浓度为 0.05%～0.1%。但在酸性溶液中其溶解度降低，故不能单靠提高溶液的酸性来提高其抑菌活性。苯甲酸最适抑菌 pH 为 2.5～4.0。

由于苯甲酸对水的溶解度低，故实际多是加适量的碳酸钠或碳酸氢钠，用90℃以上热水溶解，使其转化成苯甲酸钠后才添加到食品中。若必须使用苯甲酸，可先用适量乙醇溶解后再应用。

山梨酸别名 2,4-己二烯酸、花楸酸，山梨酸钾别名 2,4-己二烯酸钾。山梨酸为无色单斜晶体或结晶性粉末，无臭或稍带刺激性臭味。对光、热是稳定的，但在空气中长期放置易被氧化着色。山梨酸的水溶液加热时可随同水蒸气一起挥发。饱和水溶液 pH 为 3.6。山梨酸微溶于水，而溶于有机溶剂。山梨酸钾为无色至浅黄色鳞片状结晶或结晶性粉末，无臭或稍具臭味，在空气中露置能被氧化而着色，有吸湿性。

山梨酸对霉菌、酵母和好气性菌均有抑制作用；但对嫌气性芽孢形成菌与嗜酸乳杆菌几乎无效。在微生物数量过高的情况下，它发挥不了作用，故只适用于具有良好卫生条件和微生物数量较低的食品防腐。

山梨酸属于酸型防腐剂，其防腐效果随 pH 的升高而降低；但山梨酸适宜的 pH 范围比苯甲酸广。当溶液 pH 小于 4 时，抑菌活性强；若大于 6 时，抑菌活性降低。

苯甲酸、山梨酸的测定方法有气相色谱法、高效液相色谱法等。

## 一、气相色谱法

气相色谱法最低检出量为 $1\mu g$，用于色谱分析的样品为 1g 时，最低检出浓度为 $1mg \cdot kg^{-1}$。

1. 原理

样品酸化后，用乙醚提取山梨酸、苯甲酸，用附氢火焰离子化检测器的气相色谱仪进行分离测定，与标准系列比较定量。

2. 试剂

(1) 乙醚：不含过氧化物；

(2) 石油醚：沸程 30～60℃；

(3) 盐酸；

(4) 无水硫酸钠；

(5) 盐酸 (1+1)：取 100mL 盐酸，加水稀释至 200mL；

(6) 氯化钠酸性溶液 (40g·L$^{-1}$)：于氯化钠溶液 (40g·L$^{-1}$) 中加少量盐酸 (1:1) 酸化；

(7) 山梨酸、苯甲酸标准溶液：准确称取山梨酸、苯甲酸各 0.2000g，置于 100mL 容量瓶中，用石油醚-乙醚 (3:1) 混合溶剂溶解后并稀释至刻度，此溶液每毫升相当于 2.0mg 山梨酸或苯甲酸；

(8) 山梨酸、苯甲酸标准使用液：吸取适量的山梨酸、苯甲酸标准溶液，以石油醚-乙醚 (3:1) 混合溶剂稀释至每毫升相当于 50、100、150、200、250$\mu$g 山梨酸或苯甲酸。

3. 仪器

气相色谱仪（具有氢火焰离子化检测器）。

4. 分析步骤

(1) 样品提取。称取 2.50g 事先混合均匀的样品，置于 25mL 带塞量筒中，加 0.5mL 盐酸 (1:1) 酸化，用 15mL、10mL 乙醚提取两次，每次振摇 1min，将上层乙醚提取液吸入另一个 25mL 带塞量筒中，合并乙醚提取液。用 3mL 氯化钠酸性溶液 (40g·L$^{-1}$) 洗涤两次，静置 15min，用滴管将乙醚层通过无水硫酸钠滤入 25mL 容量瓶中。加乙醚至刻度，混匀。准确吸取 5mL 乙醚提取液于 5mL 带塞刻度试管中，置 40℃水浴中挥干，加入 2mL 石油醚-乙酸 (3:1) 混合溶剂溶解残渣，备用。

(2) 色谱参考条件。

色谱柱：玻璃柱，内径 3mm，长 2m，内装涂以 5%DEGS+1%磷酸固定液的 60～80 目 Chromosorb WAW（或用分离效果相当的石英毛细管柱）。

气流速度：载气为氮气，50mL·min$^{-1}$（氮气和空气、氢气之比按各仪器型号不同选择各自的最佳比例条件）。

温度：进样口 230℃；检测器 230℃；柱温 170℃（或根据仪器条件采用程序升温）。

(3) 测定。进样 2$\mu$L 标准系列中各浓度标准使用液于气相色谱仪中，可测得不同浓度山梨酸、苯甲酸的峰高，以浓度为横坐标，相应的峰高值为纵坐标，绘制标准曲线。

同时进样 $2\mu L$ 样品溶液，测得峰高（或峰面积）与标准曲线比较定量。

5. 试样中山梨酸或苯甲酸含量计算公式

$$X = \frac{A \times 1000}{m \times \dfrac{5}{25} \times \dfrac{V_2}{V_1} \times 1000}$$

式中：$X$——样品中山梨酸或苯甲酸的含量，$g \cdot kg^{-1}$；

$A$——测定用样品液中山梨酸或苯甲酸的质量，$\mu g$；

$V_1$——加入石油醚-乙醚（3∶1）混合溶剂的体积，mL；

$V_2$——测定时进样的体积，$\mu L$；

$m$——样品的质量，g；

5——测定时吸取乙醚提取液的体积，mL；

25——样品乙醚提取液的总体积，mL。

由测得苯甲酸的量乘以 1.18，即为样品中苯甲酸钠的含量。

6. 其他

在色谱图 11-2 中山梨酸保留时间为 173s；苯甲酸保留时间为 368s（山梨酸、苯甲酸在不同的仪器、不同的色谱条件下会有不同的出峰时间）。

## 二、高效液相色谱法

1. 原理

样品加温除去二氧化碳和乙醇，调 pH 至近中性，过滤后进高效液相色谱仪，经反相色谱分离后，根据保留时间和峰面积进行定性和定量。

2. 试剂

方法中所用试剂，除另有规定外，均为分析纯试剂，水为蒸馏水或同等纯度水，溶液为水溶液。

（1）甲醇：经滤膜（$0.5\mu m$）过滤；

（2）稀氨水（1∶1）：氨水加水等体积混合；

（3）乙酸铵溶液（$0.02mol\ L^{-1}$）：称取 1.54g 乙酸铵，加水至 1000mL，溶解，经滤膜（$0.45\mu m$）过滤；

（4）碳酸氢钠溶液（$20g \cdot L^{-1}$）：称取 2g 碳酸氢钠（优级纯），加水至 100mL，振摇溶解；

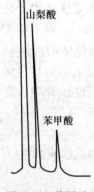
图 11-2　苯甲酸、山梨酸气相色谱图

（5）苯甲酸标准储备溶液：准确称取 0.1000g 苯甲酸，加碳酸氢钠溶液（$20g \cdot L^{-1}$）5mL，加热溶解，移入 100mL 容量瓶中，加水定容至 100mL，苯甲酸含量为 $1mg \cdot mL^{-1}$，作为储备溶液；

（6）山梨酸标准储备溶液：准确称取 0.1000g 山梨酸，加碳酸氢钠溶液（$20g \cdot L^{-1}$）

5mL，加热溶解，移入 100mL 容量瓶中，加水定容至 100mL，山梨酸含量为 1mg·mL$^{-1}$，作为储备溶液；

（7）苯甲酸、山梨酸标准混合使用溶液：取苯甲酸、山梨酸标准储备溶液各 10.0mL，放入 100mL 容量瓶中，加水至刻度。此溶液含苯甲酸、山梨酸各 0.1mg·mL$^{-1}$。经滤膜（0.45$\mu$m）过滤（同时测定糖精钠时可加入糖精钠标准储备溶液）。

3. 仪器

高效液相色谱仪（带紫外检测器）。

4. 分析步骤

（1）样品处理。

1）汽水：称取 5.00～10.0g 样品，放入小烧杯中，微温搅拌除去二氧化碳，用氨水（1:1）调 pH 约 7。加水定容至 10～20mL，经滤膜（0.45$\mu$m）过滤。

2）果汁类：称取 5.00～10.0g 样品，用氨水（1:1）调 pH 约 7，加水定容至适当体积，离心沉淀，上清液经滤膜（0.45$\mu$m）过滤。

3）配制酒类：称取 10.0g 样品，放入小烧杯中，水浴加热除去乙醇，用氨水（1:1）调 pH 约 7，加水定容至适当体积，经滤膜（0.45$\mu$m）过滤。

（2）高效液相色谱参考条件。

色谱柱：YWG-4.6mm×250mm，10$\mu$m 不锈钢柱（或分离条件相当的色谱柱）。

流动相：甲醇：乙酸铵溶液（0.02mol·L$^{-1}$）（5:95）。

流速：1mL·min$^{-1}$。

进样量：10$\mu$L。

检测器：紫外检测器，波长 230nm，灵敏度 0.2AUFS。

根据保留时间定性，外标峰面积法定量。

5. 试样中苯甲酸或山梨酸含量计算公式

$$X = \frac{A \times 1000}{m \times \dfrac{V_2}{V_1} \times 1000}$$

式中：$X$——样品中苯甲酸或山梨酸的含量，g·kg$^{-1}$；

　　　$A$——进样体积中苯甲酸或山梨酸的质量，mg；

　　　$V_2$——进样体积，mL；

　　　$V_1$——样品稀释液总体积，mL；

　　　$m$——样品质量，g。

6. 其他

本方法可同时测定糖精钠。

# 第四节　抗氧化剂的测定

我国食品添加剂使用标准中规定的抗氧化剂主要有以下 15 种：丁基羟基茴香醚

（BHA）、二丁基羟基甲苯（BHT）、没食子酸丙酯（PG）、异抗坏血酸钠、茶多酚、植酸、特丁基对苯二酚（TBHQ）、甘草抗氧化物、抗坏血酸钙、脑磷脂、抗坏血酸棕榈酸酯、硫代二丙酸二月桂酯、4-己基间苯二酚、抗坏血酸、迷香提取物。

本节主要介绍一下丁基羟基茴香醚（BHA）、二丁基羟基甲苯（BHT）、没食子酸丙酯（PG）、特丁基对苯二酚（TBHQ）的测定，相关信息见表 11-1。

表 11-1　添加剂信息

| 序　号 | 名　称 | CAS No | 分子式 | 英文简称 |
|---|---|---|---|---|
| 1 | 丁基羟基茴香醚，别名：叔丁基对羟基茴香醚；丁基大茴醚 | 25013-16-5 | $C_{11}H_{16}O_2$ | BHA |
| 2 | 二丁基羟基甲苯 | | $C_{15}H_{24}O$ | BHT |
| 3 | 特丁基对苯二酚 | 1948-33-0 | $C_{10}H_{14}O_2$ | TBHQ |
| 4 | 没食子酸丙酯 | 121-79-9 | $C_{10}H_{12}O_5$ | PG |

丁基羟基茴香醚（BHA）为白色或微黄色结晶状物，熔点 48～63℃，沸点 264～270℃（98kPa），高浓度是略有酚味，易溶于乙醇（0.25g·mL$^{-1}$，25℃）、丙二醇和油脂，不溶于水。BHA 是一种很好的抗氧化剂，在有效浓度时没有毒性。做食品抗氧剂，能阻碍油脂食品的氧化作用，延缓食品开始败坏的时间。其在食品中的最大用量以脂肪计不得超过 0.2g·kg$^{-1}$。其用量为 0.02% 时比 0.01% 的抗氧效果提高 10%，当用量超过 0.02% 时抗氧化效果反而下降。

二丁基羟基甲苯（BHT）与其他抗氧化剂相比，稳定性较高，耐热性好，在普通烹调温度下影响不大，抗氧化效果也较好，用于长期保存的食品与焙烤食品很有效，是目前国际上特别是在水产加工方面广泛应用的廉价抗氧化剂。一般与 BHA 并用，并以柠檬酸或其他有机酸为增效剂。

特丁基对苯二酚（TBHQ）沸点 295℃，熔点 126.5～128.5℃。对大多数油脂均有防腐败作用，尤其是植物油。遇铁、铜不变色，但如有碱存在可变为粉红色。TBHQ 是国家规定允许添加的食用抗氧化剂，跟 BHT、BHA 相比，其抗氧化性能优越，比 BHT、BHA、PG（没食子酸丙酯）和维生素 E 具有更强的抗氧化能力，在配置过程中适当的添加食品级植酸效果更优；它可有效抑制枯草芽孢杆菌、金黄色葡萄球菌、大肠杆菌、产气短杆菌等细菌以及黑曲菌、杂色曲霉、黄曲霉等微生物的生长。下面介绍气相色谱法和比色法这两种测定抗氧化剂的方法。

没食子酸丙酯（PG）为白色至浅褐色结晶粉末，或微乳白色针状结晶。无臭，微有苦味，水溶液无味。PG 难溶于水，微溶于棉籽油、花生油、猪脂。其 0.25% 水溶液的 pH 为 5.5 左右。没食子酸丙酯比较稳定，遇铜、铁等金属离子发生呈色反应，变为紫色或暗绿色，有吸湿性，对光不稳定，易发生分解，耐高温性差。PG 对猪油的抗氧化作用较 BHA 和 BHT 强些。

## 一、气相色谱法

1. 原理

样品中的抗氧化剂用有机溶剂提取、凝胶渗透色谱净化系统（GPC）净化后，用气相色谱氢火焰离子化检测器检测，采用保留时间定性，外标法定量。该方法检出限：BHA 2mg·kg$^{-1}$、BHT 2mg·kg$^{-1}$、TBHQ 5mg·kg$^{-1}$。

2. 试剂和材料

（1）环己烷；

（2）乙酸乙酯；

（3）石油醚：沸程 30～60℃（重蒸）；

（4）乙腈；

（5）丙酮；

（6）BHA 标准品：纯度≥99.0％，－18℃冷冻储藏；

（7）BHT 标准品：纯度≥99.3％，－18℃冷冻储藏；

（8）TBHQ 标准品：纯度≥99.0％，－18℃冷冻储藏；

（9）BHA、BHT、TBHQ 标准储备液：准确称取 BHA、BHT、TBHQ 标准品各 50mg（精确至 0.1mg），用乙酸乙酯：环己烷（1∶1）定容至 50mL，配制成 1mg·mL$^{-1}$ 的储备液，于 4℃冰箱中避光保存；

（10）BHA、BHT、TBHQ 标准使用液：吸取标准储备液 0.1、0.5、1.0、2.0、3.0、4.0、5.0mL 于一组 10mL 容量瓶中，乙酸乙酯：环己烷（1∶1）定容，此标准系列的浓度为 0.01、0.05、0.1、0.2、0.3、0.4、0.5mg·mL$^{-1}$ 现用现配。

除另有说明外，所使用试剂均为分析纯，用水为 GB/T 6682—2008 规定的二级水。

3. 仪器和设备

气相色谱仪（GC）：配氢火焰离子化检测器（FID）；凝胶渗透色谱净化系统（GPC），或可进行脱脂的等效分离装置；分析天平：感量 0.01g 和 0.0001g；旋转蒸发仪；涡旋混合器；粉碎机；微孔过滤器：孔径 0.45μm，有机溶剂型滤膜；玻璃器皿。

4. 分析步骤

（1）试样制备。取同一批次 3 个完整独立包装样品（固体样品不少于 200g，液体样品不少于 200mL），固体或半固体样品粉碎混匀，液体样品混合均匀，然后用对角线法取四分之二或六分之二，或根据试样情况取有代表性试样，放置广口瓶内保存待用。

（2）试样处理。

1）油脂样品：混合均匀的油脂样品，过 0.45μm 滤膜备用。

2）油脂含量较高或中等的样品（油脂含量 15％以上的样品）。根据样品中油脂的实际含量，称取 50～100g 混合均匀的样品，置于 250mL 具塞锥形瓶中，加入适量石油醚，使样品完全浸没，放置过夜，用快速滤纸过滤后，减压回收溶剂，得到的油脂试样过 0.45μm 滤膜备用。

3）油脂含量少的样品（油脂含量 15％以下的样品）和不含油脂的样品（如口香糖等）。称取 1～2g 粉碎并混合均匀的样品，加入 10mL 乙腈，涡旋混合 2min，过滤，如此重复三次，将收集滤液旋转蒸发至近干，用乙腈定容至 2mL，过 0.45μm 滤膜，直接进气相色谱仪分析。

（3）净化。准确称取备用的油脂试样 0.5g（精确至 0.1mg），用乙酸乙酯：环己烷（1∶1，体积比）准确定容至 10.0mL，涡旋混合 2min，经凝胶渗透色谱装置净化。

凝胶渗透色谱净化条件：凝胶渗透色谱柱 300mm×25mm 玻璃柱，Bio Beads（S-X3），200 目～400 目，25g；柱分离度玉米油与抗氧化剂（BHA、BHT、TBHQ）的分离度≥85％；流动相乙酸乙酯：环己烷（1∶1，体积比）；流速：4.7mL·min⁻¹；进样量：5mL；流出液收集时间：7min～13min；紫外检测器波长：254nm。

最后收集流出液，旋转蒸发浓缩至近干，用乙酸乙酯：环己烷（1∶1）定容至 2mL，进气相色谱仪分析。

（4）测定。

1）色谱参考条件。色谱柱：（14％氰丙基-苯基）二甲基聚硅氧烷毛细管柱（30m×0.25mm），膜厚 0.25μm（或相当型号色谱柱）；进样口温度：230℃；升温程序：初始柱温 80℃，保持 1min，以 10℃·min⁻¹ 升温至 250℃，保持 5min；检测器温度：250℃；进样量：1μL；进样方式：不分流进样；载气：氮气，纯度≥99.999％，流速 1mL·min⁻¹。

2）定量分析。在 1）的仪器条件下，试样待测液和 BHA、BHT、TBHQ 三种标准品在相同保留时间处（±0.5％）出峰，可定性 BHA、BHT、TBHQ 三种抗氧化剂。以标准样品浓度为横坐标，峰面积为纵坐标，作线性回归方程，从标准曲线图中查出试样溶液中抗氧化剂的相应含量。

5. 结果计算

试样中抗氧化剂（BHA、BHT、TBHQ）的含量（mg·kg⁻¹）按下式进行计算：

$$X = c \times \frac{V \times 1000}{m \times 1000}$$

式中：$X$——试样中抗氧化剂含量，mg·kg⁻¹（或 mg·L⁻¹）；

$c$——从标准工作曲线上查出的试样溶液中抗氧化剂的浓度，μg·mL⁻¹；

$V$——试样最终定容体积，mL；

$m$——试样质量，g（或 mL）。

## 二、比色法

1. 原理

试样经石油醚溶解，用乙酸铵水溶液提取后，没食子酸丙酯与亚铁酒石酸盐起颜色反应，在波长 540nm 处测定吸光度，与标准比较定量，测定试样相当于 2g 时，最低检出浓度为 25mg·kg⁻¹。

2. 试剂

（1）石油醚：沸程 30～60℃；

（2）乙酸铵溶液（100g・L$^{-1}$及 16.7g・L$^{-1}$）；

（3）显色剂：称取 0.100g 硫酸亚铁（$FeSO_4 \cdot 7H_2O$）和 0.500g 酒石酸钾钠（$NaKC_4H_4O_6 \cdot 4H_2O$），加水溶解，稀释至 100mL，临用前配制；

（4）PG 标准溶液：准确称取 0.0100g PG 溶于水中，移入 200mL 容量瓶中，并用水稀释至刻度，此溶液每毫升含 50.0$\mu$g PG。

3. 仪器

分光光度计。

4. 分析步骤

（1）样品处理。称取 10.00g 样品，用 100mL 石油醚溶解，移入 250mL 分液漏斗中，加 20mL 乙酸铵溶液（16.7g・L$^{-1}$）振摇 2min，静置分层，将水层放入 125mL 分液漏斗中（如乳化，连同乳化层一起放下），石油醚层再用 20mL 乙酸铵溶液（16.7g・L$^{-1}$）重复提取两次，合并水层。石油醚层用水振摇洗涤两次，每次 15mL，水洗涤并入同一 125mL 分液漏斗中，振摇静置。将水层通过干燥滤纸滤入 100mL 容量瓶中，用少量水洗涤滤纸，加 2.5mL 乙酸铵溶液（100g・L$^{-1}$），加水至刻度，摇匀。将此溶液用滤纸过滤，弃去初滤液的 20mL，收集滤液供比色测定用。

（2）测定。吸取 20.0mL 上述处理后的样品提取液于 25mL 具塞比色管中，加入 1mL 显色剂，加 4mL 水，摇匀。另准确吸取 0、1.0、2.0、4.0、6.0、8.0、10.0mL PG 标准溶液（相当于 0、50、100、200、300、400、500$\mu$g PG），分别置于 25mL 带塞比色管中，加入 2.5mL 乙酸铵溶液（100g・L$^{-1}$），准确加水至 24mL，加入 1mL 显色剂，摇匀。用 1cm 比色杯，以零管调节零点，在波长 540nm 处测定吸光度，绘制标准曲线比较。

5. 结果计算

样品中没食子酸丙酯（PG）含量测定结果数值以毫克每千克表示（g・kg$^{-1}$），按下式计算：

$$X = \frac{m_1 \times D \times 1000}{m_2 \times \dfrac{V_2}{V_1} \times 1000 \times 1000}$$

式中：$X$——样品中 PG 的含量，g・kg$^{-1}$；

$m_1$——测定用样液中 PG 的含量，$\mu$g；

$m_2$——样品质量，g；

$V_1$——提取后样液总体积，mL；

$V_2$——测定用吸取样液的体积，mL。

# 第五节　漂白剂的测定

食品添加剂中的漂白剂主要是亚硫酸盐类，包括亚硫酸钠（$Na_2SO_3$）、亚硫酸氢钠

（NaHSO₃）、亚硫酸氢钾（KHSO₃）、低亚硫酸钠（Na₂S₂O₄，又名保险粉）、焦亚硫酸钠（Na₂S₂O₅）、焦亚硫酸钾（K₂S₂O₅）和利用硫黄燃烧产生的二氧化硫（SO₂）。这些漂白剂应用于食品后解离成具有还原性的亚硫酸，起到漂白、脱色、防腐和抗氧化的作用。亚硫酸的毒性较小，但人体若摄入过多则对胃肠、肝脏有损害，使红血球、血红蛋白减少。

亚硫酸盐使用的范围较广，因此不同的食品中游离态亚硫酸盐和亚硫酸盐总量的检测方法及所依据的原理也各不相同。

## 一、二氧化硫含量的测定（滴定法）

### 1. 原理

在密闭容器中对样品进行酸化并加热蒸馏，以释放出其中的二氧化硫，释放物用乙酸铅溶液吸收。吸收后用浓盐酸酸化，再以碘标准溶液滴定，根据所消耗的碘标准溶液量计算出样品中的二氧化硫含量。本法适用于色酒及葡萄糖糖浆、果脯。

### 2. 试剂

（1）盐酸（1∶1）：浓盐酸用水稀释 1 倍；

（2）乙酸铅溶液（20g·L⁻¹）：称取 2g 乙酸铅，溶于少量水中并稀释至 100mL；

（3）碘标准溶液 $\left[c\left(\frac{1}{2}I_2 = 0.01\text{mol} \cdot \text{L}^{-1}\right)\right]$：将碘标准溶液（0.1mol·L⁻¹）用水稀释 10 倍；

（4）淀粉指示液（10g·L⁻¹）：称取 1g 可溶性淀粉，用少许水调成糊状，缓缓倾入 100mL 沸水中，随加随搅拌，煮沸 2min，放冷，备用，此溶液应临用时现配。

### 3. 仪器

全玻璃蒸馏器；碘量瓶；酸式滴定管。

### 4. 分析步骤

（1）样品处理。固体样品用刀切或剪刀剪成碎末后混匀，称取约 5.00g 均匀样品（样品量可视含量高低而定）。液体样品可直接吸取 5.0～10.0mL 样品，置于 500mL 圆底蒸馏烧瓶中。

（2）测定。

1）蒸馏：将称好的样品置入圆底蒸馏烧瓶中，加入 250mL 水，装上冷凝装置，冷凝管下端应插入碘量瓶中的 25mL 乙酸铅（20g·L⁻¹）吸收液中，然后在蒸馏瓶中加入 10mL 盐酸（1∶1），立即盖塞，加热蒸馏。当蒸馏液约 200mL 时，使冷凝管下端离开液面，再蒸馏 1min。用少量蒸馏水冲洗插入乙酸铅溶液的装置部分。在检测样品的同时要做空白试验。

2）滴定：向取下的碘量瓶中依次加入 10mL 浓盐酸、1mL 淀粉指示液（10g·L⁻¹）。摇匀之后用碘标准滴定溶液（0.01mol·L⁻¹）滴定至变蓝且在 30s 内不褪色为止。

## 二、亚硫酸盐的测定（盐酸副玫瑰苯胺法）

### 1. 原理

亚硫酸盐与四氯汞钠反应生成稳定的络合物，再与甲醛及盐酸副玫瑰苯胺作用生成紫红色络合物，与标准系列比较定量。本方法最低检出浓度为 1mg·kg$^{-1}$。

### 2. 试剂

（1）四氯汞钠吸收液：称取 13.6g 氯化高汞及 6.0g 氯化钠，溶于水中并稀释至 1000mL，放置过夜，过滤后备用。

（2）氨基磺酸铵溶液（12g·L$^{-1}$）。

（3）甲醛溶液（2g·L$^{-1}$）：吸取 0.55mL 无聚合沉淀的甲醛（36%），加水稀释至 100mL，混匀。

（4）淀粉指示液：称取 1g 可溶性淀粉，用少许水调成糊状，缓缓倾入 100mL 沸水中，随加随搅拌，煮沸，放冷备用，此溶液临用时现配；

（5）亚铁氰化钾溶液：称取 10.6g 亚铁氰化钾 [K$_4$Fe(CN)$_6$·3H$_2$O]，加水溶解并稀释至 100mL。

（6）乙酸锌溶液：称取 22g 乙酸锌 [Zn(CH$_3$COO)$_2$·2H$_2$O] 溶于少量水中，加入 3mL 冰乙酸，加水稀释至 100mL。

（7）盐酸副玫瑰苯胺溶液：称取 0.1g 盐酸副玫瑰苯胺（C$_{19}$H$_{18}$N$_2$Cl·4H$_2$O；p-rosanilinenhydrochlo-ride）于研钵中，加少量水研磨使溶解并稀释至 100mL。取出 20mL，置于 100mL 容量瓶中，加盐酸（1：1），充分摇匀后使溶液由红变黄，如不变黄再滴加少量盐酸至出现黄色，再加水稀释至刻度，混匀备用（如无盐酸副玫瑰苯胺可用盐酸品红代替）。盐酸副玫瑰苯胺的精制方法：称取 20g 盐酸副玫瑰苯胺于 400mL 水中，用 50mL 盐酸（1：5）酸化，徐徐搅拌，加 4～5g 活性炭，加热煮沸 2min。将混合物倒入大漏斗中，过滤（用保温漏斗趁热过滤）。滤液放置过夜，出现结晶，然后再用布氏漏斗抽滤，将结晶再悬浮于 1000mL 乙醚－乙醇（10：1）的混合液中，振摇 3～5min，以布氏漏斗抽滤，再用乙醚反复洗涤至醚层不带色为止，于硫酸干燥器中干燥，研细后贮于棕色瓶中保存。

（8）碘溶液 $\left[c\left(\frac{1}{2}I_2\right)=0.1mol·L^{-1}\right]$。

（9）硫代硫酸钠标准溶液 $[c(Na_2S_2O_3·5H_2O)=0.1mol·L^{-1}]$。

（10）二氧化硫标准溶液：称取 0.5g 亚硫酸氢钠，溶于 200mL 四氯汞钠吸收液中，放置过夜，上清液用定量滤纸过滤备用。吸取 10.0mL 亚硫酸氢钠-四氯汞钠溶液于 250mL 碘量瓶中，加 100mL 水，准确加入 20.00mL 碘溶液（0.1mol·L$^{-1}$），5mL 冰乙酸，摇匀，放置于暗处 2min 后迅速以硫代硫酸钠（0.100mol·L$^{-1}$）标准溶液滴定至淡黄色，加 0.5mL 淀粉指示液，继续滴至无色。另取 100mL 水，准确加入碘溶液 20.0mL（0.1mol·L$^{-1}$）、5mL 冰乙酸，按同一方法做试剂空白试验。

二氧化硫标准溶液的浓度按下式计算：

$$X = \frac{(V_2 - V_1) \times c \times 32.03}{10}$$

式中：$X$——二氧化硫标准溶液浓度，$mg \cdot mL^{-1}$；

   $V_1$——测定用亚硫酸氢钠-四氯汞钠溶液消耗硫代硫酸钠标准溶液的体积，mL；

   $V_2$——试剂空白消耗硫代硫酸钠标准溶液的体积，mL；

   $c$——硫代硫酸钠标准溶液的摩尔浓度，$mol \cdot L^{-1}$；

   32.03——与每毫升硫代硫酸钠 $[c(Na_2S_2O_3 \cdot 5H_2O) = 1.000 mol \cdot L^{-1}]$ 标准溶液相当的二氧化硫的质量，mg。

（11）二氧化硫使用液：临用前将二氧化硫标准溶液以四氯汞钠吸收液稀释成每毫升相当于 $2\mu g$ 二氧化硫。

（12）氢氧化钠溶液（$20g \cdot L^{-1}$）。

（13）硫酸（1：71）。

3. 仪器

分光光度计。

4. 分析步骤

（1）样品处理。

1）水溶性固体样品如白砂糖等可称取约 10.00g 均匀样品（样品量可视含量高低而定），以少量水溶解，置于 100mL 容量瓶中，加入 4mL 氢氧化钠溶液（$20g \cdot L^{-1}$），5min 后加入 4mL 硫酸（1：71），然后加入 20mL 四氯汞钠吸收液，以水稀释至刻度。

2）其他固体样品如饼干、粉丝等可称取 $5.0 \sim 10.0g$ 研磨均匀的样品，以少量水湿润并移入 100mL 容量瓶中，然后加入 20mL 四氯汞钠吸收液，浸泡 4h 以上，若上层溶液不澄清可加入亚铁氰化钾溶液及乙酸锌溶液各 2.5mL，最后用水稀释至 100mL 刻度，过滤后备用。

3）液体样品，葡萄酒等可直接吸取 $5.0 \sim 10.0mL$ 样品，置于 100mL 容量瓶中，以少量水稀释，加 20mL 四氯汞钠吸收液，摇匀，最后加水至刻度，混匀，必要时过滤备用。

（2）测定。吸取 $0.5 \sim 5.0mL$ 上述样品处理液于 25mL 带塞比色管中。

另吸取 0、0.20、0.40、0.60、0.80、1.00、1.50、2.00mL 二氧化硫标准使用液（相当于 0、0.4、0.8、1.2、1.6、2.0、3.0、$4.0\mu g$ 二氧化硫），分别置于 25mL 带塞比色管中。

于样品及标准管中各加入四氯汞钠吸收液至 10mL，然后再加入 1mL 氨基磺酸铵溶液（$12g \cdot L^{-1}$）、1mL 甲醛溶液（$2g \cdot L^{-1}$）及 1mL 盐酸副玫瑰苯胺溶液，摇匀，放置 20min。用 1cm 比色杯，以零管调节零点，于波长 550nm 处测吸光度，绘制标准曲线比较。

5. 计算

样品中二氧化硫含量测定结果按下式计算：

$$X = \frac{A \times 1000}{m \times V / 100 \times 1000 \times 1000}$$

式中：$X$——样品中二氧化硫的含量，$g \cdot kg^{-1}$；

　　　$A$——测定用样液中二氧化硫的含量，$\mu g$；

　　　$m$——样品质量，$g$；

　　　$V$——测定用样液的体积，$mL$。

# 第六节　护色剂的测定

亚硝酸盐与硝酸盐是肉类腌制品中最常使用的护色剂。食品护色剂是指本身不具有颜色，但能使食品产生颜色或使食品的色泽得到改善（如加强或保护）的食品添加剂，也叫发色剂或呈色剂。亚硝酸盐除了有护色作用外，还有一定的抑菌作用和增强风味作用：添加 $0.1 \sim 0.2 g \cdot kg^{-1}$ 的亚硝酸盐试验，当 $pH = 6$ 时，对细菌有显著的抑制作用，与食盐并用，则抑菌作用会增强。硝酸盐在人体内也可被还原为亚硝酸盐。亚硝酸盐对肉毒梭状芽孢杆菌有特殊的作用，这也是使用亚硝酸盐的重要理由。亚硝酸盐对提高腌肉的风味也有一定的作用。

亚硝酸盐的外观和滋味似食盐，剧毒，人中毒量为 $0.3 \sim 0.5 g$，致死量为 $3 g$，不可将工业用亚硝酸盐（如亚硝酸钠）当做食盐误食。

目前，测定硝酸盐和亚硝酸盐的方法有离子色谱法、分光光度法，由于离子色谱法仪器和耗材价格昂贵，故分光光度法还在广泛使用。

## 一、亚硝酸盐测定（盐酸萘乙二胺法）

### 1. 原理

样品经沉淀蛋白质、除去脂肪后，在弱酸条件下亚硝酸盐与对氨基苯磺酸重氮化后，再与盐酸萘乙二胺偶合形成紫红色染料，与标准比较定量。

### 2. 试剂

（1）亚铁氰化钾溶液：称取 106.0g 亚铁氰化钾，用水溶解并稀释至 1000mL；

（2）乙酸锌溶液：称取 220.0g 乙酸锌，加 30mL 冰乙酸溶解于水，并稀释至 1000mL；

（3）饱和硼砂溶液：称取 5.0g 硼酸钠，溶于 1000mL 热水中，冷却后备用；

（4）对氨基苯磺酸溶液（$4g \cdot L^{-1}$）：称取 0.4g 对氨基苯磺酸，溶于 100mL 20% 盐酸中，置棕色瓶中混匀，避光保存；

（5）盐酸萘乙二胺溶液（$2g \cdot L^{-1}$）：称取 0.2g 盐酸萘乙二胺，溶解于 100mL 水中，混匀后，置棕色瓶中，避光保存；

（6）亚硝酸钠标准溶液：准确称取 0.1000g 于硅胶干燥器中干燥 24h 的亚硝酸钠，加水溶解移入 500mL 容量瓶中，加水稀释至刻度，混匀，此溶液每毫升相当于 $200 \mu g$

的亚硝酸钠；

（7）亚硝酸钠标准使用液：临用前，吸取亚硝酸钠标准溶液 5.00mL，置于 200mL 容量瓶中，加水稀释至刻度，此溶液每毫升相当于 5.0$\mu$g 亚硝酸钠。

**3. 仪器**

小型绞肉机；分光光度计。

**4. 操作方法**

（1）样品处理。称取约 5.0g 经绞碎混匀的样品，置于 50mL 烧杯中，加 12.5mL 硼砂饱和液，搅拌均匀，以 70℃左右的水约 300mL 将试样洗入 500mL 容量瓶中，于沸水浴中加热 15min，取出冷却至室温，然后一面转动，一面加入 5mL 亚铁氰化钾溶液，摇匀，再加入 5mL 乙酸锌溶液，以沉淀蛋白质。加水至刻度，摇匀，放置 0.5h，除去上层脂肪，清液用滤纸过滤，弃去初滤液 30mL，滤液备用。

（2）测定。吸取 40.0mL 上述滤液于 50mL 带塞比色管中，另吸取 0.00、0.20、0.40、0.60、0.80、1.00、1.50、2.00、2.50mL 亚硝酸钠标准使用液（相当于 0、1、2、3、4、5、7.5、10、12.5$\mu$g 亚硝酸钠），分别置于 50mL 带塞比色管中。于标准管与试样管中分别加入 2mL 对氨基苯磺酸溶液（4g·$L^{-1}$），混匀，静置 3～15min 后各加入 1mL 盐酸乙二胺溶液（2g·$L^{-1}$），加水至刻度，混匀，静置 15min，用 2cm 比色杯，以零管调节零点，于波长 538nm 处测吸光度，绘制标准曲线，同时做试剂空白。

**5. 计算**

样品中亚硝酸盐含量测定结果按下式计算：

$$X = \frac{A \times 1000}{m \times \dfrac{V_2}{V_1} \times 1000}$$

式中：$X$——样品中亚硝酸盐的含量，g·$kg^{-1}$；

$m$——样品质量，g；

$A$——测定用样液中亚硝酸盐的质量，$\mu$g；

$V_1$——样品处理液总体积，mL；

$V_2$——测定用样液体积，mL。

## 二、硝酸盐测定（镉柱法）

**1. 原理**

样品经沉淀蛋白质、除去脂肪后，溶液通过镉柱，使其中的硝酸根离子还原成亚硝酸根离子，在弱酸性条件下，亚硝酸根与对氨基苯磺酸重氮化后，再与盐酸萘乙二胺偶合形成红色染料，测得亚硝酸盐总量，由总量减去亚硝酸盐含量即得硝酸盐含量。

**2. 试剂**

（1）氯化铵缓冲溶液（pH9.6～9.7）：量取 20mL 盐酸，加 50mL 水，混匀后加 50mL 氨水，再加水稀释至 1000mL，混匀；

（2）稀氨缓冲液：量取 50mL 氨缓冲液，加水稀释至 500mL，混匀；

（3）盐酸溶液（0.1mol·L$^{-1}$）：吸取 8.4mL 盐酸，用水稀释至 1L；

（4）硝酸钠标准溶液：准确称取 0.1232g 于 110～120℃ 干燥恒重的硝酸钠，加水溶解，移于 500mL 容量瓶中，用水稀释至刻度，此溶液每毫升相当于 200μg 硝酸钠；

（5）硝酸钠标准使用液：临用时吸取硝酸钠标准溶液 2.5mL，置于 100mL 容量瓶中，加水稀释至刻度，混匀，临用时现配，此溶液每毫升相当于 5μg 硝酸钠；

（6）亚硝酸钠标准溶液：准确称取 0.1000g 于硅胶干燥器中干燥 24h 的亚硝酸钠，加水溶解移入 500mL 容量瓶中，加水稀释至刻度，混匀，在 4℃ 避光保存，此溶液每毫升相当于 200μg 的亚硝酸钠；

（7）亚硝酸钠标准使用液：临用前，吸取亚硝酸钠标准溶液 5.00mL，置于 200mL 容量瓶中，加水稀释至刻度，此溶液每毫升相当于 5.0μg 亚硝酸钠；

（8）镉柱（镉粉）；

（9）海绵状镉粉的制备：于 500mL 硫酸镉溶液（200g·L$^{-1}$）中，投入足够的锌棒经 3～4h，当其中的镉全部被锌置换后，用玻璃棒轻轻刮下，取出残余锌棒，使镉沉底，倾去上层清液，以水用倾斜法多次洗涤，然后移入粉碎机中，加 500mL 水，捣碎约 2s，用水将金属细粒洗至标准筛上，取 20～40 目之间的部分，置试剂瓶中，用水封盖保存，备用；

（10）镉柱装填：见图 11-3，用水装满镉柱玻璃管，并装入 2cm 高的玻璃棉做垫，将玻璃棉压向柱底时，应将其中所包含的空气全部排出，在轻轻敲击下加入海面状镉至 8～10cm 高，上面用 1cm 高的玻璃棉覆盖，上置一贮液漏斗，末端要穿过橡皮塞与镉柱玻璃管紧密连接。

如无上述镉柱玻璃管时，可以 25mL 酸式滴定管代用。

当镉柱填装好后，先用 25mL 盐酸（0.1mol·L$^{-1}$）洗涤，再以水洗两次，每次 25mL，镉柱不用时用水封盖，随时都要保持水平面在镉层之上，不得使镉层夹有气泡。

镉柱还原效率的测定：吸取 20mL 硝酸钠标准使用液，加入 5mL 稀氨缓冲液，混匀后

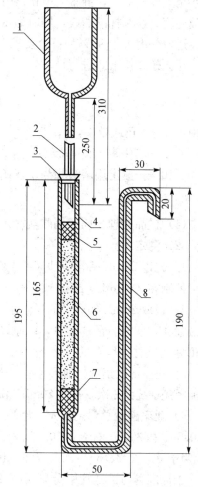

图 11-3　镉柱

1—贮液漏斗，内径 35mm，外径 37mm；2—进液毛细管，内径 0.4mm，外径 6mm；3—橡皮塞；4—镉柱玻璃管，内径 12mm，外径 16mm；5—玻璃棉；6—海绵状镉；7—玻璃棉；8—出液毛细管，内径 2mm，外径 8mm

注入贮液漏斗，使流经镉柱还原，以原烧杯收集流出液，当贮液漏斗中的样液流完后，再加 5mL 水置换柱内留存的样液。将全部收集液如前再经镉柱还原一次，第二次流出液收集于 100mL 容量瓶中，以水流经镉柱洗涤三次，每次 20mL，洗液一并收集于同一容量瓶中，加水至刻度，混匀。取 10.0mL 还原后的溶液（相当 10μg 亚硝酸钠）于 50mL 比色管中，另吸取 0.00、0.20、0.40、0.60、0.80、1.00、1.50、2.00、2.50mL 亚硝酸钠标准使用液（相当于 0、1、2、3、4、5、7.5、10、12.5μg 亚硝酸钠），分别置于 50mL 带塞比色管中。于标准管与试样管中分别加入 2mL 对氨基苯磺酸溶液（4g·L⁻¹），混匀，静置 3～15min 后各加入 1mL 盐酸乙二胺溶液（2g·L⁻¹），加水至刻度，混匀，静置 15min，用 2cm 比色杯，以零管调节零点，于波长 538nm 处测吸光度，绘制标准曲线，同时做试剂空白。根据标准曲线计算测得结果，与加入量一致，还原效率大于 98％为符合要求。

还原效率按下式进行计算：

$$X = \frac{A}{10} \times 100\%$$

式中：$X$——还原效率，％；

$A$——测得亚硝酸盐质量，μg；

10——测定用溶液相当于亚硝酸盐的质量，μg。

3. 分析步骤

(1) 样品处理。同亚硝酸盐测定。

(2) 测定。

1) 先以 25mL 稀氨缓冲液冲洗镉柱，流速控制在 3～5mL·min⁻¹，以滴定管代替的可控制在 2～3mL·min⁻¹。

2) 吸取 20mL 处理过的样液于 50mL 烧杯中，加入 5mL 稀氨缓冲液，混匀后注入贮液漏斗，使流经镉柱还原，以原烧杯收集流出液，当贮液漏斗中的样液流完后，再加 5mL 水置换柱内留存的样液。

3) 将全部收集液如前再经镉柱还原一次，第二次流出液收集于 100mL 容量瓶中，以水流经镉柱洗涤三次，每次 20mL，洗液一并收集于同一容量瓶中，加水至刻度，混匀。

4) 亚硝酸钠总量的测定：吸取 10～20mL 还原后的溶液于 50mL 比色管中，另吸取 0.00、0.20、0.40、0.60、0.80、1.00、1.50、2.00、2.50mL 亚硝酸钠标准使用液（相当于 0、1、2、3、4、5、7.5、10、12.5μg 亚硝酸钠），分别置于 50mL 带塞比色管中。于标准管与试样管中分别加入 2mL 对氨基苯磺酸溶液（4g·L⁻¹），混匀，静置 3～15min 后各加入 1mL 盐酸乙二胺溶液（2g·L⁻¹），加水至刻度，混匀，静置 15min，用 2cm 比色杯，以零管调节零点，于波长 538nm 处测吸光度，绘制标准曲线，同时做试剂空白。

5) 亚硝酸盐的测定：吸取 40mL 经（1）处理的样液于 50mL 比色管中，另吸取 0.00、0.20、0.40、0.60、0.80、1.00、1.50、2.00、2.50mL 亚硝酸钠标准使用液

（相当于 0、1、2、3、4、5、7.5、10、12.5$\mu$g 亚硝酸钠），分别置于 50mL 带塞比色管中。于标准管与试样管中分别加入 2mL 对氨基苯磺酸溶液（4g·L$^{-1}$），混匀，静置 3～15min 后各加入 1mL 盐酸乙二胺溶液（2g·L$^{-1}$），加水至刻度，混匀，静置 15min，用 2cm 比色杯，以零管调节零点，于波长 538nm 处测吸光度，绘制标准曲线，同时做试剂空白。

4. 结果计算

样品中硝酸盐含量测定结果按下式计算：

$$X = \left( \frac{A_1 \times 1000}{m \times \frac{V_1}{V_2} \times \frac{V_4}{V_3} \times 1000} - \frac{A_2 \times 1000}{m \times \frac{V_6}{V_5} \times 1000} \right) \times 1.232$$

式中：$X$——样品中硝酸盐的含量，mg·kg$^{-1}$；

　　　$m$——样品的质量，g；

　　　$A_1$——经镉粉还原后测得亚硝酸钠的质量，$\mu$g；

　　　$A_2$——直接测得亚硝酸盐的质量，$\mu$g；

　　　1.232——亚硝酸钠换算成硝酸钠的系数；

　　　$V_1$——测总亚硝酸钠的试样处理液总体积，mL；

　　　$V_2$——测总亚硝酸钠的测定用样液体积，mL；

　　　$V_3$——经镉柱还原后样液总体积，mL；

　　　$V_4$——经镉柱还原后样液的测定用样液体积，mL；

　　　$V_5$——直接测亚硝酸钠的试样处理液总体积，mL；

　　　$V_6$——直接测亚硝酸钠的试样处理液的测定用样液体积，mL。

# 第七节　合成着色剂的测定

食品常见的合成着色剂有新红、柠檬黄、苋菜红、胭脂红、日落黄、赤藓红、亮蓝等。合成着色剂的测定方法有高效液相色谱法、薄层色谱法等。

## 一、高效液相色谱法

1. 原理

食品中人工合成着色剂用聚酰胺吸附法或液-液分配法提取，制成水溶液，注入高效液相色谱仪，经反相色谱分离，根据保留时间定性和与峰面积比较进行定量。

2. 试剂

（1）正己烷；

（2）盐酸；

（3）乙酸；

（4）甲醇：经滤膜（0.5$\mu$m）过滤；

（5）聚酰胺粉（尼龙6）：过200目筛；

（6）乙酸铵溶液（0.02mol·L$^{-1}$）：称取1.54g乙酸铵，加水至1000mL，溶解，经滤膜（0.45$\mu$m）过滤；

（7）氨水：量取氨水2mL，加水至100mL，混匀；

（8）氨水-乙酸铵溶液（0.02mol·L$^{-1}$）：量取氨水0.5mL，加乙酸铵溶液（0.02mol·L$^{-1}$）至1000mL，混匀；

（9）甲醇-甲酸（6：4）溶液：量取甲醇60mL，甲酸40mL，混匀；

（10）柠檬酸溶液：称取20g柠檬酸（C$_6$H$_8$O$_7$·H$_2$O），加水至100mL，溶解混匀；

（11）无水乙醇-氨水-水（7：2：1）溶液：量取无水乙醇70mL、氨水20mL、水10mL，混匀；

（12）三正辛胺正丁醇溶液（5%）：量取三正辛胺5mL，加正丁醇至100mL，混匀；

（13）饱和硫酸钠溶液；硫酸钠溶液（2g·L$^{-1}$）；

（14）pH6的水：水加柠檬酸溶液调pH到6；

（15）合成着色剂标准溶液：准确称取按其纯度折算为100%质量的柠檬黄、日落黄、苋菜红、胭脂红、新红、赤藓红、亮蓝、靛蓝各0.100g，置100mL容量瓶中，加pH6的到刻度，配成水溶液（1.00mg·mL$^{-1}$）；

（16）合成着色剂标准使用液：临用时上述溶液加水稀释20倍，经滤膜（0.45$\mu$m）过滤，配成每毫升相当于50.0$\mu$g的合成着色剂。

3. 仪器

高效液相色谱仪，带紫外检测器，波长254nm。

4. 分析步骤

（1）样品处理。

1）橘子汁、果味水、果子露汽水等：称取20.0～40.0g样品，放入100mL烧杯中。含二氧化碳样品可加热驱除二氧化碳。

2）配制酒类：称取20.0～40.0g样品，放入100mL烧杯中，加小碎瓷片数片，加热驱除乙醇。

3）硬糖、蜜饯类、淀粉软糖等：称取5.00～10.00g样品，粉碎，放入100mL小烧杯中，加水30mL，温热溶解，若样品溶液pH较高，用柠檬酸溶液调pH到6左右。

4）巧克力豆及着色糖衣制品：称取5.00～10.00g样品，放入100mL小烧杯中，用水反复洗涤色素，到样品无色素为止，合并色素漂洗液为样品溶液。

（2）色素提取。

1）聚酰胺吸附法：样品溶液加柠檬酸溶液调pH到6，加热至60℃，将1g聚酰胺粉加少许水调成粥状，倒入样品溶液中，搅拌片刻，以G3垂融漏斗抽滤，用60℃pH＝4的水洗涤3～5次，然后用甲醇-甲酸混合溶液洗涤3～5次（含赤藓红的样品用2）中方法处理），再用水洗至中性，用乙醇-氨水-水混合溶液解吸3～5次，每次5mL，收集解吸液，加乙酸中和，蒸发至近干，加水溶解，定容至5mL。经滤膜（0.45$\mu$m）过滤，取

10$\mu$L进高效液相色谱仪。

2）液-液分配法（适用于含赤藓红的样品）：将制备好的样品溶液放入分液漏斗中，加2mL盐酸、三正辛胺正丁醇溶液（5％）10～20mL，振摇提取，分取有机相，重复提取，至有机相无色，合并有机相，用饱和硫酸钠溶液洗2次，每次10mL，分取有机相，放蒸发皿中，水浴加热浓缩至10mL，转移至分液漏斗中，加60mL正己烷，混匀，加氨水提取2～3次，每次5mL，合并氨水溶液层（含水溶性酸性色素），用正己烷洗2次，氨水层加乙酸调至中性，水浴加热蒸发至近干，加水定容至5mL。经滤膜（0.45$\mu$m）过滤，取10$\mu$L进高效液相色谱仪。

（3）高效液相色谱参考条件。

柱：YWG-C18 10$\mu$m不锈钢柱4.6mm（id）×250mm。

流动相：甲醇-乙酸铵溶液（pH＝4，0.02mol·L$^{-1}$）。

梯度洗脱。甲醇在流动相的含量：20％～35％（每分钟增加3％）；35％～98％（每分钟增加9％）；98％继续洗脱6min。

流速：1mL/min。

紫外检测器，波长254nm。

（4）测定

取相同体积样液和合成着色剂标准使用液分别注入高效液相色谱仪，根据保留时间定性，外标峰面积法定量。

（5）样品中着色剂含量测定结果按下式计算：

$$X = \frac{A \times 1000}{m \times \frac{V_2}{V_1} \times 1000 \times 1000}$$

式中：$X$——样品中着色剂的含量，g·kg$^{-1}$；

$A$——样液中着色剂的质量，$\mu$g；

$V_2$——进样体积，mL；

$V_1$——样品稀释总体积，mL；

$m$——样品质量，g。

（6）其他

八种着色剂色谱分离图见图11-4。

## 二、薄层色谱法

1．原理

水溶性酸性合成着色剂在酸性条件下被聚酰胺吸附，而在碱性条件下解吸附，再用纸色谱法或薄层色谱法进行分离后，与标准比较定性、定量。最低检出量为50$\mu$g，点样量为1g，样品最低检出浓度约为50mg·kg$^{-1}$。

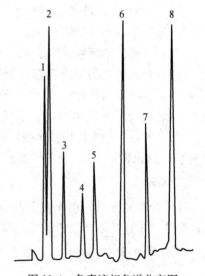

图11-4　色素液相色谱分离图

1—新红；2—柠檬黄；3—苋菜红；4—靛蓝；
5—胭脂红；6—日落黄；7—亮蓝；8—赤藓红

2. 试剂

(1) 石油醚：沸程 60～90℃；

(2) 甲醇；

(3) 聚酰胺粉（尼龙 6）：200 目；

(4) 硅胶 G；

(5) 硫酸：（1∶10）；

(6) 甲醇-甲酸溶液：（6∶4）；

(7) 氢氧化钠溶液（50g·L⁻¹）；

(8) 海沙：先用盐酸（1∶10）煮沸 15min，用水洗至中性，再用氢氧化钠溶液（50g·L⁻¹）煮沸 15min，用水洗至中性，再于 105℃ 干燥，贮于具玻璃塞的瓶中，备用；

(9) 乙醇（50%）；

(10) 乙醇-氨溶液：取 1mL 氨水，加乙醇（70%）至 100mL；

(11) pH 为 6 的水：用柠檬酸溶液（20%）调节至 pH 为 6；

(12) 盐酸（1∶10）；

(13) 柠檬酸溶液（200g·L⁻¹）；

(14) 钨酸钠溶液（100g·L⁻¹）；

(15) 展开剂；

(16) 正丁醇-无水乙醇-氨水（1%）（6∶2∶3）：供纸色谱用；

(17) 正丁醇-吡啶-氨水（1%）（6∶3∶4）：供纸色谱用；

(18) 甲乙酮-丙酮-水（7∶3∶3）：供纸色谱用；

(19) 甲醇-乙二胺-氨水（10∶3∶2）：供薄层色谱用；

(20) 甲醇-氨水-乙醇（5∶1∶10）：供薄层色谱用；

(21) 柠檬酸钠溶液（25g·L⁻¹）-氨水-乙醇（8∶1∶2）：供薄层色谱用；

(22) 合成着色剂标准溶液：分别准确称取按其纯度折算为 100% 质量的柠檬黄、日落黄、苋菜红、胭脂红、新红、赤藓红、亮蓝、靛蓝各 0.100g，分别置 100mL 容量瓶中，加 pH 为 6 的水到刻度，配成水溶液（1.00mg·mL⁻¹）；

(23) 着色剂标准使用液：临用时吸取色素标准溶液各 5.0mL，分别置于 50mL 容量瓶中，加 pH 为 6 的水稀释至刻度，此溶液每毫升相当于 0.10mg 着色剂。

3. 仪器

可见分光光度计；微量注射器或血色素吸管；展开槽，25cm×6cm×4cm；层析缸；滤纸：中速滤纸，纸色谱用；薄层板：5cm×20cm；电吹风机；水泵。

4. 分析步骤

(1) 样品处理。

1）果味水、果子露、汽水：称取 50.0g 样品于 100mL 烧杯中。汽水需加热驱除二氧化碳。

2）配制酒：称取 100.0g 样品于 100mL 烧杯中，加碎瓷片数块，加热驱除乙醇。

3）硬糖、蜜饯类、淀粉软糖：称取 5.00 或 10.0g 粉碎的样品，加 30mL 水，温热溶解，若样液 pH 较高，用柠檬酸溶液（200g·L$^{-1}$）调至 pH 为 4 左右。

4）奶糖：称取 10.0g 粉碎均匀的样品，加 30mL 乙醇-氨溶液溶解，置水浴上浓缩至约 20mL，立即用硫酸溶液（1∶10）调至微酸性再加 1.0mL 硫酸（1∶10），加 1mL 钨酸钠溶液（100g·L$^{-1}$），使蛋白质沉淀，过滤，用少量水洗涤，收集滤液。

5）蛋糕类：称取 10.0g 粉碎均匀的样品，加海沙少许，混匀，用热风吹干用品（用手摸已干燥即可以），加入 30mL 石油醚搅拌。放置片刻，倾出石油醚，如此重复处理三次，以除去脂肪，吹干后研细，全部倒入 G3 垂融漏斗或普通漏斗中，用乙醇-氨溶液提取色素，直至着色剂全部提完，以下按 4）自"置水浴上浓缩至约 20mL"起依法操作。

（2）吸附分离。将处理后所得的溶液加热至 70℃，加入 0.5～1.0g 聚酰胺粉充分搅拌，用柠檬酸溶液（200g·L$^{-1}$）调 pH 至 4，使着色剂完全被吸附，如溶液还有颜色，可以再加一些聚酰胺粉。将吸附着色剂的聚酰胺全部转入 G3 垂融漏斗中过滤（如用 G3 垂融漏斗过滤可以用水泵慢慢抽滤）。用 pH 为 4 的 70℃水反复洗涤，每次 20mL，边洗边搅拌。若含有天然着色剂，再用甲醇-甲酸溶液洗涤 1～3 次，每次 20mL，至洗液无色为止。再用 70℃水多次洗涤至流出的溶液为中性。洗涤过程中必须充分搅拌。然后用乙醇-氨溶液分次解吸全部着色剂，收集全部解吸液，于水浴上驱氨。如果为单色，则用水准确稀释至 50mL，用分光光度法进行测定。如果为多种着色剂混合液，则用纸色谱或薄层色谱法分离后测定，即将上述溶液置水浴上浓缩至 2mL 后移入 5mL 容量瓶中，用乙醇（50％）洗涤容器，洗液并入容量瓶中并稀释至刻度。

（3）定性。

1）纸色谱。取色谱用纸，在距底边 2cm 的起始线上分别点 3～10μL 样品溶液、1～2μL 着色剂标准溶液，挂于分别盛有正丁醇-无水乙醇-氨水（1％）（6∶2∶3）、正丁醇-吡啶-氨水（1％）（6∶3∶4）的展开剂的层析缸中，用上行法展开，待溶剂前沿展至 15cm 处，将滤纸取出于空气中晾干，与标准斑比较定性。

也可取 0.5mL 样液，在起始线上从左至右点成条状，纸的左边点着色剂标准溶液，依上述方法展开，晾干后先定性再供定量用。靛蓝在碱性条件下易褪色，可用甲乙酮-丙酮-水（7∶3∶3）展开剂。

2）薄层色谱。

a. 薄层板的制备。

称取 1.6g 聚酰胺粉、0.4g 可溶性淀粉及 2g 硅胶 G，置于合适的研钵中，加 15mL 水研匀后，立即置涂布器中铺成厚度为 0.3mm 的板。在室温下晾干后，于 80℃干燥 1h，置干燥器中备用。

b. 点样。

在离板底边 2cm 处将 0.5mL 样液从左到右点成与底边平行的条状，板的左边点 2μL 色素标准溶液。

c. 展开。

苋菜红与胭脂红用甲醇-乙二胺-氨水（10∶3∶2）展开剂，靛蓝与亮蓝用甲醇-氨水-乙醇（5∶1∶10）展开剂，柠檬黄与其他着色剂用柠檬酸钠溶液（25g·L$^{-1}$）-氨水-乙醇（8∶1∶2）展开剂。取适量展开剂倒入展开槽中，将薄层板放入展开，待着色剂明显分开后取出，晾干，与标准斑比较，如 R$_f$ 值相同即为同一色素。

（4）定量。

1）样品测定。将纸色谱的条状色斑剪下，用少量热水洗涤数次，洗液移入 10mL 比色管中，并加水稀释至刻度，作比色测定用。将薄层色谱的条状色斑包括有扩散的部分，分别用刮刀刮下，移入漏斗中，用乙醇-氨溶液解吸着色剂，少量反复多次至解吸液于蒸发皿中，于水浴上挥去氨，移入 10mL 比色管中，加水至刻度，作比色用。

2）标准曲线制备。分别吸取 0、0.50、1.0、2.0、3.0、4.0mL 胭脂红、苋菜红、柠檬黄、日落黄色素标准使用溶液，或 0、0.2、0.4、0.6、0.8、1.0mL 亮蓝、靛蓝色素标准使用溶液，分别置于 10mL 比色管中，各加水稀释至刻度。

上述样品与标准管分别用 1cm 比色杯，以零管调节零点，于一定波长下（胭脂红 510nm，苋菜红 520nm，柠檬黄 430nm，日落黄 482nm，亮蓝 627nm，靛蓝 620nm），测定吸光度，分别绘制标准曲线比较，或与标准色列目测比较。

5. 结果计算

样品中着色剂含量测定结果按下式计算：

$$X = \frac{A \times 1000}{m \times \dfrac{V_2}{V_1} \times 1000 \times 1000}$$

式中：$X$——样品中着色剂的含量，g·kg$^{-1}$；

$A$——测定用样液中色素的质量，mg；

$m$——样品质量（体积），g(mL)；

$V_1$——样品解吸后总体积，mL；

$V_2$——样液点板（纸）体积，mL。

# 复习思考题

1. 简述食品添加剂的种类及其特点。
2. 简述食品添加剂的定义及使用原则？
3. 苯甲酸、山梨酸的测定方法有几种？原理是什么？
4. 常用的抗氧化剂有哪些？简述其测定方法及原理。
5. 食品中常用色素有哪些？简述其主要测定方法及原理。

# 第十二章　食品中有毒有害成分的分析测定

 学海导航

**学习目标**

　　掌握食品中常见有害元素、农药残留、兽药残留的种类，了解这些物质在食品中的限量指标。

　　掌握无机元素、有机氯、有机磷、黄曲霉毒素等常见物质的测定原理及注意事项。

**学习重点**

　　铅、砷、汞、六六六、滴滴涕、黄曲霉毒素B1、甲醇的测定原理和方法。

**学习难点**

　　食品中各种元素、农药、兽药的不同测定方法以及样品的预处理。

## 第一节　食品中有害元素的测定

### 一、概述

　　食品中有害金属元素主要有：汞（Hg）、镉（Cd）、铬（Cr）、铅（Pb）、砷（As）、锌（Zn）、锡（Sn）等。根据这些重金属元素对人体的危害不同，又将它们区分为中等毒性（Cu、Sn、Zn等）和强毒性元素（Hg、As、Cd、Pb、Cr等）。食品中的有毒重金属元素，一部分来自农作物对重金属元素的富集，另一部分则来自食品生产加工、贮藏运输过程中出现的污染。重金属元素可通过食物链经生物浓缩，浓度提高千万倍，最后进入人体造成危害。进入人体的重金属要经过一段时间的积累才显示出毒性，往往不易被人们所察觉，具有很大的潜在危害性。

## 二、铅的测定

铅为灰白色软金属，铅在地壳中的含量为 0.16%，它很少以游离状态存在于自然界。食品铅污染所致的中毒主要是慢性损害作用，主要表现为贫血、神经衰弱、神经炎和消化系统症状。食品中铅污染的来源主要有食品容器和包装材料、工业三废和汽油燃烧、含铅农药、含铅的食品添加剂或加工助剂以及某些劣质食品添加剂。联合国粮农组织/世界卫生组织（FAO/WHO），食品法典委员会（CAC）1993 年食品添加剂和污染物联合专家委员会（JECFA），建议每人每周允许摄入量（PTWI）为 $25\mu g/(kg \cdot bw)$，以人体重 60kg 计，即每人每日允许摄入量为 $214\mu g$。

下面介绍石墨炉原子吸收光谱法测定食品中铅的具体内容。

1. 原理

试样经灰化或酸消解后，注入原子吸收分光光度计石墨炉中，电热原子化后吸收 283.3nm 共振线，在一定浓度范围内，其吸收值与铅含量成正比，可与标准系列比较定量。

2. 试剂

（1）硝酸；

（2）硫酸铵；

（3）过氧化氢（30%）；

（4）高氯酸（优级纯）；

（5）硝酸（1∶1）；

（6）硝酸（ $0.5mol \cdot L^{-1}$ ）：取 3.2mL 硝酸加入 50mL 水中，稀释至 100mL；

（7）硝酸（ $1mol \cdot L^{-1}$ ）：取 6.4mL 硝酸加入 50mL 水中，稀释至 100mL；

（8）磷酸二氢铵溶液（ $20g \cdot L^{-1}$ ）：称取 2.0g 磷酸二氢铵，以水溶解稀释至 100mL；

（9）混合酸：硝酸∶高氯酸（9∶1），取 9 份硝酸与 1 份高氯酸混合；

（10）铅标准储备液：准确称取 1.000g 金属铅（99.99%），分次加少量硝酸（1∶1），加热溶解，总量不超过 37mL，移入 1000mL 容量瓶，加水至刻度，混匀，此溶液每毫升含 1.0mg 铅；

（11）铅标准使用液：每次吸取铅标准储备液 1.0mL 于 100mL 容量瓶中，加硝酸（ $0.5mol \cdot L^{-1}$ ）至刻度，如此经多次稀释成每毫升含 10.0、20.0、40.0、60.0、80.0ng 铅的标准使用液；

3. 仪器

原子吸收分光光度计（附石墨炉及铅空心阴极灯）；马弗炉；天平：感量为 1mg；干燥恒温箱；瓷坩埚；压力消解器，压力消解罐或压力溶弹；可调式电热板，可调式电炉；所用玻璃仪器均需以硝酸（1∶5）浸泡过夜，用水反复冲洗，最后用去离子水冲洗干净。

4. 分析步骤

（1）试样预处理。

1）在采样和制备过程中，应注意不使试样污染。

2）粮食、豆类去杂物后，磨碎，过 20 目筛，储于塑料瓶中，保存备用。

3）蔬菜、水果、鱼类、肉类及蛋类等水分含量高的鲜样，用食品加工机或匀浆机打成匀浆，储于塑料瓶中，保存备用。

（2）试样消解（可根据实验室条件选用以下任何一种方法消解）。

1）压力消解罐消解法：称取 1～2g 试样（精确到 0.001g，干样、含脂肪高的试样<1g，鲜样<2g 或按压力消解罐使用说明书称取试样）于聚四氟乙烯内罐，加硝酸 2～4mL 浸泡过夜。再加过氧化氢（30％）2～3mL（总量不能超过罐容积的 1/3）。盖好内盖，旋紧不锈钢外套，放入恒温干燥箱，120～140℃保持 3～4h，在箱内自然冷却至室温，用滴管将消化液洗入或过滤入（视消化后试样的盐分而定）10～25mL 容量瓶中，用水少量多次洗涤罐，洗液合并于容量瓶中并定容至刻度，混匀备用，同时作试剂空白。

2）干法灰化：称取 1～5g 试样（精确到 0.001g，根据铅含量而定）于瓷坩埚中，先小火在可调式电热板上炭化至无烟，再移入马弗炉（500±25）℃灰化 6～8h，冷却。若个别试样灰化不彻底，则加 1mL 混合酸在可调式电炉上小火加热，反复多次直到消化完全，冷却，用硝酸（0.5mol·L$^{-1}$）将灰分溶解，用滴管将试样消化液洗入或过滤入（视消化后试样的盐分而定）10～25mL 容量瓶中，用水少量多次洗涤瓷坩埚，洗液合并于容量瓶中并定容至刻度，混匀备用；同时作试剂空白。

3）过硫酸铵灰化法：称取 1～5g 试样（精确到 0.001g）于瓷坩埚中，加 2～4mL 硝酸浸泡 1h 以上，先小火炭化，冷却后加 2.00～3.00g 过硫酸铵盖于上面，继续炭化至不冒烟，转入马弗炉，500±25℃恒温 2h，再升至 800℃，保持 20min，冷却，加2～3mL 硝酸（1mol·L$^{-1}$），用滴管将试样消化液洗入或过滤入（视消化后试样的盐分而定）10～25mL 容量瓶中，用水少量多次洗涤瓷坩埚，洗液合并于容量瓶中并定容至刻度，混匀备用，同时作试剂空白。

4）湿式消解法：称取试样 1～5g（精确到 0.001g）于锥形瓶或高脚烧杯中，放数粒玻璃珠，加 10mL 混合酸，加盖浸泡过夜，加一小漏斗于电炉上消解，若变棕黑色，再加混合酸，直至冒白烟，消化液呈无色透明或略带黄色，放冷，用滴管将试样消化液洗入或过滤入（视消化后试样的盐分而定）10～25mL 容量瓶中，用水少量多次洗涤锥形瓶或高脚烧杯，洗液合并于容量瓶中并定容至刻度，混匀备用，同时作试剂空白。

（3）测定。

1）仪器条件：根据各自仪器性能调至最佳状态。参考条件为波长 283.3nm，狭缝 0.2～1.0nm，灯电流 5～7mA，干燥温度 120℃，20s；灰化温度 450℃，持续 15～20s，原子化温度：1700～2300℃，持续 4～5s，背景校正为氘灯或塞曼效应。

2）标准曲线绘制：吸取上面配制的铅标准使用液 10.0ng·mL$^{-1}$（或 $\mu$g·L$^{-1}$），

20.0ng・mL$^{-1}$（或 $\mu$g・L$^{-1}$），40.0ng・mL$^{-1}$（或 $\mu$g・L$^{-1}$），60.0ng・mL$^{-1}$（或 $\mu$g・L$^{-1}$），80.0ng・mL$^{-1}$（或 $\mu$g・L$^{-1}$）各 10$\mu$L，注入石墨炉，测得其吸光值并求得吸光值与浓度关系的一元线性回归方程。

3）试样测定：分别吸取样液和试剂空白液各 10$\mu$L，注入石墨炉，测得其吸光值，代入标准系列的一元线性回归方程中求得样液中铅含量。

4）基体改进剂的使用：对有干扰试样，则注入适量基体改进剂（20g・L$^{-1}$的磷酸二氢铵溶液，一般为 5$\mu$L 或与试样同量）消除干扰。绘制铅标准曲线时也要加入与试样测定时等量的基体改进剂磷酸二氢铵溶液。

5. 计算

试样中铅含量按下式计算：

$$X = \frac{(C_1 - C_0) \times V \times 1000}{m \times 1000}$$

式中：$X$——试样中铅含量，$\mu$g・kg$^{-1}$（$\mu$g・L$^{-1}$）；

$C_1$——测定样液中铅含量，ng・mL$^{-1}$；

$C_0$——空白液中铅含量，ng・mL$^{-1}$；

$V$——试样消化液定量总体积，mL；

$m$——试样质量或体积，g（mL）。

## 三、总砷的测定

砷是非金属元素，在自然界主要以氧化物的形式存在。砷的各种化合物的应用很广泛，如五氧化二砷被用做杀菌剂，砷酸盐与亚砷酸盐衍生物被用做除草剂，砷酸被用于木材防腐，砷在颜料、制药工业等行业也被广泛应用。元素砷毒性很低，而砷化合物均有毒性。食品中的砷主要来源于环境污染、含砷农药的使用、食品原料等。

下面介绍氢化物原子荧光光度法和银盐法两种测定食品中砷的方法。

### （一）氢化物原子荧光光度法

1. 原理

食品试样经湿消解或干灰化后，加入硫脲使五价砷预还原为三价砷，再加入硼氢化钠或硼氢化钾使还原生成砷化氢，由氩气载入石英原子化器中分解为原子态砷，在特制的砷空心阴极灯的发射光激发下产生原子荧光，其荧光强度在固定条件下与被测液中的砷浓度成正比，与标准系列比较定量。

2. 试剂

（1）氢氧化钠溶液（2g・L$^{-1}$）；

（2）硼氢化钠溶液（10g・L$^{-1}$）：称取硼氢化钠 10.0g，溶于 2g・L$^{-1}$氢氧化钠溶液 1000mL 中，混匀，此液于冰箱可保存 10 天，取出后应当日使用（也可称取 14g 硼氢化钾代替 10g 硼氢化钠）；

（3）硫脲溶液（50g・L$^{-1}$）；

（4）硫酸溶液（1∶9）：量取硫酸 100mL，小心倒入 900mL 水中，混匀；

（5）氢氧化钠溶液（100g·L⁻¹）（供配制砷标准溶液用，少量即够）；

（6）砷标准溶液；

（7）砷标准储备液：含砷 0.1mg·mL⁻¹，精确称取于 100℃ 干燥 2h 以上的三氧化二砷（$As_2O_3$）0.1320g，加 100g·L⁻¹ 氢氧化钠 10mL 溶解，用适量水转入 1000mL 容量瓶中，加（1∶9）硫酸 25mL，用水定容至刻度；

（8）砷使用标准液：含砷 1μg·mL⁻¹，吸取 1.00mL 砷标准储备液于 100mL 容量瓶中，用水稀释至刻度，此液应用时现配；

（9）湿消解试剂：硝酸、硫酸、高氯酸；

（10）干灰化试剂：六水硝酸镁（150g·L⁻¹）、氯化镁、盐酸（1∶1）。

3. 仪器

原子荧光光度计。

4. 分析步骤

（1）试样消解。

1）湿消解：固体试样称 1～2.5g，液体试样称 5～10g（mL）（精确至 0.01g），置入 50～100mL 锥形瓶中，同时做两份试剂空白。加硝酸 20～40mL，硫酸 1.25mL，摇匀后放置过夜，置于电热板上加热消解。若消解液处理至 10mL 左右时仍有未分解物质或色泽变深，取下放冷，补加硝酸 5～10mL，再消解至 10mL 左右观察，如此反复两三次，注意避免炭化。如仍不能消解完全，则加入高氯酸 1～2mL，继续加热至消解完全后，再持续蒸发至高氯酸的白烟散尽，硫酸的白烟开始冒出。冷却，加水 25mL，再蒸发至冒硫酸白烟。冷却，用水将内容物转入 25mL 容量瓶或比色管中，加入 50g·L⁻¹ 硫脲 2.5mL，补水至刻度并混匀，备测。

2）干灰化：一般应用于固体试样。称取 1～2.5g（精确至 0.01g）于 50～100mL 坩埚中，同时做两份试剂空白。加 150g·L⁻¹ 硝酸镁 10mL 混匀，低热蒸干，将氧化镁 1g 仔细覆盖在干渣上，于电炉上炭化至无黑烟，移入 550℃ 高温炉灰化 4h。取出放冷，小心加入（1∶1）盐酸 10mL 以中和氧化镁并溶解灰分，转入 25mL 容量瓶或比色管中，向容量瓶或比色管中加入 50g·L⁻¹ 硫脲 2.5mL，另用（1∶9）硫酸分次涮洗坩埚后转出合并，直至 25mL 刻度，混匀备测。

（2）标准系列制备。取 25mL 容量瓶或比色管 6 支，依次准确加入 1μg·mL⁻¹ 砷使用标准液 0、0.05、0.2、0.5、2.0、5.0mL（各相当于砷浓度 0、2.0、8.0、20.0、80.0、200.0ng·mL⁻¹），各加（1∶9）硫酸 12.5mL，50g·L⁻¹ 硫脲 2.5mL，补加水至刻度，混匀备测。

（3）测定。

1）仪器参考条件。光电倍增管电压：400V；砷空心阴极灯电流：35mA；原子化器：温度 820～850℃；高度：7mm；氩气流速：载气 600mL·min⁻¹；测量方式：荧光强度或浓度直读；读数方式：峰面积；读数延迟时间：1s；读数时间：15s；硼氢化钠溶液加入时间：5s；标液或样液加入体积：2mL。

2）浓度方式测量：如直接测荧光强度，则在开机并设定好仪器条件后，预热稳定约 20min。按"B"键进入空白值测量状态，连续用标准系列的"0"管进样，待读数稳定后，按空档键记录下空白值（即让仪器自动扣底）即可开始测量，先依次测标准系列（可不再测"0"管）。标准系列测完后应仔细清洗进样器（或更换一支），并再用"0"管测试使读数基本回零后，才能测试剂空白和试样，每测不同的试样前都应清洗进样器，记录（或打印）下测量数据。

3）仪器自动方式：利用仪器提供的软件功能可进行浓度直读测定，为此在开机、设定条件和预热后，还需输入必要的参数，即：试样量（g 或 mL）；稀释体积（mL）；进样体积（mL）；结果的浓度单位；标准系列各点的重复测量次数；标准系列的点数（不计零点）及各点的浓度值。首先进入空白值测量状态，连续用标准系列的"0"管进样以获得稳定的空白值并执行自动扣底后，再依次测标准系列（此时"0"管需再测一次）。在测样液前，需再进入空白值测量状态，先用标准系列"0"管测试使读数复原并稳定后，再用两个试剂空白各进一次样，让仪器取其均值作为扣底的空白值，随后即可依次测试样。测定完毕后退回主菜单，选择"打印报告"即可将测定结果打出。

5. 结果计算

如果采用荧光强度测量方式，则需先对标准系列的结果进行回归运算（由于测量时"0"管强制为 0，故零点值应该输入以占据一个点位），然后根据回归方程求出试剂空白液和试样被测液的砷浓度，再按下式计算试样的砷含量。

$$X = \frac{C_1 - C_2}{m} \times \frac{25}{1000}$$

式中：$X$——试样的砷含量，$mg \cdot kg^{-1}$（$mg \cdot L^{-1}$）；

$C_1$——试样被测液的浓度，$ng \cdot mL^{-1}$；

$C_2$——试剂空白液的浓度，$ng \cdot mL^{-1}$；

$m$——试样的质量或体积，g（mL）；

### （二）银盐法

1. 原理

试样经消化后，以碘化钾、氯化亚锡将高价砷还原为三价砷，然后与锌粒和酸产生的新生态氢生成砷化氢，经银盐溶液吸收后，形成红色胶态物，与标准系列比较定量。

2. 试剂

（1）硝酸、硫酸、盐酸、氧化镁、无砷锌粒；

（2）硝酸-高氯酸混合溶液（4:1）：量取 80mL 硝酸，加 20mL 高氯酸，混匀；

（3）硝酸镁溶液（150g·L$^{-1}$）：称取 15g 硝酸镁［$Mg(NO_3)_2 \cdot 6H_2O$］溶于水中，并稀释至 100mL；

（4）碘化钾溶液（150g·L$^{-1}$）：贮存于棕色瓶中；

（5）酸性氯化亚锡溶液：称取 40g 氯化亚锡（$SnCl_2 \cdot 2H_2O$），加盐酸溶解并稀释至 100mL，加入数颗金属锡粒；

（6）盐酸（1:1）：量取 50mL 盐酸加水稀释至 100mL；

（7）乙酸铅溶液（100g·L$^{-1}$）；

（8）乙酸铅棉花：用乙酸铅溶液（100g·L$^{-1}$）浸透脱脂棉后，压除多余溶液，并使疏松，在 100℃以下干燥后，贮存于玻璃瓶中；

（9）氢氧化钠溶液（200g·L$^{-1}$）；

（10）硫酸（6:94）：量取 6.0mL 硫酸加于 80mL 水中，冷后再加水稀释至 100mL；

（11）二乙基二硫代氨基甲酸银-三乙醇胺-三氯甲烷溶液：称取 0.25g 二乙基二硫代氨基甲酸银 [(C$_2$H$_5$)$_2$NCS$_2$Ag] 置于乳钵中，加少量三氯甲烷研磨，移入 100mL 量筒中，加入 1.8mL 三乙醇胺，再用三氯甲烷分次洗涤乳钵，洗液一并移入量筒中，再用三氯甲烷稀释至 100mL，放置过夜，滤入棕色瓶中贮存；

（12）砷标准储备液：准确称取 0.1320g 在硫酸干燥器中干燥过的或在 100℃干燥 2h 的三氧化二砷，加 5mL 氢氧化钠溶液（200g·L$^{-1}$），溶解后加 25mL 硫酸（6:94），移入 1000mL 容量瓶中，加新煮沸冷却的水稀释至刻度，贮存于棕色玻塞瓶中。此溶液每毫升相当于 0.10mg 砷；

（13）砷标准使用液：吸取 1.0mL 砷标准储备液，置于 100mL 容量瓶中，加 1mL 硫酸（6:94），加水稀释至刻度，此溶液每毫升相当于 1.0μg 砷。

3. 仪器

分光光度计；测砷装置；100～150mL 锥形瓶：19 号标准口；导气管：管口为 19 号标准口或经碱处理后洗净的橡皮塞与锥形瓶密合时不应漏气，管的另一端管径为 1.0mm；吸收管：10mL 刻度离心管作吸收管用。

4. 试样处理

（1）硝酸-高氯酸-硫酸法。

1）粮食、粉丝、粉条、豆干制品、糕点、茶叶等及其他含水分少的固体食品：称取 5.00g 或 10.00g 的粉碎试样，置于 250～500mL 定氮瓶中，先加水少许使湿润，再加数粒玻璃珠，及 10～15mL 硝酸-高氯酸混合液，放置片刻，小火缓缓加热，待作用缓和，放冷。沿瓶壁加入 5mL 或 10mL 硫酸，再加热，至瓶中液体开始变成棕色时，不断沿瓶壁滴加硝酸-高氯酸混合液至有机质分解完全。加大火力，至产生白烟，待瓶口白烟冒净后，瓶内液体再产生白烟即为消化完全，该溶液应澄明无色或微带黄色，放冷。（在操作过程中应注意防止爆沸或爆炸）加 20mL 水煮沸，除去残余的硝酸至产生白烟为止，如此处理两次，放冷。将冷后的溶液移入 50mL 或 100mL 容量瓶中，用水洗涤定氮瓶，洗液并入容量瓶中，放冷，加水至刻度，混匀。定容后的溶液每 10mL 相当于 1g 试样，相当于加入硫酸 1mL。取与消化试样相同量的硝酸-高氯酸混合液和硫酸，按同一方法做试剂空白试验。

2）蔬菜、水果：称取 25.00g 或 50.00g 洗净打成匀浆的试样，置于 250～500mL 定氮瓶中，加数粒玻璃珠，及 10～15mL 硝酸-高氯酸混合液，以下按 1）中自"放置片刻……"起依法操作,但定容后的溶液每 10mL 相当于 5g 试样,相当于加入硫酸 1mL。

3)酱、酱油、醋、冷饮、豆腐、腐乳、酱腌菜等:称取 10.00g 或 20.00g 试样(或吸取 10.0mL 或 20.0mL 液体试样),置于 250~500mL 定氮瓶中,加数粒玻璃珠,及 5~15mL 硝酸-高氯酸混合液。以下按 1)中自"放置片刻……"起依法操作,但定容后的溶液每 10mL 相当于 2g 或 2mL 试样。

4)含酒精性饮料或含二氧化碳饮料:吸取 10.00mL 或 20.00mL 试样,置于 250~500mL 定氮瓶中,加数粒玻璃珠,先用小火加热除去乙醇或二氧化碳,再加 5~10mL 硝酸-高氯酸混合液,混匀后,以下按 1)中自"放置片刻……"起依法操作,但定容后的溶液每 10mL 相当于 2mL 试样。

5)含糖量高的食品:称取 5.00g 或 10.0g 试样,置于 250~500mL 定氮瓶中,先加少许水使湿润,再加数粒玻璃珠,及 5~10mL 硝酸-高氯酸混合后,摇匀。缓缓加入 5mL 或 10mL 硫酸,待作用缓和停止起泡沫后,先用小火缓缓加热(糖分易炭化),不断沿瓶壁补加硝酸-高氯酸混合液,待泡沫全部消失后,再加大火力,至有机质分解完全,发生白烟,溶液应澄明无色或微带黄色,放冷。以下按 1)中自"放置片刻……"起依法操作。

6)水产品:取可食部分试样捣成匀浆,称取 5.00g 或 10.0g(海产藻类,贝类可适当减少取样量),置于 250~500mL 定氮瓶中,加数粒玻璃珠,5~10mL 硝酸-高氯酸混合液,混匀后,以下按 1)中自"沿瓶壁加入 5mL 或 10mL 硫酸……"起依法操作。

(2)硝酸-硫酸法。以硝酸代替硝酸-高氯酸混合液进行操作,其他可参照(1)中所述。

(3)灰化法。

1)粮食、茶叶及其他含水分少的食品:称取 5.00g 磨碎试样,置于坩埚中,加 1g 氧化镁及 10mL 硝酸镁溶液,混匀,浸泡 4h。于低温或置水浴锅上蒸干,用小火炭化至无烟后移入马弗炉中加热至 550℃,灼烧 3~4h,冷却后取出。加 5mL 水湿润后,用细玻棒搅拌,再用少量水洗下玻棒上附着的灰分至坩埚内。放水浴上蒸干后移入马弗炉 550℃灰化 2h,冷却后取出。加 5mL 水湿润灰分,再慢慢加入 10mL 盐酸(1:1),然后将溶液移入 50mL 容量瓶中,坩埚用盐酸(1:1)洗涤 3 次,每次 5mL,再用水洗涤 3 次,每次 5mL,洗液均并入容量瓶中,再加水至刻度,混匀。定容后的溶液每 10mL 相当于 1g 试样,其加入盐酸量不少于(中和需要量除外)1.5mL。全量供银盐法测定时,不必再加盐酸。按同一操作方法做试剂空白试验。

2)植物油:称取 5.00g 试样,置于 50mL 瓷坩埚中,加 10g 硝酸镁,再在上面覆盖 2g 氧化镁,将坩埚置小火上加热,至刚冒烟,立即将坩埚取下,以防内容物溢出,待烟小后,再加热至炭化完全。将坩埚移至马弗炉中,550℃以下灼烧至灰化完全,冷后取出。加 5mL 水湿润灰分,再缓缓加入 15mL 盐酸(1:1),然后将溶液移入 50mL 容量瓶中,坩埚用盐酸(1:1)洗涤 5 次,每次 5mL,洗液均并入容量瓶中,加盐酸(1:1)至刻度,混匀。定容后的溶液每 10mL 相当于 1g 试样,相当于加入盐酸(中和需要量除外)1.5mL。按同一操作方法做试剂空白试验。

3）水产品：取可食部分试样捣成匀浆，称取 5.00g，置于坩埚中，加 1g 氧化镁及 10mL 硝酸镁溶液，混匀，浸泡 4h。以下按 1）中自"于低温或置水浴锅上蒸干……"起依法操作。

5. 分析步骤

吸取一定量的消化后的定容溶液（相当 5g 试样）及同量的试剂空白液，分别置于 150mL 锥形瓶中，补加硫酸至总量为 5mL，加水至 50~55mL。

（1）标准曲线的绘制。吸取 0、2.0、4.0、6.0、8.0、10.0mL 砷标准使用液（相当 0、2.0、4.0、6.0、8.0、10.0μg 砷），分别置于 150mL 锥形瓶中，加水至 40mL，再加 10mL 硫酸（1∶1）。

（2）用湿法消化液测定。于试样消化液、试剂空白液及砷标准溶液中各加 3mL 碘化钾溶液（150g·L⁻¹），0.5mL 酸性氯化亚锡溶液，混匀，静置 15min。各加入 3g 锌粒，立即分别塞上装有乙酸铅棉花的导气管，并使管尖端插入盛有 4mL 银盐溶液的离心管中的液面下，在常温下反应 45min 后，取下离心管，加三氯甲烷补足 4mL。用 1cm 比色杯，以零管调节零点，于波长 520nm 处测吸光度，绘制标准曲线。

（3）用灰化法消化液测定。取灰化法消化液及试剂空白液分别置于 150mL 锥形瓶中，吸取 0、2.0、4.0、6.0、8.0、10.0mL 砷标准使用液（相当 0、2.0、4.0、6.0、8.0、10.0μg 砷），分别置于 150mL 锥形瓶中，加水至 43.5mL，再加 6.5mL 盐酸。以下按 2）中自"于试样消化液……"起依法操作。

6. 结果计算

试样中砷的含量按下式计算：

$$X = \frac{(A_1 - A_2) \times 1000}{m \times \dfrac{V_2}{V_1} \times 1000}$$

式中：$X$——试样中砷的含量，$mg \cdot kg^{-1}$（$mg \cdot L^{-1}$）；

$A_1$——测定用试样消化液中砷的质量，$\mu g$；

$A_2$——试剂空白液中砷的质量，$\mu g$；

$m$——试样质量或体积，g（mL）；

$V_1$——试样消化液的总体积，mL；

$V_2$——测定用试样消化液的体积，mL。

## 四、总汞的测定

汞及其化合物广泛应用于工农业生产和医疗卫生行业，可通过废水、废气、废渣等途径污染环境。除职业接触外，进入人体的汞主要来源于受污染的食物，其中又以水产品中特别是鱼、虾、贝类食品中的甲基汞污染对人体的危害最大。含汞的废水排入江河湖海后，其中所含的金属汞或无机汞在微生物的作用下转变为有机汞（主要是甲基汞），并可由于食物链的生物富集作用而在鱼体内达到很高的含量。由于水体的汞污染而导致其中生活的鱼贝类含有大量的甲基汞，是影响水产品安全性的主要因素之一。食品中的金属汞几乎不被吸收，无机汞吸收率亦很低，而有机汞的消化道吸收率很高，如甲基汞90％以上可被人体吸收。吸收的汞迅速分布到全身组织和器官，以肝、肾、脑等器官含量最多。导致脑和神经系统损伤，并可致胎儿和新生儿的汞中毒。

下面介绍原子荧光光谱分析法测定食品中汞的方法。

1. 原理

试样经酸加热消解后，在酸性介质中，试样中的汞被硼氢化钾（$KBH_4$）或硼氢化钠（$NaBH_4$）还原成原子态汞，由载气（氩气）带入原子化器中，在特制汞空心阴极灯照射下，基态汞原子被激发至高能态，在去活化回到基态时，发射出特征波长的荧光，其荧光强度与汞含量成正比，可与标准系列比较定量。本方法：检出限 $0.15\mu g \cdot kg^{-1}$，标准曲线最佳线性范围：$0\sim60\mu g \cdot L^{-1}$。

2. 试剂

(1) 硝酸（优级纯）、30％过氧化氢、硫酸（优级纯）；

(2) 硫酸：硝酸：水＝（1：1：8）：量取 10mL 硝酸和 10mL 硫酸，缓缓倒入 80mL 水中，冷却后小心混匀；

(3) 硝酸溶液（1：9）：量取 50mL 硝酸，缓缓倒入 450mL 水中，混匀；

(4) 氢氧化钾溶液（$5g \cdot L^{-1}$）：称取 5.0g 氢氧化钾，溶于水中，稀释至 1000mL，混匀；

(5) 硼氢化钾溶液（$5g \cdot L^{-1}$）：称取 5.0g 硼氢化钾，溶于 $5.0g \cdot L^{-1}$ 的氢氧化钾溶液中，并稀释至 1000mL，混匀，现用现配；

(6) 汞标准储备溶液：精密称取 0.1354g 干燥过的二氯化汞，加硫酸：硝酸：水混合酸（1：1：8）溶解后移入 100mL 容量瓶中，并稀释至刻度，混匀，此溶液每毫升相当于 1mg 汞；

(7) 汞标准使用溶液：用移液管吸取汞标准储备液（$1mg \cdot mL^{-1}$）1mL 于 100mL 容量瓶中，用硝酸溶液（1：9）稀释至刻度，混匀，此溶液浓度为 $10\mu g \cdot mL^{-1}$；再分别吸取 $10\mu g \cdot mL^{-1}$ 汞标准溶液 1mL 和 5mL 于两个 100mL 容量瓶中，用硝酸溶液（1：9）稀释至刻度，混匀，溶液浓度分别为 $100ng \cdot mL^{-1}$ 和 $500ng \cdot mL^{-1}$，分别用于测定低浓度试样和高浓度试样，制作标准曲线。

3. 仪器

双道原子荧光光度计；高压消解罐（100mL 容量）；微波消解炉。

4. 分析步骤

(1) 试样消解。

1) 高压消解法。本方法适用于粮食、豆类、蔬菜、水果、瘦肉类、鱼类、蛋类及乳与乳制品类食品中总汞的测定。

粮食及豆类等干样：称取经粉碎混匀过 40 目筛的干样 0.2～1.00g，置于聚四氟乙烯塑料内罐中，加 5mL 硝酸，混匀后放置过夜，再加 7mL 过氧化氢，盖上内盖放入不锈钢外套中，旋紧密封。然后将消解器放入普通干燥箱（烘箱）中加热，升温至120℃后保持恒温2～3h，至消解完全，自然冷至室温。将消解液用硝酸溶液（1∶9）定量转移并定容至25mL，摇匀。同时做试剂空白试验。待测。

蔬菜、瘦肉、鱼类及蛋类等水分含量高的鲜样：用捣碎机打成匀浆，称取匀浆1.00～5.00g，置于聚四氟乙烯塑料内罐中，加盖留缝放于65℃鼓风干燥烤箱或一般烤箱中烘至近干，取出，以下按粮食及豆类的方法自"加5mL硝酸……"起依法操作。

2）微波消解法。称取0.10～0.50g试样于消解罐中，加入1～5mL硝酸，1～2mL过氧化氢，盖好安全阀后，将消解罐放入微波炉消解系统中，根据不同种类的试样设置微波炉消解系统的最佳分析条件（见表12-1和表12-2），至消解完全，冷却后用硝酸溶液（1∶9）定量转移并定容至25mL（低含量试样可定容至10mL），混匀待测。

**表 12-1　粮食、蔬菜、鱼肉类试样微波分析条件**

| 步　骤 | 1 | 2 | 3 |
|---|---|---|---|
| 功率（%） | 50 | 75 | 90 |
| 压力（kPa） | 343 | 686 | 1096 |
| 升压时间（min） | 30 | 30 | 30 |
| 保压时间（min） | 5 | 7 | 5 |
| 排风量（%） | 100 | 100 | 100 |

**表 12-2　油脂、糖类试样微波分析条件**

| 步　骤 | 1 | 2 | 3 | 4 | 5 |
|---|---|---|---|---|---|
| 功率（%） | 50 | 70 | 80 | 100 | 100 |
| 压力（kPa） | 343 | 514 | 686 | 959 | 1234 |
| 升压时间（min） | 30 | 30 | 30 | 30 | 30 |
| 保压时间（min） | 5 | 5 | 5 | 7 | 5 |
| 排风量（%） | 100 | 100 | 100 | 100 | 100 |

（2）标准系列配制。

1）低浓度标准系列：分别吸取100ng·mL$^{-1}$汞标准使用液0.25、0.50、1.00、2.00、2.50mL于25mL容量瓶中，用硝酸溶液（1∶9）稀释至刻度，混匀。各自相当于汞浓度1.00、2.00、4.00、8.00、10.00ng·mL$^{-1}$。此标准系列适用于一般试样测定。

2）高浓度标准系列：分别吸取500ng·mL$^{-1}$汞标准使用液0.25、0.50、1.00、1.50、2.00mL于25mL容量瓶中，用硝酸溶液（1∶9）稀释至刻度，混匀。各自相当于汞浓度5.00、10.00、20.00、30.00、40.00ng·mL$^{-1}$。此标准系列适用于鱼及含汞量偏高的试样测定。

（3）测定。

1）仪器参考条件。光电倍增管负高压：240V；汞空心阴极灯电流：30mA；原子化器：温度300℃，高度8.0mm；氩气流速：载气500mL·min$^{-1}$，屏蔽气1000mL·min$^{-1}$；测量方式：标准曲线法；读数方式：峰面积；读数延迟时间：1.0s；读数时间：10.0s；硼氢化钾溶液加液时间：8.0s；标液或样液加液体积：2mL。

注：AFS系列原子荧光仪如230，230a，2202，2202a，2201等仪器属于全自动或断序流动的仪器，都附有本仪器的操作软件，仪器分析条件应设置本仪器所提示的分析条件，仪器稳定后，测标准系列，至标准曲线的相关系数$r > 0.999$后测试样。试样前处理可适用任何型号的原子荧光仪。

2）测定方法：根据情况任选以下一种方法。

浓度测定方式测量。设定好仪器最佳条件，逐步将炉温升至所需温度后，稳定10～20min后开始测量。连续用硝酸溶液（1∶9）进样，待读数稳定之后，转入标准系列测量，绘制标准曲线。转入试样测量，先用硝酸溶液（1∶9）进样，使读数基本回零，再分别测定试样空白和试样消化液，每测不同的试样前都应清洗进样器。试样测定结果按下式计算。

仪器自动计算结果方式测量。设定好仪器最佳条件，在试样参数画面输入以下参数：试样质量（g或mL），稀释体积（mL），并选择结果的浓度单位，逐步将炉温升至所需温度，稳定后测量。连续用硝酸溶液（1∶9）进样，待读数稳定之后，转入标准系列测量，绘制标准曲线。在转入试样测定之前，再进入空白值测量状态，用试样空白消化液进样，让仪器取其均值作为扣底的空白值。随后即可依法测定试样。测定完毕后，选择"打印报告"，即可将测定结果自动打印。

5. 结果计算

试样中汞的含量按下式计算：

$$X = \frac{(c - c_0) \times V \times 1000}{m \times 1000 \times 1000}$$

式中：$X$——试样中汞的含量，mg·kg$^{-1}$（mg·L$^{-1}$）；

$c$——试样消化液中汞的含量，ng·mL$^{-1}$；

$c_0$——试剂空白液中汞的含量，ng·mL$^{-1}$；

$V$——试样消化液总体积，mL；

$m$——试样质量或体积，g（mL）。

## 五、镉的测定

镉是人体非必需元素，在自然界中常以化合物状态存在，一般含量很低，正常环境状态下，不会影响人体健康。镉和锌是同族元素，在自然界中镉常与锌、铅共生。当环境受到镉污染后，镉可在生物体内富集，通过食物链进入人体引起慢性中毒。

下面介绍石墨炉原子吸收光谱法和火焰原子吸收光谱法两种测定食品中镉的方法。

### (一) 石墨炉原子吸收光谱法

1. 原理

样品经灰化或酸消解后，注入原子吸收分光光度计石墨炉中，电热原子化后吸收 228.8nm 共振线，在一定浓度范围，其吸收值与镉含量成正比，可与标准系列比较定量。

2. 试剂

(1) 硝酸、硫酸、过氧化氢 (30%)、高氯酸；

(2) 硝酸 (1∶1)：取 50mL 硝酸，慢慢加入 50mL 水中；

(3) 硝酸 (0.5mol·L$^{-1}$)：取 3.2mL 硝酸，加入 50mL 水中，稀释至 100mL；

(4) 盐酸 (1∶1)：取 50mL 盐酸，慢慢加入 50mL 水中；

(5) 磷酸铵溶液 (20g·L$^{-1}$)：称取 2.0g 磷酸铵，以水溶解稀释至 100mL；

(6) 混合酸：硝酸∶高氯酸 (4∶1)，取 4 份硝酸与 1 份高氯酸混合；

(7) 镉标准储备液：准确称取 1.000g 金属镉 (99.99%)，分次加 20mL 盐酸 (1∶1) 溶解，加 2 滴硝酸，移入 1000mL 容量瓶，加水至刻度，混匀，此溶液每毫升含 1.0mg 镉；

(8) 镉标准使用液：每次吸取镉标准储备液 10.0mL 于 100mL 容量瓶中，加硝酸 (0.5mol·L$^{-1}$) 至刻度，如此经多次稀释至每毫升含 100.0ng 镉的标准使用液。

分析过程中全部用水均使用去离子水 (电阻率在 $8×10^5$Ω 以上)，所使用的化学试剂均为优级纯。

3. 仪器

原子吸收分光光度计 (附石墨炉及铅空心阴极灯)；马弗炉；恒温干燥箱；瓷坩埚；压力消解器、压力消解罐或压力溶弹；可调式电热板、可调式电炉；所用玻璃仪器均需以硝酸 (1∶5) 浸泡过夜，用水反复冲洗，最后用去离子水冲洗干净。

4. 分析步骤

(1) 样品预处理。

1) 在采样和制备过程中，应注意不使样品污染。

2) 粮食、豆类去杂质后，磨碎，过 20 目筛，储于塑料瓶中，保存备用。

3) 蔬菜、水果、鱼类、肉类及蛋类等水分含量高的鲜样用食品加工机或匀浆机打成匀浆，储于塑料瓶中，保存备用。

(2) 样品消解 (可根据实验室条件选用以下任何一种方法消解)。

1) 压力消解罐消解法：称取 1.00～2.00g 样品 (干样、含脂肪高的样品少于 1.00g，鲜样少于 2.0g 或按压力消解罐使用说明书称取样品) 于聚四氟乙烯内罐，加硝酸 2～4mL 浸泡过夜。再加过氧化氢 (30%) 2～3mL (总量不能超过罐容积的 1/3)。盖好内盖，旋紧不锈钢外套，放入恒温干燥箱，120～140℃保持 3～4h，在箱内自然冷却至室温，用滴管将消化液洗入或过滤入 (视消化后样品的盐分而定) 10～25mL 容量瓶中，用水少量多次洗涤罐，洗液合并于容量瓶中并定容至刻度，混匀备用；同时作试剂空白。

2）干法灰化：称取 1.00～5.00g（根据镉含量而定）样品于瓷坩埚中，先小火在可调式电热板上炭化至无烟，移入马弗炉 500℃ 灰化 6～8h，冷却。若个别样品灰化不彻底，则加 1mL 混合酸在可调式电炉上小火加热，反复多次直到消化完全，放冷，用硝酸（0.5mol·L$^{-1}$）将灰分溶解，用滴管将样品消化液洗入或过滤入（视消化后样品的盐分而定）10～25mL 容量瓶中，用水少量多次洗涤瓷坩埚，洗液合并于容量瓶中并定容至刻度，混匀备用；同时作试剂空白。

3）过硫酸铵灰化法：称取 1.00～5.00g 样品于瓷坩埚中，加 2～4mL 硝酸浸泡 1h 以上，先小火炭化，冷却后加 2.00～3.00g 过硫酸铵盖于上面，继续炭化至不冒烟，转入马弗炉，500℃ 恒温 2h，再升至 800℃，保持 20min，冷却，加 2～3mL 硝酸（1.0mol·L$^{-1}$），用滴管将样品消化液洗入或过滤入（视消化后样品的盐分而定）10～25mL 容量瓶中，用水少量多次洗涤瓷坩埚，洗液合并于容量瓶中并定容至刻度，混匀备用；同时作试剂空白。

4）湿式消解法：称取样品 1.00～5.00g 于三角瓶或高脚烧杯中，放数粒玻璃珠，加 10mL 混合酸（或再加 1～2mL 硝酸），加盖浸泡过夜，加一小漏斗于电炉上消解，若变棕黑色，再加混合酸，直至冒白烟，消化液呈无色透明或略带黄色，放冷用滴管将样品消化液洗入或过滤入（视消化后样品的盐分而定）10～25mL 容量瓶中，用水少量多次洗涤三角瓶或高脚烧杯，洗液合并于容量瓶中并定容至刻度，混匀备用；同时作试剂空白。

（3）测定。

1）仪器条件：根据各自仪器性能调至最佳状态。参考条件为波长 228.8nm，狭缝 0.5～1.0nm，灯电流 8～10mA，干燥温度 120℃，20s；灰化温度 350℃，15～20s，原子化温度 1700～2300℃，4～5s，背景校正为氘灯或塞曼效应。

2）标准曲线绘制：吸取上面配制的镉标准使用液 0、1.0、2.0、3.0、5.0、7.0、10.0mL 于 100mL 容量瓶中并稀释至刻度，镉含量相当于 0、1.0、2.0、3.0、5.0、7.0、10.0ng·mL$^{-1}$，各吸取 10μL 注入石墨炉，测得其吸光值并求得吸光值与浓度关系的一元线性回归方程。

3）样品测定：分别吸取样液和试剂空白液各 10μL 注入石墨炉，测得其吸光值，代入标准系列的一元线性回归方程中求得样液中镉含量。

4）基体改进剂的使用：对有干扰样品，则注入适量的基体改进剂磷酸铵溶液（20g·L$^{-1}$）（一般为少于 5μL）消除干扰。绘制镉标准曲线时也要加入与样品测定时等量的基体改进剂磷酸铵溶液。

5. 结果计算

试样中镉的含量按下式计算：

$$X = \frac{(A_1 - A_2) \times V \times 1000}{m \times 1000}$$

式中：$X$——样品中镉含量，$\mu g \cdot kg^{-1}$（$\mu g \cdot L^{-1}$）；

$A_1$——测定样品消化液中镉含量，ng・mL$^{-1}$；

$A_2$——空白液中镉含量，ng・mL$^{-1}$；

$V$——试样消化液总体积，mL；

$m$——样品质量或体积，g 或 mL。

### （二）火焰原子吸收光谱法

1. 原理

样品经处理后，在酸性溶液中镉离子与碘离子形成络合物，并经 4-甲基戊酮-2（MIBK，又名甲基异丁酮）萃取分离，导入原子吸收仪中，原子化以后，吸取 228.8nm 共振线，其吸收量与镉含量成正比，与标准系列比较定量。

2. 试剂

（1）4-甲基戊酮-2、磷酸（1∶10）；

（2）盐酸（1∶11）：量取 10mL 盐酸，加到适量水中，再稀释至 120mL；

（3）盐酸（5∶7）：量取 50mL 盐酸，加到适量水中，再稀释至 120mL；

（4）混合酸：硝酸与高氯酸按 3∶1 混合；

（5）硫酸（1∶1）；

（6）碘化钾溶液（250g・L$^{-1}$）；

（7）镉标准溶液：准确称取 1.0000g 金属镉（99.99％），溶于 20mL 盐酸（5∶7）中，加入 2 滴硝酸后，移入 1000mL 容量瓶中，以水稀释至刻度，混匀，贮于聚乙烯瓶中，此溶液每毫升相当于 1.0mg 镉；

（8）镉标准使用液：吸取 10.0mL 镉标准溶液，置于 100mL 容量瓶中，以盐酸（1∶11）稀释至刻度，混匀，如此多次稀释至每毫升相当于 0.20$\mu$g 镉。

以上溶液配制时要求使用去离子水，优级纯或分析纯试剂。

3. 仪器

原子吸收分光光度计。

4. 分析步骤

（1）样品处理。

1）谷类：去除其中杂物及尘土，必要时除去外壳，磨碎，过 40 目筛，混匀。称取约 5.00～10.00g 置于 50mL 瓷坩埚中，小火炭化至无烟后移入马弗炉中，（500±25）℃灰化约 8h 后，取出坩埚，放冷后再加入少量混合酸，小火加热，不使干涸，必要时加少许混合酸，如此反复处理，直至残渣中无炭粒，待坩埚稍冷，加 10mL 盐酸（1∶11），溶解残渣并移入 50mL 容量瓶中，再用盐酸（1∶11）反复洗涤坩埚，洗液并入容量瓶中，并稀释至刻度，混匀备用。

取与样品处理相同量的混合酸和盐酸（1∶11）按同一操作方法做试剂空白试验。

2）蔬菜瓜果及豆类：取可食部分洗净晾干，充分切碎或打碎混匀。称取 10.00～20.00g 置于瓷坩埚中，加 1mL 磷酸（1∶10），小火炭化，以下按 1）中自"至无烟后移入马弗炉中"起，依法操作。

3）禽、蛋、水产及乳制品：取可食部分充分混匀。称取 5.00～10.00g 置于瓷坩埚中，小火炭化，以下按 1）中自"至无烟后移入马弗炉中"起依法操作。

乳类经混匀后，量取 50mL，置于瓷坩埚中，加 1mL 磷酸（1∶10），在水浴上蒸干，再小火炭化，以下按 1）中自"至无烟后移入马弗炉中"起依法操作。

（2）萃取分离。吸取 25mL（或全量）上述制备的样液及试剂空白液，分别置于 125mL 分液漏斗中，加 10mL 硫酸（1∶1），再加 10mL 水，混匀。吸取 0、0.25、0.50、1.50、2.50、3.50、5.00mL 镉标准使用液（相当于 0、0.05、0.1、0.3、0.5、0.7、1.0μg 镉），分别置于 125mL 分液漏斗中，各加盐酸（1∶11）至 25mL，再加 10mL 硫酸（1∶1）及 10mL 水，混匀。于样品溶液、试剂空白液及镉标准溶液中各加 10mL 碘化钾溶液（250g · L⁻¹），混匀，静置 5min，再各加 10mL MIBK，振摇 2min，静置分层约 0.5h，弃去下层水相，以少许脱脂棉塞入分液漏斗下颈部，将 MIBK 层经脱脂棉滤至 10mL 具塞试管中，备用。

（3）测定。将有机相导入火焰原子化器进行测定，测定参考条件：灯电流 6～7mA，波长 228.8nm，狭缝 0.15～0.2nm，空气流量 5L · min⁻¹，灯头高度 1mm，氘灯背景校正（也可根据仪器型号，调至最佳条件），以镉含量对应浓度吸光度，绘制标准曲线或计算直线回归方程，样品吸收值与标准曲线比较或代入方程求出含量。

5. 计算

试样中镉的含量按下式计算：

$$X = \frac{(A_1 - A_2) \times V \times 1000}{m \times (V_1/V_2) \times 1000}$$

式中：$X$——样品中镉的含量，mg · kg⁻¹（mg · L⁻¹）；

$A_1$——测定样品消化液中镉含量，μg；

$A_2$——空白液中镉含量，μg；

$m$——样品质量或体积，g 或 mL。

$V_2$——样品处理液的总体积，mL；

$V_1$——测定用样品处理液的体积，mL。

## 六、铬的测定

铬是体内的微量元素之一，其在体内的含量随着年龄的增大而逐渐减少。它有助于生长发育，并对血液中的胆固醇浓度也有控制作用，缺乏时可能导致心脏疾病。铬的毒性与其存在的价态有极大的关系，六价铬的毒性比三价铬高约 100 倍，但不同化合物毒性不同。六价铬化合物在高浓度时具有明显的局部刺激作用和腐蚀作用，低浓度时为常见的致癌物质。

下面主要介绍原子吸收石墨炉法测定食品中的铬。

1. 原理

试样经消解后，用去离子水溶解，并定容到一定体积。吸取适量样液于石墨炉原子化器中原子化，在选定的仪器参数下，铬吸收波长为357.9nm的共振线，其吸光度与铬含量成正比。

2. 试剂

(1) 硝酸、高氯酸、过氧化氢、1.0mol·L$^{-1}$硝酸溶液；

(2) 铬标准溶液：称取优级纯重铬酸钾（110℃烘2h）1.4135g溶于水中，定容于容量瓶至500mL，此溶液为含铬1.0mg·mL$^{-1}$的标准储备液，临用时，将标准储备液用1.0mol·L$^{-1}$硝酸稀释，配成含铬100ng·mL$^{-1}$的标准使用液。

3. 仪器

原子吸收分光光度计；带石墨管及铬空心阴极灯；高温炉；高压消解罐；恒温电烤箱；所用玻璃仪器及高压消解罐的聚四氟乙烯内筒均需在每次使用前用热盐酸（1∶1）浸泡1h，用热的硝酸（1∶1）浸泡1h，再用水冲洗干净后使用。

4. 分析步骤

(1) 试样的预处理。

1）粮食、干豆类去壳去杂物，粉碎，过20目筛，储于塑料瓶中保存备用。

2）蔬菜、水果等洗净晾干，取可食部分捣碎、备用。

3）肉、鱼等用水洗净，取可食部分捣碎、备用。

(2) 试样的处理（根据实验室条件可选用以下任何一种方法消解）。

1）干式消解法：称取食物试样0.5～1.0g于瓷坩埚中，加入1～2mL优级纯硝酸，浸泡1h以上，将坩埚置于电炉上，小心蒸干，炭化至不冒烟为止，转移至高温炉中，550℃恒温2h，取出、冷却后，加数滴浓硝酸于坩埚内的试样灰中，再转入550℃高温炉中，继续灰化1～2h，到试样呈白灰状，从高温炉中取出放冷后，用硝酸（体积分数为1％）溶解试样灰，将溶液定量移入5mL或10mL容量瓶中，定容后充分混匀，即为试液。同时，按上述方法作空白对照。

2）高压消解罐消解法：取试样0.300～0.500g，于具有聚四氟乙烯内筒的高压消解罐中，加入1.0mL硝酸、4.0mL过氧化氢液，轻轻摇匀，盖紧消解罐的上盖，放入恒温箱中，从温度升高至140℃时开始计时，保持恒温1h，同时做试剂空白。取出消解罐待自然冷却后打开上盖，将消解液移入10mL容量瓶中，将消解罐用水洗净，合并洗液于容量瓶中。用水稀释至刻度、混匀，即为试液。

(3) 标准曲线的制备。分别吸取铬标准使用液（100ng·mL$^{-1}$）0、0.100、0.30、0.50、0.70、1.00、1.50ml于10mL容量瓶中，用1.0mol·L$^{-1}$硝酸稀释至刻度，混匀。

(4) 测定。

1）仪器测试条件：应根据各自仪器性能调至最佳状态。参考条件：波长357.9nm；干燥110℃，40s；灰化1000℃，30s；原子化2800℃，5s。背景校正：塞曼效应或氘灯。

2）测定：

将原子吸收分光光度计调试到最佳状态后，将与试样含铬量相当的标准系列及试样液进行测定，进样量为20$\mu$L，对有干扰的试样应注入与试样液同量的2％磷酸铵溶液

（标准系列亦然）。

5. 计算

试样中铬的含量按下式计算：

$$X = \frac{(A_1 - A_2) \times 1000}{\dfrac{m}{V} \times 1000}$$

式中：$X$——试样中铬的含量，$\mu g \cdot kg^{-1}$；

$A_1$——试样溶液中铬的浓度，$ng \cdot mL^{-1}$；

$A_2$——试剂空白液中铬的浓度，$ng \cdot mL^{-1}$；

$V$——试样消化液定容体积，$mL$；

$m$——取试样量，$g$。

# 第二节　食品中农药残留的测定

## 一、概述

农药残留（pesticide residues），是农药使用后一个时期内没有被分解而残留于生物体、收获物、土壤、水体、大气中的微量农药原体、有毒代谢物、降解物和杂质的总称。施用于作物上的农药，其中一部分附着于作物上，一部分散落在土壤、大气和水等环境中，环境残存的农药中的一部分又会被植物吸收。残留农药直接通过植物果实或水、大气到达人、畜体内，或通过环境、食物链最终传递给人、畜。农药进入粮食、蔬菜、水果、鱼、虾、肉、蛋、奶中，造成食物污染，危害人的健康。一般有机氯农药在人体内代谢速度很慢，累积时间长。有机氯在人体内残留主要集中在脂肪中。如 DDT 在人的血液、大脑、肝和脂肪组织中含量比例为 1：4：30：300；狄氏剂为 1：5：30：150。由于农药残留对人和生物危害很大，各国对农药的施用都进行严格的管理，并对食品中农药残留容许量作了规定。防止农药污染，控制农药的用量也成为人们关注的话题。

## 二、食品中有机氯农药残留的测定

六六六分子式为 $C_6H_6Cl_6$，化学名为六氯环己烷，六氯化苯，有多种异构体。六六六为白色或淡黄色固体，纯品为无色无臭晶体，工业品有霉臭气味，在土壤中半衰期为 2 年，不溶于水，易溶于脂肪及丙酮、乙醚、石油醚及环己烷等有机溶剂。六六六对光、热、空气、强酸均很稳定，但对碱不稳定（$\beta$-六六六除外），遇碱能分解（脱去 HCl）。滴滴涕分子式为 $C_{14}H_9Cl_{15}$，学名为 2,2-双（对氯苯基)-1,1,1-三氯乙烷，英文简称 DDT，也有多种异构体。DDT 产品为白色或淡黄色固体，纯品 DDT 为白色结晶，熔点 108.5～109℃，在土壤中半衰期 3～10 年（在土壤中消失 95％需 16～33 年）。不溶于水，易溶于脂肪及丙酮、$CCl_4$、苯、氯苯、乙醚等有机溶剂。DDT 对光、酸均很稳定，对热亦较稳定，但温度高于本身的熔点时，DDT 会脱去 HCl 而生成毒性小的

DDE，对碱不稳定，遇碱亦会脱去 HCl。六六六、滴滴涕中毒会引起神经系统疾病和肝脏脂肪样病变。

六六六、滴滴涕的检测方法有气相色谱法和薄层层析法两种，下面主要介绍气相色谱法。

1. 原理

样品中六六六、滴滴涕经提取、净化后用气相色谱法测定，与标准比较定量。电子捕获检测器对于负电极强的化合物具有极高的灵敏度，利用这一特点，可分别测出痕量的六六六和滴滴涕。不同异构体和代谢物可同时分别测定。出峰顺序：$\alpha$-HCH、$\gamma$-HCH、$\beta$-HCH、$\delta$-HCH、$\rho,\rho'$-DDE、$o,\rho'$-DDT、$\rho,\rho'$-DDD、$\rho,\rho'$-DDT。本方法检测限：$\alpha$-HCH、$\beta$-HCH、$\gamma$-HCH、$\delta$-HCH 依次为 0.038、0.16、0.047、0.070$\mu g/kg$；$\rho,\rho'$-DDE、$o,\rho'$-DDT、$\rho,\rho'$-DDD、$\rho,\rho'$-DDT 依次为 0.23、0.50、1.8、2.1$\mu g \cdot kg^{-1}$。

2. 试剂

(1) 丙酮、正己烷、石油醚：沸程 30℃～60℃；苯、硫酸、无水硫酸钠、硫酸钠溶液（20$g \cdot L^{-1}$）；

(2) 农药标准品：六六六（$\alpha$-HCH、$\beta$-HCH、$\gamma$-HCH 和 $\delta$-HCH）纯度＞99％，滴滴涕（$\rho,\rho'$-DDE、$o,\rho'$-DDT、$\rho,\rho'$-DDD、$\rho,\rho'$-DDT）纯度＞99％；

(3) 农药标准储备液：精密称取 $\alpha$-HCH、$\gamma$-HCH、$\beta$-HCH、$\delta$-HCH、$\rho,\rho'$-DDE、$o,\rho'$-DDT、$\rho,\rho'$-DDD、$\rho,\rho'$-DDT 各 10.0mg 溶于苯，分别移于100mL 容量瓶中，加苯稀释至刻度，混匀，浓度为 100$mg \cdot L^{-1}$，贮存于冰箱中；

(4) 农药混合标准工作液：分别量取上述各标准储备液于同一容量瓶中，以正己烷稀释至刻度，$\alpha$-HCH、$\gamma$-HCH、$\delta$-HCH 的浓度为 0.005$mg \cdot L^{-1}$，$\beta$-HCH、$\rho,\rho'$-DDE 浓度为 0.01$mg \cdot L^{-1}$，$o,\rho'$-DDT 浓度为 0.05$mg \cdot L^{-1}$，$\rho,\rho'$-DDD 浓度为 0.02$mg \cdot L^{-1}$，$\rho,\rho'$-DDT 浓度为 0.1$mg \cdot L^{-1}$。

3. 仪器

气相色谱仪，具有电子捕获检测器（ECD）和微处理机；旋转蒸发器；N-蒸发器；匀浆机；调速多用振荡器；离心机；植物样本粉碎机。

4. 分析步骤

(1) 试样制备。谷类制成粉末，其制品制成匀浆；蔬菜、水果及其制品制成匀浆；蛋品去壳制成匀浆；肉品去皮、筋后，切成小块，制成肉糜；鲜乳混匀待用；食用油混匀待用。

(2) 提取。

1) 称取具有代表性的各类食品试样匀浆 20g，加水 5mL（视其水分含量加水，使总水量约 20mL），加丙酮 40mL，振荡 30min，加氯化钠 6g，摇匀。加石油醚 30mL，再振荡 30min，静置分层。取上清液 35mL 经无水硫酸钠脱水，于旋转蒸发器中浓缩至近干，以石油醚定容至 5mL，加浓硫酸 0.5mL 净化，振摇 0.5min，于转速 3000r/min 离心 15min。取上清液进行 GC 分析。

2）称取具有代表性的 2g 粉末试样，加石油醚 20mL，振荡 30min，过滤，浓缩，定容至 5mL，加 0.5mL 浓硫酸净化，振摇 0.5min，于转速 3000r/min 离心 15min。取上清液进行 GC 分析。

3）称取具有代表性的食用油试样 0.5g，以石油醚溶解于 10mL 刻度试管中，定容至刻度，加 1.0mL 浓硫酸净化，振摇 0.5min，于转速 3000r/min 离心 15min。取上清液进行 GC 分析。

（3）气相色谱测定。填充柱气相色谱参考条件：色谱柱为内径 3mm，长 2m 的玻璃柱，内装涂以 15%OV-17 和 2%QF-1 混合固定液的 8～10 目硅藻土（目前常用的为石英毛细管色谱柱）。载气：高纯氮，流速 110mL·min$^{-1}$。柱温：185℃；检测器温度：225℃；进样口温度：195℃（色谱条件根据仪器型号做适当的调整）。进样量：1～10μL。外标法定量。

（4）色谱图（图 12-1）。

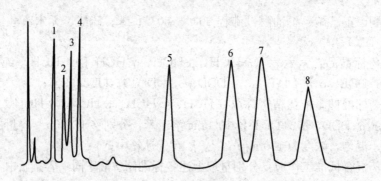

图 12-1　六六六、滴滴涕气相色谱图

8 种农药的色谱图的出峰顺序：1、2、3、4 为 α-666、β-666、γ-666、δ-666，5、6、7、8 为 ρ,ρ′-DDE、o,ρ′-DDT、ρ,ρ′-DDD、ρ,ρ′-DDT

**5. 结果计算**

试样中六六六、滴滴涕及异构体或代谢物含量按下式计算：

$$X = \frac{A_1 \times m_1 \times V_1 \times 1000}{A_2 \times m_2 \times V_2 \times 1000}$$

式中：$X$——样品中六六六、滴滴涕及其异构体或代谢物的单一含量，mg·kg$^{-1}$；

　　　$A_1$——被测试样各组分的峰值（峰高或面积）；

　　　$A_2$——各农药组分标准的峰值（峰高或面积）；

　　　$m_1$——单一农药标准溶液的含量，ng；

　　　$m_2$——被测试样的取样量，g；

　　　$V_1$——被测试样的稀释体积，mL；

　　　$V_2$——被测试样的进样体积，μL。

### 三、食品中有机磷农药残留量的测定

有机磷农药，是用于防治植物病、虫、害的含有机磷的有机化合物。这一类农药品种多、药效高、用途广、易分解，在人、畜体内一般不积累，在农药中是极为重要的一类化合物。但有不少品种对人、畜的急性毒性很强。有机磷类农药一贯在农药中占有重要的地位，对农业的发展起了很重要的作用，最常用的有敌百虫、敌敌畏、乐果、马拉硫磷等。随着这些有机磷类农药的广泛使用，逐渐暴露出了很多问题，如高残留、毒性强等。特别在环保意识日趋增强的今天，部分有机磷类农药在某些环境条件下也会有较长的残留期，并在动物体内产生蓄积。如马拉硫磷是一种高选择性有机磷类农药，在环境中的残留不容轻忽，水体中已有检出。下面主要介绍水果、蔬菜、谷类中有机磷农药的多残留的测定。

1. 原理

含有机磷的试样在富氢焰上燃烧，以 HPO 碎片的形式，放射出波长 526nm 的特性光；这种光通过滤光片选择后，由光电倍增管接收，转换成电信号，经微电流放大器放大后被记录下来。试样的峰面积或峰高与标准品的峰面积或峰高进行比较可定量。

2. 试剂

（1）丙酮、二氯甲烷、氯化钠、无水硫酸钠、助滤剂 Celite545；

（2）农药标准品；

（3）农药标准溶液的配制：分别准确称取标准品，用二氯甲烷为溶剂，分别配制成 $1.0mg \cdot mL^{-1}$ 的标准储备液，贮于冰箱（4℃）中，使用时根据各农药品种的仪器响应情况，吸取不同量的标准储备液，用二氯甲烷稀释成混合标准使用液。

3. 仪器

组织捣碎机；粉碎机；旋转蒸发仪；气相色谱仪：附有火焰光度检测器（FPD）。

4. 试样的制备

取粮食试样经粉碎机粉碎，过 20 目筛制成粮食试样；水果、蔬菜试样去掉非可食部分后制成待分析试样。

5. 分析步骤

（1）提取。

1）水果、蔬菜：称取 50.00g 试样，置于 300mL 烧杯中，加入 50mL 水和 100mL 丙酮（提取液总体积为 150mL），用组织捣碎机提取 1～2min，匀浆液经铺有两层滤纸和约 10gCelite545 的布氏漏斗减压抽滤。取滤液 100mL 移至 500mL 分液漏斗中。

2）谷物：称取 25.00g 试样，置于 300mL 烧杯中，加入 50mL 水和 100mL 丙酮，以下步骤同 1）。

（2）净化。

向（1）中 1）或 2）的滤液中加入 10～15g 氯化钠使溶液处于饱和状态。猛烈振摇

2～3min，静置 10min，使丙酮与水相分层，水相用 50mL 二氯甲烷振摇 2min，再静置分层。

将丙酮与二氯甲烷提取液合并经装有 20～30g 无水硫酸钠的玻璃漏斗脱水滤入 250mL 圆底烧瓶中．再以约 40mL 二氯甲烷分数次洗涤容器和无水硫酸钠。洗涤液也并入烧瓶中，用旋转蒸发器浓缩至约 2mL，浓缩液定量转移至 5～25mL 容量瓶中，加二氯甲烷定容至刻度。

（3）气相色谱测定。

色谱柱：

1）玻璃柱 2.6m×3mm（i. d），填装涂有 4.5%DC-200＋2.5%OV-17 的 Chromosorb W A W DMCS（80～100 目）的担体。

2）玻璃柱 2.6m×3mm（i. d），填装涂有质量分数为 1.5% 的 QF-1 的 Chromosorb W A W DMCS（60～80 目）。

3）具有相同分离效果的石英毛细管色谱柱（目前检测机构大部分均采用）。

气体速度：氮气 50mL·min$^{-1}$、氢气 100mL·min$^{-1}$，空气 50mL·min$^{-1}$（根据检测仪器不同会有所调整）。

温度：柱箱 240℃、汽化室 260℃、检测器 270℃（根据检测仪器不同会有所调整）。

（4）测定。吸取 2～5μL 混合标准液及试样净化液注入色谱仪中，以保留时间定性。以试样的峰高或峰面积与标准比较定量。

6. 结果计算

$i$ 组分有机磷农药的含量按下式计算：

$$X_i = \frac{A_i \times V_3 \times V_1 \times E_{si} \times 1000}{A_{si} \times V_4 \times V_2 \times m \times 1000}$$

式中：$X_i$——$i$ 组分有机磷农药的含量，mg·kg$^{-1}$；

$A_i$——试样中 $i$ 组分的峰面积；

$A_{si}$——混合标准液中 $i$ 组分的峰面积；

$V_1$——试样提取液的总体积，mL；

$V_2$——净化用提取液的总体积，mL；

$V_3$——浓缩后的定容体积，mL；

$V_4$——进样体积，μL；

$E_{si}$——注入色谱仪中的 $i$ 标准组分的质量，ng；

$m$——试样的质量，g。

7. 其他

13 种有机磷农药的色谱图，见图 12-2。

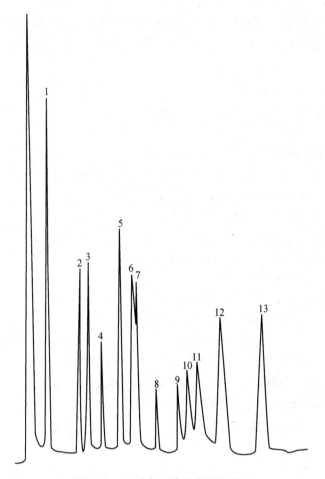

图 12-2 13 种有机磷农药的色谱图

1—敌敌畏；2—甲拌磷；3—二嗪磷；4—乙嘧硫磷；5—巴胺磷；6—甲基嘧啶磷；

7—异稻瘟净；8—乐果；9—喹硫磷；10—甲基对硫磷；11—杀螟硫磷；12—对硫磷；13—乙硫磷

## 四、食品中氨基甲酸酯类农药残留量的测定

氨基甲酸酯类农药是继有机磷类农药发现的一种新型农药，已被广泛应用于粮食、蔬菜和水果等各种农作物。常见的氨基甲酸酯类农药有呋喃丹和速灭威等。此类农药具有合成快、残留期短、低毒、高效和筛选性强等特点。20 世纪 70 年代以来氨基甲酸酯类农药的使用量正逐年增加。氨基甲酸酯类农药对人体的慢性毒作用与有机磷类农药相似，现有一些研究证明此类农药具有致畸、致突变和致癌作用。下面介绍气相色谱法测定氨基甲酸酯类农药残留的方法步骤。

1. 原理

含氮有机化合物被色谱柱分离后在加热的碱金属片的表面产生热分解，形成氰自由基（CN*），并且从被加热的碱金属表面放出的原子状态的碱金属（Rb）接受电子变成

CN⁻，再与氢原子结合。放出电子的碱金属变成正离子，由收集极收集，并作为信号电流而被测定。电流信号的大小与含氮化合物的含量成正比。可与峰面积或峰高比较定量。

2. 试剂

(1) 无水硫酸钠：于 450℃ 焙烧 4h 后备用；

(2) 丙酮：重蒸；

(3) 无水甲醇：重蒸；

(4) 二氯甲烷：重蒸；石油醚：沸程 30～60℃，重蒸；

(5) 速灭威 (tsumacide)：纯度≥99%；

(6) 异丙威 (MIPC)：纯度≥99%；

(7) 残杀威 (propoxur)：纯度≥99%；

(8) 克百威 (carbofuran)：纯度≥99%；

(9) 抗蚜威 (pirimicarb)：纯度≥99%；

(10) 甲萘威 (carbaryl)：纯度≥99%；

(11) $50g \cdot L^{-1}$ 氯化钠溶液：称取 25g 氯化钠，用水溶解并稀释至 500mL；

(12) 甲醇-氯化钠溶液：取无水甲醇及 $50g \cdot L^{-1}$ 氯化钠溶液等体积混合；

(13) 氨基甲酸酯杀虫剂标准溶液的配制：分别准确称取速灭威、异丙威、残杀威、克百威、抗蚜威及甲萘威各种标准品，用丙酮分别配制成 $1mg \cdot mL^{-1}$ 的标准储备液，使用时用丙酮稀释配制成单一品种的标准使用液 ($5\mu g \cdot mL^{-1}$) 和混合标准工作液 (每个品种浓度为 $2～10\mu g \cdot mL^{-1}$)。

3. 仪器

气相色谱仪：附有 FTD (火焰热离子检测器)；电动振荡器；组织捣碎机；粮食粉碎机：带 20 目筛；恒温水浴锅；减压浓缩装置；分液漏斗：250mL，500mL；量筒：50mL，100mL；具塞三角烧瓶：250mL；抽滤瓶：250mL；布氏漏斗：$\phi=10cm$。

4. 试样的制备

粮食经粮食粉碎机粉碎，过 20 目筛制成粮食试样。蔬菜去掉非食部分后剁碎或经组织捣碎机捣碎制成蔬菜试样。

5. 分析步骤

(1) 提取。

1) 粮食试样：称取约 40g 粮食试样，精确至 0.001g。置于 250mL 具塞三角烧瓶中，加入 20～40g 无水硫酸钠 (视试样的水分而定)、100mL 无水甲醇。塞紧，摇匀，于电动振荡器上振荡 30min。然后经快速滤纸过滤于量筒中，收集 50mL 滤液，转入 250mL 分液漏斗中，用 50mL $50g \cdot L^{-1}$ 氯化钠溶液洗涤量筒，并入分液漏斗中。

2) 蔬菜试样：称取 20g 蔬菜试样，精确至 0.001g，置于 250mL 具塞锥形瓶中，加入 80mL 无水甲醇，塞紧，于电动振荡器上振荡 30min。然后经铺有快速滤纸的布氏漏斗抽滤于 250mL 抽滤瓶中，用 50mL 无水甲醇分次洗涤提取瓶及滤器。将滤液转入

500mL 分液漏斗中，用 100mL 50g · L⁻¹氯化钠水溶液分次洗涤滤器，并入分液漏斗中。

（2）净化。

1）粮食试样：于盛有试样提取液的 250mL 分液漏斗中加入 50mL 石油醚，振荡1min，静置分层后将下层（甲醇-氯化钠溶液）放入第二个 250mL 分液漏斗中，加25mL 甲醇-氯化钠溶液于石油醚层中，振摇 30s。静置分层后，将下层并入甲醇-氯化钠溶液中。

2）蔬菜试样：于盛有试样提取液的 500mL 分液漏斗中加入 50mL 石油醚，振荡1min，静置分层后将下层放入第二个 500mL 分液漏斗中，并加入 50mL 石油醚，振摇1min，静置分层后将下层放入第三个 500mL 分液漏斗中。然后用 25mL 甲醇-氯化钠溶液并入第三分液漏斗中。

（3）浓缩。于盛有试样净化液的分液漏斗中，用二氯甲烷（50、25、25mL）依次提取三次，每次振摇 1min，静置分层后将二氯甲烷层经铺有无水硫酸钠（玻璃棉支撑）的漏斗（用二氯甲烷预洗过）过滤于 250mL 蒸馏瓶中，用少量二氯甲烷洗涤漏斗，并入蒸馏瓶中。将蒸馏瓶接上减压浓缩装置，于 50℃水浴上减压浓缩至 1mL 左右，取下蒸馏瓶，将残余物转入 10mL 刻度离心管中，用二氯甲烷反复洗涤蒸馏瓶并入离心管中。然后吹氮气除尽二氯甲烷溶剂，用丙酮溶解残渣并定容至 2.0mL，供气相色谱分析用。

（4）气相色谱条件。

色谱柱 1：玻璃柱，3.2mm（内径）×2.1m，内装涂有 2%0V-101＋60AOV-210 混合固定液的 Chromosorb W（HP）80～100 目担体。

色潜柱 2：玻璃柱：3.2mm（内径）×1.5m，内装涂有 1.5%OV-17＋1.95%OV-210 混合固定液的 Chromosorb W（AW-DMCS）80～100 目担体。或具有相同分离效果的石英毛细管色谱柱。

气体条件：氮气 65mL · min⁻¹；空气 150mL · min⁻¹；氢气 3.2mL · min⁻¹。

温度条件：柱温 190℃；进样口或检测室温度 240℃。

（5）测定。取步骤（3）中的试样液及标准样液各 1μL，注入气相色谱仪中，做色谱分析。根据组分在两根色谱柱上的出峰时间与标准组分比较定性；用外标法与标准组分比较定量。

6. 结果计算

试样中氨基甲酸类农药的含量按下式计算：

$$X_i = \frac{E_i \times \dfrac{A_i}{A_E} \times 2000}{m \times 1000}$$

式中：$X_i$——试样中组分 $i$ 的含量，mg · kg⁻¹；

$E_i$——标准试样中组分 $i$ 的含量，ng；

$A_i$——试样中组分 $i$ 的峰面积或峰高；

$A_E$——标准试样中组分 $i$ 的峰面积或峰高；

$m$——试样质量，g；

2000——进样液的定容体积，2.0mL；

1000——换算单位。

### 五、植物性食品中有机氯和拟除虫菊酯类农药多种残留量的测定

拟除虫菊酯类农药是一类合成杀虫剂，常见的菊酯类农药有溴氰菊酯和氯氰菊酯等。该类农药大多以无色晶体的形式存在，为较黏稠的液体，拥有高效、广谱、低毒和生物降解性等特点。由于多种拟除虫菊酯类农药对鱼类和贝类等水产品毒性较大，一些国家已对其利用做出了严格的限定。因此，对农作物、果蔬和水产品中拟除虫菊酯类农药残留的检测非常重要。

本部分主要介绍粮食、蔬菜中 16 种有机氯和拟除虫菊酯农药残留量的测定方法（16 种农药见表 12-10）；水果和蔬菜中 40 种有机氯和拟除虫菊酯农药残留量的测定方法（40 种农药见表 12-12）。

#### （一）粮食、蔬菜中 16 种有机氯和拟除虫菊酯农药残留量的测定

1. 原理

试样中有机氯和拟除虫菊酯农药用有机溶剂提取，经液液分配及层析净化除去干扰物质，用电子捕获检测器检测，根据色谱峰的保留时间定性，外标法定量。

2. 试剂和材料

（1）石油醚：沸程 60~90℃，重蒸；

（2）苯：重蒸、丙酮：重蒸、乙酸乙酯：重蒸、无水硫酸钠；

（3）弗罗里硅土：层析用，于 620℃灼烧 4h 后备用，用前 140℃烘 2h，趁热加 5％水灭活；

（4）农药标准品；

（5）标准溶液：分别准确称取各标准品，用苯溶解并配成 1mg·mL$^{-1}$ 的储备液，使用时用石油醚稀释配成单品种的标准使用液，再根据各农药品种在仪器上的响应情况，吸取不同量的标准储备液，用石油醚稀释成混合标准使用液。

除非另有说明，在分析中仅使用确定为分析纯的试剂和蒸馏水或相当纯度的水。

3. 仪器和设备

气相色谱仪：附电子捕获检测器（ECD）；电动振荡器；组织捣碎机；旋转蒸发仪；过滤器具：布氏漏斗（直径 80mm）、抽滤瓶（20mL）；具塞三角瓶：100mL；分液漏斗：250mL；层析柱。

4. 分析步骤

（1）试样制备。粮食试样经粮食粉碎机粉碎，过 20 目筛制成粮食试样。蔬菜试样擦净，去掉非可食部分后备用。

（2）提取。

1）粮食试样：称取 10g 粮食试样，置于 100mL 具塞三角瓶中，加入 20mL 石油醚，于振荡器上振摇 0.5h。

2）蔬菜试样：称取 20g 蔬菜试样。置于组织捣碎杯中，加入 30mL 丙酮和 30mL 石油醚，于捣碎机上捣碎 2min，捣碎液经抽滤，滤液移入 250mL 分液漏斗中，加入 100mL 2‰硫酸钠水溶液，充分摇匀，静置分层，将下层溶液转移到另一 250mL 分液漏斗中，用 2×20mL 石油醚萃取，合并三次萃取的石油醚层，过无水硫酸钠层，于旋转蒸发仪上浓缩至 10mL。

（3）净化。

1）层析柱的制备：玻璃层析柱中先加入 1cm 高无水硫酸钠，再加入 5g 5‰水脱活弗罗里硅土，最后加入 1cm 高无水硫酸钠，轻轻敲实，用 20mL 石油醚淋洗净化柱，弃去淋洗液，柱面要留有少量液体。

2）净化与浓缩：准确吸取试样提取液 2mL，加入已淋洗过的净化柱中，用 100mL 石油醚-乙酸乙酯（95：5）洗脱，收集洗脱液于蒸馏瓶中，于旋转蒸发仪上浓缩近干，用少量石油醚多次溶解残渣于刻度离心管中，最终定容至 1.0mL，供气相色谱分析。

（4）测定。

1）气相色谱参考条件。

色谱柱：石英弹性毛细管柱 0.25mm（内径）×15m，内涂有 ov-101 固定液。

气体流速：氮气 40mL/min，尾吹气 60mL/min，分流比 1：50。

温度：柱温自 180℃升至 230℃保持 30min；检测器、进样口温度 250℃。

2）色谱分析。吸收 1μL 试样液注入气相色谱仪，记录色谱峰的保留时间和峰高。再吸取 1μL 混合标准使用液进样，记录色谱峰的保留时间和峰高。根据组分在色谱上的出峰时间与标准组分比较定性；用外标法与标准组分比较定量。

3）色谱图，见图 12-3。

5. 结果计算

试样中农药的含量按下式进行计算：

$$X = \frac{h_i \times V_2 \times m_{si} \times K}{h_{si} \times V_1 \times m}$$

式中：$X$——试样中农药的含量，$mg \cdot kg^{-1}$；

$h_i$——试样中 $i$ 组分农药峰高，mm；

$m_{si}$——标准样品中 $i$ 组分农药的含量，ng；

$V_2$——最后定容体积，mL；

$h_{is}$——标准样品中 $i$ 组分农药峰高，mm；

$V_1$——试样进样体积，μL；

$m$——试样的质量，g；

$K$——稀释倍数。

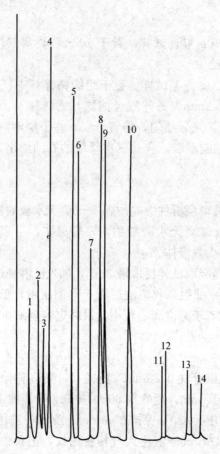

图 12-3　有机氯和拟除虫菊酯标液色谱图

1—α-六六六；2—β-六六六；3—γ-六六六；4—δ-六六六；5—七氯；6—艾氏剂；
7—ρ,ρ′-滴滴伊；8—o,ρ′-滴滴涕；9—ρ, ρ′-滴滴滴；10—ρ,ρ′-滴滴涕；
11—三氟氯氰菊酯（功夫）；12—二氯苯醚氰菊酯；13—氰戊菊酯；14—溴氰菊酯

## 6. 检出限（表 12-3）

表 12-3　检出限　　　　　　　　　　　　　　（μg/kg）

| 农药名称 | 检出限 |
| --- | --- |
| α-六六六 | 0.1 |
| β-六六六 | 0.2 |
| γ-六六六 | 0.6 |
| δ-六六六 | 0.6 |
| 七氯 | 0.8 |
| 艾氏剂 | 0.8 |
| ρ,ρ′-滴滴伊 | 0.8 |
| o,ρ′-滴滴涕 | 1.0 |

| 农药名称 | 检出限 |
|---|---|
| $p,p'$-滴滴滴 | 1.0 |
| $p,p'$-滴滴涕 | 1.0 |
| 氯氟氰菊酯 | 0.8 |
| 氯菊酯 | 16 |
| 氰戊菊酯 | 3.0 |
| 溴氰菊酯 | 1.6 |

**（二）果蔬中 40 种有机氯和拟除虫菊酯农药残留量的测定**

1. 原理

试样中用水-丙酮均质提取，经二氯甲烷液-液分配，以凝胶色谱柱净化，再经活性炭固相柱净化，洗脱液浓缩并溶解定容后，供气相色谱-质谱（GC-MS）测定和确证，外标法定量。

2. 试剂和材料

（1）丙酮（$C_3H_6O$）：残留级；二氯甲烷（$CH_2Cl_2$）：残留级；乙酸乙酯（$C_4H_8O_2$）：残留级；环己烷（Cyclo-$C_6H_{14}$）：残留级；正己烷（n-$C_6H_{14}$）：残留级；甲醇（$CH_4O$）：残留级；苯（$C_6H_6$）：残留级；氯化钠（NaCl）：优级纯；

（2）无水硫酸钠（$Na_2SO_4$）：650℃灼烧 4h，贮于密封容器中备用；

（3）氯化钠水溶液：$20g \cdot L^{-1}$；

（4）活性炭固相萃取柱（pesticarb）：0.5g，或相当者，使用前用 5mL 正己烷预淋洗；

（5）40 种农药标准品：纯度均≥93.5%；

（6）标准储备液：分别准确称取适量的每种农药标准品，用丙酮或相应溶剂（见表 12-4）配制成浓度为 500～1000μg·$mL^{-1}$ 的标准储备液，该溶液可在 0～4℃冰箱中保存 3 个月；

**表 12-4 果蔬中 40 种农药种类及配制溶剂表**

| 序 号 | 中文名称 | 英文名称 | CAS 号 | 化学分子式 | 溶 剂 |
|---|---|---|---|---|---|
| 1 | 四氯硝基苯 | Tecnazene | 000117-18-0 | $C_6HCl_4NO_2$ | 乙醇 |
| 2 | 氟乐灵 | Trifluralin | 001582-09-8 | $C_{13}H_{16}F_3N_3O_4$ | 丙酮 |
| 3 | α-六六六 | α-BHC | 000319-84-6 | $C_6H_6Cl_6$ | 丙酮 |
| 4 | 六氯苯 | Hexachlorobenzene | 000118-74-1 | $C_6Cl_6$ | 丙酮 |
| 5 | β-六六六 | β-BHC | 000319-85-7 | $C_6H_6Cl_6$ | 丙酮 |
| 6 | 林丹 | Lindane | 000058-89-9 | $C_6H_6Cl_6$ | 丙酮 |
| 7 | 五氯硝基苯 | Pentachloronitrobenzene | 000082-68-8 | $C_6Cl_6NO_2$ | 丙酮 |

| 序　号 | 中文名称 | 英文名称 | CAS 号 | 化学分子式 | 溶　剂 |
|---|---|---|---|---|---|
| 8 | δ-六六六 | δ-BHC | 000319-86-8 | $C_6H_6Cl_6$ | 丙酮 |
| 9 | 七氟菊酯 | Tefluthrin | 079538-32-2 | $C_{17}H_{14}ClF_7O_2$ | 丙酮 |
| 10 | 七氯 | Heptachlor | 000076-44-8 | $C_{10}H_6Cl_7$ | 丙酮 |
| 11 | 艾氏剂 | Aldrin | 000309-00-2 | $C_{12}H_8Cl_6$ | 丙酮 |
| 12 | 异艾氏剂 | Isodrin | 000465-73-6 | $C_{12}H_8Cl_6$ | 丙酮 |
| 13 | 环氧七氯 | Heptachlore epoxide | 001024-57-3 | $C_{10}H_5Cl_7$ | 丙酮 |
| 14 | 反丙烯除虫菊酯 | Bioallethrin | 000584-79-2 | $C_{19}H_{26}O_3$ | 丙酮 |
| 15 | o,ρ'-滴滴伊 | o,ρ'-DDE | 003424-82-6 | $C_{14}H_8Cl_4$ | 丙酮 |
| 16 | α-硫丹 | Endosulfan (a-isomer) | 000959-98-8 | $C_9H_6Cl_6O_3S$ | 丙酮 |
| 17 | 狄氏剂 | Dieldran | 000060-57-1 | $C_{12}H_8Cl_6O$ | 丙酮 |
| 18 | ρ,ρ'-滴滴伊 | ρ,ρ'-DDE | 000072-55-9 | $C_{14}H_8Cl_4$ | 丙酮 |
| 19 | o,ρ'-滴滴滴 | o,ρ'-DDD | 000053-19-0 | $C_{14}H_{10}Cl_4$ | 丙酮 |
| 20 | 苯氧菊酯 | Kresoxim methyl | 143390-89-0 | $C_{18}H_{19}NO_4$ | 丙酮 |
| 21 | β-硫丹 | Endosulfan (pisomer) | 033213-65-9 | $C_9H_6Cl_6O_3S$ | 丙酮 |
| 22 | ρ,ρ'-滴滴滴 | ρ,ρ'-DDD | 000072-54-8 | $C_{14}H_{10}Cl_4$ | 丙酮 |
| 23 | 顺式-灭虫菊酯 | Resmethrin | 010453-86-8 | $C_{12}H_{26}O_3$ | 丙酮 |
| 24 | 反式-灭虫菊酯 | Bioresmethrin | 028434-01-7 | $C_{12}H_{26}O_3$ | 丙酮 |
| 25 | 异狄氏剂（酮） | Endrin ketone | 053494-70-5 | $C_{12}H_8Cl_6O$ | 丙酮 |
| 26 | 胺菊酯 | Tetramethirn | 007696-12-0 | $C_{19}H_{25}NO_4$ | 丙酮 |
| 27 | 联苯菊酯 | Bifenthrin | 082657-04-3 | $C_{23}H_{22}ClF_3O_2$ | 丙酮 |
| 28 | 甲氰菊酯 | Fenpropathion | 064257-84-7 | $C_{22}H_{23}NO_3$ | 丙酮 |
| 29 | 苯醚菊酯 | Phenothrin | 026002-80-2 | $C_{23}H_{26}O_3$ | 丙酮 |
| 30 | 灭蚁灵 | Mirex | 002385-85-5 | $C_{10}Cl_{12}$ | 丙酮 |
| 31 | 氯氟氰菊酯 | Cyhalothrin (lambda) | 068085-85-8 | $C_{23}H_{19}ClF_3NO_3$ | 正己烷 |
| 32 | 氟丙菊酯 | Acrinathrin | 103833-18-7 | $C_{26}H_{21}F_6NO_5$ | 正己烷 |
| 33 | 氯菊酯 | Permethrin | 052645-53-1 | $C_{21}H_{20}Cl_2O_3$ | 丙酮 |
| 34 | 氟氯氰菊酯 | Cyfluthrin | 068359-37-5 | $C_{22}H_{18}Cl_2FNO_3$ | 丙酮 |
| 35 | 氯氰菊酯 | Cypermethin | 052315-07-8 | $C_{22}H_{19}Cl_2NO_3$ | 正己烷 |
| 36 | 氟氯戊菊酯 | Flucythrinate | 070124-77-5 | $C_{26}H_{23}F_2NO_4$ | 正己烷 |
| 37 | 氰戊菊酯 | Fenvalerate | 051630-58-1 | $C_{25}H_{22}ClNO_3$ | 丙酮 |
| 38 | 氟胺氰菊酯 | Fluvalinate-tau | 102851-06-9 | $C_{26}H_{22}ClF_3N_2O_3$ | 丙酮 |
| 39 | 四溴菊酯 | Tralomethrin | 066841-25-6 | $C_{22}H_{19}Br_4NO_3$ | 丙酮 |
| 40 | 溴氰菊酯 | Deltamethrin | 052918-63-5 | $C_{22}H_{19}Br_2NO_3$ | 丙酮 |

　　（7）标准中间工作液：分别准确移取一定体积的各农药标准储备液，可根据需要用

丙酮稀释成适用浓度的混合标准中间工作液，该溶液可在 0～4℃冰箱中保存 6 个月；

（8）混合标准工作液：准确移取一定体积的混合标准中间工作液，可根据需要用正己烷稀释成适用浓度的混合标准工作液，该溶液可在 0～4℃冰箱中保存 1 个月。

除另有规定外，以上所用试剂均为分析纯，水为二级水（电导率 25℃≤0.10Ms/m）。

3. 仪器和设备

气相色谱-质谱仪，配有电子轰击源（EI）；凝胶色谱仪：配有馏分收集器；食品捣碎机；均质器；旋转蒸发器；氮吹仪；漩涡混合器；无水硫酸钠柱：7.5cm×1.5cm（内径），内装 5cm 高无水硫酸钠；具塞锥形瓶：250mL；分液漏斗：250mL；浓缩瓶：50mL、250mL；移液器：1000$\mu$L、100$\mu$L、10$\mu$L。

4. 测定步骤

（1）试样制备。抽取水果或蔬菜样品 500g，或去壳、去籽、去皮、去茎、去根、去冠（不可用水洗涤），将其可食用部分切碎后，依次用食品捣碎机将样品加工成浆状。混匀，均分成两份作为试样，分装入洁净的盛样袋内，密闭，标明标记。

将试样于 0～4℃下保存。在抽样及制样的操作过程中，应防止样品受到污染或发生残留物含量的变化。

（2）提取。称取约 25g（精确至 0.1g）试样于 250mL 具塞锥形瓶中，加入 20mL 水，混摇后放置 1h。然后加入 100mL 丙酮，高速均质提取 3min。将提取液抽滤于 250mL 浓缩瓶中。残渣再用 50mL 丙酮重复提取一次，合并滤液，于 40℃水浴中旋转浓缩至约 20mL。将浓缩提取液转移至 250mL 分液漏斗中。

在上述分液漏斗中，加入 100mL 氯化钠水溶液和 100mL 二氯甲烷，振摇 3min，静置分层，收集二氯甲烷相。水相再用 2×50mL 二氯甲烷重复提取两次，合并二氯甲烷相。经无水硫酸钠柱脱水，收集于 250mL 浓缩瓶中，于 40℃水浴中旋转浓缩至近干，加入 5mL 乙酸乙酯-环己烷（1∶1）以溶解残渣，并用 0.45$\mu$m 滤膜过滤，待净化。

（3）净化。

1）凝胶色谱净化（GPC）。凝胶色谱条件如下。

净化柱：700mm×25mm，Bio Beads/S-X31，或相当者。

流动相：乙酸乙酯-环己烷（1∶1）。

流速：5.0mL·min$^{-1}$。

样品定量环：5.0mL。

预淋洗体积：50mL。

洗脱体积：210mL。

收集体积：105～185mL。

凝胶色谱净化步骤：将 5mL 待净化液按上述凝胶净化色谱规定条件进行净化，合并馏分收集器中的收集液于 250mL 浓缩瓶中，于 40℃水浴中旋转浓缩至近干，加入 2mL 正己烷以溶解残渣，待净化。

2）固相萃取净化（SPE）。将 2mL 溶解液倾入已预淋洗后的活性炭固相萃取柱中，用 30mL 正己烷-乙酸乙酯（3∶2）进行洗脱。收集全部洗脱液于 50mL 浓缩瓶中，于 40℃ 水浴中旋转浓缩至干。用乙酸乙酯溶解并定容至 2.0mL，供气相色谱-质谱测定。

（4）气相色谱-质谱测定。

1）气相色谱-质谱条件。色谱柱：30m×0.25mm（内径），膜厚 0.25FLm，DB-5MS 百英毛细管柱，或相当者；色谱柱温度：50℃（2min）→（10℃/min）180℃（1min）→（3℃/min）270℃（14min）；进样口温度：280℃；色谱-质谱接口温度：280℃；载气：氦气，纯度≥99.999%，1.2mL·min$^{-1}$；进样量：1μL；进样方式：无分流进样，1.5min 后开阀；电离方式：EI；电离能量：70eV；测定方式：选择离子监测方式；溶剂延迟：5min；选择监测离子（m·z$^{-1}$）：每种农药分别选择 1 个定量离子、2～3 个定性（阳性确证）离子，选择监测离子时间设定参数参见表 12-5。

表 12-5　果蔬中 40 种农药残留量测定的选择监测离子时间设定参数表

| 序　号 | 时间（mm） | 选择离子 | 驻留时间（ms） |
|---|---|---|---|
| 1 | 10.00 | 261.306.219.284.295.177 | 100 |
| 2 | 19.00 | 272.263.353.373.123.246.241 | 40 |
| 3 | 25.20 | 263.318.235.116.241.235 | 100 |
| 4 | 29.00 | 171.317.164.181.349.123.281 | 80 |
| 5 | 35.00 | 181、183 | 300 |
| 6 | 39.00 | 199、181 | 300 |
| 7 | 43.00 | 167.250.181.209 | 150 |

2）定量测定。根据样液中被测农药含量，选定浓度相近的标准工作溶液。标准工作溶液和待测样液中农药的响应值均应在仪器检测的线性范围内。对混合标准溶液与样液等体积分组分时段参插进样测定，外标法定量。在上述气相色谱-质谱条件下，各标准物质的保留时间参见表 12-13。

3）定性测定。在相同保留时间有峰出现，则根据定性选择离子的种类及其丰度比对其进行阳性确证。

5. 结果计算

按下式计算试样中每种农药残留含量：

$$X_i = \frac{A_i \times c_i \times V}{A_{si} \times m}$$

式中：$X_i$——试样中农药 $i$ 残留量，μL·g$^{-1}$；

　　　$A_i$——样液中农药 $i$ 的峰面积（或峰高）；

　　　$c_i$——标准工作液中农药 $i$ 的浓度，μg·mL$^{-1}$；

　　　$V$——样液最终定容体积，mL；

$A_{si}$——标准工作液中农药 $i$ 的峰面积（或峰高）；

$m$——最终样液的试样质量，g。

本方法对 40 种有机氯和拟除虫菊酯农药在 $0.1\sim5.0\,mg \cdot kg^{-1}$ 浓度水平。

# 第三节　动物性食品中兽药残留量的测定

## 一、概述

激素是由生物体产生的，对机体代谢和生理机能发挥高效调节作用的物质，包括动物激素和植物激素。

所谓动物激素，又称为荷尔蒙，也称内分泌素。它是由人和动物体的内分泌器官直接分泌到血液中的特殊的化学物质。它在血液中的浓度极低，但是却具有非常重要的生理作用，具有调节人和动物体的糖、蛋白质、脂肪、水分和盐分代谢，控制生长发育和生殖过程等功能。

动物激素的种类很多，功能各异，但是根据其化学组成主要分为两大类，即蛋白激素与非蛋白激素。在蛋白激素中又可分为糖蛋白激素、蛋白激素和肽类激素，而非蛋白激素则包括类固醇激素和胺类激素等，见表 12-6。

表 12-6　常见动物激素

| 化学结构类别 | | 激素举例 |
| --- | --- | --- |
| 蛋白质激素 | 糖蛋白激素 | 促甲状激素、促卵泡激素、黄体生成素、抑制素、绒毛膜促性腺激素 |
| | 蛋白质激素 | 促生长素、催乳素、甲状旁腺激素、胰岛素 |
| | 肽类激素 | 促甲状腺激素、促性腺激素释放激素、生长素释放抑制激素、生长素释放激素、促肾上腺皮质激素释放激素、升压素、催产素、降钙素、胰高糖素、胸腺激素 |
| 非蛋白质激素 | 类固醇激素 | 糖皮质激素、盐皮质激素、睾酮、雌二醇、雌三醇、孕酮 |
| | 胺类激素 | 催乳素释放抑制因子、凹状腺素、三碘甲腺原氨酸、肾上腺素、去甲肾上腺素、褐黑素、胸腺激素 |

所有的动物激素都具有专一、高效和多层次等共同作用特点。激素的专一性包括组织专一性和效应专一性。高效性是指激素与受体有很高的亲和力，可以在极低的浓度水平下与受体结合，引起调节效应。多层次调控是指激素的调控是多层次的。

## 二、动物性食品中抗生素类药物残留的测定

### 1. 原理

试样经提取、微孔滤膜过滤后直接进样，用反相色谱分离，紫外检测器检测，与标准比较定量，出峰顺序为土霉素、四环素、金霉素。

2. 试剂

(1) 乙腈（分析纯）；

(2) 0.01mol·L⁻¹磷酸二氢钠溶液：称取 1.56g（精确到 0.01g）磷酸二氢钠（$NaH_2PO_4·2H_2O$）溶于蒸馏水中，定容到 100mL，经微孔滤膜（0.45μm）过滤，备用；

(3) 土霉素（OTC）标准溶液：称取土霉素 0.0100g（精确到 0.0001g），用 0.1mol·L⁻¹盐酸溶液溶解并定容 10.00mL，此溶液每毫升含土霉素 1mg；

(4) 四环素（TC）标准溶液：称取四环素 0.0100g（精确到 0.0001g），用 0.01mol·L⁻¹盐酸溶液溶解并定容 10.00mL，此溶液每毫升含四环素 1mg；

(5) 金霉素（CTC）标准溶液：称取金霉素 0.0100g（精确到 0.0001g），溶于蒸馏水中并定容至 10.00mL，此溶液每毫升含金霉素 1mg；

(6) 混合标准溶液：取土霉素（OTC）标准溶液、四环素（TC）标准溶液各 1.00mL，取金霉素（CTC）标准溶液 2.00mL，置于 10mL 容量瓶中，加蒸馏水至刻度，此溶液每毫升含土霉素、四环素各 0.1mg，金霉素 0.2mg，临用时现配；

(7) 5%高氯酸溶液。

3. 仪器设备

高效液相色谱仪（HPLC）：具紫外检测器。

4. 分析步骤

(1) 色谱条件。柱 ODS-C₁₈（5μm）：6.2mm×15cm；检测波长：355nm；灵敏度：0.002AUFS；柱温：室温；流速：1.0mL·min⁻¹；进样量：10μL；流动相：乙腈与 0.01mol·L⁻¹磷酸二氢钠溶液（用 30%硝酸溶液调节 pH2.5）＝35：65，使用前用超声波脱气 10min。

(2) 试样测定：称取 5.00g（±0.01g）切碎的肉样（< 5mm），置于 50mL 锥形烧瓶中，加入 5%高氯酸 25.0mL，于振荡器上振荡提取 10min，移入到离心管中，以 2000r·min⁻¹离心 3min，取上清液经 0.45μm 滤膜过滤，取溶液 10μL 进样，记录峰高，从工作曲线上查得含量。

(3) 工作曲线：分别称取 7 份切碎的肉样，每份 5.00g（精确到 0.01g），分别加入混合标准溶液 0、25、50、100、150、200、250μL（含土霉素、四环素各为 0、2.5、5.0、10.0、15.0、20.0、25.0μg；含金霉素 0、5.0、10.0、15.0、20.0、25.0μg），按峰高为纵坐标，以抗生素含量为横坐标，绘制工作曲线。

5. 结果计算

试样中抗生素残留量按下式计算：

$$X = \frac{A \times 1000}{m \times 1000}$$

式中：$X$——试样中抗生素含量，mg·kg⁻¹；

$A$——试样溶液测得抗生素质量，μg；

$m$——试样质量，g。

### 三、动物性食品中激素类药物残留的测定（液相色谱-质谱/质谱法）

1. 方法提要

试样中的目标化合物经均质、酶解，用甲醇-水溶液提取，经固相萃取富集净化，液相色谱-质谱/质谱仪测定，内标法定量。

2. 试剂和材料

（1）甲醇、二氯甲烷、乙腈、甲酸；

（2）乙酸：分析纯、乙酸钠（NaAC·4H₂O）：分析纯；

（3）β-葡萄糖醛酸酶/芳香基硫酸酯酶溶液（β-glucuronidase/arylsulfatase）：4.5U/mLβ-葡萄糖醛酸酶，14U·mL⁻¹芳香基硫酸酯酶；

（4）乙酸-乙酸钠缓冲溶液（pH5.2）：称取43.0g乙酸钠（NaAc·4H₂O），加入22mL乙酸，用水溶解并定容到1000mL，用乙酸调节pH到5.2；

（5）甲醇-水溶液（1∶1，体积比）：取50mL甲醇和50mL水混合；

（6）二氯甲烷-甲醇溶液（7∶3，体积比）：取70mL二氯甲烷和30mL甲醇混合；

（7）0.1%甲酸水溶液：精确量取甲酸1mL加水稀释至1000mL；

（8）标准品：去甲雄烯二酮、群勃龙、勃地酮、氟甲睾酮、诺龙、雄烯二酮、睾酮、普拉雄酮、甲睾酮、异睾酮、表雄酮、康力龙、17β-羟基雄烷-3-酮、美皋酮、达那唑、美雄诺龙、羟甲雄烯二酮、美雄醇、雌二醇、雌三醇、雌酮、炔雌醇、己烷雌酚、己烯雌酚、己二烯雌酚、炔诺酮、21α-羟基孕酮、17α-羟基孕酮、左炔诺孕酮、甲羟孕酮、乙酸甲地孕酮、孕酮、甲羟孕酮乙酸酯、乙酸氯地孕酮、曲安西龙、醛固酮、泼尼松、可的松、氢化可的松、泼尼松龙、氟米松、地塞米松、乙酸氟氢可的松、甲基泼尼松龙、倍氯米松、曲安奈德、氟轻松、氟米龙、布地奈德、丙酸氯倍他索，纯度均大于97%。物质英文名称及CAS号见表12-7。

表12-7　50种激素物质的英文名称、CAS号及对应的内标物质

| 化合物 | 英文名 | CAS号 | 内标物质 |
|---|---|---|---|
| 去甲雄烯二酮 | 19-nor-4-androstene-3,17-dione | 734-32-7 | 勃地酮-d₃ |
| 群勃龙 | trenbolone | 10161-33-8 | 勃地酮-d₃ |
| 勃地酮 | boldenane | 846-48-0 | 勃地酮-d₃ |
| 氟甲皋酮 | fluoxymesterone | 76-43-7 | 勃地酮-d₃ |
| 诺龙 | nandrolone | 434-22-0 | 勃地酮-d₃ |
| 雄烯二酮 | 4-androstene 3,17-dione | 734-32-7 | 睾酮-¹³C₂ |
| 美雄酮 | methandrostenolone | 72-63-9 | 睾酮-¹³C₂ |
| 皋酮 | testosterone | 58-22-0 | 睾酮-¹³C₂ |
| 普拉雄酮 | dehydroepiandrosterone | 53-43-0 | 睾酮-¹³C₂ |

| 化合物 | 英文名 | CAS 号 | 内标物质 |
|---|---|---|---|
| 甲睾酮 | methylrestosterone | 5858-18-4 | 甲睾酮-d₃ |
| 异睾酮 | testostrone | — | 睾酮-¹³C₂ |
| 美雄醇 | methylandrosCenediol | 52-10-8 | 甲睾酮-d₃ |
| 表雄酮 | epiandrosterone | 481-29-8 | 甲睾酮-d₃ |
| 康力龙 | stanozolol | 10418-03-8 | 16β-羟基司坦唑醇-d₃ |
| 17β-羟基雄烷-3-酮 | 5α-androstan-17β-ol-3-one | 521-18-6 | 氧睾酮-d₃ |
| 美睾酮 | mesterolone | 1424-00-6 | 氯睾酮-d₃ |
| 达那唑 | danazol | 17230-88-5 | 氯睾酮乙酸酯-d₃ |
| 美雄诺龙 | mestanolone | 521-11-9 | 氯睾酮乙酸酯-d₃ |
| 炔诺酮 | 19-norethindrone | 68-22-4 | 炔诺酮-¹³C₂ |
| 21α-羟基孕酮 | 21α-hydroxyprogesterone | 64-85-7 | 美仑孕酮-d₃ |
| 17α-羟基孕酮 | 17α-hydroxyprogesterone | 68-96-2 | 美仑孕酮-d₃ |
| 甲基炔酮 | D-(-)-norgestrel | 797-63-7 | 炔诺孕酮-d6 |
| 甲羟孕酮 | medroxyprogesterone | 520-85-4 | 甲羟孕酮-d₃ |
| 乙酸甲地孕酮 | megestrol acetate | 595-33-5 | 甲地孕酮乙酸酯-d₃ |
| 乙酸氯地孕酮 | chlormadinone acetate | 302-22-7 | 甲地孕酮乙酸酯-d₃ |
| 孕酮 | progesterone | 57-83-0 | 孕酮-d₃ |
| 甲羟孕酮乙酸酯 | medroxyprogesterone | 71-58-9 | 甲地孕酮乙酸酯-d₃ |
| 曲安西龙 | triamcinolone | 124-94-7 | 氢化可的松-d₃ |
| 醛固酮 | aldosterone | 52-39-1 | 氢化可的松-d₃ |
| 泼尼松 | Prednisone | 53-03-2 | 氧化可的松-d₃ |
| 可的松 | cortisone | 53-06-5 | 氢化可的松-d₃ |
| 氢化可的松 | cortisol | 50-23-7 | 氢化可的松-d₃ |
| 泼尼松龙 | prednisolone | 50-24-8 | 氢化可的松-d₃ |
| 氟米松 | flumethasone | 2135-17-3 | 氢化可的松-d₃ |
| 地塞米松 | dexanethasone | 50-02-2 | 氢化可的松-d₃ |
| 乙酸氟氢可的松 | fludro cortisone acetate | 514-36-3 | 氢化可的松-d₃ |
| 甲基泼尼松龙 | methylprednisolone | 83-43-2 | 氢化可的松-d₃ |
| 倍氯米松 | beclomethasone | 4419-39-0 | 氧化可的松-d₃ |
| 曲安奈德 | triamcinolone acetonide | 76-25-5 | 氢化可的松-d₃ |
| 氟轻松 | fluocinolone acetonide | 67-73-2 | 氧化可的松-d₃ |
| 氟米龙 | fluormetholone | 426-13-1 | 氢化可的松-d₃ |
| 布地奈德 | budesonide | 51333-22-3 | 氢化可的松-d₃ |
| 丙酸氯倍他索 | clobetasol propionate | 25122-46-7 | 氢化可的松-d₃ |
| 雌三醇 | estradiol | 50-27-1 | 雌二醇-¹³C₂ |
| 雌二醇 | estriol | 50-28-2 | 雌二醇-¹³C₂ |

续表

| 化合物 | 英文名 | CAS号 | 内标物质 |
|--------|--------|-------|----------|
| 炔雌醇 | ethinylestradiol | 57-63-6 | 雌酮-d$_2$ |
| 雌酮 | estrone | 53-16-7 | 雌酮-d$_2$ |
| 己烯雌酚 | diethylstilbestrol | 6898-97-1 | 己烯雌酚-d$_6$ |
| 己烷雌酚 | hexestrol | 84-16-2 | 己二烯雌酚-d$_2$ |
| 己二烯雌酚 | dienestrol | 84-17-3 | 己烷雌酚-d$_4$ |

（9）同位素内标：炔诺孕酮-d$_6$、孕酮-d$_9$、甲地孕酮乙酸酯-d$_3$、甲羟孕酮-d$_3$、美仑孕酮-d$_3$、炔诺酮-$^{13}$C$_2$、氯睾酮乙酸醋-d$_3$、氯睾酮-d$_3$、16β-羟基司坦唑醇-d$_3$、甲睾酮-d$_3$、勃地龙-d$_3$、氢化可的松-d$_3$、睾酮-$^{13}$C$_2$、雌酮-d$_2$、雌二醇-$^{13}$C$_2$、己烯雌酚-d$_6$、己二烯雌酚-d$_2$、己烷雌酚-d$_4$，物质英文名称见表12-8。

表 12-8　18 种内标物质的英文名称

| 化合物 | 英文名 |
|--------|--------|
| 炔诺孕酮-d$_6$ | norgestrel-d$_6$ |
| 孕酮-d$_9$ | profesterone-d$_9$ |
| 甲地孕酮乙酸脂-d$_3$ | megestrol-d$_3$ acetate |
| 甲羟孕酮 | medroxyprogesterone-d$_3$ |
| 美仑孕酮-d$_3$ | melengestrol-d$_3$ |
| 炔诺酮-$^{13}$C$_2$ | northindrone-ethynyl-$^{13}$C$_2$ |
| 氯睾酮乙酸脂-d$_3$ | chlortestosterone acetate-d$_3$ |
| 氯睾酮-d$_3$ | chlortestosterone-d$_3$ |
| 16β-羟基司坦唑醇-d$_3$ | 16β-hydroxy-stanozolol-d$_3$ |
| 甲睾酮-d$_3$ | methyltestosterone-d$_3$ |
| 勃地酮-d$_3$ | 17β-boldenone-d$_3$ |
| 氢化可的松-d$_3$ | cortisol-d$_3$ |
| 睾酮-$^{13}$C$_2$ | testosterone-d$_3$,4-$^{13}$C$_2$ |
| 雌酮-d$_2$ | estrone-2,4-d$_2$ |
| 雌二醇-d$_4$ | estriol-3,4-$^{13}$C$_2$ |
| 己烯雌酚-d$_6$ | diethylstilbestrol-d$_6$ |
| 己二烯雌酚-d$_2$ | dienestrol-d$_2$ |
| 己烷雌酚-d$_4$ | hexestrol-d$_4$ |

（10）标准储备液：分别准确称取 10.0mg 的标准品及内标于 10mL 容量瓶中，用甲醇溶解并定容至刻度制成 1.0mg·mL$^{-1}$标准储备液，−18℃以下保存，标准储备液在 12 个月内稳定；

（11）混合内标工作液：用甲醇将各标准储备溶液配制成浓度为 100μg·L$^{-1}$的混合内标工作液；

（12）混合标准工作液：根据需要，用甲醇-水溶液将各标准储备溶液配制为适当浓度（0.5、1、2、5、10、20 和 40$\mu$g·L$^{-1}$，其中炔诺酮、表雄酮、布地奈德、17$\beta$-羟基雄烷-3-酮、氟米龙、氟甲睾酮为其他化合物浓度的 5 倍），标准工作溶液中含各内标浓度为 10$\mu$g·L$^{-1}$；

（13）ENVI-Carb 固相萃取柱（500mg，6mL）或相当者，使用前依次用 6mL 二氯甲烷-甲醇溶液、6mL 甲醇、6mL 水活化；

（14）氨基固相萃取柱（500mg，6mL），使用前用 6mL 二氯甲烷-甲醇溶液活化。

除特殊注明外，所用试剂均为色谱纯，水为 GB/T 6682 规定的一级水。

3. 仪器

液相色谱，串联四极杆质谱仪；配有电喷雾离子源；电子天平：感量为 0.0001g 和 0.01g；组织匀浆机；涡旋混合器；恒温振荡器；超声清洗仪；离心机：10000r/min；固相萃取装置；氮吹仪；pH 计；移液器。

4. 分析步骤

（1）试样制备。

1）动物肌肉、肝脏、虾：从所取全部样品中取出有代表性样品约 500g，剔除筋膜，虾去除头和壳。用组织捣碎机充分捣碎均匀，均分成两份，分别装入洁净容器中，密封，并标明标记，于$-18$℃以下冷冻存放。

2）牛奶：从所取全部样品中取出有代表性的样品约 500g，充分摇匀，均分成两份，分别装入洁净容器中，密封，并标明标记，于 0~4℃以下冷藏存放。

3）鸡蛋：从所取全部样品中取出有代表性样品约 500g，去壳后用组织捣碎机充分搅拌均匀，均分成两份，分别装入洁净容器中，密封，并标明标记，予 0~4℃以下冷藏存放。

注：制样操作过程中应防止样品被污染或其中的残留物发生变化。

（2）提取。称取 5g 试样（精确至 0.01g）于 50mL 具塞塑料离心管中，准确加入内标溶液 100$\mu$L 和 10mL 乙酸-乙酸钠缓冲溶液，涡旋混匀，再加入 $\beta$-葡萄糖醛酸酶/芳香基硫酸酯酶溶液 100$\mu$L，于 37℃$\pm$1℃振荡酶解 12h。取出冷却至室温，加入 25mL 甲醇超声提取 30min，0~4℃下 10000r·min$^{-1}$离心 10min。将上清液转入洁净烧杯，加水 100mL，混匀后待净化。

（3）净化。提取液以 2~3mL·min$^{-1}$的速度上样于活化过的 ENVI-Carb 固相萃取柱。将小柱减压抽干。再将活化好的氨基柱串接在 ENVI-Carb 固相萃取柱下方。用 6mL 二氯甲烷-甲醇溶液洗脱并收集洗脱液，取下 ENVI-Carb 小柱，再用 2mL 二氯甲烷-甲醇溶液洗氨基柱，洗脱液在微弱的氮气流下吹干，用 1mL 甲醇-水溶液溶解残渣，供仪器测定。

（4）测定。

1）雄激素、孕激素、皮质醇激素测定。

a. 液相色谱条件。色谱柱：ACQUITY UPLC$^{TM}$ BEH C$_{18}$柱，2.1mm（内径）$\times$

100mm，1.7$\mu$m，或相当者。流动相：A（0.1%甲酸水溶液）；B（甲醇）。梯度淋洗，参考梯度条件参见表 12-9。流速：0.3mL·min$^{-1}$。柱温：40℃。进样量：10$\mu$L。

表 12-9 雄激素、孕激素、皮质醇激素参考液相色谱条件

| 时间（min） | A（%） | B（%） |
|---|---|---|
| 0 | 50 | 50 |
| 8 | 36 | 64 |
| 11 | 16 | 84 |
| 12.5 | 0 | 100 |
| 14.5 | 0 | 100 |
| 15 | 50 | 50 |
| 17 | 50 | 50 |

b. 雄激素、孕激素测定参考质谱条件。电离源：电喷雾正离子模式；毛细管电压：3.5kV；源温度：100℃；脱溶剂气温度：450℃；脱溶剂气流量：700L·h$^{-1}$；碰撞室压力：0.31Pa（3.1×10$^{-3}$mbar）。皮质醇激素测定参考质谱条件。电离源：电喷雾负离子模式；毛细管电压：3.0kV；源温度：100℃；脱溶剂气温度：450℃；脱溶剂气流量：700L·h$^{-1}$；碰撞室压力：0.31Pa（3.1×10=3mbar）。

2）雌激素测定。

a. 雌激素测定液相色谱条件见表 12-18。色谱柱：ACQUITY UPLC$^{TM}$ BEH C18 柱，2.1mm（内径）×100mm，1.7$\mu$m，或相当者。流动相：A（水）；B（乙腈）。梯度洗脱，参考梯度条件参见表 12-10。流速：0.3mL/min。柱温：40℃。进样量：10$\mu$L。

表 12-10 雌激素参考液相色谱条件

| 时间（min） | A（%） | B（%） |
|---|---|---|
| 0 | 65 | 35 |
| 4 | 50 | 50 |
| 4.5 | 0 | 100 |
| 5.5 | 0 | 100 |
| 5.6 | 65 | 35 |
| 9 | 65 | 35 |

b. 雌激素测定质谱条件。电离源：电喷雾负离子模式。毛细管电压：3.0kV。源温度：100℃。脱溶剂气温度：450℃。脱溶剂气流量：700L·h$^{-1}$。碰撞室压力：0.31Pa（3.1×10$^{-3}$mbar）。

（5）定性。各测定目标化合物以保留时间和与两对离子（特征离子对/定量离子对）所对应的 LC-MS/MS 色谱峰相对丰度进行定性。要求被测试样中目标化合物的保留时

间与标准溶液中目标化合物的保留时间一致，同时被测试样中目标化合物的两对离子对应的 LC-MS/MS 色谱峰丰度比与标准溶液中目标化合物的色谱峰丰度比一致，允许的偏差见表 12-11。

**表 12-11　定性测定时相对离子丰度的最大允许偏差**

| 相对离子丰度 | >50% | >20%~50% | >10%~20% | ≤10% |
|---|---|---|---|---|
| 允许的相对偏差 | ±20% | ±25% | ±30% | ±50% |

（6）定量。本标准采用内标法定量。各物质对应内标见表 12-15。

每次测定前配制标准系列，按浓度由小到大的顺序，依次上机测定，得到目标物浓度与峰面积比的工作曲线。

5. 结果计算

按下式计算试样中检测目标物的残留量 $X_i$（$\mu g \cdot kg^{-1}$）：

$$X_i = \frac{c_{si} \times V}{m}$$

式中：$X_i$——试样中待检测目标化合物残留量，$\mu g \cdot kg^{-1}$；

　　　$c_{si}$——由回归曲线计算得到的上机试样溶液中目标化合物含量，$\mu g \cdot L^{-1}$；

　　　$V$——浓缩至干后试样的定容体积，mL；

　　　$m$——试样的质量，g。

# 第四节　食品中亚硝基化合物的测定

## 一、概述

N-亚硝基化合物的分子结构通式 $R_1(R_2)=N-N=O$，分 N-亚硝胺和 N-亚硝酰胺，N-亚硝胺的 $R_1$ 和 $R_2$ 为烷基或芳基；N-亚硝酰胺的 $R_1$ 为烷基或芳基，$R_2$ 为酰胺基，包括氨基甲酰基、乙氧酰基及硝米基等；两类都可有杂环化合物。N-亚硝基化合物的生产和应用并不多，但前体物亚硝酸和二级胺及酰胺广泛存在于环境中，可在生物体外或体内形成 N-亚硝基化合物。在城市大气、水体、土壤、鱼、肉、蔬菜、谷类及烟草中均发现存在多种 N-亚硝基化合物。这些化合物多为液体和固体，主要经消化道进入体内。属高毒，对实验动物经口 LD50 为 150-500mg·$kg^{-1}$（体重）。急性毒性：N-亚硝胺主要引起肝小叶中心性出血坏死，还可引起肺出血及胸腔和腹腔血性渗出，对眼、皮肤及呼吸道有刺激作用；N-亚硝酰胺直接刺激作用强，对肝脏的损害较小，会引起肝小叶周边性损害。已发现约 200 种 N-亚硝基化合物对实验动物小鼠、大鼠、豚鼠、兔、狗、猪、猴及鱼等有致癌性，以啮齿动物最敏感。染毒方式有吸入、气管注入、经口、皮下注射及静脉注射，也有将亚硝酸盐及胺等分别混于饲料及饮水中喂养动物，经口每日剂量 1mg·kg$^{-1}$（体重）或更少即可致癌，如一次给以较大剂量即可于 9～12 个月后诱发癌肿，并发现有经胎盘致癌作用。亚硝胺是间接致癌物，亚硝酰胺是直接致癌物，终致癌物可能是碳鎓离子和偶氮烷烃。亚硝基化合物的前体物包括硝酸盐、亚硝酸盐和胺类。硝酸盐和亚硝酸盐作为一种常用食品添加剂，主要用于腌制肉食类，添加亚硝酸盐可以抑制肉毒芽孢杆菌，并使肉制品呈现鲜红色，它一方面丰富了食品的色香味，增加了人们的食欲；但另一方面，由于亚硝酸盐特别是工业用亚硝酸盐价格便宜，易于获得，可以显著改善食品的感官性状，如肉质酥烂，亮红色泽颜色好看，增强风味和抑菌作用等，尤其是在肉类加工业、豆制品、腌菜制品等中被大量滥用，直接危害了人民的身体健康。在我国重大亚硝酸盐食物中毒事件几乎每年都有发生。因而，在食品检测中硝酸盐与亚硝酸盐的检验十分重要。

## 二、食品中 N-亚硝胺类化合物残留量的测定

1. 范围

本法规定了用色谱-热能分析（GC-TEA）测定啤酒中挥发性 N-亚硝胺的测定方法。本法适用于啤酒中 N-亚硝基二甲胺含量的测定。仪器的最低检出量为 0.1ng，在试样取样量为 50g，浓缩体积为 0.5mL，近样体积为 10μL 时，本方法的最低检出浓度为 0.1μg·kg$^{-1}$；在取样量为 20g，浓缩体积为 1.0mL，进样体积为 5μL 时，本方法的最低检出浓度为 1.0μg·kg$^{-1}$。

2. 原理

试样中 N-亚硝胺经哇藻王吸附或真空低温蒸馏，用二氯甲烷提取、分离，气相色谱-热能分析仪（GC-TEA）测定。其原理如下：

自气相色谱仪分离后的亚硝胺在热室中经特异催化裂解产生 NO 基因，后者与臭氧反应生成激发态 NO*。当激发态 NO* 返回基态时发射出近红外区光线（600～2800nm）。产生的近红外区光线被光电倍增管检测（600～80nm）。由于特异性催化裂解与冷阱或 GTR 过滤器除去杂质，使热能分析仪仅仅能检测 NO 基团，而成为亚硝胺特异性检测器。

3. 试剂

（1）二氯甲烷：每批取 100mL 在水浴中用 K-D 浓缩器浓缩至 1mL，在热能分析仪上无阳性响应，如有阳性响应，则需经玻璃装置重烝后再试，直至阴性；

（2）氢氧化钠（1mol·L$^{-1}$）：称取 40g 氢氧化钠（NaOH），用水溶解后定容至 1L；

（3）哇藻土：Extreiut（Merck）；

（4）氮气、盐酸（0.1mol·L$^{-1}$）、无水硫酸钠；

（5）N-亚硝胺标准准备液（200mg·L$^{-1}$）：吸取 N-亚硝胺标准溶液 10μL（约相当于 10mg），置于已加入 5mL 无水乙醇并称重的 50mL 棕色容量瓶中（准确到 0.0001g），用无水乙醇稀释定容，混匀，分别得到 N-亚硝基二甲胺、N-亚硝基吗啉的储备液，此

溶液用安瓿密封分装后避光冷藏（-30℃）保存，两年有效；

(6) N-亚硝胺标准工作液（200μg·L⁻¹）：吸取上述 N-亚硝基吗啉准备液 100μL，置于 10mL 棕色容瓶中，用无水乙醇定容，混匀，此溶液用安瓶密封分装后避光冷藏（4℃）保存，三个月有效。

4. 仪器

气相色谱仪；热能分析仪；玻璃层析柱：带活塞，8mm 内径，400mm 长；减压蒸馏装置；K-D 浓缩器；恒温水浴锅。

5. 分析步骤

(1) 提取。

1) 甲法：哇藻土吸附。称取 20.00g 预先脱二氧化碳气的试样于 50mL 烧杯中，加 1mL 氢氧化钠溶液（1moL·L⁻¹）和 1mLN-亚硝基二丙胺内工作液（200μg·L⁻¹），混合后备用。将 12g extrelut 干法填于层析柱中，用手敲实。将啤酒试样装于柱内。平衡 10~15min 后，用 6×5mL 二氯甲烷直接洗脱提取。

2) 乙法：真空低温蒸馏。①在双颈蒸馏瓶中加入 50.00g 预先脱二氧化碳气体的试样和玻璃珠，4mL 氢氧化钠溶液（1moL·L⁻¹），混匀后连接好蒸馏装置。在 53.3kPa 真空度低温蒸馏，待试样剩余 10mL 左右时，把真空度调节到 93.3kPa，直至试样蒸制尽干为止。②把蒸馏液移入 250mL 分液漏斗，加 4mL 盐酸（0.1moL·L⁻¹），用 20mL 二氯甲烷提取三次，每次 3min，合并提取液。用 10g 无水硫酸钠脱水。

(2) 浓缩。将二氯甲烷提取液转移至 K-D 浓缩器中，于 55℃水浴上浓缩至 10mL，再以缓慢的氮气吹至 0.4~1.0mL，备用。

(3) 试样测定

1) 气相色谱条件。气化室温度：220℃。色谱柱温度：175℃，或 75℃以 5℃·min⁻¹ 速度升至 175℃后维持。色谱柱：内径 2~3mm，长 2~3m 玻璃柱或不锈钢柱（或分离效果相当的石英毛细管柱），内装涂以固定液，质量分数为 10% 的聚乙二醇 20moL·L⁻¹ 和氢氧化钠（10g·L⁻¹）或质量分数为 13% 的 carbowax 20M/TPA 与载体 chromosorb WAW-DMCS（80~100 目）。载气：氩气，流速 20~40mL·min⁻¹。

2) 热能分析条件。接口温度：250℃。热解温度：500℃。真空度：133~266Pa。冷阱：用液氮调至-150℃（可用 CTR 过滤器代替）。

3) 测定。分别注入试样浓缩液和 N-亚硝胺标准工作液 5~10μL，利用保留时间定性，峰高或峰面积定量。

6. 计算

试样中 N-亚硝基二甲胺的含量按下式计算：

$$X = \frac{h_1 \times V_2 \times c \times V}{h_2 \times V_1 \times m}$$

式中：$X$——试样中 N-亚硝基二丙胺的含量，$\mu g \cdot kg^{-1}$；

$h_1$——试样浓缩液中 N-亚硝基二丙胺的峰高（mm）或峰面积；

$h_2$——标准工作液中 N-亚硝基二丙胺的峰高（mm）或峰面积；

$c$——标准工作液中 N-亚硝基二丙胺的浓度，$\mu g \cdot L^{-1}$；

$V_1$——试样浓缩液的近样体积，$\mu L$；

$V_2$——标准工作液的进样体积，$\mu L$；

$V$——试样浓缩液的浓缩体积，$\mu L$；

$m$——试样的质量，g。

# 第五节　食品中苯并芘的测定

## 一、概述

熏制食品（熏鱼、熏香肠、腊肉、火腿等），烘烤食品（饼干、面包等）和煎炸食品（罐装鱼、方便面等）中主要的毒素和致癌物是多环芳烃（PAHs），具体来讲主要是 3,4-苯并芘。苯并芘是已发现的 200 多种多环芳烃中最主要的环境和食品污染物，而且污染广泛、污染量大、致癌性强。多环芳烃也广泛分布于环境中，对食品造成直接的污染。蔬菜中的多环芳烃明显是环境污染所致，大多数加工食品中的多环芳烃主要源于加工过程本身，而环境污染只起到很小的作用。

烧烤和熏制食品中的苯并芘含量一般在 $0.5 \sim 20 \mu g \cdot kg^{-1}g$。但从国际抗癌研究组织发表的材料中看到，熏肉中 3,4-苯并芘的含量可高达 $107 \mu g \cdot kg^{-1}$。熏火腿和熏肉肠的苯并芘含量可超过 $15 \mu g \cdot kg^{-1}$。熏鱼的苯并芘含量更高，一盒油浸熏鱼的苯并芘含量相当于 60 包香烟或一个人在一年内从空气中呼吸到的苯并芘量的总和。苯并芘在人体中有累积效应，而且也有极强的致癌性。

我国食品中苯并芘含量的检验方法主要由以下几种：GB/T 5009.27—2003 食品中苯并芘的测定；NY/T 1666—2008 肉制品中苯并芘的测定——高效液相色谱法；GB/T 22509—2008 动植物油脂苯并芘的测定——反相高效液相色谱法。

## 二、食品中苯并芘的测定

### （一）荧光分光光度法

1. 原理

试样先用有机溶剂提取，或经皂化后提取，再将提取液经液-液分配或色谱柱净化，然后在乙酰化滤纸上分离苯并芘，因苯并芘在紫外光照射下呈蓝紫色荧光斑点。将分离后有苯并芘的滤纸部分剪下，用溶剂浸出后，再用荧光分光光度计测荧光强度与标准比较定量。

2. 试剂

（1）苯：重蒸馏；

（2）环己烷（或石油醚，沸程 30～60℃）：重蒸馏或经氧化铝处理无荧光；

（3）二甲基甲酰胺或二甲基亚砜；

（4）无水乙醇，重蒸馏、乙醇（95％）、无水硫酸钠、氢氧化钾、丙酮：重蒸馏；

（5）展开剂：乙醇（95％）-二氯甲烷（2：1）；

（6）硅镁型吸附剂：将60～100目筛孔的硅镁吸附剂经水洗四次（每次用水量为吸附剂质量的4倍）于垂融漏斗上抽滤干后，再以等量的甲醇洗（甲醇与吸附剂量克数相等），抽滤干后，吸附剂铺于干净瓷盘上，在130℃干燥5h后，装瓶贮存于干燥器内，临用前加5％水减活，混匀并平衡4h以上，最好放置过夜；

（7）层析用氧化铝（中性）：120℃活化4h；

（8）乙酰化滤纸：将中速层析用滤纸裁成30cm×4cm的条状，逐条放入盛有乙酰化混合液（180mL苯，130mL乙酸酐，0.1mL硫酸）的500mL烧杯中，使滤纸充分地接触溶液，保持溶液温度在21℃以上，时时搅拌，反应6h，再放置过夜，取出滤纸条，在通风橱内吹干，再放入无水乙醇中浸泡4h，取出后放在垫有滤纸的干净白瓷盘上，在室温内风干压平备用，一次可处理滤纸15～18条；

（9）苯并芘标准溶液：精密称取10.0mg苯并芘，用苯溶解后移入100mL棕色容量瓶中，并稀释至刻度，此溶液每毫升相当于苯并芘100μg，放置冰箱中保存；

（10）苯并芘标准使用液：吸取1.00mL苯并芘标准溶液置于10mL容量瓶中，用苯稀释至刻度，同法依次用苯稀释，最后配成每毫升相当于1.0及0.1μg苯并芘的两种标准使用液，放置于冰箱中保存。

3. 仪器

脂肪提取器；层析柱：直径10～15mm，长350mm，上端有内径25mm，长80～100mm内径漏斗，下端具有活塞；层析缸（筒）；K-D全玻璃浓缩器；紫外光灯：带有波长为365nm或254nm的滤光片；回流皂化装置：锥形瓶磨口处连接冷凝管；组织捣碎机；荧光分光光度计。

4. 分析步骤

（1）样品提取。

1）粮食或水分少的食品：称取40.0～60.0g粉碎过筛的样品，装入滤纸筒内，用70mL环己烷润湿样品，接收瓶内装6～8g氢氧化钾、100mL乙醇（95％）及60～80mL环己烷，然后将脂肪提取器接好，于90℃水浴上回流提取6～8h，将皂化液趁热倒入500mL分液漏斗中，并将滤纸筒中的环己烷也从支管中倒入分液漏斗，用50mL乙醇（95％）分2次洗接收瓶，将洗液合并于分液漏斗。加入100mL水，振摇提取3min，静置分层（约需20min），下层液放入第2分液漏斗，再用70mL环己烷振摇提取1次，待分层后弃去下层液，将环己烷层合并于第1分液漏斗中，并用6mL～8mL环己烷淋洗第2分液漏斗，洗液合并。

用水洗涤合并后的环己烷提取液3次，每次100mL，3次水洗液合并于原来的第2分液漏斗中，用环己烷提取2次，每次30mL，振摇0.5min，分层后弃去水层液，收集环己烷液并入第1分液漏斗中，于50～60℃水浴上，减压浓缩至40mL，加适量无水硫酸钠脱水。

2）植物油：称取 20.0～25.0g 的混匀油样，用 100mL 环己烷分次洗入 250mL 分液漏斗中，以环己烷饱和过的二甲基甲酰胺提取 3 次，每次 40mL，振摇 1min，合并二甲基甲酰胺提取液，用 40mL 经二甲基甲酰胺饱和过的环己烷提取 1 次，弃去环己烷液层。二甲基甲酰胺提取液合并于预先装有 240mL 硫酸钠溶液（20g·L$^{-1}$）的 500mL 分液漏斗中，混匀，静置数分钟后，用环己烷提取 2 次，每次 100mL，振摇 3min，环己烷提取液合并于第 1 个 500mL 分液漏斗。也可用二甲基亚砜代替二甲基甲酰胺。用 40～50℃ 温水洗涤环己烷提取液 2 次，每次 100mL，振摇 0.5min，分层后弃去水层液，收集环己烷层，于 50～60℃ 水浴上减压浓缩至 40mL。加适量无水硫酸钠脱水。

3）鱼、肉及其制品：称取 50.0～60.0g 切碎混匀的样品，再用无水硫酸钠搅拌（样品与无水硫酸钠的比例为 1∶1 或 1∶2，如水分过多则需在 60℃ 左右先将样品烘干），装入滤纸筒内，然后将脂肪提取器接好，加入 100mL 环己烷于 90℃ 水浴上回流提取 6～8h，然后将提取液倒入 250mL 分液漏斗中，再用 6～8mL 环己烷淋洗滤纸筒，洗液合并于 250mL 分液漏斗中，以下按 2）中自"以环己烷饱和过的二甲基甲酰胺提取三次……"起依法操作。

4）蔬菜：称取 100.0g 洗净、晾干的可食部分的蔬菜，切碎放入组织捣碎机内，加 150mL 丙酮，捣碎 2min。在小漏斗上加少许脱脂棉过滤，滤液移入 500mL 分液漏斗中，残渣用 50mL 丙酮分数次洗涤，洗液与滤液合并，加 100mL 水和 100mL 环己烷，振摇提取 2min，静置分层，环己烷层转入另一 500mL 分液漏斗中，水层再用 100mL 环己烷分 2 次提取，环己烷提取液合并于第一个分液漏斗中，再用 250mL 水，分 2 次振摇、洗涤，收集环己烷于 50～60℃ 水浴上减压浓缩至 25mL，加适量无水硫酸钠脱水。

5）饮料（如含二氧化碳先在温水浴上加温除去）：吸取 50.0～100.0mL 样品于 500mL 分液漏斗中，加 2g 氯化钠溶解，加 50mL 环己烷振摇 1min，静置分层，水层分于第二个分液漏斗中，再用 50mL 环己烷提取 1 次，合并环己烷提取液，每次用 100mL 水振摇、洗涤 2 次，收集环己烷于 50～60℃ 水浴上减压浓缩至 25mL，加适量无水硫酸钠脱水。

6）糕点类：称取 50.0～60.0g 磨碎样品，装于滤纸筒内，以下按 1）中自"用 70mL 环己烷湿润样品……"起依法操作。

在 1）、3）～6）各项操作中，均可用石油醚代替环己烷，但需将石油醚提取液蒸发至近干，残渣用 25mL 环己烷溶解。

（2）净化。

1）于层析柱下端填入少许玻璃棉，先装入 5～6cm 的氧化铝，轻轻敲管壁使氧化铝层填实、无空隙，顶面平齐，再同样装入 5～6cm 的硅镁型吸附剂，上面再装入 5～6cm 无水硫酸钠，用 30mL 环己烷淋洗装好的层析柱，待环己烷液面流下至无水硫酸钠层时关闭活塞。

2）将样品环己烷提取液倒入层析柱中，打开活塞，调节流速为每分钟 1mL，必要时可用适当方法加压，待环己烷液面下降至无水硫酸钠层时，用 30mL 苯洗脱，此时应在紫外光灯下观察，以蓝紫色荧光物质完全从氧化铝层洗下为止，如 30mL 苯不足时，可适当增加苯量。收集苯液于 50～60℃ 水浴上减压浓缩至 0.1～0.5mL（可根据样品中苯并芘含量而定，应注意不可蒸干）。

（3）分离。

1）在乙酰化滤纸条上的一端 5cm 处，用铅笔划一横线为起始线，吸取一定量净化后的浓缩液，点于滤纸条上，用电吹风从纸条背面吹冷风，使溶剂挥散，同时点 20μL 苯并芘的标准使用液（1μg·mL⁻¹），点样时斑点的直径不超过 3mm，层析缸（筒）内盛有展开剂，滤纸条下端浸入展开剂约 1cm，待溶剂前沿至约 20cm 时取出阴干。

2）在 365nm 或 254nm 紫外光灯下观察展开后的滤纸条，用铅笔画出标准苯并芘及与其同一位置的样品的蓝紫色斑点，剪下此斑点分别放入小比色管中，各加 4mL 苯加盖，插入 50～60℃ 水浴中不时振摇，浸泡 15min。

（4）测定。

1）将样品及标准斑点的苯浸出液移入荧光分光光度计的石英杯中，以 365nm 为激发光波长，以 365～460nm 波长进行荧光扫描，所得荧光光谱与标准苯并芘的荧光光谱比较定性。

2）做样品分析的同时做试剂空白，包括处理样品所用的全部试剂同样操作，分别读取样品、标准及试剂空白于波长 406nm、(406+5)nm、(406−5)nm 处的荧光强度，按基线法由下式计算所得的数值，为定量计算的荧光强度。

$$F = F_{406} - (F_{401} + F_{411})/2$$

5. 结果计算

试样中苯并芘的含量按下式进行计算：

$$X = [S/F \times (F_1 - F_2) \times 1000]/(m \times V_2/V_1)$$

式中：$X$——样品中苯并芘的含量，$\mu g \cdot kg^{-1}$；

$S$——苯并芘标准斑点的质量，$\mu g$；

$F$——标准的斑点浸出液荧光强度，mm；

$F_1$——样品斑点浸出液荧光强度，mm；

$F_2$——试剂空白浸出液荧光强度，mm；

$V_1$——样品浓缩液体积，mL；

$V_2$——点样体积，mL；

$m$——试样质量，g。

# 第六节  食品中黄曲霉毒素的测定

黄曲霉毒素是由黄曲霉和寄生曲霉产生的一类代谢产物，具有极强的毒性和致癌性。黄曲霉毒素分子量为 312～346，难溶于水、乙醚、石油醚及己烷中，易溶于油和甲醇、丙酮、氯仿、苯等有机溶剂中。黄曲霉毒素是一组性质比较稳定的化合物，其对光、热、酸较稳定，而对碱和氧化剂则不稳定。黄曲霉毒素污染食品相当普遍，不仅在我国，在世界上其他国家的农产品污染也相当严重，在许多食品中都能检出，污染最严重的是花生和玉米。目前已分离鉴定出 20 余种、两大类即 B 类和 G 类，其基本结构相似，均有二呋喃环和氧杂萘邻酮（香豆素），其结构中最有意义的是二呋喃末端有双键者是决定毒性的基团，与毒性、致癌性有密切关系，如黄曲霉毒素 $B_1$、黄曲霉毒素 $G_1$、黄曲霉毒素 $M_1$。其中黄曲霉毒素 $B_1$ 毒性及危害性最大，在食品卫生检测中常以黄曲霉毒素 $B_1$ 为污染指标。黄曲霉毒素 $B_1$ 在食品中的限量见表 12-12。

表 12-12　食品中黄曲霉毒素 $B_1$ 的限量　　　　　　　　　　　　　　（$\mu$g/kg）

| 食品 | 限量（MLs） |
| --- | --- |
| 玉米、花生及其制品 | 20 |
| 大米、植物油（除玉米油、花生油） | 10 |
| 其他粮食、豆类、发酵食品 | 5 |
| 婴幼儿配方食品 | 5 |

## 一、食品中黄曲霉毒素 $B_1$ 的测定

### 1. 原理

试样中黄曲霉毒素 $B_1$ 经提取、浓缩、薄层分离后，在波长 365nm 紫外光下产生蓝紫色荧光，根据其在薄层上显示荧光的最低检出量来测定其含量。本方法中黄曲霉毒素 $B_1$ 的检出限为 $5\mu$g/kg。

### 2. 试剂

（1）三氯甲烷、正己烷或石油醚（沸程 30～60℃或 60～90℃）、甲醇、苯、乙腈、无水乙醚或乙醚经无水硫酸钠脱水、丙酮；

（2）硅胶 G：薄层色谱用；

（3）三氟乙酸、无水硫酸钠、氯化钠；

（4）苯-乙腈混合液：量取 98mL 苯，加 2mL 乙腈，混匀；

（5）甲醇水溶液：55∶45；

（6）黄曲霉毒素 $B_1$ 标准溶液；

（7）仪器校正：测定重铬酸钾溶液的摩尔消光系数，以求出使用仪器的校正因素，准确称取 25mg 经干燥的重铬酸钾（基准级），用硫酸（0.5＋1000）溶解后并准确稀释至 200mL，相当于 $[c(K_2Cr_2O_7)=0.0004\text{mol}\cdot L^{-1}]$。再吸取 25mL 此稀释液于 50mL 容量瓶中，加硫酸（0.5＋1000）稀释至刻度，相当于 $0.0002\text{mol}\cdot L^{-1}$ 溶液。再吸取 25mL 此稀释液于 50mL 容量瓶中，加硫酸（0.5＋1000）稀释至刻度，相当于 $0.0001\text{mol}\cdot L^{-1}$ 溶液。用 1cm 石英杯，在最大吸收峰的波长（接近 350nm 处）用硫酸（0.5＋1000）作空白，测得以上三种不同摩尔浓度的溶液的吸光度，并按下式计算出以

上三种溶液的摩尔消光系数的平均值。

$$E_1 = \frac{A}{c}$$

式中：$E_1$——重铬酸钾溶液的摩尔消光系数；

　　　$A$——测得重铬酸钾溶液的吸光度；

　　　$c$——重铬酸钾溶液的摩尔浓度。

再以此平均值与重铬酸钾的摩尔消光系数值 3160 比较，即求出使用仪器的校正因素。

按下式进行计算：

$$f = \frac{3160}{E}$$

式中：$f$——使用仪器的校正因素；

　　　$E$——测得的重铬酸钾摩尔消光系数平均值；

若 $f$ 大于 0.95 或小于 1.05，则使用仪器的校正因素可略而不计。

(8) 黄曲霉毒素 $B_1$ 标准溶液的制备：准确称取 1～1.2mg 黄曲霉毒素 $B_1$ 标准品，先加入 2mL 乙腈溶解后，再用苯稀释至 100mL，避光，置于 4℃冰箱保存。该标准溶液约为 $10\mu g \cdot mL^{-1}$。用紫外分光光度计测此标准溶液的最大吸收峰的波长及该波长的吸光度值。

结果计算：黄曲霉毒素 $B_1$ 标准溶液的浓度按下式进行计算：

$$X = \frac{A \times M \times 1000 \times f}{E_2}$$

式中：$X$——黄曲霉毒素 $B_1$ 标准溶液的浓度，$\mu g/mL$；

　　　$A$——测得的吸光度值；

　　　$f$——使用仪器的校正因素；

　　　$M$——黄曲霉毒素 $B_1$ 的分子量为 312；

　　　$E_2$——黄曲霉毒素 $B_1$ 在苯-乙腈混合液中的摩尔消光系数为 19800。

根据计算，用苯-乙腈混合液调到标准溶液浓度恰为 $10.0\mu g \cdot mL^{-1}$，并用分光光度计核对其浓度。

(9) 纯度的测定：取 $5\mu L$ $10\mu g \cdot mL^{-1}$ 黄曲霉毒素 $B_1$ 标准溶液，滴加于涂层厚度 0.25mm 的硅胶 G 薄层板上，用甲醇-三氯甲烷（4:96）与丙酮-三氯甲烷（8:92）展开剂展开，在紫外光灯下观察荧光的产生，应符合以下条件：在展开后，只有单一的荧光点，无其他杂质荧光点，原点上没有任何残留的荧光物质。

(10) 黄曲霉毒素 $B_1$ 标准使用液：准确吸取 1mL 标准溶液（$10\mu g \cdot mL^{-1}$）于 10mL 容量瓶中，加苯-乙腈混合液至刻度，混匀。此溶液每毫升相当于 $1.0\mu g$ 黄曲霉毒素 $B_1$。吸取 1.0mL 此稀释液，置于 5mL 容量瓶中，加苯-乙腈混合液稀释至刻度，此溶液每毫升相当于 $0.2\mu g$ 黄曲霉毒素 $B_1$。再吸取黄曲霉毒素 $B_1$ 标准溶液（$0.2\mu g \cdot mL^{-1}$）1.0mL 置于 5mL 容量瓶中，加苯-乙腈混合液稀释至刻度。此溶液每毫升相当

于 $0.04\mu g$ 黄曲霉毒素 $B_1$。

（11）次氯酸钠溶液（消毒用）：取 100g 漂白粉，加入 500mL 水，搅拌均匀。另将 80g 工业用碳酸钠（$Na_2CO_3 \cdot 10H_2O$）溶于 500mL 温水中，再将两液混合、搅拌，澄清后过滤。此滤液含次氯酸浓度约为 $25g \cdot L^{-1}$。若用漂粉精制备，则碳酸钠的量可以加倍。所得溶液的浓度约为 $50g \cdot L^{-1}$。污染的玻璃仪器用 $10g \cdot L^{-1}$ 次氯酸钠溶液浸泡半天或用 $50g \cdot L^{-1}$ 次氯酸钠溶液浸泡片刻后，即可达到去毒效果。

3. 仪器

小型粉碎机；样筛；电动振荡器；全玻璃浓缩器；玻璃板：5cm×20cm；薄层板涂布器；展开槽：内长 25cm、宽 6cm、高 4cm；紫外光灯：100～125W，带有波长 365nm 的滤光片；微量注射器或血色素吸管。

4. 分析步骤

（1）取样。试样中污染黄曲霉毒素高的霉粒一粒就可以左右测定结果，而且有毒霉粒的比例小，同时分布不均匀。为避免取样带来的误差，应大量取样，并将该大量试样粉碎，混合均匀，才有可能得到确能代表一批试样的相对可靠的结果，因此采样应注意以下几点。

1）根据规定采取有代表性的试样。

2）对局部发霉变质的试样检验时，应单独取样。

3）每份分析测定用的试样应从大样经粗碎与连续多次用四分法缩减至 0.5～1kg，然后全部粉碎。粮食试样全部通过 20 目筛，混匀。花生试样全部通过 10 目筛，混匀。或将好、坏分别测定，再计算其含量。花生油和花生酱等试样不需制备，但取样时应搅拌均匀。必要时，每批试样可采取 3 份大样作试样制备及分析测定用，以观察所采试样是否具有一定的代表性。

（2）提取。

1）玉米、大米、麦类、面粉、薯干、豆类、花生、花生酱等。

甲法：称取 20.00g 粉碎过筛试样（面粉、花生酱不需粉碎），置于 250mL 具塞锥形瓶中，加 30mL 正己烷或石油醚和 100mL 甲醇水溶液，在瓶塞上涂上一层水，盖严防漏。振荡 30min，静置片刻，以叠成折叠式的快速定性滤纸过滤于分液漏斗中，待下层甲醇水溶液分清后，放出甲醇水溶液于另一具塞锥形瓶内。取 20.00mL 甲醇水溶液（相当于 4g 试样）置于另一 125mL 分液漏斗中，加 20mL 三氯甲烷，振摇 2min，静置分层，如出现乳化现象可滴加甲醇促使分层。放出三氯甲烷层，经盛有约 10g 预先用三氯甲烷湿润的无水硫酸钠的定量慢速滤纸过滤于 50mL 蒸发皿中，再加 5mL 三氯甲烷于分液漏斗中，重复振摇提取，三氯甲烷层一并滤于蒸发皿中，最后用少量三氯甲烷洗过滤器，洗液并于蒸发皿中。将蒸发皿放在通风柜于 65℃ 水浴上通风挥干，然后放在冰盒上冷却 2～3min 后，准确加入 1mL 苯-乙腈混合液（或将三氯甲烷用浓缩蒸馏器减压吹气蒸干后，准确加入 1mL 苯-乙腈混合液）。用带橡皮头的滴管的管尖将残渣充分混合，若有苯的结晶析出，将蒸发皿从冰盒上取出，继续溶解、混合，晶体即消失，再用此滴管吸取上清液转移于 2mL 具塞试管中。

乙法（限于玉米、大米、小麦及其制品）：称取 20.00g 粉碎过筛试样于 250mL 具塞锥形瓶中，用滴管滴加约 6mL 水，使试样湿润，准确加入 60mL 三氯甲烷，振荡 30min，加 12g 无水硫酸钠，振摇后，静置 30min，用叠成折叠式的快速定性滤纸过滤于 100mL 具塞锥形瓶中。取 12mL 滤液（相当 4g 试样）于蒸发皿中，在 65℃ 水浴上通风挥干，准确加入 1mL 苯-乙腈混合液，以下按甲法中自"用带橡皮头的滴管的管尖将残渣充分混合……"起依法操作。

2）花生油、香油、菜油等：称取 4.00g 试样置于小烧杯中，用 20mL 正己烷或石油醚将试样移于 125mL 分液漏斗中。用 20mL 甲醇水溶液分次洗烧杯，洗液一并移入分液漏斗中，振摇 2min，静置分层后，将下层甲醇水溶液移入第二个分液漏斗中，再用 5mL 甲醇水溶液重复振摇提取一次，提取液一并移入第二个分液漏斗中，在第二个分液漏斗中加入 20mL 三氯甲烷，以下按 1）中甲法的自"振摇 2min，静置分层……"起依法操作。

3）酱油、醋：称取 10.00g 试样于小烧杯中，为防止提取时乳化，加 0.4g 氯化钠，移入分液漏斗中，用 15mL 三氯甲烷分次洗涤烧杯，洗液并入分液漏斗中。以下按甲法自"振摇 2min，静置分层……"起依法操作，最后加入 2.5mL 苯-乙腈混合液，此溶液每毫升相当于 4g 试样。或称取 10.00g 试样，置于分液漏斗中，再加 12mL 甲醇（以酱油体积代替水，故甲醇与水的体积比仍约为 55：45），用 20mL 三氯甲烷提取，以下按甲法自"振摇 2min，静置分层……"起依法操作。最后加入 2.5mL 苯-乙腈混合液，此溶液每毫升相当于 4g 试样。

4）干酱类（包括豆豉、腐乳制品）：称取 20.00g 研磨均匀的试样，置于 250mL 具塞锥形瓶中，加入 20mL 正己烷或石油醚与 50mL 甲醇水溶液振荡 30min，静置片刻，以叠成折叠式快速定性滤纸过滤，滤液静置分层后，取 24mL 甲醇水层（相当 8g 试样，其中包括 8g 干酱类本身约含有 4mL 水的体积在内）置于分液漏斗中，加入 20mL 三氯甲烷，以下按甲法自"振摇 2min，静置分层……"起依法操作。最后加入 2mL 苯-乙腈混合液，此溶液每毫升相当于 4g 试样。

5）发酵酒类：同 3）处理方法，但不加氯化钠。

（3）测定。

1）单向展开法。

薄层板的制备：称取约 3g 硅胶 G，加相当于硅胶量 2～3 倍左右的水，用力研磨 1～2min 至成糊状后立即倒于涂布器内，推成 5cm×20cm，厚度约 0.25mm 的薄层板三块。在空气中干燥约 15min 后，在 100℃ 活化 2h，取出，放干燥器中保存。一般可保存 2～3d，若放置时间较长，可再活化后使用。

点样：将薄层板边缘附着的吸附剂刮净，在距薄层板下端 3cm 的基线上用微量注射器或血色素吸管滴加样液。一块板可滴加 4 个点，点距边缘和点间距约为 1cm，点直径约 3mm。在同一块板上滴加点的大小应一致，滴加时可用吹风机用冷风边吹边加。滴加样式如下。

第一点：10μL 黄曲霉毒素 B$_1$ 标准使用液（0.04μg·mL$^{-1}$）

第二点：20μL 样液。

第三点：20μL 样液＋10μL 0.04μg·mL$^{-1}$黄曲霉毒素 B$_1$ 标准使用液。

第四点：20μL 样液＋10μL 0.2μg·mL$^{-1}$黄曲霉毒素 B$_1$ 标准使用液。

展开与观察：在展开槽内加 10mL 无水乙醚预展 12cm，取出挥干。再于另一展开槽内加 10mL 丙酮-三氯甲烷（8∶92），展开 10～12cm，取出，在紫外光下观察结果。方法如下：①由于样液点上加滴黄曲霉毒素 B$_1$ 标准使用液，可使黄曲霉毒素 B$_1$ 标准点与样液中的黄曲霉毒素 B$_1$ 荧光点重叠。如样液为阴性，薄层板上的第三点中黄曲霉毒素 B$_1$ 为 0.0004μg，可用作检查在样液内黄曲霉毒素 B$_1$ 最低检出量是否正常出现；如为阳性，则起定性作用。薄层板上的第四点中黄曲霉毒素 B$_1$ 为 0.002μg，主要起定位作用。②若第二点在与黄曲霉毒素 B$_1$ 标准点的相应位置上无蓝紫色荧光点，表示试样中黄曲霉毒素 B$_1$ 含量在 5μg·kg$^{-1}$以下；如在相应位置上有蓝紫色荧光点，则需进行确证试验。③确证试验：为了证实薄层板上样液荧光系由黄曲霉毒素 B$_1$ 产生的，加滴三氟乙酸，产生黄曲霉毒素 B$_1$ 的衍生物，展开后此衍生物的比移值在 0.1 左右。于薄层板左边依次滴加两个点。

第一点：0.04μg·mL$^{-1}$黄曲霉毒素 B$_1$ 标准使用液 10μL。

第二点：20μL 样液。

于以上两点各加一小滴三氟乙酸盖于其上，反应 5min 后，用吹风机吹热风 2min 后，使热风吹到薄层板上的温度不高于 40℃，再于薄层板上滴加以下两个点。

第三点：0.04μg·mL$^{-1}$黄曲霉毒素 B$_1$ 标准使用液 10μL。

第四点：20μL 样液。

再展开（同以上展开与观察），在紫外光灯下观察样液是否产生与黄曲霉毒素残标准点相同的衍生物。未加三氟乙酸的三、四两点，可依次作为样液与标准的衍生物空白对照。

稀释定量：样液中的黄曲霉毒素 B$_1$ 荧光点的荧光强度如与黄曲霉毒素 B$_1$ 标准点的最低检出量（0.0004μg）的荧光强度一致，则试样中黄曲霉毒素 B$_1$ 含量为 5μg·kg$^{-1}$。如样液中荧光强度比最低检出量强，则根据其强度估计减少滴加微升数或将样液稀释后再滴加不同微升数，直至样液点的荧光强度与最低检出量的荧光强度一致为止。滴加式样如下：

第一点：10μL 黄曲霉毒素 B$_1$ 标准使用液（0.04μg·mL$^{-1}$）。

第二点：根据情况滴加 10μL 样液。

第三点：根据情况滴加 15μL 样液。

第四点：根据情况滴加 20μL 样液。

结果计算：试样中黄曲霉毒素 B$_1$ 的含量按下式进行。

$$X = 0.0004 \times \frac{V_1 \times D \times 1000}{V_2 \times m}$$

式中：$X$——试样中黄曲霉毒素 B$_1$ 的含量，μg·kg$^{-1}$；

$V_1$——加入苯-乙腈混合液的体积，mL；

$V_2$——出现最低荧光时滴加样液的体积，mL；

$D$——样液的总稀释倍数；

$m$——加入苯-乙腈混合液溶解时相当试样的质量，g；

0.0004——黄曲霉毒素 $B_1$ 的最低检出量，$\mu g$。

2）双向展开法。

如用单向展开法展开后，薄层色谱由于杂质干扰掩盖了黄曲霉毒素 $B_1$ 的荧光强度，需采用双向展开法。薄层板先用无水乙醚作横向展开，将干扰的杂质展至样液点的一边而黄曲霉毒素 $B_1$ 不动，然后再用丙酮-三氯甲烷（8∶92）作纵向展开，试样在黄曲霉毒素 $B_1$ 相应处的杂质底色大量减少，从而提高了方法灵敏度。如用双向展开中滴加两点法展开仍有杂质干扰时，则可改用滴加一点法。具体操作步骤见 GB/T 5009.23。

## 二、食品中黄曲霉毒素 $B_1$ 的快速测定

### 1. 原理

试样中的黄曲霉毒素 $B_1$ 经提取、脱脂、浓缩后与定量特异性抗体反应，多余的游离抗体则与酶标板内的包被抗原结合，加入酶标记物和底物后显色，与标准比较测定含量。本方法黄曲霉毒素 $B_1$ 的检出限为 $0.01\mu g \cdot kg^{-1}$。

### 2. 试剂

（1）抗黄曲霉毒素 $B_1$ 单克隆抗体，由卫生部食品卫生监督检验所进行质量控制；人工抗原：$AFB_1$ 牛血清白蛋白结合物；黄曲霉毒素 $B_1$ 标准溶液：用甲醇将黄曲霉毒素 $B_1$ 配制成 $1mg \cdot mL^{-1}$ 溶液，再用甲醇-PBS 溶液（20∶80）稀释至约 $10\mu g \cdot mL^{-1}$，紫外分光光度计测定此溶液最大吸收峰的光密度值，代入下式计算：

$$X = \frac{A \times M \times 1000 \times f}{E}$$

式中：$X$——该溶液中黄曲霉毒素 $B_1$ 的浓度，$\mu g \cdot mL^{-1}$；

$A$——测得的光密度值；

$M$——黄曲霉毒素 $B_1$ 的分子量，312；

$E$——摩尔消光系数，21800；

$f$——使用仪器的校正因素。

根据计算将该溶液配制成 $10\mu g \cdot mL^{-1}$ 标准溶液，检测时，用甲醇-PBS 溶液将该标准溶液稀释至所需浓度。

（2）三氯甲烷；甲醇；石油醚；牛血清白蛋白（BSA）；邻苯二胺（OPD）；辣根过氧化物酶（HRP）标记羊抗鼠 IgG；碳酸钠；碳酸氢钠；磷酸二氢钾；磷酸氢二钠；氯化钠；氯化钾；过氧化氢（$H_2O_2$）；硫酸。

（3）ELISA 缓冲液如下。

包被缓冲液（pH9.6 碳酸盐缓冲液）的制备：$Na_2CO_3$ 1.59g，$NaHCO_3$ 2.93g，加

蒸馏水至 1000mL；

磷酸盐缓冲液（pH7.4 PBS）的制备：$KH_2PO_4$ 0.2g，$Na_2HPO_4 \cdot 12H_2O$ 2.9g，NaCl 8.0g，KCl 0.2g 加蒸馏水至 1000mL；

洗液（PBS-T）的制备：PBS 加体积分数为 0.05％的吐温-20；

抗体稀释液的制备：BSA 1.0g 加 PBS-T 至 1000mL。

（4）底物缓冲液的制备如下。

A 液（0.1mol·$L^{-1}$柠檬酸水溶液）：柠檬酸（$C_6H_8O_7 \cdot H_2O$）21.01g，加蒸馏水至 1000mL，

B 液（0.2mol·$L^{-1}$磷酸氢二钠水溶液）：磷酸氢二钠（$Na_2HPO_4 \cdot 12H_2O$）71.6g，加蒸馏水至 1000mL；

用前按 A 液＋B 液＋蒸馏水为 24.3＋25.7＋50 的比例（体积比）配制。

（5）封闭液的制备：同抗体稀释液。

3. 仪器

小型粉碎机；电动振荡器；酶标仪，内置 490nm 滤光片；恒温水浴锅；恒温培养箱；酶标微孔板；微量加样器及配套吸头。

4. 分析步骤

（1）取样。试样中污染黄曲霉毒素高的霉粒一粒可以左右测定结果，而且有毒霉粒的比例小，同时分布不均匀。为避免取样带来的误差，应大量取样，并将该大量试样粉碎，混合均匀，才有可能得到确能代表一批试样的相对可靠的结果，因此采样应注意以下几点。

1）根据规定采取有代表性的试样。

2）对局部发霉变质的试样检验时，应单独取样。

3）每份分析测定用的试样应从大样经粗碎与连续多次用四分法缩减至 0.5～1kg，然后全部粉碎。粮食试样全部通过 20 目筛，混匀。花生试样全部通过 10 目筛，混匀。或将好、坏分别测定，再计算其含量。花生油和花生酱等试样不需制备，但取样时应搅拌均匀。必要时，每批试样可采取 3 份大样做试样制备及分析测定用，以观察所采试样是否具有一定的代表性。

（2）提取。

1）大米和小米（脂肪含量＜3.0％）的提取：试样粉碎后过 20 目筛，称取 20.0g，加入 250mL 具塞锥形瓶中。准确加入 60mL 三氯甲烷，盖塞后滴水封严。150r·$min^{-1}$振荡 30min。静置后，用快速定性滤纸过滤于 50mL 烧杯中。立即取 12mL 滤液（相当 4.0g 试样）于 75mL 蒸发皿中，65℃水浴通风挥干。用 2.0mL 20％甲醇-PBS 分三次（0.8mL，0.7mL，0.5mL）溶解并彻底冲洗蒸发皿中凝结物，移至小试管，加盖振荡后静置待测。此液每毫升相当于 2.0g 试样。

2）玉米的提取（脂肪含量 3.0％～5.0％）：试样粉碎后过 20 目筛，称取 20.0g，加入 250mL 具塞锥形瓶中，准确加入 50.0mL 甲醇-水（80∶20）溶液和 15.0mL 石油

醚，盖塞后滴水封严。150r/min 振荡 30min。用快速定性滤纸过滤于 125mL 分液漏斗中。待分层后，放出下层甲醇-水溶液于 50mL 烧杯中，从中取 10.0mL（相当于 4.0g 试样）于 75mL 蒸发皿中。以下按 1）中自 "65℃水浴通风挥干……" 起依法操作。

3）花生的提取（脂肪含量 15.0%～45.0%）：试样去壳去皮粉碎后称取 20.0g，加入 250mL 具塞锥形瓶中，准确加入 100.0mL 甲醇-水（55：45）溶液和 30mL 石油醚，盖塞后滴水封严。150r/min 振荡 30min。静置 15min 后用快速定性滤纸过滤于 125mL 分液漏斗中。待分层后，放出下层甲醇-水溶液于 100mL 烧杯中，从中取 20.0mL（相当于 4.0g 试样）置于另一 125mL 分液漏斗中，加入 20.0mL 三氯甲烷，振摇 2min，静置分层（如有乳化现象可滴加甲醇促使分层），放出三氯甲烷于 75mL 蒸发皿中。再加 5.0mL 三氯甲烷于分液漏斗中重复振摇提取后，放出三氯甲烷一并加入蒸发皿中，以下按 1）中自 "65℃水浴通风挥干……" 起依法操作。

4）植物油的提取：用小烧杯称取 4.0g 试样，用 20.0mL 石油醚，将试样移于 125mL 分液漏斗中，用 20.0mL 甲醇-水（55：45）溶液分次洗烧杯，溶液一并移于分液漏斗中（精炼油 4.0g 为 4.525mL，直接用移液器加入分液漏斗，再加溶剂后振摇），振摇 2min。静置分层后，放出下层甲醇-水溶液于 75mL 蒸发皿中，再用 5.0mL 甲醇-水溶液重复振摇提取一次，提取液一并加入蒸发皿中，以下按 1）中自 "65℃水浴通风挥干……" 起依法操作。

（3）间接竞争性酶联免疫吸附测定（ELISA）。

1）包被微孔板：用 AFB1-BSA 人工抗原包被酶标板，150 微升/孔，4℃过夜。

2）抗体抗原反应：将黄曲霉毒素 $B_1$ 纯化单克隆抗体稀释后分别做以下处理：

a）与等量不同浓度的黄曲霉毒素 $B_1$ 标准溶液用 2mL 试管混合振荡后，4℃静置。此液用于制作黄曲霉毒素 $B_1$ 标准抑制曲线。

b）与等量试样提取液用 2mL 试管混合振荡后，4℃静置。此液用于测定试样中黄曲霉毒素 $B_1$ 含量。

3）封闭：已包被的酶标板用洗液洗 3 次，每次 3min，加封闭液封闭，250$\mu$L/孔，置 37℃下 1h。

4）测定：酶标板洗 3 次，每次 3min 后，加抗体抗原反应液（在酶标板的适当孔位加抗体稀释液或 Sp2/0 培养上清液作为阴性对照）130 微升/孔，37℃，2h。酶标板洗 3 次，每次 3min，加酶标二抗 [1：200（体积分数）] 100 微升/孔，1h，酶标板用洗液洗 5 次，每次 3min。加底物溶液（10mgOPD），加 25mL 底物缓冲液，加 37 微升 30% $H_2O_2$，100 微升/孔，37℃，15min，然后加 2mol·$L^{-1}$ $H_2SO_4$，40 微升/孔，以终止显色反应，酶标仪 490nm 测出 OD 值。

5. 结果计算

黄曲霉毒素 $B_1$ 的浓度按下式进行计算：

$$X = c \times \frac{V_1}{V_2} \times D \times \frac{1}{m}$$

式中：$X$——黄曲霉毒素 $B_1$ 的浓度，ng·$g^{-1}$；

$c$——黄曲霉毒素 $B_1$ 含量，ng；

$V_1$——试样提取液的体积，mL；

$V_2$——滴加样液的体积，mL；

$D$——稀释倍数；

$m$——试样质量，g。

由于按标准曲线直接求得的黄曲霉毒素 $B_1$ 浓度（$c_1$）的单位为 $ng \cdot mL^{-1}$，而测孔中加入的试样提取的体积为 0.065mL，所以上式中 $c = 0.065mL \times c_1$。

# 第七节　白酒中甲醇的测定

## 一、概述

目前，食品工业中酿酒发酵类工业是我国重要的经济产业之一，随着人民生活水平的逐步提高，人们对白酒的质量和品质有着更高的要求。国家颁发了严格的白酒质量标准，其中气相色谱仪检测白酒中甲醇等已经成为白酒生产企业中产品质量控制的必备方法。分光光度法作为国标中基本方法也有广泛的应用。

## 二、白酒中甲醇的测定方法

### （一）气相色谱法

1. 原理

根据甲醇组分在 DNP 填充柱等温分离分析中，能够在乙醇峰前流出一个尖峰，其峰面积与甲醇含量具有线性关系，因此可用内标法予以定量分析。

2. 仪器

SP-3420A 型气相色谱仪，配氢火焰离子化检测器（FID）；BF-2002 色谱工作站（北京北分瑞利分析仪器集团有限责任公司）；微量进样器，$10\mu L$。

3. 试剂

（1）无水甲醇；60%乙醇溶液，应采用毛细管气相色谱法检验，确认所含甲醇低于1mg/L 方可使用；

（2）甲醇标准溶液（$3.9g \cdot L^{-1}$）以色谱纯试剂甲醇，用 60%乙醇溶液准确配成体积比为 0.5%的标样溶液，浓度为 $3.9g \cdot L^{-1}$；

（3）乙酸正丁酯内标溶液（$17.6g \cdot L^{-1}$）以分析纯试剂乙酸正丁酯（含量不低于99.0%），用 60%乙醇溶液配成体积比为 2%的内标溶液，浓度为 $17.6g \cdot L^{-1}$。

4. 操作步骤

（1）色谱条件

按 SP-34 系列仪器使用手册调整载气、空气、氢气的流速等色谱条件，并通过试验选择最佳操作条件，使甲醇峰形成一个单一尖峰，内标峰和异戊醇两峰的峰高分离度达到 100％，色谱柱柱温以 100℃为宜。

（2）校正因子 $f$ 值的测定

准确吸取 1.00mL 甲醇标准溶液（3.9g·L$^{-1}$）于 10mL 容量瓶中，用 60％乙醇稀释至刻度，加入 0.20mL 乙酸正丁酯内标溶液（17.6g·L$^{-1}$），待色谱仪基线稳定后，用微量进样器进样 1.0$\mu$L，记录甲醇色谱峰的保留时间及其峰面积。以其峰面积与内标峰面积之比，计算出甲醇的相对质量校正因子 $f$ 值。

（3）样品的测定

于 10mL 容量瓶中倒入酒样至刻度，准确加入 0.20mL 乙酸正丁酯内标溶液（17.6g·L$^{-1}$），混匀。在与 $f$ 值测定相同的条件下进样，根据保留时间确定甲醇峰的位置，并记录甲醇峰的峰面积与内标峰的面积。分析结果由 BF-2002 色谱工作站直接计算得出。

5. 讨论

该方法可同时实现白酒中甲醇、杂醇油、乙酸乙酯、丁酸乙酯、乳酸乙酯等组分的定性、定量分析。

**（二）品红亚硫酸比色法**

1. 原理

酒中甲醇在磷酸溶液中被高锰酸钾氧化成甲醛，过量的高锰酸钾及在反应中产生的二氧化锰用硫酸-草酸溶液除去，甲醛与品红亚硫酸作用生成蓝紫色醌型色素，与标准系列比较定量。

2. 试剂

（1）高锰酸钾-磷酸溶液：称取 3g 高锰酸钾，加入 15ml 85％磷酸溶液及 70ml 水的混合液中，待高锰酸钾溶解后用水定容至 100mL，贮于棕色瓶中备用；

（2）草酸-硫酸溶液：称取 5g 无水草酸（$H_2C_2O_4$）或 7g 含 2 个结晶水的草酸（$H_2C_2O_4·2H_2O$），溶于 1∶1 冷硫酸中，并用 1∶1 冷硫酸定容至 100mL，混匀后，贮于棕色瓶中备用；

（3）品红亚硫酸溶液：称取 0.1g 研细的碱性品红，分次加水（80℃）共 60mL，边加水边研磨使其溶解，待其充分溶解后滤于 100mL 容量瓶中，冷却后加 10mL（10％）亚硫酸钠溶液，1mL 盐酸，再加水至刻度，充分混匀，放置过夜，如溶液有颜色，可加少量活性炭搅拌后过滤，贮于棕色瓶中，置暗处保存，溶液呈红色时应弃去重新配制；

（4）甲醇标准溶液：准确称取 1.000g 甲醇（相当于 1.27mL）置于预先装有少量蒸馏水的 100mL 容量瓶中，加水稀释至刻度，混匀，此溶液每毫升相当于 10mg 甲醇，置低温保存；

（5）甲醇标准应用液：吸取 10.0mL 甲醇标准溶液置于 100mL 容量瓶中，加水稀释至刻度，混匀，此溶液每毫升相当于 1mg 甲醇；

（6）无甲醇无甲醛的乙醇制备：取 300mL 无水乙醇，加高锰酸钾少许，振摇后放置 24 小时，蒸馏，最初和最后的 1/10 蒸馏液弃去，收集中间的蒸馏部分即可；

（7）10％亚硫酸钠溶液。

3. 仪器

分光光度计。

4. 操作方法

（1）根据待测白酒中含乙醇多少适当取样（含乙醇 30％取 1.0mL；40％取 0.8mL；50％取 0.6mL；60％取 0.5mL）于 25mL 具塞比色管中。

（2）精确吸取 0.0、0.20、0.40、0.60、0.80、1.00mL 甲醇标准应用液（相当于 0、0.2、0.4、0.6、0.8、1.0mg 甲醇）分别置于 25mL 具塞比色管中，各加入 0.3mL 无甲醇无甲醛的乙醇。

（3）于样品管及标准管中各加水至 5mL，混匀，各管加入 2mL 高锰酸钾-磷酸溶液，混匀，放置 10min。

（4）各管加 2mL 草酸-硫酸溶液，混匀后静置，使溶液褪色。

（5）各管再加入 5mL 品红亚硫酸溶液，混匀，于 20℃以上静置 0.5h。

（6）以 0 管调零点，于 590nm 波长处测吸光度，与标准曲线比较定量。

5. 结果计算

样品中甲醇含量按下式计算：

$$X = \frac{m}{V \times 1000} \times 100$$

式中：$X$——样品中甲醇的含量，g·(100mL)$^{-1}$；

$m$——测定样品中所含的甲醇相当于标准的毫克数，mg；

$V$——样品取样体积，mL。

6. 注意事项

（1）亚硫酸品红溶液呈红色时应重新配制，新配制的亚硫酸品红溶液放冰箱中24～48h 后再用为好。

（2）白酒中其他醛类以及经高锰酸钾氧化后由醇类变成的醛类（如乙醛、丙醛等），与品红亚硫酸作用也显色，但在一定浓度的硫酸酸性溶液中，除甲醛可形成经久不褪的紫色外，其他醛类则历时不久即行消褪或不显色，故无干扰。因此操作中时间条件必须严格控制。

（3）酒样和标准溶液中的乙醇浓度对比色有一定的影响，故样品与标准管中乙醇合量要大致相等。

# 复习思考题

1. 简述食品中常见有害元素的种类、特点及其在食品中的限量要求。

2. 食品中的卫生指标有哪些?

3. 对于不同种类的食品,在测定铅时,如何选择方法以保证测定的准确度?

4. 白酒中甲醇的测定方法有哪些? 原理是什么? 应该注意哪些问题?

5. 常见有机氯农药有哪些? 主要测定用仪器是什么?

# 实 验 部 分

## 实验一　物理检验法

### 一、实验目的

(1) 掌握密度法和折射法的测定原理。
(2) 熟练掌握密度法的操作步骤及温度校正方法。
(3) 学会并掌握阿贝折光计和手提式折光计的使用方法。

### 二、实验原理

(1) 密度计是根据阿基米德原理制成的，即浮力的大小等于物体排开液体的重量。而密度计的质量是一定的，液体的密度越大，密度计就浮的越高，从而可以直接在密度计的刻度上读出相对密度的数值或液体的百分含量。

(2) 折射法的根据是光的折射定律。折射率的大小取决于入射光的波长、介质的温度和溶液的浓度。如果波长和温度固定，那么折射率就和溶液浓度密切相关。所以可以根据折射率，测定物质的浓度。

### 三、仪器和试剂

(1) 仪器：波美计、乳稠计、锤度计、阿贝折光计、手提式折光计。
(2) 试剂：纯牛奶、糖液、酒精溶液。

### 四、实验步骤

1. 密度计的使用

先用少量样液润洗量筒内壁（常用 500mL 量筒），然后沿量筒内壁缓缓注入样液，注意避免产生泡沫。将密度计洗净并用滤纸拭干，慢慢垂直插入样液中，待其稳定悬浮于样液后，再轻轻按下少许，然后待其自然上升直至静止、无气泡冒出时，从水平位置读出标示刻度，同时用温度计测量样液的温度，如测得温度不是标准温度，应对测量值加以校正。

2. 折光计的使用

(1) 手提式折光计。使用时打开棱镜盖板，用擦镜纸仔细将折光棱镜擦净，取一滴待测糖液置于棱镜上，将溶液均布于棱镜表面，合上盖板，将光窗对准光源，调节目镜视度圈，使视场内分划线清晰可见，视场中明暗分界线相应读数即为溶液中糖含量百分数。如测量时温度不是标准温度，应对测量值加以校正。

(2) 阿贝折光计。将被测液体用干净滴管加在折射棱镜表面，并将进光棱镜盖上，用手轮锁紧，要求液层均匀、充满视场、无气泡。打开遮光板，合上反射镜，调节目镜视度，使十字线成像清晰，此时旋转手轮并在目镜视场中找到明暗分界线的位置，再旋转手轮使分界线不带任何彩色，微调手轮，使分界线位于十字线的中心，再适当转动聚光镜，此时目镜视场下方显示的示值即为被测液体的折射率。如测得温度不是标准温度，应对测量值加以校正。

## 五、结果处理

| 样品名称 | 使用仪器 | 样品温度（℃） | 测量值 | 温度校正值 | 校正后的数值 |
|---|---|---|---|---|---|
|  |  |  |  |  |  |
|  |  |  |  |  |  |
|  |  |  |  |  |  |
|  |  |  |  |  |  |
|  |  |  |  |  |  |
|  |  |  |  |  |  |

## 六、注意事项

(1) 测定前应根据样品大概的密度范围选择合适的密度计。

(2) 测定时量筒须置于水平桌面上，注意不使密度计触及量筒筒壁及筒底。

(3) 使用密度计读数时视线保持水平，并以观察样液的弯月面下缘最低点为准，若液体颜色较深，不易看清弯月面下缘时，则以观察弯月面两侧高点为准。

(4) 折光计使用前必须校正。

(5) 测定时若样液温度不是标准温度，应进行温度校正。

# 实验二　全脂乳粉中水分含量的测定

## 一、实验目的

(1) 熟练掌握烘箱的使用、天平称量、恒量等基本操作。

（2）学习和领会常压干燥法测定水分的原理及操作要点。

（3）掌握直接干燥法测定全脂乳粉中水分含量的方法和技能。

## 二、实验原理

本实验是基于食品中的水分受热以后，产生的蒸气压高于在电热干燥箱中的空气分压，从而使食品中的水分被蒸发出来。同时由于不断地供给热能及不断地排走水蒸气，而达到完全干燥的目的。食品干燥的速度取决于这个压力差的大小。

食品中的水分一般是指在（101±2）℃直接干燥的情况下所失去物质的总量。此法适用于101～105℃下，不含或含其他挥发性成分甚微的食品。

## 三、仪器和试剂

（1）仪器：称量瓶、干燥器、恒温干燥箱、分析天平。

（2）试剂：全脂乳粉。

## 四、实验步骤

取洁净的称量瓶，置于101～105℃干燥箱中，瓶盖斜支于瓶边，加热1.0h，取出盖好，置于干燥器内冷却0.5h，称量，并重复干燥至恒重。称取3.00g奶粉样品，放入此称量瓶中，加盖，精密称量后，置于101～105℃干燥箱中，瓶盖斜支于瓶边，干燥2～4h后，盖好取出，放入干燥器内冷却0.5h称量。然后置于101～105℃干燥箱中干燥1.0h左右，取出，置于干燥器内冷却0.5h后再称量。并重复以上操作至前后两次质量差不超过2mg，即为恒重。

## 五、结果处理

1. 实验记录

| 称量瓶加奶粉的质量（$m_1$） | 称量瓶加奶粉干燥后的质量（$m_2$） | 称量瓶的质量（$m_3$） |
| --- | --- | --- |
| | | |

2. 结果计算

$$X = \frac{m_1 - m_2}{m_1 - m_3} \times 100$$

式中：$X$——试样中水分的含量，g/100g；

$\quad\quad m_1$——称量瓶（加海砂、玻棒）和试样的质量，g；

$\quad\quad m_2$——称量瓶（加海砂、玻棒）和试样干燥后的质量，g；

$\quad\quad m_3$——称量瓶（加海砂、玻棒）的质量，g。

## 六、注意事项

（1）恒量是指两次烘烤称量的质量差不超过规定的毫克数，一般不超过2mg。

（2）本法测得的水分包括芳香油、醇、有机酸等挥发性物质。

# 实验三　面粉中灰分含量的测定

## 一、实验目的

（1）进一步熟练掌握高温电炉的使用方法，坩埚的处理、样品炭化、灰化、天平称量、恒重等基本的操作技能。

（2）学习和了解直接灰化测定灰分的原理及操作要点。

（3）掌握面粉中灰分的测定方法和操作技能。

## 二、实验原理

一定质量的食品在高温下经过灼烧后，去除了有机质所残留的无机质，称为灰分。样品质量发生了改变，根据样品的失重即可计算出总灰分的含量。

## 三、仪器和试剂

（1）仪器：高温电炉、瓷坩埚、坩埚钳、分析天平、干燥器。

（2）试剂：面粉。

## 四、实验步骤

（1）取大小适宜的瓷坩埚置于高温电炉中，在（550±25）℃下灼烧 0.5h，静置 200℃以下后取出，放入干燥器冷却至室温，精密称量并重复灼烧至恒重。

（2）加入 2～3g 面粉后准确称量。

（3）样品先以小火加热，使样品充分炭化至无烟，然后置高温电炉中，在（550±25）℃下灼烧 4h，冷却至 200℃左右，取出，放入干燥器中冷却 30min，称量前如发现灼烧残渣有炭粒时，应向试样中滴入少许水湿润，使结块松散，蒸干水分再次灼烧至无炭粒即表示灰化完全，方可称量。重复灼烧至前后两次称量相差不超过 0.5mg 为恒重。

## 五、结果处理

### 1. 实验记录

| 坩埚和灰分的质量（$m_1$） | 坩埚质量（$m_2$） | 坩埚和样品的质量（$m_3$） |
| --- | --- | --- |
| | | |

### 2. 结果计算

$$X_1 = \frac{m_1 - m_2}{m_3 - m_2} \times 100$$

式中：$X_1$——样品中灰分的含量，％；

　　　$m_1$——坩埚和灰分的质量，g；

　　　$m_2$——坩埚的质量，g；

　　　$m_3$——坩埚和样品的质量，g。

### 六、注意事项

（1）为加快灰化过程，缩短灰化周期，可向样品中加入一些助灰化剂，如乙酸氨、乙醇等。

（2）炭化时若发生膨胀，可滴橄榄油数滴，炭化时应先用小火，避免样品溅出。

# 实验四　果汁饮料中总酸及 pH 的测定

### 一、实验目的

（1）掌握测定总酸和有效酸度的原理及操作要点。

（2）进一步熟悉及掌握用酸碱滴定法测定总酸。

（3）学会用 pH 计测定有效酸度，并懂得电极的维护。

### 二、实验原理

1. 总酸测定原理

果汁饮料中的有机酸（弱酸）用标准碱液滴定时，被中和生成盐类。用酚酞作指示剂，当滴定到终点呈浅红色，30s 不褪色时，根据所消耗的标准碱溶液的浓度和体积，可计算出样品中总酸含量。

2. 有效酸度测定原理

把酸度计中的 pH 复合电极浸于一个溶液中，复合电极中的玻璃电极所显示的电位可因溶液氢离子浓度不同而改变，甘汞电极的电位保持不变，因此电极之间产生电动势，而在 25℃时每差一个 pH 单位就产生 59.1mV 的电池电动势，所以可以利用酸度计测量电池电动势并直接以 pH 表示。

### 三、试剂和仪器

1. 试剂

（1）0.1mol·L$^{-1}$氢氧化钠标准滴定溶液。

（2）1％酚酞指示剂溶液。

（3）pH=6.86，pH=4.00 的标准缓冲溶液。

2. 仪器

（1）水浴锅；

（2）冷凝管；

（3）PHS-25C 数字酸度计。

## 四、实验步骤

### 1. 试样的制备

取至少 200mL 充分混匀的样品于 500mL 烧杯中，置于电炉上，边搅拌边加热至微沸腾，保持 2min，用煮沸过的水补充至 500mL。

### 2. 总酸度的测定

（1）移取 10mL 试液，置于 250mL 三角瓶中。加 40～60mL 水置水浴锅中煮沸，取下待冷却后，加入 2 滴 1％酚酞指示剂，用 0.1mol·L$^{-1}$氢氧化钠标准滴定溶液，滴定至微红色 30s 不褪色。记录消耗 0.1mol·L$^{-1}$氢氧化钠标准滴定溶液的体积的数值（$V_1$）。

（2）空白试验。用水代替试液，按照以上步骤操作。记录消耗 0.1mol·L$^{-1}$氢氧化钠标准滴定溶液的体积的数值（$V_2$）。

### 3. 果汁饮料中有效酸度的测定

（1）酸度计的校正。

1）接通电源，打开开关，并将功能开关置 pH 档，接上复合电极预热 30min。

2）将温度补偿旋钮调到与标准缓冲溶液的温度一致。

3）将斜率调节旋钮调到 100％位置。

4）把电极用蒸馏水清洗干净，用滤纸吸干，插入 pH＝6.86 的标准缓冲溶液中。调节定位旋钮，使仪器显示的 pH 与该标准缓冲溶液的 pH 一致。

5）把电极取出，用蒸馏水清洗干净，用滤纸吸干，插入 pH＝4.00 的标准缓冲溶液中，仪器显示值应是该温度下标准缓冲溶液的 pH。若不是则调节斜率旋钮，使仪器显示的 pH 与该标准缓冲溶液在此温度下的 pH 相同。

6）重复上述 4）5）步骤，最终使仪器的显示值与标准缓冲溶液的 pH 相同。

（2）试液的 pH 测定。

1）用蒸馏水淋洗电极，并用滤纸吸干，再用待测样液冲洗电极。

2）根据样液温度调节酸度计温度补偿旋钮。

3）将电极插入待测样液中，仪器显示值即为样品溶液的 pH。

4）测定完毕，清洗电极，妥善保管。

## 五、结果处理

### 1. 数据纪录

| NaOH 标准溶液浓度（mol/L） | NaOH 标准溶液的用量（mL） | | | | pH | | |
|---|---|---|---|---|---|---|---|
| | 1 | 2 | 3 | 平均 | 1 | 2 | 平均 |
| | | | | | | | |

## 2. 结果计算

食品中总酸的含量以质量分数 $X$ 计。数值以每千克（g/kg）表示。

$$X = \frac{(V_1 - V_2) \times C \times K \times F}{m} \times 1000$$

式中：$X$——每千克（或每升）样品中酸的质量，$g \cdot kg^{-1}$（或 $g \cdot L^{-1}$）；

$C$——氢氧化钠标准滴定溶液的浓度，$mol \cdot L^{-1}$；

$V_1$——滴定试液时消耗氢氧化钠标准滴定溶液的体积，mL；

$V_2$——空白试验时消耗氢氧化钠标准滴定溶液的体积，mL；

$F$——试液的稀释倍数；

$m$——试样质量，g；

$K$——酸的换算系数，即 1mmol 氢氧化钠相当于主要酸的系数。

# 实验五　午餐肉中脂肪含量的测定

## 一、实验目的

（1）学习并掌握酸水解法测定脂肪含量的方法。

（2）学会根据食品中脂肪存在状态及食品组成，正确选择脂肪的测定方法。

（3）掌握用有机溶剂萃取脂肪及溶剂回收的基本操作技能。

## 二、实验原理

利用强酸在加热条件下将试样成分水解，使结合或包裹在组织内的脂肪游离出来，再用乙醚提取，回收除去溶剂并干燥后，称量提取物的质量即得游离及结合脂肪总量。

## 三、仪器和试剂

（1）仪器：100mL 具塞刻度量筒、恒温水浴（50℃-80℃）。

（2）试剂：盐酸、95％乙醇、乙醚、石油醚（沸程 30～60℃）。

## 四、实验步骤

（1）固体试样处理：精确称取午餐肉 2.00g，置于 500mL 大试管内，加蒸馏水 8mL，混匀后再加盐酸 10mL。

（2）将试管放入 70～80℃水浴中，每隔 5～10min 用玻璃棒搅拌一次，直到试样消化完全约 40～50min。

（3）取出试管，加入 95％乙醇 10mL，混合。冷却后将混合物移入 100mL 具塞量筒中，以 20mL 乙醚分次洗试管，一并倒入量筒中，待乙醚全部倒入量筒后，加塞振摇 1min，小心开塞，放出气体，再塞好，静置 12min，小心开塞，并用石油醚-乙醚等量混合液冲洗塞及筒口附着的脂肪。静置 10～20min，待上部液体清晰，吸出上清液于已恒重的锥形瓶内，再加 5mL 乙醚于具塞量筒内，振摇，静置后，仍将上层乙醚吸出，放入原锥形瓶内，将锥形瓶置于水浴上蒸干，置（100±5）℃烘箱中干燥 2h，取出，放入干燥器内冷却 0.5h 后称重，并重复以上操作直至恒重。

### 五、结果处理

1. 数据记录

| 脂肪瓶质量 $m_0$（g） | 脂肪加瓶质量 $m_1$（g） | 午餐肉的质量 $m_2$（g） |
| --- | --- | --- |
|  |  |  |

2. 结果计算

$$X = \frac{(m_1 - m_0)}{m_2} \times 100$$

式中：$X$——试样中脂肪的含量，g/100g；

$m_2$——试样的质量，g；

$m_1$——接收瓶和脂肪的质量，g；

$m_0$——接收瓶的质量，g。

### 六、注意事项

（1）该法适用于各类食品中脂肪的测定，特别是对于试样易吸湿，不能使用索氏提取法时，该法效果较好。

（2）试样加热、加酸水解，可使结合脂肪游离，故本法测定食品中的总脂肪，包括结合态脂肪和游离态脂肪。

（3）水解时应注意防止水分大量损失，以免使酸度升高。

## 实验六　甜炼乳中乳糖及蔗糖量的测定

### 一、实验目的

（1）通过该实验了解甜炼乳中乳糖及蔗糖量的测定方法。

（2）领会还原糖、总糖、蔗糖量测定的原理及操作要点。

（3）熟练掌握样品处理、转化糖滴定等操作。

### 二、实验原理

甜炼乳中含有具有还原性的乳糖及不具有还原性的蔗糖，将试样溶解去除蛋白质后，根据直接滴定法测定还原糖的原理，可直接测定乳糖。蔗糖不具有还原性，可根据总糖测定的原理，用酸水解，测出水解前后转化糖量，以求出蔗糖总量。

### 三、仪器和试剂

（1）仪器：可调电炉、酸式滴定管、锥形瓶、容量瓶等。

（2）试剂：盐酸、碱性酒石酸铜溶液、亚铁氰化钾溶液、乙酸锌溶液、氢氧化钠溶液、甲基红指示剂。

### 四、实验步骤

（1）试样制备。准确称取甜炼乳 2～2.5g 放入小烧杯中，用 100mL 蒸馏水分数次溶解并移入 250mL 容量瓶中，以下按还原糖测定中直接滴定法的方法进行处理，收集滤液供测定用。

（2）标定碱性酒石酸铜溶液。分别称取 1.000g 经干燥至恒重的分析纯乳糖及蔗糖，配制成 1mg·mL$^{-1}$的乳糖及蔗糖标准溶液。按还原糖及总糖测定中的方法分别进行标定。计算每 10mL（甲、乙液各 5mL）碱性酒石酸铜溶液相当于乳糖及转化糖的质量。

（3）乳糖量的测定。按直接滴定法测定还原糖的操作进行测定，记录消耗试样溶液的体积。

（4）蔗糖量的测定。取 50mL 试样处理液，按总糖量测定的方法进行水解，再按直接滴定法测定水解后的还原糖量，记录消耗试样水解液的体积。

### 五、结果处理

（1）乳糖含量的计算。

$$X_1 = \frac{m_1}{m \times V_1/250 \times 1000} \times 100$$

式中：$X_1$——乳糖的含量，g/100g；

$V_1$——测定乳糖平均消耗试样溶液的体积，mL；

$m$——试样的质量，g；

$m_1$——10mL 碱性酒石酸铜溶液相当于乳糖的质量，mg。

（2）蔗糖含量的计算。

$$X_2 = \frac{m_3 \times 0.95}{m \times \frac{50}{250} \times 1000} \times \left( \frac{1}{V_2} - \frac{1}{V_3} \right) \times 100$$

式中：$X_2$——蔗糖的含量，g/100g；

$V_2$——水解前测定还原糖平均消耗试样溶液的体积，mL；

$V_3$——水解后测定还原糖平均消耗试样溶液的体积，mL；

$m$——试样的质量，g；

$m_3$——10mL 碱性酒石酸铜溶液相当于转化糖的质量，mg；

0.95——转化糖换算为蔗糖的系数。

# 实验七　水果中纤维素含量的测定

## 一、实验目的

（1）了解纤维素测定的基本原理及操作要点。

（2）掌握测定纤维素含量的基本操作技能。

## 二、实验原理

在硫酸作用下，试样中糖、淀粉、果胶质和半纤维素经水解除去后，再用碱处理，除去蛋白质及脂肪酸，剩余的残渣为粗纤维。如其中含有不溶于酸、碱的杂质，可灰化后除去。

## 三、试剂和仪器

1. 试剂

1.25％硫酸溶液；1.25％（12.5g·L$^{-1}$）氢氧化钾溶液；5％（50g·L$^{-1}$）氢氧化钠溶液；20％盐酸溶液。

2. 仪器

G2 垂融坩埚或 G2 垂融漏斗；水浴锅；石棉：加 5％氢氧化钠溶液浸泡石棉，在水浴上回流 8h 以上，再用热水充分洗涤，然后用 20％盐酸在沸水浴上回流 8h 以上，再用热水充分洗涤，干燥，在 600～700℃中灼烧后，加水使其成混悬物，贮存于玻塞瓶中。

## 四、实验步骤

（1）取样：称取 20.00～30.00g 捣碎的试样（或 5.00g 干试样），移入 500mL 锥形瓶中，加入 200mL 煮沸的 1.25％硫酸，加热使微沸，保持体积恒定，维持 30min，每隔 5min 摇动锥形瓶一次，以充分混合瓶内的物质。

（2）洗涤：取下锥形瓶，立即用亚麻布过滤后，用沸水洗涤至洗液不呈酸性。在硫酸作用下，试样中糖、淀粉、果胶质和半纤维素经水解除去。（以甲基红为指示剂）

（3）碱处理：再用 200mL 煮沸的 1.25％氢氧化钾溶液，将亚麻布上的存留物洗入原锥形瓶内，加热微沸 30min 后，取下锥形瓶，立即以亚麻布过滤，以沸水洗涤 2～3 次至洗液不呈碱性（以酚酞为指示剂）。

（4）干燥：把亚麻布上的残留物用水洗入 100mL 烧杯中，然后转移到已干燥至恒重的 G2 垂融坩埚或同型号的 G2 垂融漏斗中，抽滤，用热水充分洗涤后，抽干。再依次用乙醇和乙醚洗涤一次。将坩埚和内容物在 105℃烘箱中烘干后称量，重复操作，直至恒重。

（5）灰化：如试样中含有较多的不溶性杂质，则可将试样移入石棉坩埚，烘干称量后，再移入 550℃ 高温炉中灰化，使含碳的物质全部灰化，置于干燥器内，冷却至室温后称重，所损失的量即为粗纤维的量。

### 五、结果计算

$$X = \frac{G}{m} \times 100\%$$

式中：$X$——试样中粗纤维的含量，%；

$G$——残余物的质量（或经高温炉损失的质量），g；

$m$——试样的质量，g。

计算结果表示到小数点后一位。

## 实验八 豆乳中蛋白质含量的测定

### 一、实验目的

(1) 通过本实验加深对常量凯氏定氮法测定原理及操作要点的认识和理解。

(2) 掌握常量凯氏定氮法中试样的消化、蒸馏、吸收等基本操作技能。

(3) 进一步熟练掌握滴定操作。

### 二、实验原理

蛋白质是含氮的有机化合物，样品与硫酸和催化剂一同加热消化，使蛋白质分解，其中碳和氢被氧化为二氧化碳和水逸出，而样品中的有机氮转化为氨与硫酸结合成硫酸铵。然后加碱蒸馏，使氨逸出，用硼酸溶液吸收后，再以标准盐酸或硫酸溶液滴定。根据标准酸消耗量乘以换算系数，可计算出蛋白质的含量。

### 三、仪器和试剂

(1) 仪器：500mL 凯氏烧瓶；凯氏定氮蒸馏装置。

(2) 试剂：硫酸铜；硫酸钾；硫酸（密度为 $1.84g \cdot L^{-1}$）；硼酸溶液（$20g \cdot L^{-1}$）；混合指示剂；氢氧化钠溶液（$400g \cdot L^{-1}$）；标准滴定溶液。

### 四、实验步骤

(1) 样品消化。准确吸取豆乳 20.00mL（相当于 30～40mg 氮），小心移入干燥的 500mL 凯氏烧瓶中（勿黏附在瓶壁上），加入 0.2g 硫酸铜、10g 硫酸钾及 20mL 浓硫酸，小心摇匀后，于瓶口置一小漏斗，将瓶以 45°角斜支于有小孔的电炉石棉网上，在通风橱内加热消化。先以小火缓慢加热，待内容物完全炭化、泡沫消失后，加大火力消化，保持瓶内液体微沸，至液体呈蓝绿色并澄清透明后，再继续加热 0.5～1h，取出放置冷却至室温，向瓶中小心加 200mL 水。

（2）蒸馏、吸收。连接好蒸馏装置，塞紧瓶口，冷凝管下端插入接收瓶液面下（瓶内预先装入 50mL 20g·L⁻¹ 硼酸溶液及混合指示剂 2～3 滴）。放松节流夹，通过漏斗加入 80mL 400g·L⁻¹ 氢氧化钠溶液，并摇动凯氏瓶，至瓶内溶液变为深蓝色或产生褐色沉淀，再从漏斗中加入 100mL 蒸馏水，夹紧节流夹，加热蒸馏，至氨全部蒸出（馏出液约 250mL 即可），将冷凝管下端提离液面，用蒸馏水冲洗管口，继续蒸馏 1min，用表面皿接几滴馏出液，检查氨是否完全蒸馏出来，用 pH 试纸检查馏出液是否为碱性。若为碱性，即可停止加热。

（3）滴定。将上述接收到的蒸馏液用 0.1000mol·L⁻¹ 盐酸标准溶液直接滴定至溶液由蓝色变为微红色即为终点，记录盐酸溶液用量。

同时做一试剂空白（除不加样品外，从消化开始操作与试样完全相同），记录空白试验消耗盐酸标准溶液的体积。

## 五、结果处理

（1）数据记录。

| 盐酸标准溶液浓度/(mol/L) | 样品滴定耗盐酸量/mL | | | 空白滴定耗盐酸量/mL | | |
|---|---|---|---|---|---|---|
| | 1 | 2 | 平均 | 1 | 2 | 平均 |
| | | | | | | |

（2）结果计算。

$$X = \frac{(V_1 - V_2) \times c \times 0.014}{m} \times F \times 100$$

式中：$X$——样品中蛋白质的含量，g/100g 或 g/100mL；

$c$——（$1/2H_2SO_4$）硫酸或盐酸标准溶液的浓度，mol·L⁻¹；

$V_1$——样品消耗硫酸或盐酸标准溶液的体积，mL；

$V_2$——试剂空白消耗硫酸或盐酸标准溶液的体积，mL；

$m$——样品质量（或体积），g（或 mL）；

0.014——1.00mL1.00mol·L⁻¹（$1/2H_2SO_4$）或盐酸标准溶液相当于氮的质量，g/mmol；

$F$——氮换算为蛋白质的系数。

## 六、注意事项

（1）消化过程中要注意转动凯氏烧瓶，利用冷凝酸液将附着在瓶壁上的炭粒冲下，以促进消化。

（2）若样品中含脂肪或糖较多时，消化过程中易产生大量泡沫，为防止泡沫溢出瓶外，可加入少量辛醇或液体石蜡或硅油消泡剂，并同时注意控制热源强度。

（3）蒸馏终点的确定对测定试样含量的准确度影响很大，一般样品馏出液超过

250mL，氮可完全蒸出。蒸馏过程应注意接口处有无松漏现象，蒸馏完毕后，应先将冷凝管下端提离液面，再用蒸馏水清洗管口，再蒸 1min 后关掉热源，否则可能造成吸收液倒吸。

# 实验九　酱油中氨基酸态氮含量的测定

## 一、实验目的

（1）了解电位滴定法测定氨基酸态氮的基本原理。

（2）掌握电位滴定法测定氨基酸态氮的方法及操作要点。

（3）熟练使用酸度计。

## 二、实验原理

氨基酸是同时具有氨基与羧基的两性化合物，加入甲醛以固定氨基的碱性，使羧基显示出酸性，用氢氧化钠标准溶液滴定后进行定量，以酸度计测定终点。

## 三、仪器和试剂

（1）仪器：酸度计；磁力搅拌器；10mL 微量滴定管。

（2）试剂：0.05mol/L NaOH 标准溶液；36％甲醛溶液。

## 四、实验步骤

（1）准确称取约 5.0g 酱油试样，置于 100mL 容量瓶中，加水至刻度，混匀后吸取 20.0mL，置于 200mL 烧杯中，加 60mL 水，插入酸度计的复合电极，并调整至适当高度，开动磁力搅拌器，用氢氧化钠标准溶液（0.050mol·L$^{-1}$）滴定至酸度计指示 pH＝8.2，记下消耗氢氧化钠标准滴定溶液的体积（mL）（按总酸度计算公式，可以计算出酱油的总酸含量）。

（2）氨基酸态氮的测定：向上述溶液中，准确加入甲醛溶液 10mL，混匀。继续用 0.05mol/L 氢氧化钠标准溶液滴定至酸度计指示 pH＝9.2，记录用去的氢氧化钠标准溶液的体积（mL），用以计算氨基酸态氮的含量。

（3）空白试验：取水 80mL，先用 0.05mol·L$^{-1}$氢氧化钠标准溶液滴定至 pH＝8.2，记录用去的氢氧化钠标准溶液的体积，此为总酸的试剂空白试验。再准确加入甲醛溶液 10mL，继续用 0.05mol·L$^{-1}$氢氧化钠标准溶液滴定至酸度计指示 pH＝9.2，记录用去的氢氧化钠溶液的体积，此为测定氨基酸态氮的试剂空白试验。

## 五、结果计算

（1）结果记录。

| | 加入甲醛前 NaOH 量（mL） | 加入甲醛后 NaOH 量（mL） | NaOH 标准溶液浓度（mol/L） |
|---|---|---|---|
| 1 | | | |
| 2 | | | |
| 3 | | | |
| 平均 | | | |
| 空白滴定 | | | |

（2）结果计算。

$$W = \frac{(V_1 - V_2) \times c \times 0.014}{m \times 20/100} \times 100\%$$

式中：$W$——氨基酸态氮的质量分数，%；

$V_1$——样品稀释液在加入甲醛后滴定至终点（pH＝9.2）所消耗的氢氧化钠标准溶液的体积，mL；

$V_2$——空白试验在加入甲醛后滴定至终点（pH＝9.2）所消耗的氢氧化钠标准溶液的体积，mL；

$c$——氢氧化钠标准溶液的浓度，$mol \cdot L^{-1}$；

$m$——测定吸收的样品溶液相当于样品的质量，g；

0.014——氮的毫摩尔质量，$g \cdot mmol^{-1}$。

### 六、注意事项

（1）氨基酸是蛋白质分解后的一种产物，酱油中的游离氨基酸有 18 种，其中谷氨酸和天门冬氨酸所占的比例最多，这两种氨基酸的含量越高，酱油的鲜味越强，故氨基酸态氮含量的高低不仅表示鲜味的程度，也是质量好坏的指标。

（2）酱油中的铵盐影响氨基酸态氮的测定，可使氨基酸态氮测定结果偏高。因此要同时测定铵盐，将氨基酸态氮的结果减去铵盐的结果比较准确。

（3）该法准确快速，可用于各种样品中游离氨基酸含量的测定。

## 实验十　水果蔬菜中维生素 C 含量的测定

### 一、实验目的

（1）学习及了解 2,6-二氯靛酚滴定法测定还原型抗坏血酸的原理及操作要点。

（2）熟练掌握氧化还原滴定的要点。

### 二、实验原理

还原型抗坏血酸还原染料 2,6-二氯靛酚，该染料在酸性溶液中呈粉红色（在中性或碱性溶液中呈蓝色），被还原后红色消失。还原型抗坏血酸还原 2,6-二氯靛酚后，本身被氧化成脱氢抗坏血酸。在没有杂质干扰时，一定量的样品提取液还原标准 2,6-二氯靛酚的量与样品中所含维生素 C 的量成正比。

### 三、仪器和试剂

（1）试剂：1％草酸溶液；2％草酸溶液；维生素 C 标准液；0.02％2,6-二氯靛酚溶液；0.001mol·L⁻¹KIO₃ 标液；1％淀粉溶液；6％KI 溶液；0.1mol·L⁻¹KIO₃ 溶液。

（2）仪器：酸式滴定管；组织捣碎机。

### 四、实验步骤

（1）试样提取。准确称取样品 50.0～100.0g，放入研钵中，加入等量的 2％草酸溶液，倒入组织捣碎机中捣成匀浆。称取 10.00～30.00g 匀浆样品（使其含有抗坏血酸 1～5mg）置于小烧杯中，加入 1％草酸溶液将样品移入 100mL 容量瓶中，并稀释至刻度，摇匀。将样液过滤，弃去最初数毫升滤液。如果滤液颜色很深，滴定不易辨别终点，可用对维生素 C 无吸附作用的优质白陶土脱色后再进行滴定。

（2）滴定。用吸量管准确吸取样液 5mL，放入 50mL 锥形瓶中，再加入 1％的草酸溶液 5mL。以 2,6-二氯靛酚溶液滴定至提取液呈浅粉红色，并在 15～30s 不褪色。滴定过程必须迅速，不要超过 2min。重复操作三次，取平均值。按同样方法做一空白对照。

### 五、结果处理

（1）结果记录。

| 2,6-二氯靛酚溶液的滴定度 | 样品滴定消耗 2,6-二氯靛酚溶液的量（mL） | | | | 空白滴定消耗 2,6-二氯靛酚的量（mL） |
|---|---|---|---|---|---|
| | 1 | 2 | 3 | 平均 | |
| | | | | | |

（2）结果计算。

$$m = \frac{(V - V_1) \times T \times 100}{m_1}$$

式中：$V$——消耗染料体积，mL；

$V_1$——空白滴定消耗的染料的体积，mL；

$T$——1mL 染料所能氧化维生素 C 的毫克数，mg；

$m_1$——滴定时所有滤液中含有样品的克数，g；

$m$——试样中维生素 C 的含量，mg/100g。

### 六、注意事项

（1）所有试剂的配制最好都用重蒸馏水。

（2）滴定时，可同时吸 2 个样品。一个滴定，另一个作为观察颜色变化的参考。

（3）样品进入实验室后，应浸泡在已知量的 2％草酸溶液中，以防氧化，损失维生素 C。

(4) 整个操作过程中要迅速，避免还原型抗坏血酸被氧化。

(5) 在处理各种样品时，如遇有泡沫产生，可加入数滴辛醇消除。

(6) 测定样液时，需做空白对照，样液滴定体积扣除空白体积。

# 实验十一　香肠中亚硝酸盐的测定

## 一、实验目的

掌握用分光光度法测定香肠中亚硝酸盐。

## 二、实验原理

样品经沉淀蛋白质、除去脂肪后，在弱酸条件下亚硝酸盐与对氨基苯磺酸重氮化后，再与盐酸萘乙二胺偶合形成紫红色染料，与标准比较定量。

## 三、仪器和试剂

### 1. 试剂

亚铁氰化钾溶液：称取 106.0g 亚铁氰化钾，用水溶解并稀释至 1000mL；乙酸锌溶液：称取 220.0g 乙酸锌，加 30mL 冰乙酸溶解于水，并稀释至 1000mL；饱和硼砂溶液：称取 5.0g 硼酸钠，溶于 1000mL 热水中，冷却后备用；对氨基苯磺酸溶液（$4g \cdot L^{-1}$）：称取 0.4g 对氨基苯磺酸，溶于 100mL20%盐酸中，置棕色瓶中混匀，避光保存；盐酸萘乙二胺溶液（$2g \cdot L^{-1}$）：称取 0.2g 盐酸萘乙二胺，溶解于 100mL 水中，混匀后，置棕色瓶中，避光保存；亚硝酸钠标准溶液：准确称取 0.1000g 于硅胶干燥器中干燥 24h 的亚硝酸钠，加水溶解移入 500mL 容量瓶中，加水稀释至刻度，混匀，此溶液每毫升相当于 $200\mu g$ 的亚硝酸钠；亚硝酸钠标准使用液：临用前，吸取亚硝酸钠标准溶液 5.00mL，置于 200mL 容量瓶中，加水稀释至刻度，此溶液每毫升相当于 5.0$\mu g$ 亚硝酸钠。

### 2. 仪器

小型绞肉机；分光光度计。

## 四、实验步骤

(1) 样品处理。称取约 5.0g 经绞碎混匀的样品，置于 50mL 烧杯中，加 12.5mL 硼砂饱和液，搅拌均匀，以 70℃ 左右的水约 300mL 将试样洗入 500mL 容量瓶中，于沸水浴中加热 15min，取出冷却至室温，然后一面转动，一面加入 5mL 亚铁氰化钾溶液，摇匀，再加入 5mL 乙酸锌溶液，以沉淀蛋白质。加水至刻度，摇匀，放置 0.5h，除去上层脂肪，清液用滤纸过滤，弃去初滤液 30mL，滤液备用。

(2) 测定。吸取 40.0mL 上述滤液于 50mL 带塞比色管中，另吸取 0.00、0.20、0.40、0.60、0.80、1.00、1.50、2.00、2.50mL 亚硝酸钠标准使用液（相当于 0、1、

2、3、4、5、7.5、10、12.5$\mu$g 亚硝酸钠），分别置于 50mL 带塞比色管中。于标准管与试样管中分别加入 2mL 对氨基苯磺酸溶液（4g·$L^{-1}$），混匀，静置 3～15min 后各加入 1mL 盐酸乙二胺溶液（2g·$L^{-1}$），加水至刻度，混匀，静置 15min，用 2cm 比色杯，以零管调节零点，于波长 538nm 处测吸光度，绘制标准曲线，同时做试剂空白。

### 五、结果计算

$$X = \frac{A \times 1000}{m \times \dfrac{V_2}{V_1} \times 1000}$$

式中：$X$——样品中亚硝酸盐的含量，mg·$kg^{-1}$；

　　　$m$——样品质量，g；

　　　$A$——测定用样液中亚硝酸盐的质量，$\mu$g；

　　　$V_1$——样品处理液总体积，mL；

　　　$V_2$——测定用样液体积，mL。

# 实验十二　稻米中久效磷的测定

### 一、实验目的

掌握用气相色谱法测定稻米中的久效磷。

### 二、实验原理

含有机磷的试样在富氢焰上燃烧，以 HPO 碎片的形式，放射出波长 526nm 的特性光；这种光通过滤光片选择后，由光电倍增管接收，转换成电信号，经微电流放大器放大后被记录下来。试样的峰面积或峰高与标准品的峰面积或峰高进行比较定量。

### 三、仪器和试剂

1. 试剂

丙酮；二氯甲烷；氯化钠；无水硫酸钠；助滤剂 Celite 545；久效磷标准溶液的配制：准确称取标准品，用二氯甲烷为溶剂，分别配制成 1.0mg·$mL^{-1}$ 的标准储备液，贮于冰箱（4℃）中，使用时根据各农药品种的仪器响应情况，吸取不同量的标准储备液，用二氯甲烷稀释成标准使用液。

2. 仪器

组织捣碎机；粉碎机；旋转蒸发仪；气相色谱仪：附有火焰光度检测器（FPD）。

### 四、实验步骤

1. 试样的制备

取稻米试样经粉碎机粉碎，过 20 目筛制成粉状试样。

## 2. 提取

称取 25.00g 试样，置于 300mL 烧杯中，加入 50mL 水和 100mL 丙酮（提取液总体积为 150mL），用组织捣碎机提取 1～2min，匀浆液经铺有两层滤纸和约 10gCelite 545 的布氏漏斗减压抽滤。取滤液 100mL 移至 500mL 分液漏斗中。

## 3. 净化

向滤液中加入 10～15g 氯化钠使溶液处于饱和状态。猛烈振摇 2～3min，静置 10min，使丙酮与水相分层，水相用 50mL 二氯甲烷振摇 2min，再静置分层。

将丙酮与二氯甲烷提取液合并经装有 20～30g 无水硫酸钠的玻璃漏斗脱水滤入 250mL 圆底烧瓶中，再以约 40mL 二氯甲烷分数次洗涤容器和无水硫酸钠。洗涤液也并入烧瓶中，用旋转蒸发器浓缩至约 2mL，浓缩液定量转移至 5～25mL 容量瓶中，加二氯甲烷定容至刻度。

## 4. 气相色谱测定条件

色谱柱：

1）玻璃柱 2.6m×3mm（i.d），填装涂有 4.5% DC-200＋2.5% OV-17 的 Chromosorb W A W DMCS（80～100 目）的担体。

2）玻璃柱 2.6m×3mm（i.d），填装涂有质量分数为 1.5% 的 QF-1 的 Chromosorb W A W DMCS（60～80 目）

3）具有相同分离效果的石英毛细管色谱柱（目前检测机构大部分采用）。

气体速度：氮气 50mL·min$^{-1}$、氢气 100mL·min$^{-1}$，空气 50mL·min$^{-1}$（根据检测仪器不同会有所调整）。

温度：柱箱 240℃、汽化室 260℃、检测器 270℃（根据检测仪器不同会有所调整）。

## 5. 测定

吸取 2～5μL 混合标准液及试样净化液注入色谱仪中，以保留时间定性，以试样的峰高或峰面积与标准比较定量。

## 五、结果计算

$$X = \frac{A_i \times V_3 \times V_1 \times E_{si} \times 1000}{A_{si} \times V_4 \times V_2 \times m \times 1000}$$

式中：$X$——久效磷的含量，mg·kg$^{-1}$；

$A_i$——试样中久效磷的峰面积；

$A_{si}$——久效磷标准液的峰面积；

$V_1$——试样提取液的总体积，mL；

$V_2$——净化用提取液的总体积，mL；

$V_3$——浓缩后的定容体积，mL；

$V_4$——进样体积，μL；

$E_{si}$——注入色谱仪中的久效磷组分的质量，ng；

$m$——试样的质量，g。

# 实验十三　家禽中瘦肉精的测定

## 一、实验目的

了解克伦特罗的液相色谱串联质谱检验方法。

## 二、实验原理

试样中的克伦特罗采用 β-葡萄糖醛甙酶水解，乙酸铵缓冲液提取，正己烷脱脂，水相溶液混合型阳离子交换固相萃取柱净化，HPLC-MS/MS 测定，内标法定量。

## 三、试剂和仪器

### 1. 试剂

甲醇（色谱级）；乙腈（色谱级）；甲酸（色谱级）；正己烷（色谱级）；乙酸乙酯（色谱级）；乙酸铵（色谱级）；浓盐酸：含量 36%～38%；氨水：含量 25%～28%；β-葡萄糖甙酸酶/芳基硫酸酯酶溶液（β-glucuronidase/arylsulfatase）：含 β-葡萄糖醛甙酶 111000U/mL，芳香基硫酸酯酶 1079U/mL；乙酸铵缓冲溶液（2mol·L$^{-1}$）：称取乙酸铵 77.0g，用水定容至 500mL，混匀，并用乙酸调节 pH 为 5.2；0.1% 甲酸溶液：移取 1.0mL 甲酸，用水稀释并定容至 1000mL，混匀；0.1mol·L$^{-1}$ 盐酸溶液：取 9mL 浓盐酸，加水稀释至 1000mL，混匀；50% 甲醇溶液（1:1，体积比）；洗脱溶液：50mL 乙酸乙酯、45mL 甲醇与 5mL 氨水混匀；盐酸克伦特罗标准储备液（1000mg·L$^{-1}$）：准确称取 10.0mg 的标准品及内标于 10mL 容量瓶中，用甲醇溶解并定容至刻度制成 1.0mg·mL$^{-1}$ 标准储备液，−18℃ 以下保存，标准储备液在 12 个月内稳定；标准使用液：用 0.1% 甲酸溶液将盐酸克伦特罗稀释适当浓度（0.5、1.0、2.5，10，20 和 40μg·L$^{-1}$）；内标储备液：用丙酮将标准品配制成浓度为 100mg·L$^{-1}$ 的内标储备液；内标工作液：根据需要，用 0.1% 甲酸溶液将各内标储备溶液配制为 10μg·L$^{-1}$；以上各溶液所用试剂均为色谱纯，水为 GB/T 6682 规定的一级水。

固相萃取柱（60mg，3mL）或相当者：混合型阳离子交换固相萃取柱，使用前依次用 3mL 甲醇、3mL 水和 3mL 盐酸溶液活化。

### 2. 仪器

液相色谱-串联四极杆质谱仪；配有电喷雾离子源；电子天平：感量为 0.0001g 和 0.01g；组织匀浆机；涡旋混合器；恒温振荡器；超声清洗仪；离心机：10000r/min；固相萃取装置；氮吹仪；移液器。

### 四、实验步骤

**1. 试样制备**

从所取全部样品中取出有代表性的样品约 500g，剔除筋膜。用组织捣碎机充分捣碎均匀，均分成两份，分别装入洁净容器中，密封，并标明标记，于−18℃以下冷冻存放。

注：制样操作过程中应防止样品被污染或其中的残留物发生变化。

**2. 提取**

称取 5g 试样（精确至 0.01g）于 50mL 具塞塑料离心管中，准确加入内标溶液 50μL，加入 20mL 乙酸铵缓冲溶液，涡旋混匀，再加入 β-葡萄糖醛甙酶/芳基硫酸酯酶溶液 40μL，充分振荡混匀，于（37±1）℃振荡酶解 12h。4℃ 下 8000r·min⁻¹ 离心 5min，收集上清液于具螺旋盖的聚丙烯离心管中，加入 20mL 正己烷，振荡均匀。4℃ 下 12000r·min⁻¹ 离心 5min，弃去正己烷层，水相溶液立即经滤纸过滤，并用 2mL 乙酸铵缓冲溶液洗涤滤纸，收集全部滤液，待净化。

**3. 净化**

提取液以低于 1mL·min⁻¹ 的速度上样于活化过的固相萃取柱。再依次用 3mL 盐酸溶液、3mL 水、3mL50％甲醇和 3mL 正己烷淋洗小柱，弃去淋洗液；真空抽干 2min，用 3mL 洗脱液进行洗脱，收集洗脱液。洗脱液在 45℃ 下氮气流吹干，用 1mL0.1％甲酸溶液溶解残渣，样液过 0.22μm 滤膜后，供仪器测定。

**4. 测定**

（1）液相色谱条件。

1）色谱柱：C18 柱，2.1mm（内径）×150mm，5μm，或相当者。

2）流动相：A（0.1％甲酸水溶液）、B（乙腈），梯度淋洗。

3）流速：0.3mL/min。

4）柱温：40℃。

5）进样量：20μL。

（2）参考质谱条件。

1）电离源：电喷雾正离子模式。

2）母离子（m/z）：277.0。

3）子离子：203.0、132.0、168.0；驻留时间均为 100ms；裂解电压均为 100V；碰撞能量分别为 10V、25V、25V。

**5. 定性**

各测定目标化合物的定性以保留时间和与两对离子（特征离子对/定量离子对）所对应的 LC-MS/MS 色谱峰相对丰度进行。要求被测试样中目标化合物的保留时间与标准溶液中目标化合物的保留时间一致，同时被测试样中目标化合物的两对离子对应的

LC-MS/MS 色谱峰丰度比与标准溶液中目标化合物的色谱峰丰度比一致。

6. 定量

本标准采用内标法定量。

每次测定前配制标准系列，按浓度由小到大的顺序，依次上机测定，得到目标物浓度与峰面积比的工作曲线。

## 五、计算结果

$$X = \frac{c \times V}{m}$$

式中：$X$——试样中检测盐酸克伦特罗残留量，$\mu g \cdot kg^{-1}$；

$c$——由回归曲线计算得到的上机试样溶液中盐酸克伦特罗含量，$\mu g \cdot L^{-1}$；

$V$——浓缩至干后试样的定容体积，mL；

$m$——试样的质量，g。

# 主要参考文献

[1] 穆华荣,于淑萍. 食品分析[M]. 北京:化学工业出版社,2009.

[2] 尹凯丹,张奇志. 食品理化分析[M]. 北京:化学工业出版社,2008.

[3] 黄高明. 食品检验工(中级)[M]. 北京:机械工业出版社,2005.

[4] 孟宏昌. 食品分析[M]. 北京:化学工业出版社,2007.

[5] 马兰,李坤雄. 食品质量检验[M]. 北京:中国计量出版社,1998

[6] 张玉廷,张彩华. 农产品检验技术[M]. 北京:化学工业出版社,2009.

[7] 王燕. 食品检验技术(理化部分)[M]. 北京:中国轻工业出版社,2008.

[8] 王莉. 食品营养学[M]. 北京:化学工业出版社,2010.

[9] 中国标准出版社第一编辑室. 中国食品工业标准汇编——各卷[S]. 北京:中国标准出版社,2005.

[10] 刘兴友,刁有祥. 食品理化检验学[M]. 北京:中国农业大学,2008.

[11] 李凤玉,梁文珍. 食品分析与检验[M]. 北京:中国农业大学出版社,2009.

[12] 张意静. 食品分析[M]. 北京:中国轻工业出版社,2001.

[13] 孙平. 食品分析[M]. 北京:化学工业出版社,2005.

[14] 周光理. 食品分析与检验技术[M]. 北京:化学工业出版社,2008.

[15] 王亚伟. 食品营养与检测[M]. 北京:高等教育出版社,2008.

[16] 张星海. 基础化学[M]. 北京:化学工业出版社,2007.

[17] 邓建成,易清风,易兵. 大学化学基础[M]. 北京:化学工业出版社,2008.

[18] 倪静安,商少明,翟滨. 无机及分析化学[M]. 北京:化学工业出版社,2005.

[19] 孙银祥. 分析化学[M]. 长春:吉林大学出版社,2008.

[20] 黄若峰. 分析化学[M]. 长沙:国防科技大学出版社,2009.

[21] 董元彦. 无机及分析化学[M]. 北京:科学出版社,2006.

[22] 武汉大学,吉林大学等. 无机化学[M]. 北京:高等教育出版社,1994.

[23] 石建军. 无机化学[M]. 长沙:国防科技大学出版社,2009.

[24] 叶芬霞. 无机及分析化学[M]. 北京:高等教育出版社,2008.

[25] 无锡轻工业大学,天津轻工业学院合编. 食品分析[M]. 北京:中国轻工业出版社,1983.

[26] 中华人民共和国国家标准食品卫生检验方法:理化部分. 北京:中国标准出版社,2003.

[27] 张意静. 食品分析技术[M]. 北京:中国轻工业出版社,2001.

[28] 食品伙伴网. 现行有效的食品理化检验指标汇编[OL]. http://down. foodmate. net/standard/sort/3/22415. html,2012.

[29] GB 2760—2011,食品添加剂使用标准[S].

[30] GB/T 23495—2009,食品中苯甲酸、山梨酸和糖精钠的测定高效液相色谱法[S].

[31] NY/T 1602—2008,植物油中叔丁基羟基茴香醚(BHA)、2,6-二叔丁基对甲酚(BHT)和特丁基对苯二酚(TBHQ)的测定高效液相色谱法[S].

[32] GB 2762—2005,食品中污染物限量[S].

[33] GB/T 21981—2008,动物源食品中激素多残留检测方法液相色谱-质谱/质谱法[S].

[34] GB/T 23373—2009,食品中抗氧化剂丁基羟基茴香醚(BHA)、二丁基羟基甲苯(BHT)与特丁基对苯二酚(TBHQ)的测定[S].

# 附　　录

表 1　乳稠计读数为 15℃ 时的度数换算表

|  | 8 | 9 | 10 | 11 | 12 | 13 | 14 | 15 | 16 | 17 | 18 | 19 | 20 | 21 | 22 |
|---|---|---|---|---|---|---|---|---|---|---|---|---|---|---|---|
| 15 | 14.2 | 14.3 | 14.4 | 14.5 | 14.6 | 14.7 | 14.8 | 15.0 | 15.1 | 15.2 | 15.4 | 15.6 | 15.8 | 16.0 | 16.2 |
| 16 | 15.2 | 15.3 | 15.4 | 15.5 | 15.6 | 15.7 | 15.8 | 16.0 | 16.1 | 16.3 | 16.5 | 16.7 | 16.9 | 17.1 | 17.3 |
| 17 | 16.2 | 16.3 | 16.4 | 16.5 | 16.6 | 16.7 | 16.8 | 17.0 | 17.1 | 17.3 | 17.5 | 17.7 | 17.9 | 18.1 | 18.3 |
| 18 | 17.2 | 17.3 | 17.4 | 17.5 | 17.6 | 17.7 | 17.8 | 18.0 | 18.1 | 18.3 | 18.5 | 18.7 | 18.9 | 19.1 | 19.5 |
| 19 | 18.2 | 18.3 | 18.4 | 18.5 | 18.6 | 18.7 | 18.8 | 19.0 | 19.0 | 19.3 | 19.5 | 19.7 | 19.9 | 20.1 | 20.3 |
| 20 | 19.1 | 19.2 | 19.3 | 19.4 | 19.5 | 19.6 | 19.8 | 20.0 | 20.1 | 20.3 | 20.5 | 20.7 | 20.9 | 21.1 | 21.3 |
| 21 | 20.1 | 20.2 | 20.3 | 20.4 | 20.5 | 20.6 | 20.8 | 21.0 | 21.2 | 21.4 | 21.6 | 21.8 | 22.0 | 22.2 | 22.4 |
| 22 | 21.1 | 21.2 | 21.3 | 21.4 | 21.5 | 21.6 | 21.8 | 22.0 | 22.2 | 22.4 | 22.6 | 22.8 | 23.0 | 23.4 | 23.4 |
| 23 | 22.1 | 22.2 | 22.3 | 22.4 | 22.5 | 22.6 | 22.8 | 23.0 | 23.2 | 23.4 | 23.6 | 23.8 | 24.0 | 24.2 | 24.4 |
| 24 | 23.1 | 23.2 | 23.3 | 23.4 | 23.5 | 23.6 | 23.8 | 24.0 | 24.2 | 24.4 | 24.6 | 24.8 | 25.0 | 25.2 | 25.5 |
| 25 | 24.0 | 24.1 | 24.2 | 24.3 | 24.5 | 24.6 | 24.8 | 25.0 | 25.2 | 25.4 | 25.6 | 25.8 | 26.0 | 26.2 | 26.4 |
| 26 | 25.0 | 25.1 | 25.2 | 25.3 | 25.5 | 25.6 | 25.8 | 26.0 | 26.2 | 26.4 | 26.6 | 26.9 | 27.1 | 27.3 | 27.5 |
| 27 | 26.0 | 26.1 | 26.2 | 26.3 | 26.4 | 26.6 | 26.8 | 27.0 | 27.2 | 27.4 | 27.6 | 27.9 | 28.1 | 28.4 | 28.6 |
| 28 | 26.9 | 27.0 | 27.1 | 27.2 | 27.4 | 27.6 | 27.8 | 28.0 | 28.2 | 28.4 | 28.6 | 28.9 | 29.2 | 29.4 | 29.6 |
| 29 | 27.8 | 27.9 | 28.1 | 28.2 | 28.4 | 28.6 | 28.8 | 29.0 | 29.2 | 29.4 | 29.6 | 29.9 | 30.2 | 30.4 | 30.6 |
| 30 | 28.7 | 28.9 | 29.0 | 29.2 | 29.4 | 29.6 | 29.8 | 30.0 | 30.2 | 30.4 | 30.6 | 30.9 | 31.2 | 31.4 | 31.6 |
| 31 | 29.7 | 29.8 | 30.0 | 30.2 | 30.4 | 30.6 | 30.8 | 31.0 | 31.2 | 31.4 | 31.6 | 32.0 | 32.2 | 32.5 | 32.7 |
| 32 | 30.6 | 20.8 | 31.0 | 31.2 | 31.4 | 31.6 | 31.8 | 32.0 | 32.2 | 32.4 | 32.7 | 33.0 | 33.3 | 33.6 | 33.8 |
| 33 | 31.6 | 31.8 | 32.0 | 32.2 | 32.4 | 32.6 | 32.8 | 33.0 | 33.2 | 33.4 | 33.7 | 34.0 | 34.3 | 34.7 | 34.8 |
| 34 | 32.6 | 32.8 | 32.8 | 33.1 | 33.3 | 33.6 | 33.8 | 34.0 | 34.2 | 34.4 | 34.7 | 35.0 | 35.3 | 35.6 | 35.9 |
| 35 | 33.6 | 33.7 | 33.8 | 34.0 | 34.2 | 34.4 | 34.8 | 35.0 | 35.2 | 35.4 | 35.7 | 36.0 | 36.3 | 36.6 | 36.9 |

表 2　观测锤度温度校正表（标准温度 20℃）

| 温度(℃) | 观测锤度 | | | | | | | | | | | | | | | | | | | | | | | | | | |
| --- | --- | --- | --- | --- | --- | --- | --- | --- | --- | --- | --- | --- | --- | --- | --- | --- | --- | --- | --- | --- | --- | --- | --- | --- | --- | --- | --- |
| | 0 | 1 | 2 | 3 | 4 | 5 | 6 | 7 | 8 | 9 | 10 | 11 | 12 | 13 | 14 | 15 | 16 | 17 | 18 | 19 | 20 | 21 | 22 | 23 | 24 | 25 | 30 |
| | 温度低于20℃时读数应减之数 | | | | | | | | | | | | | | | | | | | | | | | | | | |
| 0 | 0.30 | 0.34 | 0.36 | 0.41 | 0.45 | 0.49 | 0.52 | 0.55 | 0.59 | 0.62 | 0.65 | 0.67 | 0.70 | 0.72 | 0.75 | 0.77 | 0.79 | 0.82 | 0.84 | 0.87 | 0.89 | 0.91 | 0.93 | 0.95 | 0.97 | 0.99 | 1.08 |
| 5 | 0.36 | 0.38 | 0.40 | 0.43 | 0.45 | 0.47 | 0.49 | 0.51 | 0.52 | 0.54 | 0.56 | 0.58 | 0.60 | 0.61 | 0.63 | 0.65 | 0.67 | 0.68 | 0.70 | 0.71 | 0.73 | 0.74 | 0.75 | 0.76 | 0.77 | 0.80 | 0.86 |
| 10 | 0.32 | 0.33 | 0.34 | 0.36 | 0.37 | 0.38 | 0.39 | 0.40 | 0.41 | 0.42 | 0.43 | 0.44 | 0.45 | 0.46 | 0.47 | 0.48 | 0.49 | 0.50 | 0.50 | 0.51 | 0.52 | 0.53 | 0.54 | 0.55 | 0.56 | 0.57 | 0.60 |
| 1/2 | 0.31 | 0.32 | 0.34 | 0.35 | 0.36 | 0.37 | 0.38 | 0.39 | 0.40 | 0.41 | 0.42 | 0.43 | 0.44 | 0.44 | 0.45 | 0.46 | 0.47 | 0.48 | 0.48 | 0.49 | 0.50 | 0.51 | 0.52 | 0.52 | 0.53 | 0.54 | 0.57 |
| 11 | 0.31 | 0.32 | 0.33 | 0.34 | 0.35 | 0.36 | 0.37 | 0.38 | 0.39 | 0.39 | 0.40 | 0.41 | 0.42 | 0.43 | 0.44 | 0.44 | 0.45 | 0.46 | 0.46 | 0.47 | 0.48 | 0.49 | 0.49 | 0.50 | 0.50 | 0.51 | 0.55 |
| 1/2 | 0.30 | 0.31 | 0.31 | 0.32 | 0.33 | 0.34 | 0.36 | 0.36 | 0.37 | 0.37 | 0.38 | 0.39 | 0.40 | 0.40 | 0.41 | 0.42 | 0.43 | 0.44 | 0.44 | 0.45 | 0.45 | 0.46 | 0.46 | 0.47 | 0.47 | 0.48 | 0.52 |
| 12 | 0.29 | 0.30 | 0.30 | 0.31 | 0.32 | 0.33 | 0.34 | 0.35 | 0.35 | 0.36 | 0.36 | 0.37 | 0.38 | 0.39 | 0.39 | 0.40 | 0.41 | 0.42 | 0.43 | 0.43 | 0.44 | 0.44 | 0.45 | 0.45 | 0.46 | 0.46 | 0.50 |
| 1/2 | 0.27 | 0.28 | 0.29 | 0.29 | 0.30 | 0.31 | 0.31 | 0.32 | 0.33 | 0.33 | 0.34 | 0.35 | 0.36 | 0.36 | 0.37 | 0.38 | 0.38 | 0.39 | 0.40 | 0.41 | 0.41 | 0.41 | 0.42 | 0.42 | 0.43 | 0.43 | 0.47 |
| 13 | 0.26 | 0.27 | 0.28 | 0.28 | 0.29 | 0.30 | 0.30 | 0.31 | 0.31 | 0.32 | 0.33 | 0.33 | 0.34 | 0.36 | 0.35 | 0.36 | 0.36 | 0.37 | 0.37 | 0.38 | 0.38 | 0.39 | 0.39 | 0.40 | 0.40 | 0.41 | 0.44 |
| 1/2 | 0.25 | 0.25 | 0.25 | 0.26 | 0.27 | 0.27 | 0.28 | 0.29 | 0.29 | 0.30 | 0.30 | 0.31 | 0.31 | 0.32 | 0.32 | 0.33 | 0.34 | 0.34 | 0.35 | 0.35 | 0.36 | 0.36 | 0.37 | 0.37 | 0.38 | 0.38 | 0.41 |
| 14 | 0.24 | 0.24 | 0.24 | 0.25 | 0.25 | 0.26 | 0.27 | 0.28 | 0.28 | 0.28 | 0.29 | 0.29 | 0.30 | 0.30 | 0.31 | 0.31 | 0.32 | 0.33 | 0.33 | 0.35 | 0.34 | 0.34 | 0.35 | 0.35 | 0.36 | 0.36 | 0.38 |
| 1/2 | 0.22 | 0.22 | 0.22 | 0.23 | 0.24 | 0.24 | 0.24 | 0.25 | 0.25 | 0.26 | 0.26 | 0.26 | 0.27 | 0.27 | 0.28 | 0.28 | 0.29 | 0.30 | 0.30 | 0.31 | 0.31 | 0.32 | 0.32 | 0.33 | 0.33 | 0.33 | 0.35 |
| 15 | 0.20 | 0.20 | 0.20 | 0.21 | 0.22 | 0.22 | 0.22 | 0.23 | 0.23 | 0.24 | 0.24 | 0.24 | 0.25 | 0.25 | 0.25 | 0.26 | 0.26 | 0.27 | 0.27 | 0.28 | 0.28 | 0.28 | 0.29 | 0.30 | 0.30 | 0.30 | 0.32 |
| 1/2 | 0.18 | 0.18 | 0.18 | 0.19 | 0.20 | 0.20 | 0.20 | 0.21 | 0.21 | 0.20 | 0.22 | 0.22 | 0.23 | 0.23 | 0.24 | 0.24 | 0.24 | 0.25 | 0.25 | 0.25 | 0.25 | 0.25 | 0.26 | 0.26 | 0.27 | 0.27 | 0.29 |
| 16 | 0.17 | 0.17 | 0.17 | 0.18 | 0.18 | 0.18 | 0.18 | 0.19 | 0.19 | 0.20 | 0.20 | 0.20 | 0.20 | 0.20 | 0.22 | 0.22 | 0.22 | 0.23 | 0.23 | 0.23 | 0.23 | 0.23 | 0.24 | 0.24 | 0.25 | 0.25 | 0.26 |
| 1/2 | 0.15 | 0.15 | 0.15 | 0.16 | 0.16 | 0.16 | 0.16 | 0.16 | 0.17 | 0.17 | 0.17 | 0.17 | 0.18 | 0.18 | 0.19 | 0.19 | 0.19 | 0.20 | 0.20 | 0.20 | 0.20 | 0.20 | 0.21 | 0.21 | 0.22 | 0.22 | 0.23 |
| 17 | 0.13 | 0.13 | 0.13 | 0.14 | 0.14 | 0.14 | 0.14 | 0.14 | 0.15 | 0.15 | 0.15 | 0.15 | 0.16 | 0.16 | 0.16 | 0.16 | 0.16 | 0.17 | 0.17 | 0.17 | 0.17 | 0.18 | 0.18 | 0.18 | 0.19 | 0.19 | 0.20 |

续表

观测锤度

温度低于20℃时读数应减之数

| 温度(℃) | 0 | 1 | 2 | 3 | 4 | 5 | 6 | 7 | 8 | 9 | 10 | 11 | 12 | 13 | 14 | 15 | 16 | 17 | 18 | 19 | 20 | 21 | 22 | 23 | 24 | 25 | 30 |
|---|---|---|---|---|---|---|---|---|---|---|---|---|---|---|---|---|---|---|---|---|---|---|---|---|---|---|---|
| 1/2 | 0.11 | 0.11 | 0.11 | 0.12 | 0.12 | 0.12 | 0.12 | 0.12 | 0.12 | 0.12 | 0.12 | 0.12 | 0.12 | 0.13 | 0.13 | 0.13 | 0.13 | 0.13 | 0.14 | 0.14 | 0.15 | 0.15 | 0.15 | 0.16 | 0.16 | 0.16 | 0.16 |
| 18 | 0.09 | 0.09 | 0.09 | 0.10 | 0.10 | 0.10 | 0.10 | 0.10 | 0.10 | 0.10 | 0.10 | 0.10 | 0.10 | 0.11 | 0.11 | 0.11 | 0.11 | 0.11 | 0.12 | 0.12 | 0.12 | 0.12 | 0.12 | 0.13 | 0.13 | 0.13 | 0.13 |
| 1/2 | 0.07 | 0.07 | 0.07 | 0.07 | 0.07 | 0.07 | 0.07 | 0.07 | 0.07 | 0.07 | 0.08 | 0.08 | 0.08 | 0.08 | 0.08 | 0.08 | 0.08 | 0.08 | 0.09 | 0.09 | 0.09 | 0.09 | 0.09 | 0.09 | 0.09 | 0.09 | 0.10 |
| 19 | 0.05 | 0.05 | 0.05 | 0.05 | 0.05 | 0.05 | 0.05 | 0.05 | 0.05 | 0.05 | 0.05 | 0.05 | 0.05 | 0.06 | 0.06 | 0.06 | 0.06 | 0.06 | 0.06 | 0.06 | 0.06 | 0.06 | 0.06 | 0.06 | 0.06 | 0.06 | 0.07 |
| 1/2 | 0.03 | 0.03 | 0.03 | 0.03 | 0.03 | 0.03 | 0.03 | 0.03 | 0.03 | 0.03 | 0.03 | 0.03 | 0.03 | 0.03 | 0.03 | 0.03 | 0.03 | 0.03 | 0.03 | 0.03 | 0.03 | 0.03 | 0.03 | 0.03 | 0.03 | 0.04 | 0.04 |
| 20 | 0.00 | 0.00 | 0.00 | 0.00 | 0.00 | 0.00 | 0.00 | 0.00 | 0.00 | 0.00 | 0.00 | 0.00 | 0.00 | 0.00 | 0.00 | 0.00 | 0.00 | 0.00 | 0.00 | 0.00 | 0.00 | 0.00 | 0.00 | 0.00 | 0.00 | 0.00 | 0.00 |
| 1/2 | 0.02 | 0.02 | 0.02 | 0.02 | 0.03 | 0.03 | 0.03 | 0.03 | 0.03 | 0.03 | 0.03 | 0.03 | 0.03 | 0.03 | 0.03 | 0.03 | 0.03 | 0.03 | 0.03 | 0.03 | 0.03 | 0.03 | 0.03 | 0.03 | 0.04 | 0.04 | 0.04 |
| 21 | 0.04 | 0.04 | 0.04 | 0.04 | 0.04 | 0.05 | 0.05 | 0.05 | 0.06 | 0.06 | 0.06 | 0.06 | 0.06 | 0.06 | 0.06 | 0.06 | 0.06 | 0.06 | 0.06 | 0.06 | 0.06 | 0.06 | 0.06 | 0.07 | 0.07 | 0.07 | 0.07 |
| 1/2 | 0.07 | 0.07 | 0.07 | 0.08 | 0.08 | 0.08 | 0.08 | 0.08 | 0.09 | 0.09 | 0.09 | 0.09 | 0.09 | 0.09 | 0.09 | 0.09 | 0.09 | 0.09 | 0.10 | 0.10 | 0.10 | 0.10 | 0.10 | 0.10 | 0.10 | 0.10 | 0.11 |
| 22 | 0.10 | 0.10 | 0.10 | 0.10 | 0.10 | 0.10 | 0.11 | 0.11 | 0.11 | 0.11 | 0.11 | 0.11 | 0.11 | 0.12 | 0.12 | 0.12 | 0.12 | 0.12 | 0.12 | 0.12 | 0.12 | 0.12 | 0.12 | 0.13 | 0.13 | 0.13 | 0.14 |
| 1/2 | 0.13 | 0.13 | 0.13 | 0.13 | 0.13 | 0.13 | 0.13 | 0.13 | 0.14 | 0.14 | 0.14 | 0.14 | 0.15 | 0.15 | 0.15 | 0.15 | 0.15 | 0.15 | 0.16 | 0.16 | 0.16 | 0.16 | 0.16 | 0.17 | 0.17 | 0.17 | 0.18 |
| 23 | 0.16 | 0.16 | 0.16 | 0.16 | 0.16 | 0.16 | 0.16 | 0.16 | 0.17 | 0.17 | 0.17 | 0.17 | 0.17 | 0.17 | 0.17 | 0.17 | 0.18 | 0.18 | 0.18 | 0.19 | 0.19 | 0.19 | 0.19 | 0.20 | 0.20 | 0.20 | 0.21 |
| 1/2 | 0.19 | 0.19 | 0.19 | 0.19 | 0.19 | 0.19 | 0.19 | 0.19 | 0.20 | 0.20 | 0.20 | 0.20 | 0.20 | 0.21 | 0.21 | 0.21 | 0.21 | 0.22 | 0.22 | 0.23 | 0.23 | 0.23 | 0.23 | 0.24 | 0.24 | 0.24 | 0.25 |
| 24 | 0.21 | 0.21 | 0.21 | 0.22 | 0.22 | 0.22 | 0.22 | 0.22 | 0.23 | 0.23 | 0.23 | 0.23 | 0.23 | 0.24 | 0.24 | 0.24 | 0.24 | 0.25 | 0.25 | 0.26 | 0.26 | 0.26 | 0.26 | 0.27 | 0.27 | 0.27 | 0.28 |
| 1/2 | 0.24 | 0.24 | 0.24 | 0.25 | 0.25 | 0.25 | 0.25 | 0.26 | 0.26 | 0.27 | 0.27 | 0.27 | 0.27 | 0.28 | 0.28 | 0.28 | 0.28 | 0.28 | 0.29 | 0.29 | 0.29 | 0.29 | 0.30 | 0.30 | 0.31 | 0.31 | 0.32 |
| 25 | 0.27 | 0.27 | 0.27 | 0.28 | 0.28 | 0.28 | 0.28 | 0.29 | 0.29 | 0.30 | 0.30 | 0.30 | 0.30 | 0.31 | 0.31 | 0.31 | 0.31 | 0.32 | 0.32 | 0.32 | 0.32 | 0.32 | 0.33 | 0.33 | 0.34 | 0.34 | 0.35 |
| 1/2 | 0.30 | 0.30 | 0.30 | 0.31 | 0.31 | 0.31 | 0.31 | 0.32 | 0.32 | 0.33 | 0.33 | 0.33 | 0.33 | 0.34 | 0.34 | 0.34 | 0.34 | 0.35 | 0.35 | 0.36 | 0.36 | 0.36 | 0.36 | 0.37 | 0.37 | 0.37 | 0.39 |
| 26 | 0.33 | 0.33 | 0.33 | 0.34 | 0.34 | 0.34 | 0.34 | 0.35 | 0.35 | 0.36 | 0.36 | 0.36 | 0.36 | 0.37 | 0.37 | 0.37 | 0.37 | 0.38 | 0.39 | 0.39 | 0.40 | 0.40 | 0.40 | 0.40 | 0.40 | 0.40 | 0.42 |
| 1/2 | 0.37 | 0.37 | 0.37 | 0.38 | 0.38 | 0.38 | 0.38 | 0.38 | 0.39 | 0.39 | 0.39 | 0.39 | 0.40 | 0.40 | 0.41 | 0.41 | 0.41 | 0.42 | 0.42 | 0.43 | 0.43 | 0.43 | 0.43 | 0.44 | 0.44 | 0.44 | 0.46 |

续表

| 温度<br>(℃) | 观测锤度<br>温度低于 20℃时读数应减之数 | | | | | | | | | | | | | | | | | | | | | | | | | | |
|---|---|---|---|---|---|---|---|---|---|---|---|---|---|---|---|---|---|---|---|---|---|---|---|---|---|---|---|
| | 0 | 1 | 2 | 3 | 4 | 5 | 6 | 7 | 8 | 9 | 10 | 11 | 12 | 13 | 14 | 15 | 16 | 17 | 18 | 19 | 20 | 21 | 22 | 23 | 24 | 25 | 30 |
| 27 | 0.40 | 0.40 | 0.40 | 0.41 | 0.41 | 0.41 | 0.41 | 0.41 | 0.42 | 0.42 | 0.42 | 0.42 | 0.43 | 0.43 | 0.44 | 0.44 | 0.44 | 0.45 | 0.45 | 0.46 | 0.46 | 0.46 | 0.47 | 0.47 | 0.48 | 0.48 | 0.50 |
| 1/2 | 0.43 | 0.43 | 0.43 | 0.44 | 0.44 | 0.44 | 0.44 | 0.45 | 0.45 | 0.46 | 0.46 | 0.46 | 0.47 | 0.47 | 0.48 | 0.48 | 0.48 | 0.49 | 0.49 | 0.50 | 0.50 | 0.50 | 0.51 | 0.51 | 0.52 | 0.52 | 0.54 |
| 28 | 0.46 | 0.46 | 0.46 | 0.47 | 0.47 | 0.47 | 0.48 | 0.48 | 0.48 | 0.49 | 0.49 | 0.49 | 0.50 | 0.50 | 0.51 | 0.51 | 0.52 | 0.52 | 0.53 | 0.53 | 0.54 | 0.54 | 0.55 | 0.55 | 0.56 | 0.56 | 0.58 |
| 1/2 | 0.50 | 0.50 | 0.50 | 0.51 | 0.51 | 0.51 | 0.51 | 0.52 | 0.52 | 0.53 | 0.53 | 0.53 | 0.54 | 0.54 | 0.55 | 0.55 | 0.56 | 0.56 | 0.57 | 0.57 | 0.58 | 0.58 | 0.59 | 0.59 | 0.60 | 0.60 | 0.62 |
| 29 | 0.54 | 0.54 | 0.54 | 0.55 | 0.55 | 0.55 | 0.55 | 0.56 | 0.56 | 0.56 | 0.56 | 0.57 | 0.57 | 0.58 | 0.58 | 0.59 | 0.59 | 0.60 | 0.60 | 0.61 | 0.61 | 0.61 | 0.62 | 0.62 | 0.63 | 0.63 | 0.66 |
| 1/2 | 0.58 | 0.58 | 0.58 | 0.59 | 0.59 | 0.59 | 0.59 | 0.60 | 0.60 | 0.60 | 0.60 | 0.61 | 0.61 | 0.62 | 0.62 | 0.63 | 0.63 | 0.64 | 0.64 | 0.65 | 0.65 | 0.65 | 0.66 | 0.66 | 0.67 | 0.67 | 0.70 |
| 30 | 0.61 | 0.61 | 0.61 | 0.62 | 0.62 | 0.62 | 0.62 | 0.62 | 0.63 | 0.63 | 0.63 | 0.64 | 0.64 | 0.65 | 0.65 | 0.66 | 0.66 | 0.67 | 0.67 | 0.68 | 0.68 | 0.68 | 0.69 | 0.69 | 0.70 | 0.70 | 0.73 |
| 1/2 | 0.65 | 0.65 | 0.65 | 0.66 | 0.66 | 0.66 | 0.66 | 0.66 | 0.67 | 0.67 | 0.67 | 0.68 | 0.68 | 0.69 | 0.69 | 0.70 | 0.70 | 0.71 | 0.71 | 0.72 | 0.72 | 0.73 | 0.73 | 0.74 | 0.74 | 0.75 | 0.78 |
| 31 | 0.69 | 0.69 | 0.69 | 0.70 | 0.70 | 0.70 | 0.70 | 0.70 | 0.71 | 0.71 | 0.71 | 0.72 | 0.72 | 0.73 | 0.73 | 0.74 | 0.74 | 0.75 | 0.76 | 0.76 | 0.76 | 0.77 | 0.77 | 0.78 | 0.78 | 0.79 | 0.82 |
| 1/2 | 0.73 | 0.73 | 0.73 | 0.74 | 0.74 | 0.74 | 0.74 | 0.74 | 0.75 | 0.75 | 0.75 | 0.76 | 0.76 | 0.77 | 0.77 | 0.78 | 0.79 | 0.79 | 0.80 | 0.80 | 0.81 | 0.81 | 0.82 | 0.82 | 0.83 | 0.83 | 0.86 |
| 32 | 0.76 | 0.80 | 0.77 | 0.77 | 0.78 | 0.78 | 0.78 | 0.78 | 0.79 | 0.79 | 0.79 | 0.80 | 0.80 | 0.81 | 0.81 | 0.82 | 0.83 | 0.83 | 0.84 | 0.84 | 0.85 | 0.85 | 0.86 | 0.86 | 0.87 | 0.87 | 0.90 |
| 1/2 | 0.80 | 0.80 | 0.81 | 0.81 | 0.82 | 0.82 | 0.82 | 0.83 | 0.83 | 0.83 | 0.83 | 0.84 | 0.84 | 0.85 | 0.85 | 0.86 | 0.87 | 0.87 | 0.88 | 0.88 | 0.89 | 0.90 | 0.90 | 0.90 | 0.91 | 0.92 | 0.95 |
| 33 | 0.84 | 0.84 | 0.85 | 0.85 | 0.85 | 0.85 | 0.86 | 0.86 | 0.86 | 0.86 | 0.86 | 0.87 | 0.88 | 0.88 | 0.89 | 0.90 | 0.90 | 0.91 | 0.91 | 0.92 | 0.92 | 0.94 | 0.94 | 0.95 | 0.95 | 0.96 | 0.99 |
| 1/2 | 0.88 | 0.88 | 0.89 | 0.89 | 0.89 | 0.89 | 0.89 | 0.90 | 0.90 | 0.90 | 0.90 | 0.91 | 0.92 | 0.92 | 0.93 | 0.94 | 0.94 | 0.95 | 0.96 | 0.97 | 0.97 | 0.98 | 0.98 | 0.99 | 1.00 | 1.00 | 1.03 |
| 34 | 0.91 | 0.91 | 0.92 | 0.92 | 0.93 | 0.93 | 0.93 | 0.93 | 0.94 | 0.94 | 0.94 | 0.95 | 0.96 | 0.96 | 0.97 | 0.98 | 0.99 | 1.00 | 1.01 | 1.01 | 1.02 | 1.02 | 1.03 | 1.03 | 1.04 | 1.04 | 1.07 |
| 1/2 | 0.95 | 0.95 | 0.96 | 0.96 | 0.97 | 0.97 | 0.97 | 0.97 | 0.98 | 0.98 | 0.98 | 0.99 | 0.99 | 1.00 | 1.01 | 1.02 | 1.03 | 1.04 | 1.04 | 1.05 | 1.05 | 1.06 | 1.07 | 1.07 | 1.08 | 1.09 | 1.12 |
| 35 | 0.99 | 0.99 | 1.00 | 1.00 | 1.01 | 1.01 | 1.01 | 1.01 | 1.02 | 1.02 | 1.02 | 1.03 | 1.04 | 1.05 | 1.05 | 1.06 | 1.07 | 1.08 | 1.08 | 1.09 | 1.10 | 1.11 | 1.11 | 1.12 | 1.12 | 1.13 | 1.16 |
| 40 | 1.42 | 1.43 | 1.43 | 1.44 | 1.44 | 1.45 | 1.45 | 1.46 | 1.47 | 1.47 | 1.47 | 1.48 | 1.49 | 1.50 | 1.50 | 1.51 | 1.52 | 1.53 | 1.53 | 1.54 | 1.54 | 1.55 | 1.55 | 1.56 | 1.56 | 1.57 | 1.62 |

表3　相当于氧化亚铜质量的葡萄糖、果糖、乳糖、转化糖质量表

| 氧化亚铜 | 葡萄糖 | 果　糖 | 乳糖 | 转化糖 | 氧化亚铜 | 葡萄糖 | 果　糖 | 乳　糖 | 转化糖 |
|---|---|---|---|---|---|---|---|---|---|
| 11.3 | 4.6 | 5.1 | 7.7 | 5.2 | 49.5 | 21.1 | 23.3 | 33.7 | 22.4 |
| 12.4 | 5.1 | 5.6 | 8.5 | 5.7 | 50.7 | 21.6 | 23.8 | 34.5 | 22.9 |
| 13.5 | 5.6 | 6.1 | 9.3 | 6.2 | 51.8 | 22.1 | 24.4 | 35.2 | 23.5 |
| 14.6 | 6.0 | 6.7 | 10.0 | 6.7 | 52.9 | 22.6 | 24.9 | 36.0 | 24.0 |
| 15.8 | 6.5 | 7.2 | 10.8 | 7.2 | 54.0 | 23.1 | 25.4 | 36.8 | 24.5 |
| 16.9 | 7.0 | 7.7 | 11.5 | 7.7 | 55.2 | 23.6 | 26.0 | 37.5 | 25.0 |
| 18.0 | 7.5 | 8.3 | 12.3 | 8.2 | 56.3 | 24.1 | 26.5 | 38.3 | 25.5 |
| 19.1 | 8.0 | 8.8 | 13.1 | 8.7 | 57.4 | 24.6 | 27.1 | 39.1 | 26.0 |
| 20.3 | 8.5 | 9.3 | 13.8 | 9.2 | 58.5 | 25.1 | 27.6 | 39.8 | 26.5 |
| 21.4 | 8.9 | 9.9 | 14.6 | 9.7 | 59.7 | 25.6 | 28.2 | 40.6 | 27.0 |
| 22.5 | 9.4 | 10.4 | 15.4 | 10.2 | 60.8 | 26.1 | 28.7 | 41.4 | 27.6 |
| 23.6 | 9.9 | 10.9 | 16.1 | 10.7 | 61.9 | 26.5 | 29.2 | 42.1 | 28.1 |
| 24.8 | 10.4 | 11.5 | 16.9 | 11.2 | 63.0 | 27.0 | 29.8 | 42.9 | 28.6 |
| 25.9 | 10.9 | 12.0 | 17.7 | 11.7 | 64.2 | 27.5 | 30.3 | 43.7 | 29.1 |
| 27.0 | 11.4 | 12.5 | 18.4 | 12.2 | 65.3 | 28.0 | 30.9 | 44.4 | 29.6 |
| 28.1 | 11.9 | 13.1 | 19.2 | 12.8 | 66.4 | 28.5 | 31.5 | 45.2 | 30.1 |
| 29.3 | 12.3 | 13.6 | 19.9 | 13.3 | 67.6 | 29.0 | 31.9 | 46.0 | 30.6 |
| 30.4 | 12.8 | 14.2 | 20.7 | 13.8 | 68.7 | 29.5 | 32.5 | 46.7 | 31.2 |
| 31.5 | 13.3 | 14.7 | 21.5 | 14.3 | 69.8 | 30.0 | 33.0 | 47.5 | 31.7 |
| 32.6 | 13.8 | 15.2 | 22.2 | 14.8 | 70.9 | 30.5 | 33.6 | 48.3 | 32.2 |
| 33.8 | 14.3 | 15.8 | 23.0 | 15.3 | 72.1 | 31.0 | 34.1 | 49.0 | 32.7 |
| 34.9 | 14.8 | 16.0 | 23.8 | 15.8 | 73.2 | 31.5 | 34.7 | 49.8 | 33.2 |
| 36.0 | 15.3 | 16.8 | 24.5 | 16.3 | 74.3 | 32.0 | 35.2 | 50.6 | 33.7 |
| 37.2 | 15.7 | 17.4 | 25.3 | 16.8 | 75.4 | 32.5 | 35.8 | 51.3 | 34.3 |
| 38.3 | 16.2 | 17.9 | 26.1 | 17.3 | 76.6 | 33.0 | 36.3 | 52.1 | 34.8 |
| 39.4 | 16.7 | 18.4 | 26.8 | 17.8 | 77.7 | 33.5 | 36.8 | 52.9 | 35.3 |
| 40.5 | 17.2 | 19.0 | 27.6 | 18.3 | 78.8 | 34.0 | 37.4 | 53.6 | 35.8 |
| 41.7 | 17.7 | 19.5 | 28.4 | 18.9 | 79.9 | 34.5 | 37.9 | 54.4 | 36.3 |
| 42.8 | 18.2 | 20.1 | 29.1 | 19.4 | 81.1 | 35.0 | 38.5 | 55.2 | 36.8 |
| 43.9 | 18.7 | 20.6 | 29.9 | 19.9 | 82.2 | 35.5 | 39.0 | 55.9 | 37.4 |
| 45.0 | 19.2 | 21.1 | 30.6 | 20.4 | 83.3 | 36.0 | 39.6 | 56.7 | 37.9 |
| 46.2 | 19.7 | 21.7 | 31.4 | 20.9 | 84.4 | 36.5 | 40.1 | 57.5 | 38.4 |
| 47.3 | 20.1 | 22.2 | 32.2 | 21.4 | 85.6 | 37.0 | 40.7 | 58.2 | 38.9 |
| 48.4 | 20.6 | 22.8 | 32.9 | 21.9 | 86.7 | 37.5 | 41.2 | 59.0 | 39.4 |

| 氧化亚铜 | 葡萄糖 | 果　糖 | 乳糖 | 转化糖 | 氧化亚铜 | 葡萄糖 | 果　糖 | 乳　糖 | 转化糖 |
|---|---|---|---|---|---|---|---|---|---|
| 87.8 | 38.0 | 41.7 | 59.8 | 40 | 126.1 | 55.1 | 60.4 | 85.9 | 57.8 |
| 88.9 | 38.5 | 42.3 | 60.5 | 40.5 | 127.2 | 55.6 | 61.0 | 85.7 | 58.3 |
| 90.1 | 39.0 | 42.8 | 61.3 | 41 | 128.3 | 56.1 | 61.6 | 87.4 | 58.9 |
| 91.2 | 39.5 | 43.4 | 62.1 | 41.5 | 129.5 | 56.7 | 62.1 | 88.2 | 59.4 |
| 92.3 | 40.0 | 43.9 | 62.8 | 42 | 130.6 | 57.2 | 62.7 | 89.0 | 59.9 |
| 93.4 | 40.5 | 44.5 | 63.6 | 42.6 | 131.7 | 57.7 | 63.2 | 89.8 | 60.4 |
| 94.6 | 41.0 | 45.0 | 64.4 | 43.1 | 132.8 | 58.2 | 63.8 | 90.5 | 61.0 |
| 95.7 | 41.5 | 45.6 | 65.1 | 43.6 | 134.0 | 58.7 | 64.3 | 91.3 | 61.5 |
| 96.8 | 42.0 | 46.1 | 65.9 | 44.1 | 135.1 | 59.2 | 64.9 | 92.1 | 62.0 |
| 97.9 | 42.5 | 46.7 | 66.7 | 44.7 | 136.2 | 59.7 | 65.4 | 92.8 | 62.6 |
| 99.1 | 43.0 | 47.2 | 67.4 | 45.2 | 137.4 | 60.2 | 66.0 | 93.6 | 63.1 |
| 100.2 | 43.5 | 47.8 | 68.2 | 45.7 | 138.5 | 60.7 | 66.5 | 94.4 | 63.6 |
| 101.3 | 44.0 | 48.3 | 69.0 | 46.2 | 139.6 | 61.3 | 67.1 | 95.2 | 64.2 |
| 102.5 | 44.5 | 48.9 | 69.7 | 46.7 | 140.7 | 61.8 | 67.7 | 95.9 | 64.7 |
| 103.6 | 45.0 | 49.4 | 70.5 | 47.3 | 141.9 | 62.3 | 68.2 | 96.7 | 65.2 |
| 104.7 | 45.5 | 50.0 | 71.3 | 47.8 | 143.0 | 62.8 | 68.8 | 97.5 | 65.8 |
| 105.38 | 46.0 | 50.5 | 72.1 | 48.3 | 144.1 | 63.3 | 69.3 | 98.2 | 66.3 |
| 107.0 | 46.5 | 51.1 | 72.8 | 48.8 | 145.2 | 63.8 | 69.9 | 99.0 | 66.8 |
| 108.1 | 47.0 | 51.6 | 73.6 | 49.4 | 146.4 | 64.3 | 70.4 | 99.8 | 67.4 |
| 109.2 | 47.5 | 52.2 | 74.4 | 49.9 | 147.5 | 64.9 | 71.0 | 100.6 | 67.9 |
| 110.3 | 48.0 | 52.7 | 75.1 | 50.4 | 148.6 | 65.4 | 71.6 | 101.3 | 68.4 |
| 111.5 | 48.5 | 53.3 | 75.9 | 50.9 | 149.7 | 65.9 | 72.1 | 102.1 | 69.0 |
| 112.6 | 49.0 | 53.8 | 76.7 | 51.5 | 150.9 | 66.4 | 72.7 | 102.9 | 69.5 |
| 113.7 | 49.5 | 54.4 | 77.4 | 52 | 152.0 | 66.9 | 73.2 | 103.6 | 70.0 |
| 114.8 | 50.0 | 54.9 | 78.2 | 52.5 | 153.1 | 67.4 | 73.8 | 104.4 | 70.6 |
| 116.0 | 50.6 | 55.5 | 79.0 | 53 | 154.2 | 68.0 | 74.3 | 105.2 | 71.1 |
| 117.1 | 51.1 | 56.0 | 79.7 | 53.6 | 155.4 | 68.5 | 74.9 | 106.0 | 71.6 |
| 118.2 | 51.6 | 56.6 | 80.5 | 54.1 | 156.5 | 69.0 | 75.5 | 106.7 | 72.2 |
| 119.3 | 52.1 | 57.1 | 81.3 | 54.6 | 157.6 | 69.5 | 76.0 | 107.5 | 72.7 |
| 120.5 | 52.6 | 57.7 | 82.1 | 55.2 | 158.7 | 70.0 | 76.6 | 108.3 | 73.2 |
| 121.6 | 53.1 | 58.2 | 82.8 | 55.7 | 159.9 | 70.5 | 77.1 | 109.0 | 73.8 |
| 122.7 | 53.6 | 58.8 | 83.6 | 56.2 | 161.0 | 71.1 | 77.7 | 109.8 | 74.3 |
| 123.8 | 54.1 | 59.3 | 84.4 | 56.7 | 162.1 | 71.6 | 78.3 | 110.6 | 74.9 |
| 125.0 | 54.6 | 59.9 | 85.1 | 57.3 | 163.2 | 72.1 | 78.8 | 111.4 | 75.4 |

| 氧化亚铜 | 葡萄糖 | 果 糖 | 乳糖 | 转化糖 | 氧化亚铜 | 葡萄糖 | 果 糖 | 乳 糖 | 转化糖 |
|---|---|---|---|---|---|---|---|---|---|
| 164.4 | 72.6 | 79.4 | 112.1 | 75.9 | 202.7 | 90.4 | 98.6 | 138.4 | 94.4 |
| 165.5 | 73.1 | 80.0 | 112.9 | 76.5 | 203.8 | 91.0 | 99.2 | 139.2 | 94.9 |
| 166.6 | 73.7 | 80.5 | 113.7 | 77.0 | 204.9 | 91.5 | 99.7 | 140.0 | 95.5 |
| 167.8 | 74.2 | 81.1 | 114.4 | 77.6 | 206.6 | 92.0 | 100.3 | 140.8 | 96 |
| 168.9 | 74.7 | 81.6 | 115.2 | 78.1 | 207.2 | 92.6 | 100.9 | 141.5 | 96.6 |
| 170.0 | 75.2 | 82.2 | 116.0 | 78.6 | 208.3 | 93.1 | 101.4 | 142.3 | 97.1 |
| 171.1 | 75.7 | 82.8 | 116.8 | 79.2 | 209.4 | 93.6 | 102.0 | 143.1 | 97.7 |
| 172.3 | 76.3 | 83.3 | 117.5 | 79.7 | 210.5 | 94.2 | 102.6 | 143.9 | 98.2 |
| 173.4 | 76.8 | 83.9 | 118.3 | 80.3 | 211.7 | 94.7 | 103.1 | 144.6 | 98.8 |
| 174.5 | 77.3 | 84.4 | 119.1 | 80.8 | 212.8 | 95.2 | 103.7 | 145.4 | 99.3 |
| 175.6 | 77.8 | 85.0 | 119.9 | 81.3 | 213.9 | 95.7 | 104.3 | 146.2 | 99.9 |
| 176.8 | 78.3 | 85.6 | 120.6 | 81.9 | 215.0 | 96.3 | 104.8 | 147.0 | 100.4 |
| 177.9 | 78.9 | 86.1 | 121.4 | 82.4 | 216.2 | 96.8 | 105.4 | 147.7 | 101 |
| 179.0 | 79.4 | 86.7 | 122.2 | 83.0 | 217.3 | 97.3 | 106.0 | 148.5 | 101.5 |
| 180.1 | 79.9 | 87.3 | 122.9 | 83.5 | 218.4 | 97.9 | 106.6 | 149.3 | 102.1 |
| 181.3 | 80.4 | 87.8 | 123.7 | 84.0 | 219.5 | 98.4 | 107.1 | 150.1 | 102.6 |
| 182.4 | 81.0 | 88.4 | 124.5 | 84.6 | 220.7 | 98.9 | 107.7 | 150.8 | 103.2 |
| 183.5 | 81.5 | 89.0 | 125.3 | 85.1 | 221.8 | 99.5 | 108.3 | 151.6 | 103.7 |
| 184.5 | 82.0 | 89.5 | 126.0 | 85.7 | 222.9 | 100.0 | 108.8 | 152.4 | 104.3 |
| 185.8 | 82.5 | 90.1 | 126.8 | 86.2 | 224.0 | 100.5 | 109.4 | 153.2 | 104.8 |
| 186.9 | 83.1 | 90.6 | 127.6 | 86.8 | 225.2 | 101.1 | 110.0 | 153.9 | 105.4 |
| 188.0 | 83.6 | 91.2 | 128.4 | 87.3 | 226.3 | 101.6 | 110.6 | 154.7 | 106 |
| 189.1 | 84.1 | 91.8 | 129.1 | 87.8 | 227.4 | 102.2 | 111.1 | 155.5 | 106.5 |
| 190.3 | 84.6 | 92.3 | 129.9 | 88.4 | 228.5 | 102.7 | 111.7 | 156.3 | 107.1 |
| 191.4 | 85.2 | 92.9 | 130.7 | 88.9 | 229.7 | 103.2 | 112.3 | 157.0 | 107.6 |
| 192.5 | 85.7 | 93.5 | 131.5 | 89.5 | 230.8 | 103.8 | 112.9 | 157.8 | 108.2 |
| 193.6 | 86.2 | 94.0 | 132.2 | 90 | 231.9 | 104.3 | 113.4 | 158.6 | 108.7 |
| 194.8 | 86.7 | 94.6 | 133.0 | 90.6 | 233.1 | 104.8 | 114.0 | 159.4 | 109.3 |
| 195.9 | 87.3 | 95.2 | 133.8 | 91.1 | 234.2 | 105.4 | 114.6 | 160.2 | 109.8 |
| 197.0 | 87.8 | 95.7 | 134.6 | 91.7 | 235.3 | 105.9 | 115.2 | 160.9 | 110.4 |
| 198.1 | 88.3 | 96.3 | 135.3 | 92.2 | 236.4 | 106.5 | 115.7 | 161.7 | 110.9 |
| 199.3 | 88.9 | 96.9 | 136.1 | 92.8 | 237.6 | 107 | 116.3 | 162.5 | 111.5 |
| 200.4 | 89.4 | 97.4 | 136.9 | 93.3 | 238.7 | 107.5 | 116.9 | 163.3 | 112.1 |
| 201.5 | 89.9 | 98.0 | 137.7 | 93.8 | 239.8 | 108.1 | 117.5 | 164.0 | 112.6 |

| 氧化亚铜 | 葡萄糖 | 果　糖 | 乳糖 | 转化糖 | 氧化亚铜 | 葡萄糖 | 果　糖 | 乳糖 | 转化糖 |
|---|---|---|---|---|---|---|---|---|---|
| 240.9 | 108.6 | 118.0 | 164.8 | 113.2 | 279.2 | 127.1 | 137.7 | 191.3 | 132.3 |
| 242.1 | 109.2 | 118.6 | 165.6 | 113.7 | 280.3 | 127.7 | 138.3 | 192.1 | 132.9 |
| 243.1 | 109.7 | 119.2 | 166.4 | 114.3 | 281.5 | 128.2 | 138.9 | 192.9 | 133.4 |
| 244.3 | 110.2 | 119.8 | 167.1 | 114.9 | 282.6 | 128.8 | 139.5 | 193.6 | 134.0 |
| 245.4 | 110.8 | 120.3 | 167.9 | 115.4 | 283.7 | 129.3 | 140.1 | 194.4 | 134.6 |
| 246.6 | 111.3 | 120.9 | 168.7 | 116 | 284.8 | 129.9 | 140.7 | 195.2 | 135.1 |
| 247.7 | 111.9 | 121.5 | 169.5 | 116.5 | 286.0 | 130.4 | 141.3 | 196.0 | 135.7 |
| 248.8 | 112.4 | 122.1 | 170.3 | 117.1 | 287.1 | 131.0 | 141.8 | 196.8 | 136.3 |
| 249.9 | 112.9 | 122.6 | 171.0 | 117.6 | 288.2 | 131.6 | 142.4 | 197.5 | 136.8 |
| 251.1 | 113.5 | 123.2 | 171.8 | 118.2 | 289.3 | 132.1 | 143.0 | 198.3 | 137.4 |
| 252.2 | 114.0 | 123.8 | 172.6 | 118.8 | 290.5 | 132.7 | 143.6 | 199.1 | 138.0 |
| 253.3 | 114.6 | 124.4 | 173.4 | 119.3 | 291.6 | 133.2 | 144.2 | 199.9 | 138.6 |
| 254.4 | 115.1 | 125.0 | 174.2 | 119.9 | 292.7 | 133.8 | 144.8 | 200.7 | 139.1 |
| 255.6 | 115.7 | 125.5 | 174.9 | 120.4 | 293.8 | 134.3 | 145.4 | 201.4 | 139.7 |
| 256.7 | 116.2 | 126.1 | 175.7 | 121.0 | 295.0 | 134.9 | 145.9 | 202.2 | 140.3 |
| 257.8 | 116.7 | 126.7 | 176.5 | 121.6 | 296.1 | 135.4 | 146.5 | 203.0 | 140.8 |
| 258.9 | 117.3 | 127.3 | 177.3 | 122.1 | 297.2 | 136.0 | 147.1 | 203.8 | 141.4 |
| 260.1 | 117.8 | 127.9 | 178.1 | 122.7 | 298.3 | 136.5 | 147.7 | 204.6 | 142.0 |
| 261.2 | 118.4 | 128.4 | 178.8 | 123.3 | 299.5 | 137.1 | 148.3 | 205.3 | 142.6 |
| 262.3 | 118.9 | 129.0 | 179.6 | 123.8 | 300.6 | 137.7 | 148.9 | 206.1 | 143.1 |
| 263.4 | 119.5 | 129.6 | 180.4 | 124.4 | 301.7 | 138.2 | 149.5 | 206.9 | 143.7 |
| 264.6 | 120.0 | 130.2 | 181.2 | 124.9 | 302.9 | 138.8 | 150.1 | 207.7 | 144.3 |
| 265.7 | 120.6 | 130.8 | 181.9 | 125.5 | 304.0 | 139.3 | 150.6 | 208.5 | 144.8 |
| 266.8 | 121.1 | 131.3 | 182.7 | 126.1 | 305.1 | 139.9 | 151.2 | 209.2 | 145.4 |
| 268.0 | 121.7 | 131.9 | 183.5 | 126.6 | 306.2 | 140.4 | 151.8 | 210.0 | 146.0 |
| 269.1 | 122.2 | 132.5 | 184.3 | 127.2 | 307.4 | 141.0 | 152.4 | 210.8 | 146.6 |
| 270.2 | 122.7 | 133.1 | 185.1 | 127.8 | 308.5 | 141.6 | 153.0 | 211.6 | 147.1 |
| 271.3 | 123.3 | 133.7 | 185.8 | 128.3 | 309.6 | 142.1 | 153.6 | 212.4 | 147.7 |
| 272.5 | 123.8 | 134.2 | 186.6 | 128.9 | 310.7 | 142.7 | 154.2 | 213.2 | 148.3 |
| 273.6 | 124.4 | 134.8 | 187.4 | 129.5 | 311.9 | 143.2 | 154.8 | 214.0 | 148.9 |
| 274.7 | 124.9 | 135.4 | 188.2 | 130.0 | 313.0 | 143.8 | 155.4 | 124.7 | 149.4 |
| 275.8 | 125.5 | 136.0 | 189.0 | 130.6 | 314.1 | 144.4 | 156.0 | 215.5 | 150 |
| 277.0 | 126.0 | 136.6 | 189.7 | 131.2 | 315.2 | 144.9 | 156.5 | 216.3 | 150.6 |
| 278.1 | 126.6 | 137.2 | 190.5 | 131.7 | 316.4 | 145.5 | 157.1 | 217.1 | 151.2 |

| 氧化亚铜 | 葡萄糖 | 果　糖 | 乳　糖 | 转化糖 | 氧化亚铜 | 葡萄糖 | 果　糖 | 乳　糖 | 转化糖 |
|---|---|---|---|---|---|---|---|---|---|
| 317.5 | 146.0 | 157.7 | 217.9 | 151.8 | 355.8 | 165.3 | 178.0 | 244.5 | 171.6 |
| 318.6 | 146.6 | 158.3 | 218.7 | 152.3 | 356.9 | 165.9 | 178.6 | 245.3 | 172.2 |
| 319.7 | 147.2 | 158.9 | 219.4 | 152.9 | 358.0 | 166.5 | 179.2 | 246.1 | 172.8 |
| 320.9 | 147.7 | 159.5 | 220.2 | 153.5 | 359.1 | 167.0 | 179.8 | 246.9 | 173.3 |
| 322.0 | 148.3 | 160.1 | 221.0 | 154.1 | 360.3 | 167.6 | 180.4 | 247.7 | 173.9 |
| 323.1 | 148.8 | 160.7 | 221.8 | 154.6 | 361.4 | 168.2 | 181.0 | 248.5 | 174.5 |
| 324.2 | 149.4 | 161.3 | 222.6 | 155.2 | 362.5 | 168.8 | 181.6 | 249.2 | 175.1 |
| 325.4 | 150.0 | 161.9 | 223.3 | 155.8 | 363.6 | 169.3 | 182.2 | 250.0 | 175.7 |
| 326.5 | 150.5 | 162.5 | 224.1 | 156.4 | 364.8 | 169.9 | 182.8 | 250.8 | 176.3 |
| 327.6 | 151.1 | 163.1 | 224.9 | 157 | 365.9 | 170.5 | 183.4 | 251.6 | 176.9 |
| 328.7 | 151.7 | 163.7 | 225.7 | 157.5 | 367.0 | 171.1 | 184.0 | 252.4 | 177.5 |
| 329.9 | 152.2 | 164.3 | 226.5 | 158.1 | 368.2 | 171.6 | 184.6 | 253.2 | 178.1 |
| 331.0 | 152.8 | 164.9 | 227.3 | 158.7 | 369.3 | 172.2 | 185.2 | 253.9 | 178.7 |
| 332.1 | 153.4 | 165.4 | 228.0 | 159.3 | 370.4 | 172.8 | 185.8 | 354.7 | 179.3 |
| 333.3 | 153.9 | 166.0 | 228.8 | 159.9 | 371.5 | 173.4 | 186.4 | 255.5 | 179.8 |
| 334.4 | 154.5 | 166.6 | 229.6 | 160.5 | 372.7 | 173.9 | 187.0 | 256.3 | 180.4 |
| 335.5 | 155.1 | 167.2 | 230.4 | 161 | 373.8 | 174.5 | 187.6 | 257.1 | 181.0 |
| 336.6 | 155.6 | 167.8 | 231.2 | 161.6 | 374.9 | 175.1 | 188.2 | 257.9 | 181.6 |
| 337.8 | 156.2 | 168.4 | 232.0 | 162.2 | 376.0 | 175.7 | 188.8 | 258.7 | 182.2 |
| 338.9 | 156.8 | 169.0 | 232.7 | 162.8 | 377.2 | 176.3 | 189.4 | 259.4 | 182.8 |
| 340.0 | 157.3 | 169.6 | 233.5 | 163.4 | 378.3 | 176.8 | 190.1 | 260.2 | 183.4 |
| 341.1 | 157.9 | 170.2 | 234.3 | 164 | 379.4 | 177.4 | 190.7 | 261.0 | 184.0 |
| 342.3 | 158.5 | 170.8 | 235.1 | 164.5 | 380.5 | 178.0 | 191.3 | 261.8 | 184.6 |
| 343.4 | 159.0 | 171.4 | 235.9 | 165.1 | 381.7 | 178.6 | 191.9 | 262.6 | 185.2 |
| 344.5 | 159.6 | 172.0 | 236.7 | 165.7 | 382.8 | 179.2 | 192.5 | 263.4 | 185.8 |
| 345.6 | 160.2 | 172.6 | 237.4 | 166.3 | 383.9 | 179.7 | 193.1 | 264.2 | 186.4 |
| 346.8 | 160.7 | 173.2 | 238.2 | 166.9 | 385.0 | 180.3 | 193.7 | 265.0 | 187.0 |
| 347.9 | 161.3 | 173.8 | 239.0 | 167.5 | 386.2 | 180.9 | 194.3 | 265.8 | 187.6 |
| 349.0 | 161.9 | 174.4 | 239.8 | 168 | 387.3 | 181.5 | 194.9 | 266.6 | 188.2 |
| 350.1 | 162.5 | 175.0 | 240.6 | 168.6 | 388.4 | 182.1 | 195.5 | 267.4 | 188.8 |
| 351.3 | 163.0 | 175.6 | 241.4 | 169.2 | 389.5 | 182.7 | 196.1 | 268.1 | 189.4 |
| 352.4 | 163.6 | 176.2 | 242.2 | 169.8 | 390.7 | 183.2 | 196.7 | 268.9 | 190.0 |
| 353.5 | 164.2 | 176.8 | 243.0 | 170.4 | 391.8 | 183.8 | 197.3 | 269.7 | 190.6 |
| 354.6 | 164.7 | 177.4 | 243.7 | 171 | 392.9 | 184.4 | 197.9 | 270.5 | 191.2 |

| 氧化亚铜 | 葡萄糖 | 果　糖 | 乳糖 | 转化糖 | 氧化亚铜 | 葡萄糖 | 果　糖 | 乳　糖 | 转化糖 |
|---|---|---|---|---|---|---|---|---|---|
| 394.0 | 185.0 | 198.5 | 271.3 | 191.8 | 432.3 | 205.1 | 219.5 | 298.2 | 212.4 |
| 395.2 | 185.6 | 199.2 | 272.1 | 192.4 | 433.5 | 205.1 | 220.1 | 299.0 | 213 |
| 396.3 | 186.2 | 199.8 | 272.9 | 193.0 | 434.6 | 206.3 | 220.7 | 299.8 | 213.6 |
| 397.4 | 186.8 | 200.4 | 273.7 | 193.6 | 435.7 | 206.9 | 221.3 | 300.6 | 214.2 |
| 398.5 | 187.3 | 201.0 | 274.4 | 194.2 | 436.8 | 207.5 | 221.9 | 301.4 | 214.8 |
| 399.7 | 187.9 | 201.6 | 275.2 | 194.8 | 438.0 | 208.1 | 222.6 | 302.2 | 215.4 |
| 400.8 | 188.5 | 202.2 | 276.0 | 195.4 | 439.1 | 208.7 | 223.2 | 303.0 | 216 |
| 401.9 | 189.1 | 202.8 | 276.8 | 196.0 | 440.2 | 209.3 | 223.8 | 303.8 | 216.7 |
| 403.1 | 189.7 | 203.4 | 277.6 | 196.6 | 441.3 | 209.9 | 224.4 | 304.6 | 217.3 |
| 404.2 | 190.3 | 204.0 | 278.4 | 197.2 | 442.5 | 210.5 | 225.1 | 305.4 | 217.9 |
| 405.3 | 190.9 | 204.7 | 279.2 | 197.8 | 443.6 | 211.1 | 225.7 | 306.2 | 218.5 |
| 406.4 | 191.5 | 205.3 | 280.0 | 198.4 | 444.7 | 211.7 | 226.3 | 307.0 | 219.1 |
| 407.6 | 192.0 | 205.9 | 280.8 | 199.0 | 445.8 | 212.3 | 226.9 | 307.8 | 219.8 |
| 408.7 | 192.6 | 206.5 | 281.6 | 199.6 | 447.0 | 212.9 | 227.6 | 308.6 | 220.4 |
| 409.8 | 193.2 | 207.1 | 282.4 | 200.2 | 448.1 | 213.5 | 228.2 | 309.4 | 221 |
| 410.9 | 193.8 | 207.7 | 283.2 | 200.8 | 449.2 | 214.1 | 228.8 | 310.2 | 221.6 |
| 412.1 | 194.4 | 208.3 | 284.0 | 201.4 | 450.3 | 214.7 | 229.4 | 311.0 | 222.2 |
| 413.2 | 195.0 | 209.0 | 284.8 | 202.0 | 451.5 | 215.3 | 230.1 | 311.8 | 222.9 |
| 414.3 | 195.6 | 209.6 | 285.6 | 202.6 | 452.6 | 215.9 | 230.7 | 312.6 | 223.5 |
| 415.4 | 196.2 | 210.2 | 286.3 | 203.2 | 453.7 | 216.5 | 231.3 | 313.4 | 224.1 |
| 416.6 | 196.8 | 210.8 | 287.1 | 203.8 | 454.8 | 217.1 | 232.0 | 314.2 | 224.7 |
| 417.7 | 197.4 | 211.4 | 287.9 | 204.4 | 456.0 | 217.8 | 232.6 | 315.0 | 225.4 |
| 418.8 | 198.0 | 212.0 | 288.7 | 205.0 | 457.1 | 218.4 | 233.2 | 315.9 | 226 |
| 419.9 | 198.5 | 212.6 | 289.5 | 205.7 | 458.2 | 219.0 | 233.9 | 316.7 | 226.6 |
| 421.1 | 199.1 | 213.3 | 290.3 | 206.3 | 459.3 | 219.6 | 234.5 | 317.5 | 227.2 |
| 422.2 | 199.7 | 213.9 | 291.1 | 206.9 | 560.5 | 220.2 | 235.1 | 318.3 | 227.9 |
| 423.3 | 200.3 | 214.5 | 291.9 | 207.5 | 461.6 | 220.8 | 235.8 | 319.1 | 228.5 |
| 424.4 | 200.9 | 215.1 | 292.7 | 208.1 | 462.7 | 221.4 | 236.4 | 319.9 | 229.1 |
| 425.6 | 210.5 | 215.7 | 293.5 | 208.7 | 463.8 | 222.0 | 237.1 | 320.7 | 229.7 |
| 426.7 | 202.1 | 216.3 | 294.3 | 209.3 | 465.0 | 222.6 | 237.7 | 321.6 | 230.4 |
| 427.8 | 202.7 | 217.0 | 295.0 | 209.9 | 466.1 | 223.3 | 238.4 | 322.4 | 231 |
| 428.9 | 203.3 | 217.6 | 295.8 | 210.5 | 467.2 | 223.9 | 239.0 | 323.2 | 231.7 |
| 430.1 | 203.9 | 218.2 | 296.6 | 211.1 | 468.4 | 224.5 | 239.7 | 324.0 | 232.3 |
| 431.2 | 204.5 | 218.8 | 297.4 | 211.8 | 469.5 | 225.1 | 240.3 | 324.9 | 232.9 |

续表

| 氧化亚铜 | 葡萄糖 | 果　糖 | 乳糖 | 转化糖 | 氧化亚铜 | 葡萄糖 | 果　糖 | 乳　糖 | 转化糖 |
|---|---|---|---|---|---|---|---|---|---|
| 470.6 | 225.7 | 241.0 | 325.7 | 233.6 | 477.4 | 229.5 | 244.9 | 330.8 | 237.5 |
| 471.7 | 226.3 | 241.6 | 326.5 | 234.2 | 478.5 | 230.1 | 245.6 | 331.7 | 238.1 |
| 472.9 | 227.0 | 242.2 | 327.4 | 234.8 | 479.6 | 230.7 | 246.3 | 332.6 | 238.8 |
| 474.0 | 227.6 | 242.9 | 328.2 | 235.5 | 480.7 | 231.4 | 247.0 | 333.5 | 239.5 |
| 475.1 | 228.2 | 243.6 | 329.1 | 236.1 | 481.9 | 232.0 | 247.8 | 334.4 | 240.2 |
| 476.2 | 228.8 | 244.3 | 329.9 | 236.8 | 483.0 | 232.7 | 248.5 | 335.3 | 240.8 |